高等职业教育教材

YAOWU ZHIJI JISHU

药物制剂技术

李远文　娄　芸　罗国生　主编

化学工业出版社

·北京·

内 容 简 介

《药物制剂技术》以《药品生产质量管理规范（2010 年修订）》及《中华人民共和国药典》（2020 年版）为基本准则，共设计了九个项目，前两个项目主要介绍药物制剂技术基本概念、GMP 基本知识及药剂生产基本操作；项目三至项目七以各种剂型典型实例为任务，任务由任务资讯、任务说明、任务准备、任务实施、任务记录、任务评价等部分组成，在各任务中还提供了相关的知识链接；项目八与项目九主要为药物制剂新技术与新剂型相关知识。

本教材内容丰富，理论实训一体化，配有教学课件、习题答案等资源，适合高等职业院校药学类、药品与医疗器械类专业教学使用，也可以作为药品生产企业生产人员和管理人员、药物制剂生产"1＋X"证书培训教材。

图书在版编目（CIP）数据

药物制剂技术 / 李远文，娄芸，罗国生主编.

北京：化学工业出版社，2024.10. -- ISBN 978-7-122-46680-8

Ⅰ．TQ460.6

中国国家版本馆 CIP 数据核字第 20244Z3G97 号

责任编辑：王　芳　提　岩　　　　文字编辑：丁　宁　朱　允
责任校对：刘　一　　　　　　　　　装帧设计：王晓宇

出版发行：化学工业出版社
　　　　　（北京市东城区青年湖南街 13 号　邮政编码 100011）
印　　装：河北延风印务有限公司
787mm×1092mm　1/16　印张 25¾　字数 646 千字
2025 年 5 月北京第 1 版第 1 次印刷

购书咨询：010-64518888　　　　　　售后服务：010-64518899
网　　址：http://www.cip.com.cn
凡购买本书，如有缺损质量问题，本社销售中心负责调换。

定　　价：59.00 元　　　　　　　　版权所有　违者必究

编写人员名单

主　编　李远文　娄　芸　罗国生

副主编　孙　玺　李书贞　方　晒　陈瑞云

编　者

李远文　深圳城市职业学院

娄　芸　深圳城市职业学院

罗国生　深圳城市职业学院

孙　玺　深圳城市职业学院

李书贞　深圳城市职业学院

方　晒　深圳城市职业学院

林素静　深圳职业技术大学

汪伟军　广东卫伦生物制药有限公司

黄　超　国药集团致君（深圳）坪山制药有限公司

卓秋琪　深圳万乐药业有限公司

陈瑞云　深圳城市职业学院

莫全毅　深圳城市职业学院

汤　丽　杭州第一技师学院

杨　纺　河南医药健康技师学院

主　审

彭　莺　深圳城市职业学院

高　波　华润三九医药股份有限公司

前言

PREFACE

　　药物制剂技术课程是高等职业院校药学类、药品与医疗器械类及相关专业的核心课程。本教材结合职业特色和课程标准，内容来源于医药企业典型工作任务，采用工学一体化教学模式进行编写，以培养学生职业素养及操作能力为主要目标。

　　本教材在内容选取上突出实践操作、岗位对接、技能及素质培养。重点介绍药物制剂工业化生产的处方与分析、生产工艺流程、设备操作要求以及产品质量控制等知识和技能。在教材内容编写上，将相关剂型药品的生产提升到重要的位置，以药品生产工艺为主线，逐步分析、总结，使学生在学习中掌握基本知识、操作方法、技能要点及职业素养等，做到理论教学与实际工作岗位结合，理论知识直接与岗位相对接。

　　本教材的编写人员由具备"双师"资格的教师及药品生产技术人员组成，并邀请了汪伟军和黄超两位具有高级职称的专家为操作内容的编写提供实践指导并审读书稿。在编写过程中努力贯彻"校企合作、工学结合"的教学理念，使教材建设与专业人才培养目标对接。

　　本教材由李远文担任第一主编，负责全书内容选取、体例设计及全书统稿和终稿审定，并编写了项目一及任务5-4；娄芸编写了项目二及任务4-1、任务4-2；罗国生编写了项目八；孙玺编写了任务5-1～任务5-3；李书贞编写了任务6-2、任务6-3；方晒编写了任务7-2、任务7-3；汤丽编写了项目三；杨纺编写了任务4-3～任务4-5；卓秋琪高级工程师编写了任务6-1；莫全毅编写了任务7-1；陈瑞云老师编写了任务7-4；林素静老师编写了项目九。在编写过程中参考了相关书籍、文献资料，在此向各作者表示感谢。

　　限于编者的水平，书中难免存有不足之处，敬请广大读者提出宝贵意见。

编　者

2024 年 3 月

目录
CONTENTS

项目一
认知药物制剂工作

 学习目标

通过学习药物制剂工作基础达到如下目标。

知识目标：

1. 掌握　药物制剂工作中的常用术语；药物剂型的重要意义及分类；药品标准及《中华人民共和国药典》；GMP。

2. 了解　国外药典；GLP 和 GCP。

技能目标：

1. 能依据生产及使用要求对药物剂型进行分类。

2. 会根据工作需要，准确查阅《中华人民共和国药典》及其他药品标准。

3. 能根据药品生产工艺要求，执行 GMP。

素质目标：

1. 恪守"做良心药、放心药"的准则，树立社会主义核心价值观。

2. 具有严谨细致的工作态度和严格遵守药品生产相关法规的自觉性。

3. 具有良好的安全生产意识、质量意识和环保意识。

4. 具备自主学习、团结协作、开拓创新的职业精神。

 项目说明

药物制剂技术是以药物制剂为主要研究对象的一门综合性应用技术学科，包括药品生产、工艺技术、生产设备、物料管理、质量管理等内容。

药物制剂工作基础是药物制剂生产过程中必须掌握的知识与技能，内容涵盖了与药品生产相关的常用术语、药物剂型及其分类、药品标准与药典以及与药物制剂生产相关的法规等。

一、药物制剂相关术语

（一）认识药物制剂技术

药物制剂技术是指在药剂学理论指导下，研究药物制剂生产和制备技术的综合性应用技术课程，是制药类专业核心专业课程、药学类专业重要专业课程之一。药剂学是研究药物制剂的基本理论、处方设计、制备工艺、质量控制和合理使用等内容的综合性应用技术科学。

任何药物在供临床使用前都必须制成适合治疗或预防的应用形式，以达到充分发挥药效、减少不良反应、便于使用与保存等目的。而一般通过化学合成、天然药物提取或生物技术等方法制得的药物原料，大多数为粉末、结晶或浸膏等状态，不便于患者直接应用，因此需要对其进行加工，制成具有一定形状、性质，适合预防、诊断和治疗的应用形式。人们把药物的应用形式称为剂型，不同剂型的给药方式一般不同，其在人体的作用方式不同，产生的疗效和不良反应也不同。

药物制剂工作的主要研究内容就是药物剂型的设计和制备，根据药物的性质和使用目的的不同，开发与制备高效、优质的药物制剂，从而使药物充分发挥其作用，满足临床医疗诊断、预防和治疗疾病的需要。药物制剂的基本质量要求是安全、有效、稳定、使用方便。药物制剂工作以药剂学基本理论为基础，严格按照国家药品标准与生产质量管理规范，开展各类剂型的生产和制备，以提高制剂产品的质量。同时，药物制剂工作应不断吸收和应用药物制剂的新剂型、新理论、新辅料与新设备等，使药物制剂工作不断前进。

（二）药物制剂工作常用术语

1. 药物和药品

药物是指供预防、治疗和诊断人的疾病所用物质的统称，包括天然药物、化学合成药物和现代基因工程药物等。药品是指用于预防、治疗、诊断人的疾病，有目的地调节人的生理机能并规定有适应证或者功能主治、用法和用量的物质，包括中药、化学药和生物制品等。

药物与药品都是用于预防疾病的物质，药品是经国务院药品监督管理部门批准的，能上市销售，有批准文号。药物不一定经过国务院药品监督管理部门批准，不一定是市面上有售的化学物质。药物涵盖了药品，但并非所有能防治疾病的物质均为药品。

2. 药物剂型和药物制剂

药物剂型是指将药物制成适用于临床使用的形式，简称剂型，如散剂、颗粒剂、胶囊剂、片剂、溶液剂、乳剂、注射剂、软膏剂、丸剂、气雾剂、栓剂等。

药物制剂是指根据药典或药品监管部门批准的质量标准，将原料药按某种剂型制成具有一定规格的药剂，是各种剂型中的具体药品，如阿司匹林片、维生素 C 注射液等。

3. 产品、待包装产品和成品

产品包括药品的中间产品、待包装产品和成品。

待包装产品是指尚未进行包装但已完成所有其他加工工序的产品。

成品是指已完成所有生产操作步骤和最终包装的产品。

4. 药品批准文号

药品批准文号是指国家批准药品生产企业生产该药品的文号，由国家药品监督管理部门统一编制，并由各地药品监督管理部门核发。

药品批准文号代表着生产该药品的合法性，每一个合法制剂均有一个特定的批准文号。药品批准文号的格式：国药准字＋1 位字母＋8 位数字。其中字母"H"代表化学药、"Z"代表中药、"S"代表生物制品、"J"代表进口分包装药品。

5. 批和批号

批是指经一个或若干加工过程生产的、具有预期均一质量和特性的一定数量的原辅料、包装材料或成品。为完成某些生产操作步骤，可能有必要将一批产品分成若干亚批，最终合并成为一个均一的批。在连续生产情况下，批必须与生产中具有预期均一特性的确定数量的产品相对应，批量可以是固定数量或固定时间段内生产的产品量。例如：口服或外用的固体、半固体制剂在成型或分装前使用同一台混合设备一次混合所生产的均质产品为一批；口服或外用的液体制剂以灌装（封）前经最后混合的药液所生产的均质产品为一批。

批号是指用于识别一个特定批的具有唯一性的数字和（或）字母的组合。

6. 药品通用名和商品名

药品的通用名称系指按中国国家药典委员会药品命名原则制定的药品名称，具有通用性，国家药典或药品标准采用的通用名称为法律名称。通用名称不可用作商标注册。

药品的商品名是指国家药品监督管理部门批准给特定企业使用的该药品专用的商品名称，商品名是药品作为商品属性的名称，不同企业生产的同种药品，商品名是不同的，如通用名为复方氨酚烷胺片的抗感冒药，不同药厂生产的商品名为感叹号、感康、新秀等；药品商品名，具有专有性质，不得仿用。

具有商品名的药品在其包装上，必须同时标注通用名，而且商品名与通用名不得同行书写，字体比例以单位面积计不得大于通用名的二分之一。

7. 药用辅料与物料

系指生产药品和调配处方时使用的赋形剂和附加剂；是除活性成分或前体药物以外，在安全性方面已进行了合理评估，并且包含在药物制剂中的物质。在作为非活性物质时，药用辅料除了赋形、充当载体、提高稳定性外，还具有增溶、助溶、调节释放等重要功能，是可能会影响到制剂的质量、安全性和有效性的重要成分。因此，应关注药用辅料本身的安全性以及药物-辅料相互作用及其安全性。

物料是指药品生产过程中使用的原料、辅料和包装材料等。

二、药物剂型

剂型是药物临床应用的最终形式，由于药物的种类繁多，其性质与用途各不相同，药物在临床使用前必须制成各类适宜的剂型，以适应临床上的各种需要。

（一）药物制成不同剂型的意义

1. 剂型可以适应不同的临床要求

同一药物制成的剂型不同，其作用速度有差别。注射剂、吸入气雾剂、舌下给药片剂（或滴丸剂）等属速效剂型，起效快，可用于急救；丸剂、片剂、缓控释制剂、植入剂等属慢效剂型或长效剂型，可以用于慢性病患者；外用膏剂、栓剂、贴剂等给药剂型，一般用于皮肤、局部腔道疾病。

2. 剂型可适应药物性质要求

根据药物性质要求，选择适宜的剂型，以适应临床应用的需要。例如，青霉素在水溶液中不稳定，容易分解，所以一般制成粉针剂；胰岛素如果口服，容易被消化液中的胰岛素酶破坏，因此一般制成注射剂；治疗十二指肠溃疡的药物奥美拉唑在胃部易被胃酸破坏，可制成肠溶制剂。

3. 剂型可以改变药物的生物利用度或改变作用性质

同一药物制成的剂型不同，其生物利用度有差异。如解热镇痛药布洛芬制成栓剂比片剂释放速度快，生物利用度高。

多数药物的药理活性与剂型无关，有些药物制成剂型的不同或采用的给药方式不同，其药效不同。但有些药物的药理活性与剂型有关。如硫酸镁口服剂型用作泻下药，但5%注射液静脉滴注，能抑制大脑中枢神经，有镇静、镇痉作用；又如依沙吖啶（利凡诺）0.1%～0.2%溶液可用于局部涂敷起杀菌作用，但1%注射剂可用于中期引产。

4. 药物制成不同剂型可以降低或消除药物的毒副作用

氨茶碱治疗哮喘病有很好的疗效，但有易引起心跳加快的毒副作用，若制成栓剂则可消除毒副作用；非甾体抗炎药口服产生严重的胃肠道刺激性，若制成经皮吸收制剂后可以消除副作用；缓释、控释制剂能保持平稳的血药浓度，避免血药浓度的峰谷现象，从而降低药物的毒副作用。

5. 某些药物剂型具有靶向作用

如静脉注射乳剂、脂质体、微球体等具有微粒结构的制剂，在人体内被网状内皮系统的巨噬细胞吞噬后，主要在肝、肾、肺等器官分布较多或定位释放，而减少全身副作用，提高了治疗效果。

（二）药物剂型的分类

《中华人民共和国药典》2020年版收录了89个制剂通则，其中常用剂型有40多种，其主要分类方法如下：

1. 按给药途径分类

首先按给药部位进行大分类，然后根据形状进行中分类，再根据特性细分类。

（1）口服给药剂型　系指口服后进入胃肠黏膜吸收而发挥全身作用的制剂。

① 片剂　包括普通片、分散片、咀嚼片、口崩片。

② 胶囊剂　可分为硬胶囊剂和软胶囊剂。

③ 颗粒剂　可分为可溶颗粒、混悬颗粒、泡腾颗粒。

④ 口服乳剂、口服溶液剂、口服混悬剂。

⑤ 合剂　单剂量灌装的合剂也可称"口服液"。

（2）口腔内给药剂型　主要在口腔内发挥作用的制剂，要和口服片区别开。

① 口腔用片　包括含片、舌下片、口腔贴片等。

② 口腔喷雾剂。

③ 含漱剂。

（3）注射给药剂型　以注射方式给药的剂型。

① 注射剂　根据给药部位再分为静脉注射、肌内注射、皮下注射、皮内注射及腔内注射等。

② 输液　根据药液性质分为营养输液、电解质输液、胶体输液等。

③ 植入注射剂　用微球或原位凝胶制备的注射剂。

④ 缓释注射剂　如微球注射剂。

（4）呼吸道给药剂型　通过气管或肺部给药的制剂。主要以吸入或喷雾方式给药。包括吸入气雾剂、吸入粉雾剂、喷雾剂、气雾剂等。

（5）皮肤给药剂型　将药物给予皮肤的制剂，可以起到局部或全身作用。

① 外用溶液剂　可分为洗剂、涂剂、酊剂等。

② 外用固体制剂　主要指外用散剂。

③ 外用半固体制剂　系指软膏剂、凝胶剂、乳膏剂等。

④ 贴剂。

⑤ 喷雾剂、气雾剂　系指外用喷雾剂、气雾剂。

（6）眼用制剂　系指直接用于眼部发挥治疗作用的无菌制剂。

① 眼用液体制剂　主要有滴眼剂、洗眼剂、眼内注射溶液等。眼用液体制剂也可以固态形式包装，另备溶剂，在临用前配成溶液或混悬液。

② 眼用半固体制剂　主要有眼膏剂、眼用乳膏剂、眼用凝胶剂等。

③ 眼用固体制剂　主要有眼膜剂、眼丸剂、眼内插入剂等。

（7）鼻用制剂　系指直接用于鼻腔，发挥局部或全身治疗作用的制剂。

① 鼻用液体制剂　主要有滴鼻剂、洗鼻剂、喷雾剂等。鼻用液体制剂也可以固态形式包装，配套专用溶剂，在临用前配成溶液或混悬液。

② 鼻用半固体制剂　主要有鼻用软膏剂、鼻用乳膏剂、鼻用凝胶剂等。

③ 鼻用固体制剂　主要有鼻用散剂、鼻用粉雾剂和鼻用棒剂等。

（8）直肠给药剂型　直肠栓、灌肠剂等。

（9）阴道给药剂型　阴道栓、阴道片、阴道泡腾片等。

（10）耳部给药剂型　滴耳剂、耳用凝胶剂、耳用丸剂等。

2. 按分散系统分类

这种分类方法，便于应用物理化学的原理来阐明各类制剂特征，但不能反映用药部位与用药方法对剂型的要求，甚至一种剂型可以分到几个分散体系中。

（1）溶液型　药物以分子或离子状态（质点的直径小于 1nm）分散于分散介质中所形成的均匀分散体系，也称为低分子溶液，如芳香水剂、溶液剂、糖浆剂、甘油剂、醑剂、注射剂等。

（2）胶体溶液型　主要以高分子（质点的直径为 $1\sim100nm$）分散在分散介质中所形成的均匀分散体系，也称高分子溶液，如胶浆剂、火棉胶剂、涂膜剂等。

（3）乳剂型　油类药物或药物油溶液以液滴状态分散在分散介质中所形成的非均匀分散体系，如口服乳剂、静脉注射乳剂、部分搽剂等。

（4）混悬型　固体药物以微粒状态分散在分散介质中所形成的非均匀分散体系，如合剂、洗剂、混悬剂等。

（5）气体分散型　液体或固体药物以微粒状态分散在气体分散介质中所形成的分散体系，如气雾剂。

（6）微粒分散型　药物以不同大小微粒呈液体或固体状态分散，如微球制剂、微囊制剂、纳米囊制剂等。

（7）固体分散型　固体药物以聚集体状态存在的分散体系，如片剂、散剂、颗粒剂、胶囊剂、丸剂等。

3. 按形态分类

按物质形态分类的方法，即：

（1）液体剂型　如芳香水剂、溶液剂、注射剂、合剂、洗剂等。

（2）气体剂型　如气雾剂、喷雾剂等。

（3）固体剂型　如散剂、丸剂、片剂、栓剂、膜剂等。

（4）半固体剂型　如软膏剂、乳膏剂、糊剂等。

4. 其他分类方法

根据特殊的原料来源和制备过程进行分类的方法，虽然不包含全部剂型，但习惯上还是常用。

（1）浸出制剂　是用浸出方法制备的各种剂型，一般是指中药剂型，浸膏剂、流浸膏剂、酊剂等。

（2）无菌制剂　是用灭菌方法或无菌技术制成的剂型，如注射剂、滴眼剂等。

三、药品标准

（一）药品标准定义及分类

药品生产厂家的生产工艺、技术水平及设备条件的差异，储运与保存条件不同，都将影响药品的质量。为了加强对药品质量的控制，各个国家制定了统一的标准，把反映药品质量特性的技术参数、指标，明确规定后形成的技术文件，就是药品标准。药品标准是评定药品质量、检验药品是否合格的法定依据；是国家对药品的质量、规格和检验方法所作的技术规定；是药品生产、经营、使用、检验和监督管理部门共同遵守的法定依据；是药品的纯度、成分含量、组分、生物有效性、疗效、毒副作用、热原、无菌、物理化学性质以及杂质的综合表现。药品标准中，不仅规定了药品的质量指标（包括检验的项目和限度要求），还规定了检验方法。检验时应按照规定的项目和方法进行检验，符合标准的药品才是合格药品。研发药物需对其质量控制进行系统的、深入的研究，制定出合理的、可靠的质量标准，并不断地修订和完善，以有效控制药品的质量。

《中华人民共和国药品管理法》第二十八条规定，药品应当符合国家药品标准。经国务院药品监督管理部门核准的药品质量标准高于国家药品标准的，按照经核准的药品质量标准执行；没有国家药品标准的，应当符合经核准的药品质量标准。

国家药品监督管理局颁布的《中华人民共和国药典》（简称《中国药典》）和其他药品标准为国家药品标准：

目前，药品所有执行标准均为国家药品标准，主要包括：

① 中华人民共和国药典；

② 卫生部药品标准中药成方制剂一至二十一册；

③ 卫生部药品标准化学、生化、抗生素药品第一分册；

④ 卫生部药品标准（二部）一至六册；

⑤ 卫生部药品标准藏药第一册、蒙药分册、维吾尔药分册；

⑥ 新药转正标准（正不断更新）；

⑦ 国家药品标准化学药品地标升国标一至十六册；

⑧ 国家中成药标准汇编；

⑨ 国家注册标准（针对某一企业的标准，也属于国家药品标准）；

⑩ 进口药品标准。

我国有约10000个药品质量标准，过去由省、自治区和直辖市的卫生部门批准和颁发的地方药品标准，国家药品监督管理部门已经对其中临床常用、疗效确切的品种进行质量标准的修订、统一整理和改进，并入国家药品标准，于2006年取消了地方标准。

随着科学技术的发展和生产工艺技术的不断提高，药品标准也相应地提高。如果原有的药品标准不足以控制药品质量时，可以修订某项指标、补充新的内容、增删某些项目，甚至可以改进一些分析检验技术。《中国药典》中收载的某些品种，由于医疗水平、生产技术或分析检验技术的发展而显得陈旧落后，也可降级，甚至淘汰。所以，药品标准仅在某一历史阶段有效，并非一成不变，可根据具体情况，修订原有药品质量标准。

（二）药品质量标准的内容

国家药品标准的主要内容有名称、结构式、分子式和分子量、含量或效价的规定和测定方法、处方、制法、性状、鉴别、检查、类别、规格、储藏及制剂等。

（1）名称　包括中文名称、汉语拼音名和英文名称，原料药还有化学名称。中文名称是按照《中国药品通用名称》命名的，为药品的法定名称，列入国家药品标准的药品名称为药品通用名称。已经作为药品通用名称的，该名称不得作为药品商标使用。

（2）含量或效价的规定　在药品质量标准中又称为含量限度，是指用规定的检测方法测得的有效物质含量范围。对于原料药，其含量限度一般用有效物质的重量百分率（％）表示，为了能准确反映药品的含量，一般将原料药的含量换算成干燥品的含量。用"效价测定"的抗生素或生化药品，其含量限度用效价单位（国际单位 IU）表示。对于药物制剂，其含量的限度一般用标示量的百分率（％）来表示，即标示百分含量。

（3）性状　是药品质量的重要表征之一。性状项下主要描述药物的外观、臭、味、溶解度、稳定性以及物理常数等。

（4）鉴别　是指依据药物的化学结构和理化性质，通过某些化学反应来辨别药物的真伪，不是对未知药物进行鉴别。所用的方法应具有一定的专属性、重现性和灵敏度，操作简便、快速。常用的鉴别方法有化学法、光谱法和色谱法。

（5）检查　药品质量标准的检查项下，主要包括有效性、均一性、安全性与纯度要求等内容。

① 有效性的检查是指和药物的疗效有关，但在鉴别、检查和含量测定中不能有效控制的项目，如"粒度"的检查等。

② 均一性主要是检查制剂的均匀程度，如片剂等固体制剂的"重量差异"检查、"含量均匀度"检查等。

③ 安全性是检查药物中存在微量的、能对人体产生特殊作用的、严重影响用药安全的杂质检查，如"热原"检查、"细菌内毒素"检查等。

④ 纯度是检查项下的主要内容，是对药物中的杂质进行检查。药物在不影响疗效及人体健康的原则下，可以允许微量杂质的存在。通常按照药品质量标准规定的项目进行"限度检查"，以判断药物的纯度是否符合限量规定要求，而不需要准确测定其含量，如铁盐的检查、异烟肼中的游离肼的检查。

（6）含量（效价）测定　是指用规定的方法测定药物中有效成分的含量。常用的含量测定方法有化学分析法、仪器分析法、生物学方法，其中用化学分析法和仪器分析法测定的称含量测定，用生物学法测定的称效价测定。药品中有效成分的含量是评价药品质量的重要指标。含量测定必须在鉴别、杂质检查合格的基础上进行。

（7）类别　是指按药品的主要作用、用途或学科划分的类别，如抗高血压药。

（8）储藏　主要规定了药品的储藏条件，如是否需要低温储藏，在一定条件下可储藏多长时间，即药品的有效期。

四、药典

药典是一个国家记载药品标准、规格的法典，具有法律的约束力。我国历史上的第一部药典是唐代的《新修本草》，也是世界上最早颁布的药典。《中华人民共和国药典》简称《中国药典》，是中国用于药品生产和管理的法典，由国家药典委员会编纂，经国务院批准后，由国家药品监督管理局颁布执行。《中国药典》收载的品种为疗效确切、临床需要、安全可靠、工艺合理、标准完善、质量可控的药品。中华人民共和国成立后共出版了 11 版药典。

《中国药典》目前每5年修订一次,其版次用出版的年份表示,现行版是2020年版。

药典一般由国家药品监督管理局主持编纂并颁布实施,国际性药典则由公认的国际组织或有关国家协商编订。药典是从本草学、药物学以及处方集的编著演化而来。药典的重要特点是它的法定性和体例的规范化。

(一)《中国药典》

1.《中国药典》概况

我国是世界上最早颁布药典的国家,早在唐高宗显庆四年(公元659年),李勣(音"绩")、苏敬等编纂了《新修本草》,又称《唐本草》,由国家颁行,这是国家颁布药典的创始,也是我国历史上第一部药典。民国十九年(1930年),国民政府卫生署编纂了《中华药典》第一版。

中华人民共和国成立后,于1950召开了第一届全国卫生工作会议,并于同年成立了第一届中国药典编纂委员会,其后共编纂出版了11版药典(1953年版、1963年版、1977年版、1985年版、1990年版、1995年版、2000年版、2005年版、2010年版、2015年版和2020年版药典,2020年版为现行版药典)。其中1953年版、1963年版各为一册。1977~2000年版分成一部和二部共两册,其中,一部收载中药材、中成药、由天然产物提取的药物纯品和油脂,二部收载化学合成药、抗生素、生化药品、放射性药品以及药物制剂,同时也收载血清疫苗。《中国药典》2005年版开始分为一部、二部、三部和增补本,在第三部中,首次将《中国生物制品规程》并入药典。2015年版开始分为一部、二部、三部、四部和增补本。

《中国药典》2020年版由一部、二部、三部、四部组成,一部收载药材、饮片、植物油脂、提取物和单味制剂等,二部收载化学药品、抗生素、生化药品及放射性药品,三部收载生物制品及相关通用技术要求,四部收载通用技术要求和药用辅料。

2.《中国药典》的基本结构和内容

《中国药典》2020年版每部中均由凡例、通用技术要求和品种正文构成。凡例是解释和正确使用《中国药典》2020年版进行质量检定的基本原则,是对品种正文、通用技术要求以及药品质量检验和检定中有关共性问题的统一规定。通用技术要求包括《中国药典》2020年版收载的通则、指导原则以及生物制品通则和相关总论。《中国药典》2020年版各品种项下收载的内容为品种正文。正文部分为所收载药品的质量标准。

凡例和通用技术要求中采用"除另有规定外"这一用语,表示存在与凡例或通用技术要求有关规定不一致的情况时,则在品种正文中另作规定,并据此执行。

(1)凡例 凡例中的有关规定具有法定的约束力。药品检验分析人员必须能正确理解和使用药典。凡例中的内容摘要如下。

① 项目与要求

a. 溶解度,是药品的一种物理性质,药品的近似溶解度以下列名词术语表示。

极易溶解　　　　　　系指溶质1g(ml)能在溶剂不到1ml中溶解;

易溶　　　　　　　　系指溶质1g(ml)能在溶剂1~不到10ml中溶解;

溶解　　　　　　　　系指溶质1g(ml)能在溶剂10~不到30ml中溶解;

略溶　　　　　　　　系指溶质1g(ml)能在溶剂30~不到100ml中溶解;

微溶　　　　　　　　系指溶质1g(ml)能在溶剂100~不到1000ml中溶解;

极微溶解　　　　　　系指溶质1g(ml)能在溶剂1000~不到10000ml中溶解;

几乎不溶或不溶 系指溶质 1g（ml）在溶剂 10000ml 中不能完全溶解。

试验法：除另有规定外，称取研成细粉的供试品或量取液体供试品，置于（25±2）℃一定容量的溶剂中，每隔 5 分钟强力振摇 30 秒；观察 30 分钟内的溶解情况，如看不见溶质颗粒或液滴时，即视为完全溶解。

b. 制剂的规格，系指每一支、片或其他每一个单位制剂中含有主药的重量（或效价）或含量（％）或装量；注射液项下，如为"1ml：10mg"，系指 1ml 中含有主药 10mg；对于列有处方或标有浓度的制剂，也可同时规定装量规格。

c. 储藏项下的规定，系为避免污染和降解而对药品储存与保管的基本要求，以下列名词术语表示：

遮光	系指用不透光的容器包装，例如，棕色容器或适宜的黑色材料包裹的无色透明、半透明容器；
避光	系指避免日光照射；
密闭	系指将容器密闭，以防止尘土及异物进入；
密封	系指将容器密封以防止风化、吸潮、挥发或异物进入；
熔封或严封	系指将容器熔封或用适宜的材料严封，以防止空气与水分的侵入并防止污染；
阴凉处	系指不超过 20℃；
凉暗处	系指避光并不超过 20℃；
冷处	系指 2～10℃；
常温（室温）	系指 10～30℃。

除另有规定外，储藏项下未规定储藏温度的一般系指常温。

由于注射剂与眼用制剂等的包装容器均直接接触药品，可视为该制剂的组成部分，因而可写为"密闭保存"。

② 检验方法和限度

a. 原料药的含量（％），除另有注明者外，均按重量计。如规定上限为 100％以上时，系指用本药典规定的分析方法测定时可能达到的数值，它为药典规定的限度或允许偏差，并非真实含量；如未规定上限时，系指不超过 101.0％。

b. 制剂的含量限度范围，系根据主药含量的多少、测定方法、生产过程和储存期间可能产生的偏差或变化而制定的，生产中应按标示量 100％投料。如已知某一成分在生产或储存期间含量会降低生产时可适当增加投料量，以保证在有效期（或使用期限）内含量能符合规定。

③ 标准品、对照品的规定 标准品、对照品系指用于鉴别、检查、含量或效价测定的标准物质。标准品系指用于生物检定或效价测定的标准物质，其特性量值一般按效价单位（或 μg）计，以国际标准物质进行标定；对照品系指采用理化方法进行鉴别、检查或含量测定时所用的标准物质，其特性量值一般按纯度（％）计。对照品除另有规定外，均按干燥品（或无水物）进行计算后使用。

标准品与对照品均应附有使用说明书，一般应标明批号、特性量值、用途、使用方法、储藏条件和装量等。

标准品与对照品均应按其标签或使用说明书所示的内容使用和储藏。

④ 计量的规定

a. 试验用的计量仪器均应符合国家质量技术监督部门的规定。

b. 本版药典使用的滴定液和试液的浓度，以 mol/L（摩尔/升）表示者，其浓度要求精密标定的滴定液用"×××滴定液（YYYmol/L）"表示；作其他用途不需精密标定其浓度时，用"YYYmol/L×××溶液"表示，以示区别。

c. 有关温度的描述，一般以下列名词术语表示：

水浴温度除另有规定外，均指 98～100℃；

热水	系指 70～80℃；
微温或温水	系指 40～50℃；
室温（常温）	系指 10～30℃；
冷水	系指 2～10℃；
冰浴	系指约 0℃；
放冷	系指放冷至室温。

d. 百分比用"％"符号表示，系指重量的比例；但溶液的百分比，除另有规定外，系指溶液 100ml 中含有溶质若干克；乙醇的百分比，系指在 20℃时容量的比例。此外，根据需要可采用下列符号：

％（g/g）	表示溶液 100g 中含有溶质若干克；
％（ml/ml）	表示溶液 100ml 中含有溶质若干毫升；
％（ml/g）	表示溶液 100g 中含有溶质若干毫升；
％（g/ml）	表示溶液 100ml 中含有溶质若干克。

e. 缩写"ppm"表示百万分比，系指重量或体积的比例。

f. 缩写"ppb"表示十亿分比，系指重量或体积的比例。

g. 液体的滴，系在 20℃时，以 1.0ml 水为 20 滴进行换算。

h. 溶液后标示的"（1→10）"等符号，系指固体溶质 1.0g 或液体溶质 1.0ml 加溶剂使成 10ml 的溶液；未指明用何种溶剂时，均系指水溶液；两种或两种以上液体的混合物，名称间用半字线"-"隔开，其后括号内所示的"："符号，系指各液体混合时的体积（重量）比例。

i. 乙醇未指明浓度时，均系指 95％（ml/ml）的乙醇。

⑤ 精确度的规定

a. 试验中供试品与试药等"称重"或"量取"的量，均以阿拉伯数码表示，其精确度可根据数值的有效数位来确定，如称取"0.1g"，系指称取重量可为 0.06～0.14g；称取"2g"，系指称取重量可为 1.5～2.5g；称取"2.0g"，系指称取重量可为 1.95～2.05g；称取"2.00g"，系指称取重量可为 1.995～2.005g。

"精密称定"系指称取重量应准确至所取重量的千分之一；"称定"系指称取重量应准确至所取重量的百分之一；"精密量取"系指量取体积的准确度应符合国家标准中对该体积移液管的精确度要求；"量取"系指可用量筒或按照量取体积的有效数位选用量具。取用量为"约"若干时，系指取用量不得超过规定量的±10％。

b. 恒重，除另有规定外，系指供试品连续两次干燥或炽灼后的重量差异在 0.3mg 以下的重量；干燥至恒重的第二次及以后各次称重均应在规定条件下继续干燥 1 小时后进行；炽灼至恒重的第二次称重应在继续炽灼 30 分钟后进行。

c. 试验中规定"按干燥品（或无水物，或无溶剂）计算"时，除另有规定外，应取未经干燥（或未去水、或未去溶剂）的供试品进行试验，并将计算中的取用量按检查项下测得的干燥失重（或水分或溶剂）扣除。

d. 试验中的"空白试验"，系指在不加供试品或以等量溶剂替代供试液的情况下，按同法操作所得的结果。含量测定中的"并将滴定的结果用空白试验校正"，系指按供试品所耗滴定液的量（ml）与空白试验中所耗滴定液量（ml）之差进行计算。

e. 试验时的温度，未注明者，系指在室温下进行；温度高低对试验结果有显著影响者，除另有规定外，应以 25℃±2℃ 为准。

⑥ 有关试药、试液、指示剂的规定

a. 试验用的试药，除另有规定外，均应根据通则试药项下的规定，选用不同等级并符合国家标准或国务院有关行政主管部门规定的试剂标准。试液、缓冲液、指示剂与滴定液等，均应符合附录的规定或按照附录的规定制备。

b. 试验用水，除另有规定外，均系指纯化水。酸碱度检查所用的水，均系指新沸并放冷至室温的水。

c. 酸碱性试验时，如未指明用何种指示剂，均系指石蕊试纸。

（2）通用技术要求　主要包括制剂通则、其他通则、通用检测方法。制剂通则系为按照药物剂型分类，针对剂型特点所规定的基本技术要求。通用检测方法系为各品种进行相同项目检验时所应采用的统一规定的设备、程序、方法及限度等。

（二）主要国外药典

随着国际经济文化一体化的发展，我国与世界各国的药品贸易逐渐增多，了解国外的药典很有必要。目前世界上有 38 个国家编制了药典，发达国家的药典以《美国药典》《英国药典》《日本药局方》和《欧洲药典》具有代表性。

1.《美国药典》（USP）

由美国政府所属的美国药典委员会编辑出版，是美国政府对药品质量标准和检定方法作出的技术规定，也是药品生产、使用、管理、检验的法律依据。《国家处方集》（NF）于 1883 年出第一版，1980 年起并入 USP，但仍分两部分，前面为 USP，后面为 NF。《美国药典-国家处方集》（USP-NF）每年出版一次。每一版本的《美国药典》包含 4 卷及 2 个增补版，除印刷版外，《美国药典》还提供 U 盘版和互联网在线版。

2.《英国药典》（BP）

是英国药品委员会的正式出版物，是英国制药标准的重要来源。《英国药典》不仅为读者提供了药用和成药配方标准以及公式配药标准，而且也向读者展示了许多明确分类并可参照的欧洲药典专著。《英国药典》出版周期不定，最新的版本为 2020 版，2019 年 10 月出版，2020 年 1 月生效。

3.《日本药局方》（JP）

是日本药典，由日本药局方编辑委员会编纂，日本厚生省颁布执行。它由一部和二部组成，共一册。一部收载有凡例、制剂总则（即制剂通则）、一般试验方法、医药品各论（主要为化学药品、抗生素、放射性药品以及制剂）；二部收载通则、生药总则、制剂总则、一般实验方法、医药品各论（主要为生药、生物制品、调剂用附加剂等）、药品红外光谱集、一般信息等。索引置于最后。目前最新版为第十七版，2016 年 4 月 1 日生效。

4.《欧洲药典》（Ph. Eur.）

由欧洲药品质量委员会（EDQM）编辑出版，有英文和法文两种法定文本。《欧洲药典》的基本组成有凡例、通用分析方法（包括一般鉴别试验，一般检查方法，常用物理、化学测定法，常用含量测定方法，生物检查和生物分析，生药学方法）、容器和材料、试剂、正文和索引等。

1977 年出版第一版《欧洲药典》，在 1980～1996 年期间，每年将增修订的项目与新增品种出版一本活页本，汇集为第二版《欧洲药典》各分册，未经修订的仍按照第一版执行。

1997 年出版第三版《欧洲药典》合订本，并在随后的每一年出版一部增补本，由于欧洲一体化及国际药品标准协调工作不断发展，增修订的内容显著增多。

2001 年 7 月，第四版《欧洲药典》出版，并于 2002 年 1 月生效。第四版《欧洲药典》除了注册之外，还出版了 8 个增补版。2019 年 7 月，第十版《欧洲药典》出版，2020 年 1 月生效，为现行版药典。

5.《国际药典》 (Ph. Int.)

由世界卫生组织（WHO）编纂，旨在为所选药品、辅料和剂型的质量标准达成一个全球范围统一的标准性文献。其采用的信息是综合了各国实践经验并经广泛协商后整理出的。2018 年发布的国际药典为最新版本。

五、药物制剂生产相关法规

药品生产是指将原料加工制备成能供医疗应用的形式的过程。药品生产是一个十分复杂的过程，从原料进厂到成品制造出来并出厂，涉及许多生产环节和管理，任何一个环节疏忽，都有可能导致药品质量的不合格。保证药品质量，必须在药品生产全过程进行控制和管理。

（一）药品生产质量管理规范

《药品生产质量管理规范》（good manufacturing practice，GMP）是药品生产和质量管理的基本准则。推行 GMP 的目的是：

① 将人为产生的错误减小到最低；

② 防止对医药品的污染和低质量医药品的产生；

③ 保证产品高质量的系统设计。

1963 年美国率先实行 GMP，此后各国积极响应，陆续制定并实施了符合各国国情的 GMP 条例。我国于 1982 年由中国医药工业公司颁发了《药品生产管理规范（试行本）》，这是我国医药工业第一次试行的 GMP。多年来，经过多次的修改与反复实践，GMP 的管理规范得到了进一步完善和发展。于 1999 年，国家药品监督管理局最终修订并颁布了《药品生产质量管理规范（1998 年修订）》，规定于 1999 年 8 月 1 日起全面施行。目前我国已全面实施 GMP 认证。2010 年修订的《药品生产质量管理规范（2010 年修订）》是我国现行的 GMP，于 2011 年 3 月 1 日起实施，使药品生产的规范化管理进入新的阶段。

GMP 的基本内容包括：制药企业机构设立和人员素质、厂房与设施、设备、物料与产品、确认与验证、文件管理、生产管理、质量管理、产品发运与召回、自检等。GMP 适用于药物制剂生产的全过程、原料药生产中影响成品质量的关键工序。

（二）药物非临床研究质量管理规范

药物非临床研究质量管理规范（good laboratory practice，GLP）亦称为临床前（非人体）研究工作的管理规范，用于评价药物的安全性。在实验室条件下，通过动物实验进行的各种毒性实验，包括单次给药的毒性试验、反复给药的毒性试验、生殖毒性试验、致突变试验、致癌试验、各种刺激性试验、依赖性试验以及与药品安全性的评价有关的其他毒性试验。我国现行的《药物非临床研究质量管理规范》于 2003 年 6 月 4 日经国家食品药品监督管理局局务会审议通过，自 2003 年 9 月 1 日起施行。

（三）药物临床试验质量管理规范

药物临床试验质量管理规范（good clinical practice，GCP），药品临床试验是指任何在人体（患者或健康志愿者）进行的药品系统性研究，以证实或揭示试验用药品的作用及不良反应等。制定 GCP 的目的在于保证临床试验过程的规范，结果科学可靠，保证受试者的权益并保障其安全。

除了上述几项规范外，还有《中药材生产质量管理规范》（good agricultural practice，GAP）和《药品经营质量管理规范》（good supply practice，GSP）等。

项目评价

一、单项选择题

1. 有关《中国药典》叙述错误的是 （　　　）。

A. 药典是一个国家记载药品规格、标准的法典

B. 药典由国家组织的药典委员会编写，并由政府颁布实施

C. 药典不具有法律约束力

D. 每部均由凡例、正文和索引组成

2. 《中国药典》最新版本为 （　　　）。

A. 2000 年版　　　　B. 2005 年版　　　　C. 2015 年版　　　　D. 2020 年版

3. 《药品生产质量管理规范》的英文简称是 （　　　）。

A. GMP　　　　　　B. GSP　　　　　　C. GLP　　　　　　D. GAP

4. 将药物制成适合于临床应用的形式是指 （　　　）。

A. 剂型　　　　　　B. 制剂　　　　　　C. 药品　　　　　　D. 成药

5. 下列剂型中属于均匀分散系统的是 （　　　）。

A. 乳剂　　　　　　B. 混悬剂　　　　　C. 疏水性胶体溶液　D. 溶液剂

6. 一个药品的名称一定有 （　　　）。

A. 通用名　　　　　B. 英文名　　　　　C. 汉语拼音名　　　D. 商品名

7. 药品质量标准是国家对药品质量、规格及检验方法所作的 （　　　）。

A. 统一说明　　　　B. 统一规定及说明　C. 技术规定　　　　D. 技术方法

8. 下列各类品种中收载在《中国药典》2020 年版三部的是 （　　　）。

A. 生物制品　　　　B. 化学药物　　　　C. 中药制剂　　　　D. 抗生素

9. 热水的温度是 （　　　）。

A. 98～100℃　　　　B. 70～80℃　　　　C. 40～50℃　　　　D. 10～30℃

10. 药品是一种特殊商品，与一般商品相比的特殊之处体现在 （　　　）。

A. 质量　　　　　　　　　　　　　　B. 生产工艺

C. 用途　　　　　　　　　　　　　　D. 关系到人的健康和生命安全

二、多项选择题

1. 药物及其制剂收载进药典的条件为 （　　　）。

A. 疗效确切 　　　　　　　　　　　　B. 祖传秘方

C. 质量稳定 　　　　　　　　　　　　D. 不良反应少

E. 前版药典的收载的所用药物

2. 关于药品批准文号说法正确的是 （　　　）。

A. 是药品生产合法性的标志

B. 需经国家药品监督管理部门批准

C. 药品生产企业需取得药品批准文号方可生产该药品

D. 同一种药品的不同规格产品可共用一个药品批准文号

E. 同一种药品的不同规格产品不能共用一个药品批准文号

3. 按剂型形态分类，可将药物剂型分为 （　　　）。

A. 液体剂型 　　　　　　　　　　　　B. 固体剂型

C. 气体剂型 　　　　　　　　　　　　D. 半固体剂型

E. 微粒剂型

4. 药品批准文号中 "字母" 可以为 （　　　）。

A. Z 　　　　B. H 　　　　C. J 　　　　D. K 　　　　　E. S

5. 药物依据来源可分为 （　　　）。

A. 天然药物 　　　　　　　　　　　　B. 化学合成药物

C. 生物技术药物 　　　　　　　　　　D. 原料药物

E. 制剂药物

6. 以下表述了药物剂型重要性的是 （　　　）。

A. 剂型可改变药物的作用性质

B. 剂型可改变药物的作用速度

C. 改变剂型可降低 （或消除） 药物的毒副作用

D. 改变剂型可影响药物疗效

E. 剂型可改变药物的性质

三、简答题

1. 为什么要将药物制成剂型后才能用于临床？

2. 我国的药品标准有哪些？

3. 药品的生产管理包括哪些内容？药品的生产管理文件有哪些？

四、实例分析

通过查资料，分析药品生产企业需要达到哪些基本条件后，才能生产药品。

项目二
药物制剂生产准备

学习目标

通过药物制剂生产准备任务达到如下学习目标。

知识目标：

1. 掌握　洁净室（区）的洁净度级别；湿热灭菌法、干热灭菌法和过滤除菌法；无菌操作法；制药用水的种类、用途和纯化水、注射用水的制备方法；热风干燥、冷冻干燥和流化床干燥；粉末等级标准和制剂生产中常用的筛分设备；混合常用设备。

2. 了解　空气净化常用技术；辐射灭菌法、气体灭菌法、气体灭菌法、液相灭菌法和紫外线灭菌法；无菌检查和微生物限度检查；制药用水的水质标准；干燥的影响因素和干燥的应用；真空干燥、微波干燥、喷雾干燥和其他干燥；粉碎的含义和目的；混合的定义、目的和混合的原则。

技能目标：

1. 能依据 GMP 要求，执行更衣、更鞋标准操作规程，进入相应洁净级别操作岗位。

2. 能根据物料特性及工艺要求，选择合适的清洁、灭菌方法。

3. 能根据药品生产工艺要求，选用不同种类的制药用水。

4. 能根据物料的特性，选择适合的干燥方法。

5. 能根据物料的特性，选择适合的粉碎、混合方法。

素质目标：

1. 具备维护药品生产环境的洁净标准与质量安全的职业精神。

2. 具备良好的团队协作精神、问题解决能力和持续学习的态度，以应对制剂生产中的复杂挑战，确保药物制剂的安全性和有效性。

项目说明

药物制剂生产准备是药物制剂生产过程中的重要环节之一，包括环境准备、物料准备、设备准备、工艺流程设计等环节。在药物制剂生产准备过程中，需要遵循药品生产相关法规和标准，确保生产过程的顺利进行和药品的质量安全。

本项目的目的是通过药物制剂生产准备任务，帮助学员掌握药物制剂生产准备的相关知识、技能和素质要求，为后续的药物制剂生产操作打下基础。

本项目包括生产环境准备、制药用水制备、物料干燥技术、制剂单元操作共 4 个任务。主要包括理论学习：通过课堂讲解、演示、小组讨论等方式，学习药物制剂生产准备的相关知识；模拟演练：在模拟的药品生产环境中，进行药物制剂生产准备的演练操作；填写记录：在指导老师的带领下，进入真实药品生产企业，对实际的药物制剂 GMP 生产车间的准备操作进行参观学习。

一、生产环境准备

（一）空气净化技术

1. 概述

空气净化技术是以创造洁净空气环境为目的的空气调节技术。空气净化根据不同的生产工艺要求可分为工业洁净和生物洁净两大类。工业洁净需除去空气中悬浮的尘埃，生物洁净不仅需除去空气中的尘埃，还需除去悬浮的微生物以创造空气洁净的环境。

CMP 规定制剂生产车间应当根据药品品种、生产操作要求及外部环境状况等配置空调净化系统，使生产区有效通风，并有温度、湿度控制和空气净化过滤，保证药品的生产环境符合要求。

根据药品生产工艺要求，洁净区可分为不同的级别，2010 年 GMP 根据空气中含尘量和含菌量的不同将洁净区的洁净度划分为 A、B、C、D 四个等级。

空气净化技术一般采用空气过滤的方式，当含尘埃粒子的空气通过多孔过滤介质时，尘埃粒子被过滤介质的微孔截留或孔壁吸附，达到与空气分离的目的。

（1）空气净化系统的组成及工作原理　根据尘埃粒子与过滤介质的作用方式，空气过滤的机制大体分为拦截作用和吸附作用。

① 拦截作用　系指当尘埃粒子的粒径大于过滤介质微孔时，随着气流运动的粒子在过滤介质的机械屏蔽作用下被截留。

② 吸附作用　系指当粒径小于过滤介质间隙的细小粒子通过介质微孔时，由于尘埃粒子的重力、分子间范德瓦耳斯力、静电、粒子运动惯性等作用，与间隙表面接触被吸附。

空气净化系统主要由空气过滤器、空气循环系统、空气分布器、空调系统等组成，图 2-1 为洁净室利用过滤器净化空气的处理流程。其中，空气过滤器是空气净化系统的核心部件，它能够去除空气中的尘埃、细菌、病毒等有害物质，保证洁净区内的空气质量。

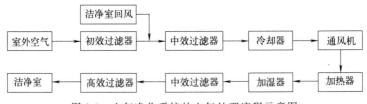

图 2-1　空气净化系统的空气处理流程示意图

（2）空气过滤　空气过滤机制主要通过物理和化学作用实现。物理作用主要是通过过滤器的拦截、沉降和惯性碰撞等机制，去除空气中的大颗粒物。而化学作用则取决于过滤材料对空气中污染物的吸附和化学反应能力。常用空气净化技术通常采用的过滤方式有初效过滤、中效过滤和亚高效过滤或高效过滤。

① 初效过滤　系指过滤空气中直径较大的尘埃粒子，以达到在空气净化过程中正常地进行，并有效地保护中效过滤器的目的。初效过滤器设置于空气净化系统机组的初始段，主

要用于过滤粒径 $5\mu m$ 以上尘粒。初效过滤器有板式、折叠式、袋式等样式，外框材料可采用纸质框、铝合金框等，过滤材料有无纺布、活性炭过滤棉等，滤材支撑防护网可用不锈钢拉板网、冲孔板等，具有结构紧凑、通用性好的特点。

② 中效过滤　系指过滤空气中直径较小的尘埃粒子，设置于空气净化系统机组的中间段，位于高效过滤器的前端，主要用于空气经过初效过滤后的进一步过滤，过滤粒径 $1\mu m$ 以上尘粒，以达到在空气净化过程中正常地进行，并有效地保护亚高效过滤或高效过滤器的目的。

③ 高效过滤　设置于药品生产洁净室内的送风系统，主要用于捕集粒径 $0.3\mu m$ 以上的尘粒。均为板式过滤器，分有隔板和无隔板两种。有隔板过滤器是将滤料往返折叠制成，在被折叠的滤料之间靠波纹状分隔板支撑着，形成空气通道。无隔板过滤器是将滤料往返折叠制成，在被折叠的滤料之间用线状黏结剂或其他支撑物支撑。目前洁净厂房多采用液槽密封式高效空气过滤器，过滤器边框的一面应沿周长设一圈刀口，固定在过滤器的框架上，根据过滤器密封面尺寸设一圈沟槽。安装时，将刀口插入填充非牛顿流体材料的沟槽中进行密封。非牛顿流体密封材料如聚硅氧烷等，性能应保证在工作温度下柔韧不流淌。经中效过滤的净化空气采用顶送和侧送进入高效过滤器。

（3）制冷技术　药品生产的洁净厂房通常要满足温度 $18\sim24℃$、湿度 $45\%\sim65\%$ 的要求，就要应用制冷技术对空气净化系统的空气进行热量交换，以控制其温度和湿度，使其始终符合药品 GMP 的要求。

① 制冷基本原理　从低于环境温度的物体中吸取热量，并将其转移给环境介质的过程，称为制冷。按照能量交换原理，可分为以下几种制冷方式：

a. 蒸气压缩式：通过压缩机吸入从蒸发器出来的较低压力的工质蒸气。使之压力升高后送入冷凝器，在冷凝器中冷凝成压力较高的液体。经节流阀调节，液体在蒸发器蒸发为气体。利用工质由液体状态汽化为蒸气状态过程中吸收热量，工质因失去热量而降低温度，达到制冷的目的。常见的空调设备、冷水机均采用此方式制冷。

b. 吸收式：利用某些具有特殊性质的工质对，通过一种物质对另一种物质的吸收和释放，产生物质的状态变化，从而伴随吸热和放热过程，实现制冷的目的。常见设备有溴化锂冷水机。

c. 半导体式：利用半导体材料的帕尔帖效应，当直流电通过两种不同半导体材料串联成的电偶时，在电偶的两端即可分别吸收热量和放出热量，实现制冷的目的。此方式常用于电子设备冷却、家用小电器制冷。由于制冷功率较小，不应用于大型制冷设备。

② 制冷设备能量交换过程　制药洁净技术中较多采用蒸气压缩式、吸收式制冷设备，制冷过程包含两个热量交换系统，共四个热量交换的过程：一是液态制冷剂（蒸汽压缩式常用 R134a、R123，吸收式常用水）汽化过程与载冷剂（常用的有水、盐水、有机物，制药洁净技术中一般采用水作为载冷剂，称为冷冻水）之间的热量交换和载冷剂通过组合风柜系统的表冷器与净化空气系统的空气进行热量交换；二是制冷剂蒸气与载热剂（即冷却水）之间的热量交换和载热剂与冷却塔散热介质之间的热量交换。

③ 洁净技术中制冷系统的组成　洁净技术中制冷系统应用较多的主要方式有以下两种：集中供冷方式和单机供冷方式。

a. 集中供冷方式：由冷水机组、冷冻水泵、冷冻水管网、空调风柜、冷却水泵、冷却水管网、冷却塔组成。冷水机组作为冷源，以水作为载冷剂，通过冷冻水管网向各空调风柜输送低温冷冻水，冷冻水经过空调风柜表冷器与空气进行热交换，实现对空气的温湿度处理。一套冷水机组可对多台空调风柜供冷。水是较好的载热体，输送方式简单，可实现远距离送冷。冷却系统采用水冷式，通过冷却水塔将冷水机组的热量传递到室外空气。

b. 单机供冷方式：由压缩机、蒸发器、冷凝器组成。空调风柜自带冷源，直接通过制冷剂实现热交换，一体化程度高。由于制冷剂对输送管道要求较高，不适合远距离、大冷量输送。因此，此方式多用于独立运作、冷负荷较小的洁净系统。冷却方式多采用风冷式，通过冷却风扇带动空气流动，将冷凝器的热量传递到大气中。

两种供冷方式的优缺点：a. 集中供冷方式适合于用冷量大、负荷波动小的系统。具有投资成本低、运行管理方便、集约化程度高等优点。由于系统管网庞大、结构复杂、技术要求高，维修保养难度较大、成本较高。如果系统不满负荷运转或负荷波动较大，则运行成本会大幅上升。b. 单机供冷方式适合于用冷量较小的系统。具有结构简单、操作简便、维修方便等优点。对冷负荷波动大、连续运行时间短的空调系统，具有较高的低运行成本优势。相对于集中供冷方式，此方式的投资成本较高，不适用于用冷面积大的洁净系统。

2. 洁净区的要求

洁净区是药物制剂生产中非常重要的区域之一，它通过控制空气、水、人员等要素，确保药品生产环境的洁净度和安全性。洁净区必须保持正压，即按洁净度等级的高低依次相连，并应有相应的压差，以防止低洁净级别房间的空气逆流至高洁净级别房间，洁净区与非洁净区之间、不同级别洁净区之间的压差应当不低于10Pa。必要时，相同洁净度级别的不同功能区域（操作间）之间也应当保持适当的压差梯度，根据药品生产工艺要求，不同级别的洁净区对环境的要求也不同。

无菌药品生产所需的洁净区可分为以下4个级别。

A级：高风险操作区，如灌装区、放置胶塞桶和与无菌制剂直接接触的敞口包装容器的区域及无菌装配或连接操作的区域，应当用单向流操作台（罩）维持该区的环境状态。单向流系统在其工作区域必须均匀送风，风速为0.36～0.54m/s（指导值）。应当有数据证明单向流的状态并经过验证。

在密闭的隔离操作器或手套箱内，可使用较低的风速。

B级：指无菌配制和灌装等高风险操作A级洁净区所处的背景区域。

C级和D级：指无菌药品生产过程中重要程度较低操作步骤的洁净区。

口服液体和固体制剂、腔道用药（含直肠用药）、表皮外用药品等非无菌制剂生产的暴露工序区域及其直接接触药品的包装材料最终处理的暴露工序区域，应当参照"无菌药品"附录中D级洁净区的要求设置，企业可根据产品的标准和特性对该区域采取适当的微生物监控措施。

非无菌原料药精制、干燥、粉碎、包装等生产操作的暴露环境应当按照D级洁净区的要求设置。

生物制品的生产操作应当在符合表2-1中规定的相应级别的洁净区内进行。

表2-1　药物制剂生产操作的洁净度级别要求

洁净度级别	生物制品生产操作示例
B级背景下的局部A级	无菌药品中非最终灭菌产品规定的各工序 灌装前不经除菌过滤的制品其配制、合并等

洁净度级别	生物制品生产操作示例
C 级	体外免疫诊断试剂的阳性血清的分装、抗原与抗体的分装
D 级	原料血浆的合并、组分分离、分装前的巴氏消毒 口服制剂其发酵培养密闭系统环境（暴露部分需无菌操作） 酶联免疫吸附试剂等体外免疫试剂的配液、分装、干燥、内包装

（1）洁净区的监测标准

洁净区的监测标准包括空气悬浮粒子数、微生物数、风速、换气次数、压差等参数。其中，空气悬浮粒子数和微生物数是洁净区最重要的监测指标之一，它们能够反映洁净区的洁净度和微生物污染情况，见表 2-2、表 2-3。

表 2-2　各级别空气悬浮粒子的标准

洁净度级别	悬浮粒子最大允许数/m³			
	静态		动态[3]	
	$\geqslant 0.5\mu m$	$\geqslant 5.0\mu m$[2]	$\geqslant 0.5\mu m$	$\geqslant 5.0\mu m$
A 级[1]	3520	20	3520	20
B 级	3520	29	352000	2900
C 级	352000	2900	3520000	29000
D 级	3520000	29000	不作规定	不作规定

① 为确认 A 级洁净区的级别，每个采样点的采样量不得少于 1m³。A 级洁净区空气悬浮粒子的级别为 ISO 4.8，以 $\geqslant 5.0\mu m$ 的悬浮粒子为限度标准。B 级洁净区（静态）的空气悬浮粒子的级别为 ISO 5，同时包括表中两种粒径的悬浮粒子。对于 C 级洁净区（静态和动态）而言，空气悬浮粒子的级别分别为 ISO 7 和 ISO 8。对于 D 级洁净区（静态）空气悬浮粒子的级别为 ISO 8。测试方法可参照 ISO 14644-1。

② 在确认级别时，应当使用采样管较短的便携式尘埃粒子计数器，避免 $\geqslant 5.0\mu m$ 悬浮粒子在远程采样系统的长采样管中沉降。在单向流系统中，应当采用等动力学的取样头。

③ 动态测试可在常规操作、培养基模拟灌装过程中进行，证明达到动态的洁净度级别，但培养基模拟灌装试验要求在"最差状况"下进行动态测试。

表 2-3　洁净区微生物监测的动态标准[1]

洁净度级别	浮游菌 CFU/m³	沉降菌（$\phi90mm$） CFU/4h[2]	表面微生物	
			接触（$\phi55mm$） CFU/碟	5 指手套 CFU/手套
A 级	<1	<1	<1	<1
B 级	10	5	5	5
C 级	100	50	25	—
D 级	200	100	50	—

① 表中各数值均为平均值。

② 单个沉降碟的暴露时间可以少于 4h，同一位置可使用多个沉降碟连续进行监测并累积计数。

在洁净区的监测过程中，需要定期对各项参数进行检测和记录，以确保洁净区的环境符合药品生产的要求。同时，还需要对洁净区的空气过滤器进行定期的更换和清洗，以保证空气过滤器的过滤效果和洁净区的空气质量。

（2）洁净区的设计

制剂生产厂房的内部布置必须根据药品的种类、剂型以及生产工序、生产要求等合理划分区域，各区域的连接需要在明确人流、物流和空气流的流向（洁净度从高到低）的前提下，确保洁净区内的洁净度达到相应要求。

① 洁净区的布置　洁净区各个部位的布置必须在符合生产工艺要求的前提下，明确人、物流以及空气流的流向，以保证洁净室的洁净度。人员进入准洁净区的流程为：外更衣室→洗净室→更衣室→风淋室→准洁净；操作人员进入洁净室的流程为：外更衣室→脱衣室→淋浴室→风淋室→更衣室→风淋室→无菌走廊→无菌室。

洁净室布置的基本原则为：

a. 洁净室内设备布置尽量紧凑，以减少洁净室的面积；

b. 洁净室的门要求密闭，人、物进出口处装有气闸；

c. 同级别洁净室尽可能安排在一起；

d. 不同级别的洁净室由低级向高级安排，彼此相连的房间之间应设隔门；

e. 洁净室应保持正压，洁净区与非洁净区之间、不同级别洁净区之间的压差应当不低于10Pa，门的开启方向朝着洁净度级别高的房间；

f. 洁净室之间按洁净度等级的高低依次相连，并有相应的压差以防止低级洁净室的空气逆流到高级洁净室；

g. 无菌区紫外线灯，一般安装在无菌工作区之上侧或入口处；

h. 除工艺对温、湿度有特殊要求外，洁净室温度宜保持在18～26℃，相对湿度控制在45％～65％。

② 洁净区对内部结构的要求　洁净室对墙壁与地面总的要求是：便于清扫，防湿，防霉，不易开裂，不易燃烧，导电性好，经济等。因此从材料的选择到施工与洁净度紧密相关。

a. 地板。地面对洁净度的影响较大，在洁净室的内部构造中，地板是关键，但不易做到很完美的程度。对地板的要求有：a. 有弹性而光滑的地板材料为好，缺乏弹性的地板材料易产生缺口而容易积尘；b. 地板和壁面相接的墙角最好做到曲面，以便清扫。常用地面材料有：水磨石、铝、塑料、环氧树脂、聚氨酯、聚氧乙烯等。

b. 墙。墙面的发尘量较少。对于大面积墙，常采用高密度块材砌成后表面贴瓷砖或涂上漆类以形成坚实的表面，光滑无隙。常用涂料有聚氨基甲酸乙酯、过氧化乙烯漆、乳胶漆、普通瓷漆等。对小面积的洁净室可用塑料板、铝板等作隔墙。

c. 顶棚。各种管道，如水管、风管、高效过滤器和照明设施（包括紫外灯）都可装辐射状板吊顶内。天花板采用镶板、混凝土等。天花板最好能用隔音板包于塑料薄膜内，以减少噪声。

③ 洁净区的气流组织　洁净室的空气气流按流动状态分为单向流和非单向流。单向流也称层流，指洁净室中空气朝着同一个方向，以稳定均匀的方式和足够的速率流动，包括水平层流和垂直层流。单向流能持续清除关键操作区域的颗粒。非单向流也称紊流，指洁净室中空气呈现不规则流动状态，气流中的尘埃易相互扩散。洁净室内的洁净度为A级的气流组织形式为层流，C级及以下各级可采用紊流。

水平层流洁净室的净化单元工作过程如图2-2所示。

离心风机吸入经初效过滤器过滤的新鲜空气和洁净室的循环空气，经高效过滤器过滤后送入洁净室，并向对面排风墙流去。这样洁净室内形成水平层流，达到净化的目的。从洁净室排出的空气，一部分排出室外，大部分经回风夹层风道被风机吸入净化后循环使用。

注射剂生产中，某些局部区域要求较高的洁净度，可使用垂直层流洁净工作台（图2-3）。

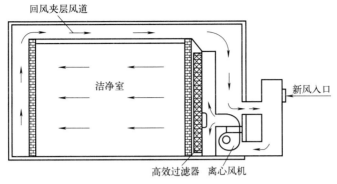

图 2-2　水平层流洁净室示意图

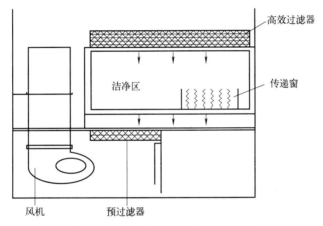

图 2-3　垂直层流洁净工作台示意图

（3）洁净区的其他各项要求

① 洁净区的温度和湿度　洁净区的温度和湿度也是保证药品质量的重要因素之一。根据药品生产工艺要求，洁净区内的温度和湿度应控制在一定的范围内。例如，一般药品生产的温度应控制在 18～26℃，相对湿度应控制在 45%～65%。

② 洁净区的压差和换气次数　洁净区的压差和换气次数也是保证药品质量的重要因素之一。在洁净区内，不同区域的压差应控制在一定的范围内，以确保空气流向的正确性。同时，换气次数也应根据药品生产工艺要求进行控制，以确保空气的新鲜度和洁净度。

③ 洁净区的设备　洁净区内的设备也是保证药品质量的重要因素之一。在洁净区内，应使用符合药品生产工艺要求的设备，如自动化生产线、清洗设备、消毒设备等。同时，设备的维护和保养也应及时、到位，以确保设备的正常运行和使用效果。

④ 洁净区的人员管理　洁净区的人员管理也是保证药品质量的重要因素之一。在洁净区内，应严格控制人员进出，并进行严格的个人卫生和更衣操作。同时，人员的管理也应有相应的规章制度和操作流程进行规范和控制。

（4）进出洁净区的流程及注意事项

进入洁净区前，需要进行严格的个人卫生和更衣操作，以确保洁净区的洁净度和产品质量。具体步骤如下。

① 更换洁净服　将普通衣物更换为洁净服，并注意服装的清洁度和完好性。洁净服通

常由特定的材料制成，能够防止灰尘和微生物的附着，并且需要定期清洗和消毒。

② 洁净区入口处消毒　对鞋子、手部等进行消毒处理，以杀死可能存在的微生物，避免将污染物带入洁净区。

③ 进入缓冲区　在洁净区入口处的缓冲区内，进行二次更衣、手消毒等操作。缓冲区的作用是进一步减少人员带入洁净区的污染物。

④ 通过洁净通道进入洁净区　在经过风淋室、气闸室等洁净通道后，进入洁净区。这些通道可以进一步减少空气中的尘埃和微生物，确保洁净区的空气质量。

离开洁净区时，也需要进行严格的脱衣操作，以确保人员离开后不会将污染物带入其他区域。具体步骤如下。

① 离开洁净区　经过洁净通道离开洁净区。

② 缓冲区脱衣　在缓冲区内进行脱衣、手消毒等操作。

③ 清洁个人物品　清洁个人物品，如手表、手机等，以避免将污染物带到其他区域。

④ 离开洁净区　完成清洁后离开洁净区。

进出洁净区的注意事项包括。

① 严格遵守更衣程序，不得穿着任何纤维类衣物进入洁净区。因为纤维类衣物容易产生静电，吸附空气中的尘埃和微生物，影响洁净区的空气质量。

② 注意个人卫生，保持手部清洁和消毒。手是接触外界物品最多的部位，容易携带各种细菌和病毒。因此，进入洁净区前需要对手部进行严格的消毒处理。

③ 不得携带任何物品进入洁净区，如有特殊需要，需经过严格的消毒和登记。这是因为一些物品可能会成为细菌和病毒的传播媒介，带入洁净区后会对产品质量造成影响。

④ 在灌装前不经除菌过滤的制品其配制、合并等操作应在符合药品生产质量管理规范的专用设施中进行。

（二）灭菌与无菌操作

1. 概述

灭菌（sterilization）系指用适当的物理或化学手段将物品中活的微生物杀灭或除去的过程。无菌物品是指物品中不含任何活的微生物，但对于任何一批无菌物品而言，绝对无菌既无法保证也无法用试验来证实。一批物品的无菌特性只能通过物品中活微生物的概率来表述，即非无菌概率（probability of a nonsterile unit，PNSU）或无菌保证水平（sterility assurance level，SAL）。已灭菌物品达到的非无菌概率可通过验证确定。

无菌物品的无菌保证不能依赖于最终产品的无菌检验，而是取决于生产过程中采用经过验证的灭菌工艺、严格的 GMP 管理和良好的无菌保证体系。

无菌药品的生产分为最终灭菌工艺和无菌生产工艺。经最终灭菌工艺处理的无菌物品的非无菌概率不得高于 10^{-6}。灭菌工艺控制涉及灭菌工艺的开发、灭菌工艺的验证和日常监控等阶段。

灭菌工艺的开发应综合考虑被灭菌物品的性质、灭菌方法的有效性、灭菌后物品的完整性和稳定性，并兼顾经济性等因素。只要物品允许，应尽可能选用最终灭菌工艺灭菌。若物品不适合采用最终灭菌工艺，应选用无菌生产工艺达到无菌保证要求。

综合考虑灭菌工艺的灭菌能力和对灭菌物品的影响，灭菌工艺可以分为过度杀灭法、生物负载/生物指示剂法（也被称为残存概率法）和生物负载法。对耐受的灭菌物品，通常选用过度杀灭法。

物品的无菌保证与灭菌工艺、灭菌前物品的生物负载相关。灭菌工艺开发时，需要对物品污染的微生物种类、数目及其耐受性进行综合评估。

灭菌工艺的验证是无菌保证的必要条件。灭菌工艺经验证后，方可交付正式使用。验证内容包括：①撰写验证方案及制定评估标准；②确认设备的设计与选型；③确认灭菌设备资料齐全、安装正确，并能正常运行；④确认灭菌设备、关键控制和记录系统能在规定的参数范围内正常运行；⑤采用被灭菌物品或模拟物品按预定灭菌程序进行重复试验，确认各关键工艺参数符合预定标准，确定经灭菌物品的无菌保证水平符合规定；⑥汇总并完善各种文件和记录，撰写验证报告。

日常生产中，应对灭菌工艺的运行情况进行监控，确认关键参数（如温度、压力、时间、湿度、灭菌气体浓度及吸收的辐射剂量等）均在验证确定的范围内。同时应持续评估灭菌工艺的有效性及被灭菌物品的安全性和稳定性，并建立相应的变更和偏差控制程序，确保灭菌工艺持续处于受控状态。灭菌工艺应定期进行再验证。当灭菌设备或程序发生变更（包括灭菌物品装载方式和数量的改变）时，应进行重新验证。

验证及日常监控阶段，可根据风险评估的结果对微生物的种类、数目及耐受性进行监控。在生产的各个环节应采取各种措施降低生物负载，确保生物负载控制在规定的限度内。灭菌结束后，应采取措施防止已灭菌物品被再次污染。任何情况下，都应要求容器及其密封系统确保物品在有效期内符合无菌要求。

2. 灭菌与无菌操作方法

常用的灭菌方法有湿热灭菌法、干热灭菌法、辐射灭菌法、气体灭菌法、过滤除菌法、汽相灭菌法、液相灭菌法、紫外线灭菌法等。可根据被灭菌物品的特性采用一种或多种方法组合灭菌。

（1）常用灭菌法

① 湿热灭菌法　本法系指将物品置于灭菌设备内利用饱和蒸汽、蒸汽-空气混合物、蒸汽-空气-水混合物、过热水等手段使微生物菌体中的蛋白质、核酸发生变性而杀灭微生物的方法。该法灭菌能力强，为热力灭菌中最有效、应用最广泛的灭菌方法。药品、容器、培养基、无菌衣、胶塞以及其他遇高温和潮湿性能稳定的物品，均可采用本法灭菌。流通蒸汽不能有效杀灭细菌孢子，一般可作为不耐热无菌产品的辅助处理手段。

湿热灭菌通常采用温度-时间参数或者结合 F_0 值（F_0 值为标准灭菌时间，系灭菌过程赋予被灭菌物品 121℃下的等效灭菌时间）综合考虑，无论采用何种控制参数，都必须证明所采用的灭菌工艺和监控措施在日常运行过程中能确保物品灭菌后的 PNSU$\leqslant 10^{-6}$。多孔或坚硬物品等可采用饱和蒸汽直接接触的方式进行灭菌，灭菌过程中应充分去除腔体和待灭菌物品中的空气和冷凝水，以避免残留空气阻止蒸汽到达所有暴露的表面，从而破坏饱和蒸汽的温度-压力关系。对装有液体的密闭容器进行灭菌，灭菌介质先将热传递到容器表面，再通过传导和对流的方式来实现内部液体的灭菌，必要时可采用空气过压的方式平衡容器内部和灭菌设备腔体之间的压差，避免影响容器的密闭完整性。

采用湿热灭菌时，被灭菌物品应有适当的装载方式。装载方式的确认应考虑被灭菌物品最大、最小和生产过程中典型的装载量和排列方式等，确保灭菌的有效性和重现性。装载热分布试验应尽可能使用被灭菌物品，如果采用类似物替代，应结合物品的热力学性质等进行适当的风险评估。热穿透试验应将足够数量的温度探头置于被灭菌物品内部的冷点。如有数据支持或有证据表明将探头置于物品外部也能反映出物品的热穿透情况，也可以考虑将探头置于物品外部。

湿热灭菌法所需的温度与时间通常为 116℃（67kPa）×40min、121℃（97kPa）×30min 或 132℃（205.8kPa）×4min（脉动真空），也可采用其他温度和时间参数，但需通过实验验证确认合适的灭菌温度和时间。常用的设备有脉动真空灭菌柜，如图 2-4 所示。

② 干热灭菌法　本法系指将物品置于干热灭菌柜（图 2-5）、隧道灭菌器（图 2-6）等设备中，利用干热空气达到杀灭微生物或消除热原物质的方法。适用于耐高温但不宜用湿热灭菌法灭菌的物品灭菌，如玻璃器具、金属制容器、纤维制品、陶瓷制品、固体试药、液状石蜡等均可采用本法灭菌。

图 2-4　脉动真空灭菌柜

图 2-5　干热灭菌柜

干热灭菌法的工艺开发应考虑被灭菌物品的热稳定性、热穿透力、生物负载（或内毒素污染水平）等因素。干热灭菌条件采用温度-时间参数或者结合 F_H 值（F_H 值为标准灭菌时间，系灭菌过程赋予被灭菌物品 160℃下的等效灭菌时间）综合考虑。干热灭菌温度范围一般为 160～190℃，当用于除热原时，温度范围一般为 170～400℃，无论采用何种灭菌条件，均应保证灭菌后的物品的 $PNSU \leqslant 10^{-6}$。

图 2-6　隧道灭菌器

③ 辐射灭菌法　本法系指利用电离辐射杀灭微生物的方法。常用的辐射射线有 ^{60}Co 或 ^{137}Cs 衰变产生的 γ 射线、电子加速器产生的电子束和 X 射线装置产生的 X 射线。能够耐辐射的医疗器械、生产辅助用品、药品包装材料、原料药及成品等均可用本法灭菌。

辐射灭菌工艺的开发应考虑被灭菌物品对电离辐射的耐受性以及生物负载等因素。为保证灭菌过程不影响被灭菌物品的安全性、有效性及稳定性，应确定最大可接受剂量。辐射灭菌控制的参数主要是辐射剂量（指灭菌物品的吸收剂量），灭菌剂量的建立应确保物品灭菌后的 $PNSU \leqslant 10^{-6}$，辐射灭菌应尽可能采用低辐射剂量。

④ 气体灭菌法　本法系指用化学灭菌剂形成的气体杀灭微生物的方法。本法最常用的化学灭菌剂是环氧乙烷，一般与 80%～90% 的惰性气体混合使用，在充有灭菌气体的高压腔室［环氧乙烷灭菌柜（图 2-7）］内进行。采用气体灭菌法时，应注意灭菌气体的可燃可

爆性、致畸性和残留毒性。该法适用于不耐高温、不耐辐射物品的灭菌，如医疗器械、塑料制品和药品包装材料等，干粉类产品不建议采用本法灭菌。

采用本法灭菌需确认经过解析工艺后，灭菌气体和反应产物残留量不会影响被灭菌物品的安全性、有效性和稳定性。采用环氧乙烷灭菌时，腔室内的温度、湿度、灭菌气体浓度、灭菌时间是影响灭菌效果的重要因素。

采用环氧乙烷灭菌时，应进行泄漏试验，以确认灭菌腔室的密闭性。灭菌后，可通过经验证的解析步骤，使残留环氧乙烷和其他易挥发性残留物消散，并对灭菌物品中的环氧乙烷残留物和反应产物进行监控，以证明其不超过规定的浓度，避免产生毒性。

⑤ 过滤除菌法　本法系指采用物理截留去除气体或液体中微生物的方法。常用于气体、热不稳定溶液的除菌。过滤除菌工艺开发时，应根据待过滤介质属性及工艺目的选择合适的过滤器。除菌级过滤器（图 2-8）的滤膜孔径选用 $0.22\mu m$（或更小孔径或相同过滤效力），过滤器的孔径定义来自过滤器对微生物的截留能力，而非平均孔径的分布系数。选择过滤器材质时，应充分考察其与待过滤介质的兼容性。过滤器不得因与待过滤介质发生反应、释放物质或吸附作用而对过滤产品质量产生不利影响，不得有纤维脱落，禁用含石棉的过滤器。为保证过滤除菌效果，可使用两个除菌级的过滤器串联过滤，主过滤器前增加的除菌级过滤器即为冗余过滤器，并须保证这两级过滤器之间的无菌性。

图 2-7　环氧乙烷灭菌柜

图 2-8　除菌级过滤器

在每一次过滤除菌后应立即进行滤器的完整性试验，即起泡点试验、扩散流/前进流试验或水侵入法测试，确认滤膜在除菌过滤过程中的有效性和完整性。过滤除菌前是否进行完整性测试可根据风险评估确定。灭菌前进行完整性测试应考虑滤芯在灭菌过程中被损坏的风险；灭菌后进行完整性测试应采取措施保证过滤器下游的无菌性。

过滤除菌前，产品的生物负载应控制在规定的限度内。过滤器使用前必须经过灭菌处理（如在线或离线蒸汽灭菌、辐射灭菌等）。在线蒸汽灭菌的设计及操作过程应关注滤芯可耐受的最高压差及温度。

与过滤除菌相关的设备、包装容器及其他物品应采用适当的方法进行灭菌，并防止再污染。

⑥ 汽相灭菌法　本法系指通过分布在空气中的灭菌剂杀灭微生物的方法。常用的灭菌剂包括过氧化氢、过氧乙酸等。汽相灭菌适用于密闭空间的内表面灭菌。

汽相灭菌效果与灭菌剂量（一般是指注入量）、相对湿度和温度有关。装载方式的确认应考虑密闭空间内部物品的装载量和排列方式。

日常使用中，汽相灭菌前灭菌物品应进行清洁。灭菌时应最大限度地暴露表面，确保灭菌效果。灭菌后应将灭菌剂残留充分去除或灭活。

⑦ 液相灭菌法　本法系指将被灭菌物品完全浸泡于灭菌剂中达到杀灭物品表面微生物的方法。具备灭菌能力的灭菌剂包括：甲醛、过氧乙酸、氢氧化钠、过氧化氢、次氯酸钠等。

灭菌剂种类的选择应考虑灭菌物品的耐受性。灭菌剂浓度、温度、pH 值、生物负载、灭菌时间、被灭菌物品表面的污染物等是影响灭菌效果的重要因素。灭菌后应将灭菌剂残留充分去除或灭活。

灭菌剂残留去除阶段，应采取措施防止已灭菌物品被再次污染。使用灭菌剂的全过程都应采取适当的安全措施。

（2）无菌操作法　指整个操作过程在无菌条件下进行的一种操作方法。本法适用于不能加热灭菌的无菌制剂，如注射用粉针剂、生物制剂、抗生素等。无菌分装及无菌冻干是最常见的无菌生产工艺。无菌操作所用的一切器具、物料以及操作环境必须进行灭菌，以保持操作环境的无菌。无菌操作可在无菌操作室或层流净化工作台中进行。

① 无菌操作室的灭菌　无菌操作室应定期进行灭菌，对于流动空气采用过滤介质除菌，对于静止环境的空气可采用灭菌方法。常用的无菌操作室空气灭菌方法有甲醛溶液加热熏蒸、过氧醋酸熏蒸、紫外线照射灭菌等。近年来利用臭氧进行灭菌，代替紫外线照射与化学试剂熏蒸灭菌，取得了令人满意的效果。

除用上述方法定期对生产环境进行灭菌外，还需对无菌操作室内的地面、墙壁、设备、用具用 75％乙醇、0.2％苯扎溴铵（新洁尔灭）、酚或煤酚皂溶液进行消毒，以保证操作环境的无菌状态。

② 无菌操作　操作人员进入无菌操作室之前应按规定洗净双手并消毒，换上已灭菌的工作服和专用鞋、帽、口罩等，头发不得外露并尽可能地减少皮肤外露。操作中所用到的物料、容器具应经过灭菌，制备少量无菌制剂时，宜采用层流洁净工作台。室内操作人员不宜过多，尽量减少人员流动，操作中严格遵守无菌操作室的工作规程。

（3）无菌检查　无菌检查法是用于检查要求无菌的药品、生物制品、医疗器具、原料、辅料及其他品种是否无菌的一种方法。若供试品符合无菌检查法的规定，仅表明了供试品在该检验条件下未发现微生物污染。无菌检查应在无菌条件下进行，试验环境必须达到无菌检查的要求，检验全过程应严格遵守无菌操作，防止微生物污染，防止污染的措施不得影响供试品中微生物的检出。单向流空气区域、工作台面及受控环境应定期按医药工业洁净室（区）悬浮粒子、浮游菌和沉降菌的测试方法的现行国家标准进行洁净度确认。隔离系统应定期按相关的要求进行验证，其内部环境的洁净度须符合无菌检查的要求。日常检验需对试验环境进行监测。

《中国药典》规定的无菌检查法包括薄膜过滤法和直接接种法。只要供试品性质允许，应采用薄膜过滤法。供试品无菌检查所采用的检查方法和检验条件应与方法适用性试验确认的方法相同。无菌试验过程中，若需使用表面活性剂、灭活剂、中和剂等试剂，应证明其有效性，且对微生物无毒性。

薄膜过滤法：取规定量的供试品经封闭式薄膜过滤器过滤后，取出滤膜在培养基上培养数日后观察是否出现浑浊或进行镜检。直接接种法：将规定量供试品接种于培养基上，培养数日后观察培养基上是否出现浑浊或沉淀，与阳性和阴性对照品比较或培养液涂片、染色后用显微镜观察。只要供试品性质允许，应采用薄膜过滤法；直接接种法适用于无法用薄膜过滤法进行无菌检查的供试品。

（4）微生物限度检查　微生物限度检查是指对非规定灭菌制剂及其原料、辅料受微生物污染程度进行检查的方法。微生物限度检查应在环境洁净度 C 级下的局部洁净度 A 级的单向流空气区域内进行。检查项目包括细菌数、霉菌数、酵母菌数及控制菌的检查。

供试品检查时，如果使用了表面活性剂、中和剂、灭活剂等，应证明其有效性及对微生物的生长和存活有无影响。

需氧菌总数是指 1g 或 1ml 被检查的供试品中所含的需氧菌菌落总数。通过测定需氧菌总数可以了解供试品被需氧菌污染的程度，控制药品的微生物污染、预测药品的安全性。

霉菌总数是指 1g 或 1ml 被检查的供试品中所含的霉菌菌落总数。通过测定霉菌总数可以了解供试品被霉菌污染的程度，控制药品的微生物污染、预测药品的安全性。

控制菌检查是指根据供试品的特性，选择相应的控制菌检查方法进行检查。常见的控制菌检查包括大肠埃希菌、沙门菌、铜绿假单胞菌、金黄色葡萄球菌等。控制菌检查的目的是控制药品中特定的微生物污染，以确保药品的安全性。

除另有规定外，微生物限度检查中细菌培养温度为 30～35℃；霉菌、酵母菌培养温度为 23～28℃；控制菌培养温度为 35～37℃。

微生物限度检查结果应符合《中国药典》规定的标准，否则应判定为不符合要求。

二、制药用水制备

（一）认识制药用水

水是药物生产中用量大、使用广的一种辅料，用于生产过程和药物制剂的制备，其质量对药品的质量和安全性具有重要影响。因此，制药用水需要经过严格的纯化和处理，以确保其质量和安全性。

制药用水主要分为饮用水、纯化水、注射用水及灭菌注射用水。

饮用水是指天然水经净化处理所得的水，其质量必须符合现行中华人民共和国国家标准《生活饮用水卫生标准》。

纯化水是指饮用水经蒸馏法、离子交换法、反渗透法或其他适宜方法所得的水，且不含任何附加剂，适用于一般药品的生产和制备。

注射用水是指纯化水经蒸馏所制得的水，应符合细菌内毒素试验要求。注射用水必须在防止细菌内毒素产生的设计条件下生产、贮藏及分装。适用于注射剂的配制等。

灭菌注射用水是指注射用水按照注射剂生产工艺制备所得的水，不含任何添加剂，适用于注射用无菌粉末的溶剂等，其质量应符合灭菌注射用水项下的规定，灭菌注射用水灌装规格应与临床需要相适应，避免大规格、多次使用造成的污染。详见表 2-4。

表 2-4　制药用水的主要用途

制药用水类别	主要用途
饮用水	①制备纯化水的水源； ②中药材、中药饮片的清洗； ③口服、外用的普通制剂所用药材的润湿、提取； ④制药用具的初洗

制药用水类别	主要用途
纯化水	①可作为配制普通药物制剂用的溶剂或试验用水； ②可作为中药注射剂、滴眼剂等灭菌制剂所用饮片的提取溶剂； ③口服、外用制剂配制用溶剂或稀释剂； ④非灭菌制剂用器具的精洗用水； ⑤用作非灭菌制剂所用饮片的提取溶剂； ⑥制备注射用水的水源
注射用水	①无菌产品直接接触药品的包装材料最后一次清洗用水； ②注射剂、无菌冲洗剂配料； ③无菌原料的精制； ④无菌原料药直接接触药品的包装材料最后一次清洗用水
灭菌注射用水	注射用无菌粉末的溶剂或注射剂的稀释剂

（二）制药用水标准与制备

1. 制药用水的水质标准

（1）饮用水 饮用水为天然水经净化处理所得的水，其质量必须符合现行中华人民共和国国家标准《生活饮用水卫生标准》。在药品生产过程中需定期检测饮用水水质，不能因饮用水水质波动而影响药品质量。

（2）纯化水 纯化水是饮用水经蒸馏法、离子交换法、反渗透法或其他适宜的方法制备的制药用水。不含任何附加剂，其质量应符合《中国药典》所收载的纯化水标准。纯化水有多种制备方法，应严格监测各生产环节，防止微生物污染。

《中国药典》对纯化水在酸碱度、硝酸盐、亚硝酸盐、电导率、氨、总有机碳、易氧化物、不挥发物、重金属、微生物限度等项均提出了具体的检验方法及要求。在制水工艺中通常采用在线监测纯化水的电导率值的大小，来反映水中各种离子的总浓度。制药行业的纯化水的电导率通常应$\leqslant 5\mu S/cm$（25℃）。

（3）注射用水 注射用水应符合《中国药典》所收载的注射用水标准。中国药典对注射用水 pH 值、硝酸盐、亚硝酸盐、电导率、氨、总有机碳、易氧化物、不挥发物、重金属、细菌内毒素、微生物限度等各项依照纯化水项下的方法检查，并应符合规定。注射用水必须在防止细菌内毒素产生的设计条件下生产、贮藏及分装。注射用水制备装置应定期清洗，消毒灭菌，验证合格后方可投入使用。注射用水水质应逐批检测，保证符合《中国药典》标准。

2. 制药用水的制备

（1）纯化水的制备 纯化水常用的制备技术有离子交换法、电渗析法、反渗透法、蒸馏法。还可以将上述几种制备技术综合应用，如离子交换法和电渗析法或反渗透法结合应用等，制得的纯化水具有质量好、经济、方便、效率高等优点。

① 离子交换法 离子交换法是利用离子交换剂去除水中的离子，以达到制备纯化水目的的方法。离子交换剂是由阳离子和阴离子组成的离子交换树脂。当离子交换树脂与水接触时，水中的阳离子被树脂上的阳离子所交换，水中的阴离子被树脂上的阴离子所交换，从而达到去除水中离子的目的。离子交换法对细菌和热原也有一定的去除作用，是制备纯化水的基本方法之一。它的主要优点是所用设备简单，成本低，所得水化学纯度高等；其缺点是离

子交换树脂常需要再生、消耗酸碱量大等。当水源含盐量超过 500mg/L 时，不宜直接用离子交换法制备纯化水。

离子交换树脂是一种化学合成的球状、多孔性、具有活动性离子的高分子聚合体，不溶于水、酸、碱和有机溶剂，但吸水后能膨胀，性能稳定。使用后，可经过再生处理，恢复其交换能力；树脂分子由极性基团和非极性基团两部分组成，吸水膨胀后非极性基团作为树脂的骨架；极性基团（又叫交换基团）上可游离的交换离子与水中同性离子起交换作用。进行阳离子交换的树脂称阳树脂，进行阴离子交换的树脂称阴树脂。

离子交换树脂最常用的有两种：一种是 732 型苯乙烯强酸性阳离子交换树脂，其极性基团是磺酸基，可用简化式 $RSO_3\text{-}H^+$ 和 $RSO_3\text{-}Na^+$ 表示，前者为氢型，后者为钠型；钠型的树脂比较稳定，便于保存，但临用前需转化为氢型。另一种是 717 型苯乙烯强碱性阴离子交换树脂，其极性基团为季氨基，可用简化式 $RN^+(CH_3)_3Cl^-$ 或 $RN^+(CH_3)_3OH^-$ 表示，前者为氯型，后者为氢氧型；氯型较稳定，便于保存，但临用前需转化为氢氧型。离子交换法制备纯化水的工艺流程见图 2-9。

树脂柱的组合形式如下。a. 单床：柱内只放阳树脂或阴树脂。b. 复合床：为一阳树脂柱与一阴树脂柱串联而成，两组以上复合床串联称多级复合床。c. 混合床：阴、阳树脂按一定比例混合

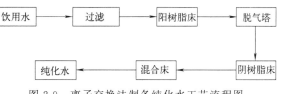

图 2-9　离子交换法制备纯化水工艺流程图

均匀后装入同一树脂柱，一般阴、阳树脂按 2:1 的比例混合。此床的出水纯度高（原因是在混合床内水中阴、阳离子分别与阴、阳树脂交错进行交换，同时又立即起中和作用，有利于反应向交换方向进行），但再生麻烦，一般与复合床联用。d. 联合床：为复合床与混合床串联组成，出水质量高，生产中多采用此组合。

② 电渗析法　电渗析法是利用电场力驱动离子通过半透膜，从而达到制备纯化水目的的方法。半透膜只允许水分子和特定离子通过，对其他离子和分子具有阻挡作用。在电渗析过程中，阳极和阴极分别吸引水中的阳离子和阴离子，使其通过半透膜，从而达到去除水中离子的目的，电渗析原理见图 2-10。电渗析法具有操作简便、设备占地面积小、水质稳定等优点；但电渗析制得的水纯度不高，比电阻较低，一般在 5 万~10 万 $\Omega\cdot cm$，当原水含盐量高达 3000mg/L 时，用离子交换法制备纯化水时，树脂会很快老化，故此时将电渗析法与离子交换法结合应用来制备纯化水较合适。

③ 反渗透法　反渗透法是一种常用的纯化水制备方法，其原理是利用半透膜的选择性透过作用，将溶液中的溶质和溶剂进行分离。在反渗透过程中，溶剂（如水）通过半透膜从溶液中分离出来，而溶质则被截留在溶液中。通过多次反渗透和适当的后处理，可以获得高纯度的纯化水。

a. 反渗透法的基本原理。渗透与反

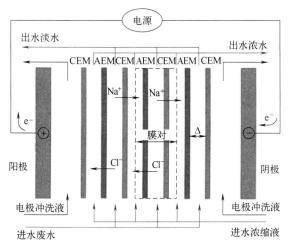

图 2-10　电渗析原理图

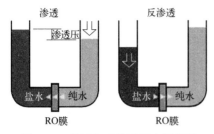

图 2-11 渗透与反渗透基本原理图

渗透法基本原理如图 2-11 所示，在 U 形管中用一个半透膜将纯水和盐水隔开，则纯水会透过半透膜扩散到盐溶液一侧，此过程即为渗透。两侧液柱的高度差表示此盐所具有的渗透压。如果用高于此渗透压的压力作用于盐溶液一侧，则盐溶液中的水将向纯水一侧渗透，结果导致水从盐溶液中分离出来，此过程与渗透相反，故称为反渗透。反渗透过程中必须借助性能适宜的反渗透膜。

b. 反渗透法的优点和缺点。反渗透法具有以下优点：操作简单、自动化程度高、处理效率高、设备占地面积小等。此外，反渗透法可以有效地去除水中的溶解盐分、有机物、微生物和病毒等，从而保证纯化水的质量和安全性。

然而，反渗透法也存在一定的缺点：一是对进水水质要求较高，如果进水水质较差，会影响反渗透系统的运行效果；二是反渗透膜需要定期清洗和更换，否则会导致膜的污染和通量下降；三是反渗透系统在运行过程中会产生一定量的浓盐水，处理不当会对环境造成污染。

c. 反渗透法在制药行业的应用。在制药行业中，反渗透法主要用于制备纯化水、注射用水和口服液用水等。通过反渗透法处理，可以有效地去除水中的杂质和微生物，保证药品的生产质量和安全性。此外，反渗透法还可以用于中药提取、生物制品制造等领域，具有广泛的应用前景。

d. 反渗透法的工艺流程。反渗透法制备纯化水的工艺流程如图 2-12 所示。首先，将原水经过预处理，如过滤、沉淀等，以去除水中的悬浮物、胶体和微生物等。然后，将预处理后的水送入反渗透系统，通过半透膜的选择性透过作用，分离出高纯度的纯化水。最后，对纯化水进行后处理，如消毒、储存在合适的环境中，以保证水质的稳定。

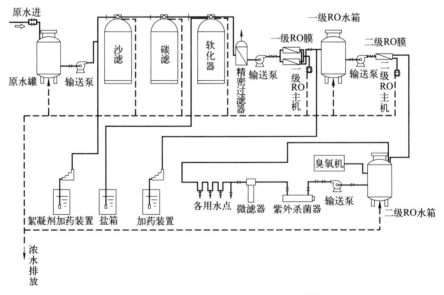

图 2-12 反渗透法制备纯化水工艺流程图

e. 纯化水的质量控制。纯化水的质量控制是制备纯化水过程中非常重要的一环。主要包括以下几个方面。

一是原水的水质控制,需要对原水进行定期检测,确保其水质满足反渗透法的进水要求。

二是反渗透系统的运行参数控制,如操作压力、温度、进水流量等,需要对这些参数进行实时监测,以确保纯化水的质量和稳定性。

三是反渗透膜的清洗和更换,定期对反渗透膜进行清洗,以去除膜表面的污染物,延长膜的使用寿命。

四是纯化水的储存和配送,需要保证储存环境的卫生和水质的安全性,防止纯化水在储存和配送过程中受到污染。

纯化水的检查项目有:酸碱度、电导率、硝酸盐、亚硝酸盐、氨、易氧化物、总有机碳、不挥发物、重金属、微生物限度等。检查时,按《中国药典》中纯化水项下的各项检查方法进行检查,应符合规定。

通过以上几个方面的质量控制,可以确保制备出的纯化水满足制药行业的用水要求,保证药品的生产质量和安全性。

制备纯化水的方法有多种,每种方法都有其优点和缺点,需要根据实际需求和条件选择合适的方法。同时,在制备纯化水过程中,还需要对水质、设备运行参数、反渗透膜的清洗等方面进行严格控制,以确保纯化水的质量和安全性。在实际应用中,可以将多种制备方法综合应用,如离子交换法与电渗析法、反渗透法结合等,以获得高质量的纯化水。

(2)注射用水的制备 《中国药典》收载的注射用水制备方法为蒸馏法。蒸馏法是采用蒸馏水器来制备注射用水,蒸馏水器形式很多,但基本结构相似,一般由蒸发锅、隔膜器和冷凝器组成。药品生产企业常用的蒸馏水器为多效蒸馏水器。

多效蒸馏设备通常由两个或更多个蒸发换热器、分离装置、预热器、两个冷凝器、阀门、仪表和控制部分等组成。一般的系统有 3~8 效,每效包括一个蒸发器、一个分离装置和一个预热器。工作原理(图 2-13)为原料水(纯化水)进入冷凝器后被从最高效级塔(n)进来的蒸汽预热,再依次通过低一效级塔的换热器而进入一效塔。在一效塔内,原料水被高压蒸汽进一步加热,部分迅速蒸发,蒸发的蒸汽进入二效塔作为热源,高压蒸汽被冷凝后由器底排出。在二效塔内,由一效塔进入的蒸汽将二效塔的进料水蒸发而本身冷凝为蒸馏水,二效塔的进料水由一效塔供给,以此类推。最后,由二效塔和之后各级塔产生的蒸馏

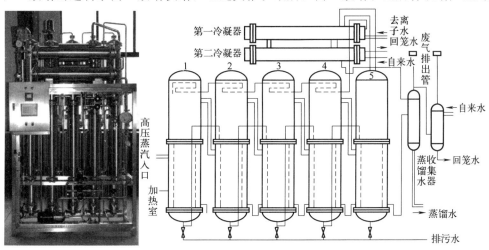

图 2-13 多效蒸馏水机外形及工作原理图

水加上 n 效塔的蒸汽被第一及第二冷凝器冷凝后得到的蒸馏水（70℃）均汇集于收集器，即成为注射用水。注射用水一般需新鲜制备，在 70℃ 以上保温循环贮存，贮存时间一般不得超过 12 小时，灭菌后贮放不宜超过 24 小时。

注射用水的质量控制是制备过程中至关重要的一环，主要包括以下几个方面：一是原水的质量控制，需要对原水进行定期检测，确保其水质满足注射用水的要求；二是蒸馏设备的运行参数控制，如操作压力、温度、进水流量等，需要对这些参数进行实时监测，以确保注射用水的质量和稳定性；三是蒸馏过程中的卫生控制，对蒸馏设备进行定期清洗和消毒，以防止细菌和其他微生物的滋生；四是注射用水的储存和配送，需要保证储存环境的卫生和水质的安全性，防止注射用水在储存和配送过程中受到污染。

注射用水的检查项目有：硝酸盐、亚硝酸盐、二氧化碳、易氧化物、不挥发物、重金属等。除以上项目按纯化水检查应符合规定外，还规定 pH 应为 5.0～7.0，细菌内毒素含量应小于 0.25EU/ml、氨含量不超过 0.00002％等。

通过以上几个方面的质量控制，可以确保制备出的注射用水满足制药行业的用水要求，保证药品的生产质量和安全性。

在实际应用中，可以根据实际情况选择合适的蒸馏设备，如多效蒸馏水器、气压式蒸馏水器等，也可以将多种制备方法综合应用，以获得高质量的注射用水。同时，对蒸馏设备的运行参数、注射用水的储存和配送等方面进行严格控制，以确保注射用水的质量和安全性。

三、物料干燥

（一）干燥基础知识

干燥是利用热能或其他适宜方法将物料中的水分蒸发出去的过程。干燥的基本原理是物料中的水分在加热的过程中蒸发，从而使物料的含水量降低。干燥的目的主要有以下几个方面：一是降低物料的含水量，以延长其保存期限；二是改变物料的物理和化学性质，以满足生产和使用的需求；三是通过干燥过程，去除物料中的微生物和有害物质，保证物料的卫生和安全。

干燥是制剂生产过程中的重要操作单元，物料的干燥多数为湿法制粒所得物料的干燥，以及中药材的干燥、中药浸膏的干燥以及包装材料的干燥等。

干燥的程度不是水分含量越低越好，而是需要根据制剂工艺的要求来控制。干燥过程一般采用热能，因此干燥热敏感物料时，必须注意其化学稳定性问题。

1. 干燥的影响因素

（1）物料性质

① 平衡水分和自由水分　根据物料中水分存在形式的不同，可以将物料中的水分分为平衡水分和自由水分。平衡水分是指物料在一定温度和湿度下，达到平衡状态时所含的水分，是通过干燥除不去的水分；自由水分则是指物料中除平衡水分外，可以通过物理或化学方法去除的水分，也称作游离水。平衡水分与自由水分的比例会影响物料的干燥速度和干燥效果。平衡水与物料种类和空气状态有关，随空气湿度增加而增大。通风可以带走湿空气，可以破坏物料与介质之间水的传质平衡，可提高干燥速度，故通风是加快干燥速度的有效方法之一。

② 结合水分和非结合水分　结合水分是指物料中与固体粒子紧密结合的水分，它与物料的结合力较强，干燥速度缓慢，如结晶水、动植物细胞内的水分等；非结合水分则是指物

料中与固体粒子结合较弱的水分，主要以机械方式结合的水分，与物料结合力较弱，干燥速度较快。因此，在干燥过程中，需要根据物料的结合水分和非结合水分含量来调整干燥条件，以达到最佳的干燥效果。

③ 物料的比表面积和孔隙结构　物料的比表面积越大，干燥速度越快；物料的孔隙结构越发达，越有利于水分的蒸发，也能提高干燥速度。

④ 物料的化学成分和物理状态　某些物料在干燥过程中，由于化学成分的变化，可能导致物料的颜色、气味、营养成分等发生变化；同时，物料的物理状态（如颗粒大小、形状等）也会影响干燥效果。

（2）干燥参数　干燥过程的基本参数包括干燥温度、干燥速度、干燥介质、干燥时间等。这些参数的选择和控制对干燥效果有着重要的影响。

① 干燥温度　干燥温度的选择应根据物料的性质和干燥设备的能力进行，过高或过低的温度都会影响干燥效果。热风温度是干燥过程中最重要的参数之一，对干燥速度和干燥效果有直接影响。一般来说，提高热风温度可以加快干燥速度，但过高的温度会导致物料表面焦糊、有效成分破坏等问题，因此需要根据物料的特性来选择合适的热风温度。

② 干燥速度　干燥速度表示物料干燥过程中水分蒸发速度的快慢，它受到物料性质、干燥温度、干燥介质等因素的影响。提高干燥速度可以缩短干燥时间，提高生产效率，但过快的干燥速度可能导致物料表面焦糊、有效成分破坏等问题。因此，需要根据物料的特性来调整干燥速度。

③ 干燥介质　干燥介质的选择应考虑其对物料的传热、传质性能以及对环境的影响。常用的干燥介质有空气、氮气、蒸汽等。例如，通风速度会影响干燥室内空气的流动性，对干燥速度和干燥效果有一定影响。适当提高通风速度可以增加干燥速度，但过快的通风速度会导致干燥室内的温度波动，影响干燥质量。干燥介质的选择应根据物料的性质、干燥设备、干燥温度等因素综合考虑。

④ 干燥时间　干燥时间的长短会影响物料的干燥效果和生产效率。一般来说，干燥时间越长，干燥效果越好，但同时也会增加能耗和生产成本。因此，需要根据物料的性质、干燥设备、干燥温度等因素来控制干燥时间。

2. 干燥的应用

在制药工业中，干燥主要应用在以下几个方面：

（1）湿法制粒物料的干燥　湿法制粒是将药物与辅料混合后，通过喷雾干燥、流化床干燥等方法制备成颗粒状制剂。在制粒过程中，需要对湿颗粒进行干燥，以达到所需的含水量。

（2）中药材和中药浸膏的干燥　中药材和中药浸膏在制备过程中需要进行干燥处理，以降低水分含量，延长保存期限，提高药效。常用的干燥方法有晒干、烘干、真空干燥等。

（3）包装材料的干燥　制药工业中使用的包装材料，如塑料袋、瓶子等，需要在生产过程中进行干燥处理，以保证包装材料的质量和稳定性。

（二）常用干燥技术

由于被干燥物料的性质、要求、干燥程度等不同，在实际操作过程中，需采用不同的干燥技术和设备进行干燥，以下介绍制剂生产过程中几种常用的干燥技术：

1. 热风干燥

热风干燥是一种常用的干燥方法，通过将热风传递给物料，使其水分蒸发。该方法适用于大多数物料的干燥，特别是对于非热敏性物料。热风干燥的优点是干燥速度快，干燥效果好，能耗较低。但缺点是热风温度过高可能导致物料表面焦煳和有效成分破坏。

在制剂生产过程中，常用的热风干燥设备是厢式干燥器，小型的称为烘箱（图2-14），大型的称作烘房。热风干燥设备主要包括干燥室、加热器、风机和控制系统等。热风干燥原理如图2-15所示，加热器将空气加热，通过风机将热风送入干燥室，物料在热风的作用下逐渐失去水分，干燥后的物料由出料口排出。

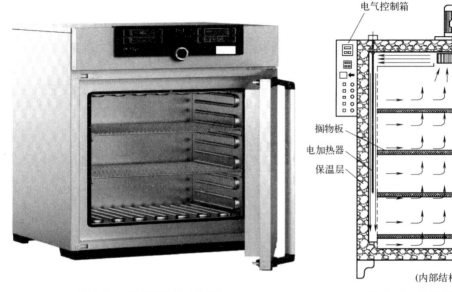

图 2-14　厢式干燥器（烘箱）

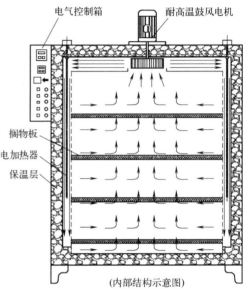

（内部结构示意图）

图 2-15　热风干燥原理

厢式干燥器（烘箱）适用于小批量的生产物料干燥，烘房则适用于大批量的生产物料干燥。厢式干燥器多用于药材提取物及中药材、丸剂、散剂、颗粒剂的干燥等。

2. 真空干燥

真空干燥是一种在低压环境下进行的干燥方法，通过降低压力，使物料中的水分在较低的温度下蒸发。真空干燥适用于热敏性物料和含有易氧化成分的物料的干燥。真空干燥的优点是干燥温度低，有利于保持物料的色泽、气味和营养成分；缺点是干燥速度相对较慢，设备投资较高。

在制剂生产中，真空干燥设备主要有真空烘箱、真空冷冻干燥设备等。低温真空干燥原理如图2-16所示，物料放置在真空干燥室内，通过抽真空泵降低干燥室内的压力，使物料中的水分在较低的温度下蒸发，干燥后的物料通过出料口排出。

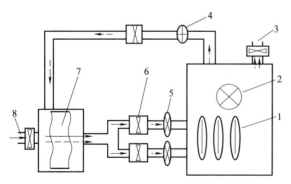

图 2-16　低温真空干燥设备原理图
1—加热棒；2—离心风机；3—排气口；4—真空泵；
5—轴流风机；6—双进气口电磁阀门；
7—除湿系统；8—进气口

3. 微波干燥

微波干燥是一种高效、快速的干燥方法，利用微波能量使物料内部的水分子摩擦产生热量，从而实现快速干燥。

微波干燥适用于含水量较高的物料，如湿颗粒、中药浸膏等。微波干燥的优点是干燥速度快、干燥均匀、节能、环保；缺点是设备投资较高，对某些物料可能会产生热效应不均匀的问题。

微波干燥设备主要有微波烘箱、微波隧道炉等。微波干燥原理如图 2-17 所示，物料放置在微波干燥室内，微波发生器产生的微波能量穿透物料，使物料内部的水分分子摩擦产生热量，从而实现快速干燥。

4. 冷冻干燥

冷冻干燥是一种在低温条件下进行的干燥方法，先将物料冷冻至低于冰点，再通过升温使物料中的水分直接从固态升华至气态，从而实现干燥。冷冻干燥适用于含有大量水分的物料，如生物制品、药品等。冷冻干燥的优点是干燥温度低，有利于保持物料的活性成分和生理活性；缺点是干燥过程复杂，设备投资较高。

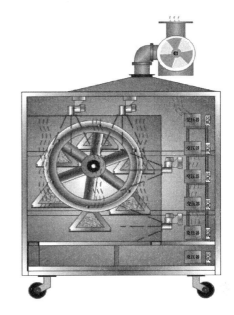

图 2-17 微波干燥原理

在制剂生产中，冷冻干燥设备主要有冷冻干燥箱、冷冻干燥隧道等。冷冻干燥原理如图 2-18 所示，物料放置在冷冻干燥室内，先将物料冷冻至低于冰点，然后升温使物料中的水分直接从固态升华至气态，干燥后的物料通过出料口排出。

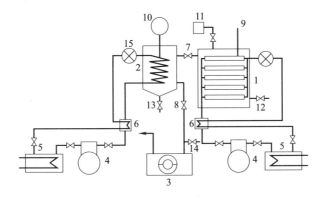

图 2-18 冷冻干燥机结构原理图

1—冻干箱；2—冷凝器；3—真空泵；4—制冷压缩机；5—水冷却器；6—热交换器；7—冻干箱冷凝器阀门；
8—冷凝器真空泵阀门；9—板温指示；10—冷凝温度指示；11—真空计；12—冻干箱放气阀门；
13—冷凝器放出口；14—真空泵放气口；15—膨胀阀

5. 喷雾干燥

喷雾干燥是一种将物料喷雾成细小颗粒，并在热风中迅速干燥的方法。适用于湿法制粒物料、溶液、悬浮液等物料的干燥。喷雾干燥的优点是干燥速度快，干燥效果好，易于实现自动化控制。但缺点是设备投资较高，对某些物料可能导致颗粒团聚和流动性差的问题。

在制剂生产中，喷雾干燥设备为喷雾干燥器，由雾化器、干燥器、旋风分离器、风机、加热器、压缩空气等组成，如图 2-19 所示。

喷雾干燥原理是物料溶液或悬浮液经过泵送入雾化器，在雾化器内将物料喷雾成细小颗

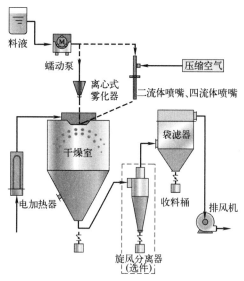

图 2-19 喷雾干燥器结构与原理图

粒，然后在热风的作用下，颗粒在干燥室内迅速干燥，干燥后的颗粒通过旋风分离器收集，废气则通过风机排出。喷雾干燥器可用于中药提取液的干燥、制粒及颗粒的包衣等。

6. 流化床干燥

流化床干燥又称沸腾干燥，是一种在流化床中进行干燥的方法，适用于颗粒状、粉末状物料的干燥。

流化床干燥过程是散状物料被置于孔板上，并由其下部输送气体，引起物料颗粒在气体分布板上运动，在气流中呈悬浮状态，产生物料颗粒与气体的混合底层，犹如液体沸腾一样。在流化床干燥器中物料颗粒在混合底层中与气体充分接触，进行物料与气体之间的热传递与水分传递，流化床干燥设备结构原理如图 2-20 所示。

流化床干燥的优点是干燥速度快，干燥均匀，特别适用于热敏感物料的干燥，并且易于实现自动化控制。但缺点是由于流化干燥时，物料在床内停留时间分布不均匀，易引起物料的返湿，因此该方法不适用于易结块及黏性物料的干燥，并且该设备能耗较高，对某些物料也可能导致颗粒破碎和黏附问题。

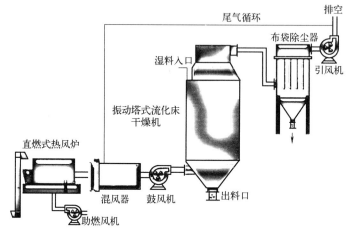

图 2-20 流化床干燥设备结构原理图

7. 其他干燥

（1）红外干燥　红外干燥是一种利用红外线辐射能量加热物料，使其内部水分蒸发而实现干燥的方法。红外干燥具有干燥速度快、能耗低、干燥均匀等优点，适用于各种形态的物料，如片剂、颗粒剂等。但在实际应用中，红外干燥可能存在温度控制难度大、对某些物料干燥效果不佳等问题。

（2）吸湿干燥　吸湿干燥是一种利用吸附剂吸附物料中的水分，从而实现干燥的方法。吸湿干燥适用于含水量较高的物料，如湿颗粒、粉末等。吸湿干燥的优点是干燥速度快、干燥均匀、节能；缺点是设备投资较高，对某些物料可能会产生吸附不均匀的问题。

（3）组合干燥　组合干燥是一种将多种干燥方法结合使用，以实现更佳干燥效果的方法。组合干燥可根据物料特性，灵活组合各种干燥方法，以实现快速、均匀、节能的干燥效果。缺点是设备复杂，投资较高。

综上所述，干燥过程是一个复杂的过程，影响干燥效果的因素众多。在实际生产中，需要根据物料的性质、要求、干燥程度等因素选择合适的干燥方法和设备，以实现最佳的干燥效果。同时，还需对干燥过程中的各项参数进行严格控制，以保证干燥产品的质量和稳定性。随着科技的不断发展，新型干燥技术不断涌现，为制剂生产提供了更多可能性。在未来，干燥技术将在制药工业中发挥更加重要的作用。

四、制剂单元操作

（一）粉碎与分级

1. 粉碎的含义

粉碎是借助机械力将大块物料破碎成适宜大小的颗粒或细粉的操作。

物料被粉碎的程度可用粉碎度表示。粉碎度（n）是指粉碎前的粒度 D_1 与粉碎后的粒度 D_2 的比值，即：

$$n = \frac{D_1}{D_2}$$

由此可知：粉碎度越大，物料粉碎得越细。粉碎度的大小，应根据药物性质、剂型和使用要求等来确定。

2. 粉碎的目的

粉碎的主要目的在于减小粒径，增加物料的表面积，对制剂生产具有重要的意义：①增加表面积，有利于提高难溶性药物的溶出度和生物利用度；②提高固体药物的分散度；③有利于制剂生产中各成分的均匀混合；④有助于药材中有效成分的浸出。

粉碎对制剂质量影响很大，但也应注意粉碎过程可能带来晶型转变、热分解、黏附性增大、流动性变差、粉尘飞扬等不良作用。

3. 粉碎常用方法及设备

粉碎过程常用的外加力有冲击力、压缩力、剪切力、弯曲力、研磨力等，多数粉碎过程是这几种作用力综合作用的结果。冲击力、压缩力对脆性物料的粉碎更有效；剪切力对纤维状物料更有效；粗碎以冲击力和压缩力为主；细碎以剪切力、研磨力为主。因此，根据被粉碎物料的性质和粉碎程度的不同，需选择不同的粉碎方法和设备。

（1）粉碎常用方法

① 干法粉碎与湿法粉碎　干法粉碎是指把物料经过适当干燥处理，降低水分再进行粉碎的操作，是制剂生产中最常用的粉碎方法。湿法粉碎是指在物料中添加适量的水或其他液体进行研磨粉碎的方法。湿法粉碎可避免粉尘飞扬，粉碎度高，对于某些刺激性较强或毒性药物的粉碎具有特殊意义。水飞法属于湿法粉碎，适用于难溶于水的药物如朱砂、珍珠、炉甘石、滑石等。该法将药物与水共置研钵或球磨机中研磨，使细粉混悬于水中，然后将此混悬液倾出，余下药物加水反复操作，直至全部药物研磨完毕。所得混悬液合并、沉降，倾去上清液，将湿粉干燥，可得极细粉末。

② 单独粉碎与混合粉碎　单独粉碎是指对同一物料进行的粉碎操作。贵重药物、刺激性药物、混合易于引起爆炸的药物（如氧化性药物和还原性药物混合）、适宜单独处理的药

物（如滑石粉、石膏等）等应采用单独粉碎。混合粉碎是指两种或两种以上物料同时粉碎的操作。若处方中某些物料的性质及硬度相似，则可以将其掺和在一起粉碎，混合粉碎既可避免一些黏性药物单独粉碎的困难，又可使粉碎与混合操作结合进行。

③ 低温粉碎　低温粉碎是指利用物料在低温时脆性增加，韧性与延伸性降低的性质，使物料在低温条件下进行粉碎的操作。此法适宜在常温下粉碎困难的物料如树脂、树胶、干浸膏等的粉碎，对于含水、含油较少的物料也能进行粉碎。低温粉碎能保留物料中的香气及挥发性有效成分，并可获得更细的粉末。

④ 流能粉碎　流能粉碎是指利用高压气流使物料与物料之间、物料与器壁间相互碰撞而产生强烈的粉碎作用的操作。流能粉碎在粉碎的同时可进行粒子分级，可得到粒度规格为 $3\sim20\mu m$ 的微粉。

由于高压气流在粉碎室中膨胀时产生冷却效应，故本法适用于热敏性物料和低熔点物料的粉碎。

⑤ 开路粉碎与循环粉碎　开路粉碎是指被粉碎物料只通过粉碎设备一次的操作；循环粉碎是指在粉碎物料中若含有尚未充分粉碎的物料，通过筛分设备将粗颗粒分出再返回粉碎机继续粉碎的操作。循环粉碎可避免已达到细度要求的细粉始终保留在粉碎系统中而消耗机械能。

（2）粉碎常用设备

① 研钵　如图 2-21 所示，又称乳钵，一般用陶瓷、玻璃、金属和玛瑙制成。研钵由钵和杵棒组成，钵为圆弧形、上宽下窄，底部有较厚的底座，杵棒的棒头较大，以增加研磨面。杵棒与钵内壁接触通过研磨、碰撞、挤压等作用力使物料粉碎、混合均匀。研钵主要用于少量物料的粉碎或供实验室用。

图 2-21　研钵

② 球磨机　球磨机是一种粉碎设备，基本原理是在不锈钢或陶瓷的圆筒中装入一定数量的不同大小的钢球或瓷球作为球磨体，如图 2-22（a）所示，使用时将物料装入圆筒中密封，由电动机带动；当圆筒转动时，球磨体被带动上升到一定高度后呈抛物线落下，产生撞击和研磨，使物料粉碎；球磨机要求有适当的转速 [图 2-22（b）]，才能使球磨体沿筒壁运行到最高点而落下，产生最大的撞击力和良好的研磨作用；如转速太慢，球磨体不能达到一定高度落下 [图 2-22（c）] 或转速太快，球磨体受离心力的作用，沿筒壁旋转而不落下 [图 2-22（d）]，都会减弱或失去粉碎作用。

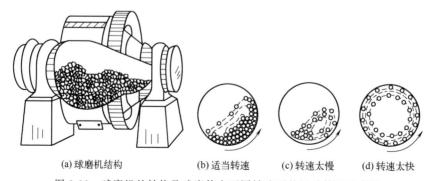

（a）球磨机结构　　（b）适当转速　　（c）转速太慢　　（d）转速太快

图 2-22　球磨机的结构及球磨体在不同转速下的运动情况示意图

球磨机是最普遍的粉碎机械之一，其结构简单，密闭操作，粉尘少，常用于毒性和贵重药物以及吸湿性、刺激性药物的粉碎，还可用于无菌粉碎。但球磨机粉碎效率低，粉碎时间较长。

③ 冲击式粉碎机　冲击式粉碎机对物料的作用力以冲击力为主，适用于脆性、韧性物料以及中碎、细碎、超细碎等的物料的粉碎，应用广泛，又称为万能粉碎机。典型的冲击式粉碎机的结构有锤击式（图 2-23）和冲击柱式（图 2-24）。

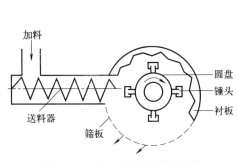

图 2-23　锤击式粉碎机示意图

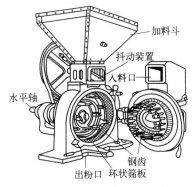

图 2-24　冲击柱式粉碎机示意图

④ 流能磨　利用高压气流使药物颗粒间以及颗粒与器壁间碰撞而产生强烈的粉碎作用，流体可以是空气、蒸汽、惰性气体。流能磨的外观类似于空心轮胎，由底部的喷嘴、粉碎室，顶部的分级器和具有单向活塞作用的送料器构成，如图 2-25 所示。

由于在粉碎过程中高压气流膨胀吸热，产生明显的冷却作用，可以抵消粉碎产生的热量，适用于抗生素、酶、低熔点及不耐热物料的粉碎，可获得 0.5mm 以下的微粉，且在粉碎的同时，可对不同级别的物料进行分级。

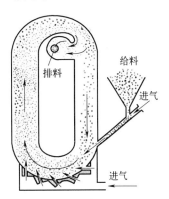

图 2-25　冲击柱式
粉碎机示意图

4. 分级

药物粉碎或制粒后所得的中间体是一些不同大小的粒子的集合体，为满足制剂的需要，利用网孔性工具使粗粉与细粉分离，这个操作过程叫作"筛分"或"分级"。

为了提高分离效果，降低粉末堵塞网孔的现象，分级过程中经常需要注意以下几点：①过筛时需要不断地振动，防止物料聚集堵塞筛孔；②应根据所需药粉的粒径范围，正确选用适当型号的药筛；③过筛的粉末应保持干燥，如果物料湿度过高，颗粒的流动性变差，容易堵塞网孔；④在筛分过程中，粉层的厚度应适中。

药筛的孔径大小用筛号表示，在工业标准中常用"目"数表示筛号，即以 1 英寸（25.4mm）长度上的筛孔数目表示。《中国药典》规定把粉末等级分为 6 级，还规定了所用药筛的国家标准（R40/3 系列），分别见表 2-5 和表 2-6。

表 2-5　粉末等级

规格等级	分等标准
最粗粉	能全部通过一号筛，但混有能通过三号筛不超过 20% 的粉末
粗粉	能全部通过二号筛，但混有能通过四号筛不超过 40% 的粉末

续表

规格等级	分等标准
中粉	能全部通过四号筛,但混有能通过五号筛不超过60%的粉末
细粉	能全部通过五号筛,并含能通过六号筛不少于95%的粉末
最细粉	能全部通过六号筛,并含能通过七号筛不少于95%的粉末
极细粉	能全部通过八号筛,并含能通过九号筛不少于95%的粉末

表2-6　药筛号与筛孔内径

药筛号	筛孔内径/μm	工业筛目号
一号筛	2000±70	10
二号筛	850±29	24
三号筛	355±13	50
四号筛	250±9.9	65
五号筛	180±7.6	80
六号筛	150±6.6	100
七号筛	125±5.8	120
八号筛	90±4.6	150
九号筛	75±4.1	200

制剂生产中常用的筛分设备有旋振筛、往复振动筛粉机和悬挂式偏重筛粉机等。

（1）旋振筛　是利用在旋转轴上配置不平衡重锤或配置有棱角形状的凸轮使筛产生振动的过筛装置。筛网的振动方向具有三维性质，对物料产生筛选作用。旋振筛（图2-26）可用于单层或多层分级使用，结构紧凑、操作维修方便、分离效率高，单位筛面处理能力大，适用性强，故被广泛应用。

图2-26　旋振筛

（2）往复振动筛粉机　是利用偏心轮对连杆所产生的往复振动而筛选粉末的装置。操作时物料由加料斗加入，落入筛子上，借电机带动皮带轮，使偏心轮做往复运动，从而使筛体往复运动，对物料产生筛选作用。振动筛适用于无黏性的药材粉末或化学药物的过筛。由于其密闭于箱内也适宜毒性药物、刺激性药物及易风化或易潮解药物的过筛。

（3）悬挂式偏重筛粉机　是利用偏重轮转动时不平衡惯性而产生振动的粉末筛选设备。操作时开动电动机，带动主轴，偏重轮即产生高速的旋转，由于偏重轮一侧有偏重铁，使两侧重量不平衡而产生振动，故通过筛网的粉末很快落入接收器中。偏重筛粉机结构简单，造价低，占地小，效率高，适用于矿物药、化学药品和无显著黏性的药材粉末的过筛。

（二）混合

1. 混合的定义与目的

混合是指将两种或两种以上的物料相互掺和而达到均匀状态的操作。混合的目的在于使处方中的各成分含量均匀，以保证用药剂量准确、安全有效，保证制剂产品中各成分的均匀分布，混合是制剂生产的基本操作，几乎所有的制剂生产都涉及混合操作。

2. 混合方法

常用的混合方法主要有研磨混合、搅拌混合和过筛混合。

（1）研磨混合　研磨混合系将各组分物料置于研钵中进行研磨的混合操作。此技术适用于小批量生产，尤其是结晶性药物的混合。不适用于含有引湿性和爆炸性成分的物料的混合。

（2）搅拌混合　搅拌混合系将各物料置于适当大小的容器中搅拌均匀，多用作初步混合之用。大批量生产中多用混合机混合。

（3）过筛混合　过筛混合系将各组分物料先初步混合在一起，再通过适宜的药筛一次或几次使之混匀，由于较细、较重的粉末先通过筛网，故在过筛后仍需加以适当的搅拌混合。

3. 混合的原则

物料混合中组分的量或密度差异较大时，应注意以下几方面原则：

（1）组分的比例量　混合物料比例量相差悬殊时，应采取等量递加混合法（习称配研法）。即将量大的物料先取出部分，与量小物料约等量混合均匀，如此倍量增加量大的物料，直至全部混匀为止。

（2）组分的堆密度　混合物料堆密度相差较大时，应将堆密度小的先放入混合机内，再加堆密度大的物料进行混匀。

（3）混合设备的吸附性　若将量小的药物先置混合机内，会因混合器壁的吸附造成较大损耗，故应先取少部分量大的组分于混合机内先行混合再加量小的药物混匀。

4. 混合常用设备

制剂生产中的混合设备多采取容器旋转或搅拌的方式实现物料均匀混合的目的。常用的混合设备分为干混设备和湿混设备。干混设备为具有各种形状的混合容器的混合机，容器可做二维或三维运动；湿混设备包括槽形混合机、双螺旋锥形混合机等。

（1）V型混合筒　混合筒由一定几何形状（如V形、立方形、双圆锥形等）的筒构成，一般装在水平轴上并有支架，由传动装置带动绕轴旋转，其中以V型混合筒较为常用。密度相近的粉末，可采用混合筒混合。V型混合筒在旋转混合时，装在筒内的干物料随着混合筒转动，V形结构使物料反复分离、合一，用较短时间即可混合均匀。

（2）三维运动混合机　其主要由混合容器和机架组成。混合桶可作三维空间多方向摆动和转动，使桶中物料交叉流动与扩散，混合中无死角，混合均匀度高。本机适合于干燥粉末或颗粒的混合。

（3）搅拌槽式混合机　搅拌槽式混合机的主要结构为混合槽。混合槽内的轴上装有与旋转方向呈一定角度的∽形搅拌桨，可以正反向旋转，用以搅拌槽内的物料。本机除可用于混合粉料外，亦可用于颗粒剂、片剂、丸剂等软材的制备。

搅拌槽式混合机的搅拌效率低，混合时间长，但操作简便，易于维修，目前应用较广泛。

（4）双螺旋锥形混合机　双螺旋锥形混合机的混合容器为立式圆锥形状，容器内安装有左右螺旋推进器（如图2-27）。混合时左右两个螺旋推进器既自转又绕锥形容器的中心轴旋转，产生较高的切变力，使混合物料

图 2-27　双螺旋锥形混合机

以双循环方式迅速混合。其混合效率高，用于混合润湿、黏性的固体物料。

项目评价 Rx

一、单项选择题

1. 关于空气净化系统的组成，以下选项不正确的是（　　）。

A. 空气过滤器　　　B. 空气循环系统　　　C. 吸附系统　　　D. 空调系统

2. 以下关于洁净度级别要求正确的是（　　）。

A. 可灭菌小容量注射液的灌封洁净度级别要求为 C 级

B. 外用药品供手术用滴眼剂暴露工序洁净度级别要求为 A 级

C. 可灭菌大容量注射液的稀配洁净度级别要求为 C 级

D. 外用药品深部组织创伤用药暴露工序洁净度级别要求为 B 级

3. 下列不是气体灭菌法使用的物质为（　　）。

A. 乙烯　　　　　　B. 臭氧　　　　　　C. 甲醛　　　　　　D. 环氧乙烷

4. 使用饱和蒸汽灭菌的方法是属于（　　）。

A. 湿热灭菌法　　　B. 辐射灭菌法　　　C. 汽相灭菌法　　　D. 干热灭菌法

5. 主要用于空气及物体表面灭菌的是（　　）。

A. 紫外线　　　　　B. 辐射　　　　　　C. 热压　　　　　　D. 热风

6. 洁净室的洁净级别不包括（　　）。

A. B 级　　　　　　B. C 级　　　　　　C. D 级　　　　　　D. E 级

7. 有抗菌作用的供试品做无菌检查的方法是（　　）。

A. 特殊培养基法　　B. 薄膜过滤法　　　C. 直接接种法　　　D. 控制菌检查法

8. 微生物限度检查，除另有规定外，细菌的培养温度为（　　）。

A. 23～25℃　　　　B. 25～28℃　　　　C. 28～30℃　　　　D. 30～35℃

9. 一般药品生产的相对湿度应控制在（　　）。

A. 35％～55％　　　B. 45％～55％　　　C. 45％～65％　　　D. 50％～75％

10. 一般药品生产的环境温度应控制在（　　）。

A. 15～25℃　　　　B. 18～26℃　　　　C. 20～28℃　　　　D. 25～30℃

11. 制药用水的种类中不包括的是（　　）。

A. 纯化水　　　　　B. 注射用水　　　　C. 饮用水　　　　　D. 矿泉水

12.《中国药典》规定注射用水的制备方法是（　　）。

A. 电渗析法　　　　B. 反渗透法　　　　C. 蒸馏法　　　　　D. 离子交换法

13. 纯化水可用于（　　）。

A. 无菌原料的精制　　　　　　　　B. 注射液的稀释剂

C. 无菌冲洗剂配料　　　　　　　　D. 非无菌原料的精制

14.《中国药典》中对纯化水的检测项目不包括（　　）。

A. 硝酸盐　　　　　B. 亚硝酸盐　　　　C. 氨　　　　　　　D. 细菌内毒素

15. 在外加电场作用下，利用离子定向迁移及交换膜的选择透过性而设计的纯化水制备方法是（　　）。

A. 反渗透法   B. 离子交换法   C. 电渗析法   D. 蒸馏法

16. 注射用水的 pH 为（   ）。

A. 3.0～5.0   B. 5.0～7.0   C. 4.0～9.0   D. 7.0～9.0

17. 注射用水的制备、贮存应当能够防止微生物的滋生，可采用（   ）以上的保温循环。

A. 30℃   B. 60℃   C. 70℃   D. 80℃

18. 水的硬度的大小是指水中含（   ）的多少。

A. 氢氧根离子   B. 钙、镁离子   C. 钠、钾离子   D. 重金属离子

19. 纯水储存周期不宜大于（   ）。

A. 12 小时   B. 24 小时   C. 36 小时   D. 48 小时

20. 在纯化水制备系统预处理中，用于除去水中的游离氯、色度、微生物、有机物及部分重金属等有害物质的过滤器是（   ）。

A. 活性炭过滤器   B. 离子交换器   C. 膜过滤系统   D. 电渗析系统

21. 以下物料不适合用热风干燥的是（   ）。

A. 颗粒状物料   B. 粉末状物料   C. 黏稠状物料   D. 纤维状物料

22. 下列干燥方法适用于易氧化、易分解、高温下易变质的物料的是（   ）。

A. 热风干燥   B. 真空干燥   C. 微波干燥   D. 红外干燥

23. 以下设备适用于小批量、间歇式的干燥作业的是（   ）。

A. 烘箱   B. 干燥器   C. 隧道式干燥机   D. 流化床干燥机

24. 在以下情况下，冷冻干燥方法不适用的是（   ）。

A. 含有大量水分的物料   B. 热敏性物料

C. 高黏度物料   D. 含有大量油脂的物料

25. 以下选项不是喷雾干燥的优点的是（   ）。

A. 干燥速度快   B. 干燥效果好

C. 易于实现自动化控制   D. 干燥室内宜清洁

26. 以下物料不适用于流化床干燥的是（   ）。

A. 颗粒状物料   B. 状物料   C. 易结块物料   D. 热敏性物料

27. 关于干燥的描述，下列错误的是（   ）。

A. 干燥是去除物质中水分的物理过程

B. 干燥可以在常温或加热条件下进行

C. 干燥过程中，物质的质量会发生变化

D. 干燥的目的是使物质更容易保存和运输

28. 在药物制剂中，干燥的主要目的（   ）。

A. 提高药物的稳定性

B. 降低药物的溶解度

C. 增加药物的副作用

D. 提高药物的生物利用度

29. 在进行干燥操作时，通常需要考虑（   ）。

A. 物料的性质   B. 干燥的温度和湿度

C. 干燥的时间和速度   D. 以上都是

30. 关于干燥的原理，下列描述错误的是（　　）。

A. 水分从物料内部扩散到表面

B. 物料表面的水分被蒸发或冷凝去除

C. 物料的化学成分在干燥过程中会发生改变

D. 干燥速率通常与物料表面的湿度呈正比

31. 固体物料粉碎前粒径与粉碎后粒径的比值是（　　）。

A. 混合度　　　　B. 粉碎度　　　　C. 脆碎度　　　　D. 崩解度

32. 树脂、树胶等药物宜采用（　　）。

A. 湿法粉碎　　　B. 干法粉碎　　　C. 低温粉碎　　　D. 高温粉碎

33. 难溶性药物欲得极细粉时，常采用的粉碎方法是（　　）。

A. 加液研磨法　　B. 水飞法　　　　C. 单独粉碎　　　D. 混合粉碎

34. 利用高压气流使物料的颗粒之间相互碰撞而产生强烈粉碎作用的粉碎设备是（　　）。

A. 球磨机　　　　　　　　　　　B. 流能磨

C. 锤击式粉碎机　　　　　　　　D. 冲击柱式粉碎机

35. 混合物料密度相差较大时，最佳的混合方法是（　　）。

A. 等量递加法　　　　　　　　　B. 将重者加在轻者之上

C. 多次过筛　　　　　　　　　　D. 将轻者加在重者之上

36. 《中国药典》将药筛的筛号分成为（　　）。

A. 六种　　　　　B. 七种　　　　　C. 八种　　　　　D. 九种

37. 药筛筛孔的"目"数习惯上是指（　　）。

A. 每厘米长度上筛孔数目　　　　B. 每平方厘米面积上筛孔数目

C. 每英寸长度上筛孔数目　　　　D. 每平方英寸面积上筛孔数目

38. 《中国药典》将粉末的等级分为（　　）。

A. 六级　　　　　B. 七级　　　　　C. 八级　　　　　D. 九级

39. 六号药典标准筛的孔径相当于工业标准筛的（　　）。

A. 60 目　　　　　B. 80 目　　　　　C. 100 目　　　　D. 200 目

二、多项选择题

1. 下列关于粉碎的叙述，正确的有（　　）。

A. 粉碎可以减小粒径，增加物料的表面积

B. 粉碎有助于药材中有效成分的浸出

C. 粉碎操作室须有捕尘装置

D. 粉碎操作室内与相邻操作室应呈正压

E. 粉碎后物料的粒度应符合规定

2. 下列关于筛分的叙述中，正确的为（　　）。

A. 筛分是借助网孔工具将粗细物料进行分离的操作

B. 通过筛分可对粉碎后的物料进行粉末分等

C. 应根据对粉末细度的要求，选用适宜筛号的药筛

D. 筛分操作时，不可用力挤压过筛

E. 操作结束应及时清场

3. 以下关于药筛的叙述中，正确的包括（　　）。

A. 药筛按其制作方法不同可分为编织筛与冲制筛

B. 冲制筛是在金属板上冲压出圆形的筛孔而成

C. 药典标准筛共规定了九种筛号；其筛号越大，孔径越小

D. "目"是以每平方厘米面积上有多少孔来表示

E. 目数越大，筛孔越小

4. 常用的混合技术有（　　）。

A. 研磨混合　　　　　　　　　　B. 湿法混合

C. 过筛混合　　　　　　　　　　D. 搅拌混合

E. 粉碎混合

5. 下列有关混合操作的叙述正确的有（　　）。

A. 混合是指将两种或两种以上物料均匀混合的操作

B. 混合操作室必须保持干燥，洁净度要求达 D 级

C. 室内与相邻操作室呈负压

D. 生产过程所有物料均应有标识，防止发生混药、混批

E. 混合后物料均匀度应符合规定

三、简答题

1. 请简述过滤除菌法的应用范围和特点。

2. 请列举利用热能对微生物进行杀灭的方法有哪些。

3. 请简要概述一下，进出洁净区的流程及其注意事项。

4. 注射用水的制备方法有哪些？是如何去除热原的？

5. 制备纯化水的过程中有哪些质量控制要点？

6. 纯化水在制药企业的应用范围有哪些？

7. 用水飞法粉碎炉甘石、滑石等难溶于水的药物，该如何操作？

8. 药筛有哪些种类和规格？按照《中国药典》，粉末如何分等级？

四、案例分析题

1. 某药厂制水间工作人员对采用离子交换法制备的纯化水进行质量检查，发现各项化学指标都符合标准规定，但菌落数和细菌内毒素超标，请尝试分析一下，可能的原因和避免措施。

2. 某制药企业在对供试药品进行无菌检查时，发现药品染菌，请分析发生该种情况的可能原因。

3. 某制药企业需对一批含有大量水分的生物制品进行干燥，要求干燥过程温度低，以保持物料活性。请根据要求，选择合适的干燥方法及设备，并说明选择依据。

项目三
液体制剂制备

学习目标

通过不同类型液体制剂的制备任务达到如下学习目标。

知识目标：

1. 糖浆剂、混悬剂、乳剂的定义、性质及特点。

2. 糖浆剂、混悬剂、乳剂的处方组成与处方分析。

3. 糖浆剂、混悬剂、乳剂的生产制备工艺。

4. 糖浆剂、混悬剂、乳剂的质量评价方法。

技能目标：

1. 正确更衣后，进入相应洁净级别的操作岗位。

2. 根据批生产指令计算、复核后正确领取物料，按工艺要求及称量标准操作规程（standard operating procedure，SOP），准确熟练完成物料的称量取用。

3. 使用化糖锅，按工艺要求和 SOP 熟练进行单糖浆的制备，得到符合工艺规定的单糖浆，会检验糖浆剂的含糖量。

4. 使用配料罐，按工艺要求和 SOP 熟练进行药液的制备，得到混合均匀、含量符合规定的药液。

5. 使用过滤器，按工艺要求和 SOP 熟练进行过滤，得到澄明、无可见异物的药液，会检查药液的质量。

6. 使用粉碎机、旋振筛分机，按工艺要求和岗位 SOP 熟练进行粉碎、过筛，得到细度符合工艺规定的粉末。

7. 使用高速搅拌乳化装置、胶体磨，按工艺要求和 SOP 熟练进行混合乳化，得到均匀、细腻乳液。

8. 根据批生产指令正确领取内包材、标签，使用灌装机，按工艺要求和 SOP 熟练进行灌装、贴签，得到合格产品，会检查糖浆剂的装量。

9. 根据批生产指令正确领取标签、说明书、小盒、大盒，按工艺要求和 SOP 熟练进行，会检查包装的质量。

10. 会按 GMP 要求完成清场操作。

11. 会正确填写操作记录。

素质目标：

1. 具备敬业精神，对待工作认真负责，保持高度的职业热情和专注度及良好的团队合作精神，共同解决生产中的问题，确保生产任务的顺利完成。

2. 具备健康与环保意识，积极参与节能减排、资源循环利用等活动，为可持续发展贡献力量。

3. 具备高度的诚信和道德观念，确保制剂的真实性和可追溯性。

项目说明

一、液体制剂的含义

液体制剂系指药物分散在适宜的分散介质中制成的液体形态的制剂，可以内服或外用。在液体制剂中分散相可以是固体、液体或气体药物，在一定条件下以颗粒、液滴、胶粒、分子或离子等形式分散于分散介质中形成液体分散体系。药物的分散程度、溶剂的性质关系着液体制剂的药效、稳定性和毒副作用。一般药物在分散介质中的分散度愈大体内吸收愈快，所起的疗效也愈好。液体药剂中常加入助溶剂、防腐剂、矫味剂等附加剂以改善药物的分散度或溶解度、增加药物的稳定性、改善其不良气味等。液体制剂的品种多，其性质、理论和制备工艺在制剂学中占有很重要的地位。此外，液体制剂在临床中的应用也十分广泛。

二、液体制剂的特点

液体制剂有以下优点：①药物在介质中分散度大，吸收快，能较迅速地发挥药效，药物的生物利用度高；②给药途径多，可以内服，也可以外用，如用于皮肤、黏膜和人体腔道等；③剂量大小易于控制，服用方便；④避免局部浓度过高，降低某些药物的刺激性。

液体制剂有以下不足：①药物分散度大，易引起药物的分解失效；②病原微生物容易在水性液体制剂中滋生，需加入防腐剂；③体积较大，携带、运输、贮存都不方便；④非均匀性液体制剂，存在物理稳定性问题。

三、液体制剂的分类

1. 按分散系统分类

液体制剂中的药物可以是固体、液体或气体，在一定条件下，以分子、离子、胶体粒子、微粒或液滴分散于分散介质中形成分散体系。根据药物的分散状态，液体制剂分为均相分散体系、非均相分散体系。按分散体系分类见表3-1。

表3-1　分散体系的分类与特征

类型		分散相大小/nm	特征
	低分子溶液剂	<1	真溶液;无界面,热力学稳定体系;扩散快,能透过滤纸和某些半透膜
胶体溶液	高分子溶液剂	$1\sim100$	真溶液;热力学稳定体系;扩散慢,能透过滤纸,不能透过半透膜
	溶胶剂	$1\sim100$	溶胶剂又称疏水胶体溶液。胶态分散形成多相体系;有界面,热力学不稳定体系;扩散慢,能透过滤纸而不能透过半透膜
混悬剂		>500	固体微粒分散成多相体系,动力学和热力学均不稳定体系;有界面,显微镜下可见,为非均相系统
乳剂		>100	液体微粒分散形成多相体系,动力学和热力学均不稳定体系;有界面,显微镜下可见为非均相系统

2. 按给药途径分类

（1）内服液体制剂　经胃肠道给药，吸收发挥全身治疗作用，如合剂、糖浆剂、乳剂、混悬剂等。

（2）外用液体制剂　主要分为以下几种：①皮肤用液体制剂，如洗剂、搽剂等；②五官科用液体制剂，如洗耳剂与滴耳剂、洗鼻剂与滴鼻剂、含漱剂、滴牙剂等；③直肠、阴道、尿道用液体制剂，如灌肠剂、灌洗剂等。

四、液体制剂的质量要求

液体制剂除应含量准确，性质稳定，安全无毒、无刺激外，还有以下质量要求：①溶液型液体药剂应澄明，乳剂或混悬剂应保证其分散相粒子细腻均匀，混悬剂在振摇时易均匀分散；②口服液体制剂应外观良好，口感适宜，分散介质首先选用纯化水，其次选用低浓度乙醇，特殊用途下可选用液状石蜡和植物油等；③具有一定的防腐能力，微生物限度应符合规定的要求；特殊制剂如供耳部伤口、耳膜穿孔或手术前应用的滴耳剂要求无菌；④包装容器的大小和形状适宜，应便于储运、携带和使用。

本项目包括：糖浆剂——硫酸亚铁糖浆制备、口服混悬剂——布洛芬混悬滴剂制备、口服乳剂——鱼肝油乳制备共 3 个任务，主要学习糖浆剂、混悬剂、乳剂的剂型特点、制备工艺、制备所需辅料与设备、制剂质量控制等内容。

任务 3-1　糖浆剂——硫酸亚铁糖浆制备

【任务资讯】

1. 糖浆剂的定义

糖浆剂系指含有原料药物的浓蔗糖水溶液，含蔗糖量应不低于 45％（g/ml）。

纯蔗糖的饱和水溶液，浓度为 85％（g/ml）或 64.7％（g/g）称为单糖浆，单糖浆既可作为制备药用糖浆的原料，又可作为矫味剂、不溶性成分的助悬剂，还可作为片剂、丸剂等的黏合剂。

2. 糖浆剂的特点

糖浆剂具有味甜量小、服用方便、吸收较快的特点，因含有糖和芳香性物质，口感较好，尤其适合于儿童用药；因含糖等营养物质，在制备和贮存过程中极易被微生物污染，制剂中需加入防腐剂；含糖量多，不适于糖尿病患者服用。

3. 糖浆剂的质量要求

（1）性状　除另有规定外，制剂应澄清。在贮存期间不得有发霉、酸败、产生气体或其他变质现象，允许有少量摇之即散的沉淀。

（2）相对密度　照《中国药典》相对密度测定法测定，结果应符合各品种项下有关规定。

（3）pH 值　照《中国药典》pH 值测定法测定，结果应符合各品种项下有关规定。

（4）装量　单剂量灌装的糖浆剂，取供试品 5 支，将内容物分别倒入经标化的量入式量筒内，尽量倾净。在室温下检视，每支装量与标示装量相比较，少于标示装量的不得多于 1 支，并不得少于标示装量的 95％。多剂量灌装的糖浆剂，照《中国药典》最低装量检查法检查，应符合规定。

（5）微生物限度　除另有规定外，照《中国药典》非无菌产品微生物限度检查：微生物计数法和控制菌检查法及非无菌药品微生物限度标准检查，应符合规定。

4. 糖浆剂的制备

通常有溶解法和混合法，根据药物性质选择不同制法。

（1）溶解法　蔗糖在水中溶解度随温度升高而增加。将蔗糖溶于一定量沸水中，继续加热，在适当的温度时（根据药物耐热性）加入药物，搅拌使溶解，过滤，再通过滤器加水至全量。分装于灭菌的洁净干燥容器中，密封，在30℃以下贮存。此法称"热溶法"

该法的特点是：蔗糖溶解速度快，生长期的微生物容易被杀死，糖内含有的某些高分子物质可凝聚滤除，过滤速度快。但加热过久或超过100℃，特别在酸性下蔗糖易水解转化成等分子的葡萄糖和果糖，俗称转化糖。制品的颜色容易变深（系果糖所致），也容易滋长微生物。另外，转化糖具有还原性，可延缓某些药物氧化变质。此法适于对热稳定的药物和有色糖浆的制备，如单糖浆等。

"冷溶法"系将蔗糖溶于冷纯化水中制成糖浆剂。可用密闭容器或渗漉器来完成。此法生产周期长，制备过程中容易污染微生物。适用于对热不稳定或挥发性药物制备糖浆剂。

（2）混合法　系将药物或液体药物与糖浆直接混合而成。如药物为固体，先用纯化水或其他适宜的溶剂溶解后加入糖浆中，搅匀；药物为可溶性液体或液体制剂时，可直接加入糖浆中，搅匀，必要时过滤；如药物为含乙醇的制剂，与糖浆混合时往往发生混浊，可先将含醇制剂置乳钵中，加滑石粉适量研磨，缓缓加适量纯化水，搅匀，并反复过滤至澄清，再加蔗糖搅拌使溶解，过滤，添加纯化水至全量，搅匀，必要时应测定药物含量。

5. 糖浆剂生产中易出现的问题

糖浆剂的质量要求，除另有规定外，一般要求澄清，含糖量准确，贮藏中不得酸败，析出蔗糖结晶及变色等。

（1）酸败问题　糖浆剂特别是低浓度的糖浆剂，很容易污染微生物，使糖浆长霉和发酵导致酸败，药物变质。其原因是物料不洁净，用具、容器处理不当及生产环境不符合要求，故生产糖浆剂的蔗糖应选用精制的无色或白色干燥结晶，用具及生产环境洁净，配制好的糖浆剂应及时灌装在灭菌的容器中，对于低浓度的糖浆剂还要加防腐剂，常用的防腐剂为羟苯酯类0.02%～0.05%，苯甲酸0.1%～0.25%，苯甲酸钠0.3%～0.5%。应用这些防腐剂时，应将糖浆剂pH值调节为酸性（pH≤4）。另外，八羟喹啉基硫酸盐0.001%，桂皮醛0.01%～0.1%，挥发油及焦糖等都有防腐作用，且联合应用效果更佳。

（2）沉淀问题　蔗糖质量差，含有大量可溶性高分子杂质，在贮藏过程中高分子杂质逐渐聚集而呈现混浊或沉淀。为使糖浆剂澄清，在过滤单糖浆前可加少量的澄清剂，如蛋清、滑石粉等，吸附高分子杂质和其他杂质。含有浸膏剂、流浸膏剂和酊剂的糖浆剂，因这些浸出制剂中含有不同程度高分子杂质，贮藏中往往会发生沉淀，如它不是有效成分可滤去。高浓度的糖浆剂在贮藏中可因温度降低而析出蔗糖结晶，适量加入甘油或山梨醇等多元醇可使改善。

（3）变色问题　蔗糖加热时间长特别在酸性下加热，可生成转化糖使糖颜色变深。用某些色素着色的糖浆剂，在光线或还原性物质等作用下也会逐渐褪色。

【任务说明】

本任务是制备硫酸亚铁糖浆［100ml（含硫酸亚铁 4g）/瓶］。铁是红细胞中血红蛋白的组成元素，缺铁时，红细胞合成血红蛋白量减少，致使红细胞体积变小，携氧能力下降，形成缺铁性贫血，口服本品可补充铁元素，改善缺铁性贫血。硫酸亚铁糖浆主要用于预防或治疗慢性失血、营养不良、妊娠、儿童发育期等引起的缺铁性贫血。本品为淡黄绿色的浓厚液体，味甜而微带酸涩。规格 100ml（含硫酸亚铁 4g）/瓶。口服，成人一次 4～8ml，一日 3 次，饭后服用。小儿酌减。

【任务准备】

一、接收操作指令

硫酸亚铁糖浆批生产指令见表 3-2。

表 3-2　硫酸亚铁糖浆批生产指令

品名	硫酸亚铁糖浆	规格	100ml(含硫酸亚铁 4g)/瓶
批号		理论投料量	10 瓶
采用的工艺规程名称		硫酸亚铁糖浆工艺规程	

原辅料的批号和理论用量			
序号	物料名称	批号	理论用量
1	硫酸亚铁		40g
2	枸橼酸		2.1g
3	蔗糖		825g
4	薄荷油		2ml
5	纯化水		加至 1000ml

生产开始日期		年　　月　　日		
生产结束日期		年　　月　　日		
制表人		制表日期		年　月　日
审核人		审核日期		年　月　日

生产处方：

（10 瓶处方）

硫酸亚铁	40g
枸橼酸	2.1g
蔗糖	825g
薄荷油	2ml
纯化水	加至 1000ml

处方分析

硫酸亚铁为主药；枸橼酸为还原剂，使溶液呈酸性，促使部分蔗糖转化为果糖和葡萄糖，有助于阻止硫酸亚铁的氧化变色；薄荷油的乙醇溶液制成薄荷醑，作矫味剂；纯化水为溶剂。

二、查阅操作依据

为更好地完成本项任务，可查阅《硫酸亚铁糖浆工艺规程》《中国药典》等与本项任务密切相关的文件资料。

三、制定操作计划

根据本品种的制备要求制定操作工序如下：

$$配料 \rightarrow 化糖 \rightarrow 配液 \rightarrow 过滤 \rightarrow 灌封 \rightarrow 外包装$$

每个工序由准备工作、生产过程、清洁清场等几部分组成。在操作过程中填写化学药糖浆剂制备操作记录（表 3-3）。

【任务实施】

操作工序一　配　　料

一、准备工作

（一）生产人员

参见《D 级洁净区生产人员进出标准规程》。

（二）生产环境

（1）环境总体要求　应保持整洁，门窗玻璃、墙面和顶棚应洁净完好；设备、管道、管线排列整齐并包扎光洁，无跑、冒、滴、漏现象发生，且符合相关清洁要求。检查确认生产现场无残留物料。

（2）环境温度　一般应控制在 18～26℃。

（3）环境相对湿度　一般应控制在 45%～65%。

（4）环境灯光　不能低于 300lx，灯罩应密封完好。

（5）电源　应设置在操作间外面并有相应的保护措施，确保安全生产。

（三）工序文件

1. 批生产指令单

2. 配料岗位操作规程

3. 电子天平、台秤标准操作规程

4. 电子天平、台秤清洁标准操作规程

5. 生产记录及状态标识

（四）物料要求

一般情况下，工艺流程上的物料净化包括脱外包、传递和传输。

① 脱外包，包括采用吸尘器或清扫的方式清除物料外包装表面的尘粒，污染较大，故脱外包操作间应设置在洁净区外侧。在脱外包操作间与洁净区之间应设置洁净传递窗（柜）或缓冲间，用于清洁后的原料、辅料、包装材料和其他物品的传递。洁净传递窗（柜）两边的传递门，应有联锁装置，防止被同时打开，密封性好并易于清洁。

② 洁净传递窗（柜）的尺寸和结构，应满足传递物品的大小和重量的需要。

③ 原、辅料进出 D 级洁净区，按《物料进出 D 级洁净区清洁消毒操作规程》要求操作。

（五）场地、设施设备

配料设备（如电子秤等）的技术参数应经验证确认。配料间进风口应有适宜的过滤装置，出风口应有防止空气倒流的装置。

① 进入配料间，检查是否有"清场合格证"，还需检查是否在清洁有效期内，并请现场质量保证（QA）人员检查。

② 检查配料间中是否存有与本批次产品无关的遗留物品。

③ 对台秤等计量器具进行检查，注意是否具有"完好"的标识卡及"已清洁"标识。检查设备是否正常；若有一般故障可以自己排除，自己不能排除的则通知维修人员，设备检查正常后方可运行。要求计量器具完好，性能与称量要求相符，有检定合格证，并在检定有效期内。设备检查正常后进行下一步操作。

④ 检查配料间的进风口和回风口是否在更换有效期内。

⑤ 检查记录台是否清洁干净，是否留有上批次的生产记录表或与本批次生产无关的文件。

⑥ 检查配料间的温度、相对湿度、压差是否与生产要求相符，并记录洁净区温度、相对湿度和压差。

⑦ 查看并填写生产交接班记录。

⑧ 接收到批生产指令单、生产记录、中间产品交接记录等文件，要仔细阅读批生产指令单，明确产品名称、规格、批号、批量、工艺要求等指令。

⑨ 复核所有物料是否正确，容器外标签是否清楚，内容与标签是否相符，核查重量、件数是否相符。

⑩ 检查所使用的周转容器及生产用具是否清洁，有无破损。

⑪ 检查吸尘系统是否清洁。

⑫ 上述各项达到要求后，由 QA 人员验证合格，取得清场合格证附于本批次生产记录内，将操作间的状态标识改为"生产运行"后，方可进行下一步生产操作。

二、生产过程

（一）操作过程

① 根据《配料岗位操作规程》检查生产区域、生产设备是否符合要求，准备清洁的不锈钢桶、不锈钢勺。

② 对称量用的电子天平、台秤进行校正，并确认在校验有效期内。

③ 配料人根据生产处方核算每批原辅料用量并领取相关物料，计算结果应经现场 QA 复核。

④ 按照生产处方将物料按添加量递增的原则逐一称量。复核人使用同一台电子秤对已称取的物料逐一进行复核称量确认，并贴上物料标签，标明名称、批号、数量等内容。根据需要移送下道工序或暂存。

⑤ 按《生产物料管理制度》的要求将剩余物料装入双层塑料袋内，密封。填写剩余物料标签，并贴于塑料袋内袋外，存放至指定区域。按照《配料岗位操作规程》中清场要求进

行清场。

（二）质量控制要点与质量判断

1. 质量判断

① 所用原料、辅料具有检验报告单且合格。

② 核对原料、辅料品名和数量无误。

2. 操作注意事项及质控要点

① 电子天平、台秤每年由计量部门专人校验，每一次称料前都要进行零点校对，并做好记录；搬动过的电子天平必须重新校正水平，并对天平的计量性能作全面检查无误后才可使用。

② 注意不要将被称物（特别腐蚀性物品）撒落在地板上。

③ 称量不得超过最大载荷。

④ 操作室必须保持干燥，室内呈负压，须有捕尘装置。

⑤ 称量配料过程中要严格实行双人复核制，做好记录并签字。

⑥ 生产过程所有物料均应有标示，防止发生混药、混批。

⑦ 凡接触药品的设备、管道、器具，应根据品种清洁要求定期进行处理，处理后应以注射用水洗涤干净。

三、清洁清场

① 将物置于干净的不锈钢桶盛放、密封，容器内外均附上状态标识，备用。转入下道工序。

② 按清场顺序和设备清洁规程清理工作现场、工具、容器具、设备，并请 QA 人员检查，合格后发给清场合格证，将清场合格证挂贴于操作室门上，作为后续产品的开工凭证。

③ 撤掉运行状态标识，挂清场合格标识。

④ 及时填写批生产记录、设备运行记录、交接班记录等，并复核、检查记录是否有漏记或错记项目，复核中间产品检验结果是否在规定范围内；检查记录中的各项是否有偏差发生，如果发生了偏差则按《生产过程偏差处理规程》操作。

⑤ 关好水、电开关及门，按进入程序的相反程序退出。

☆ 知识链接1

液体制剂常用的溶剂与附加剂

用于液体制剂的溶剂，对溶液剂来说可称为溶剂。对溶胶剂、混悬剂、乳剂来说药物并不溶解而是分散，因此称作分散介质。溶剂对液体制剂的性质和质量影响很大，此外制备液体制剂，根据需要还常加入附加剂。

一、液体制剂常用的溶剂

1. 极性溶剂

（1）水　水是最常用的溶剂。能与其他极性和半极性溶剂混溶。能溶解绝大多数的无机盐类和极性大的有机药物，能溶解生物碱盐、苷类、糖类、树胶、鞣质、黏液质、蛋白质、酸类及色素等化学成分。但许多药物在水中不稳定，尤其是易水解的药物，配制以水作为溶剂的液体制剂使用纯化水。

（2）甘油　甘油为常用溶剂，为无色黏稠的澄明液体，有甜味，毒性小，能与水、乙醇、丙二醇等以任意比例混溶。可用于内服药剂。更多的则是应用于外用药剂。可单独作溶剂，也可与水、乙醇等溶剂以一定的比例混合应用。甘油对苯酚、鞣酸、硼酸的溶解比水大，常作为这些药物的溶剂。在水溶剂中加入一定比例的甘油，可起到保湿、增稠和润滑的作用，甘油的黏稠度大，液体制剂中含甘油30％以上时具有防腐作用。

（3）二甲基亚砜　二甲基亚砜为无色澄明液体，具有大蒜臭味，能与水、乙醇、丙二醇、甘油等溶剂以任意比例混溶，且溶解范围广，故有"万能溶剂"之称。本品能促进药物在皮肤和黏膜上的渗透，但有轻度刺激性，能引起烧灼感或不适感，孕妇禁用。

2. 半极性溶剂

（1）乙醇　乙醇为常用溶剂，可与水、甘油、丙二醇等溶剂以任意比例混溶，能溶解多种有机药物和药材中的有效成分，如生物碱及其盐类、苷类、挥发油、树脂、鞣质、有机酸和色素等。含乙醇20％以上具有防腐作用。但有易挥发、易燃烧等缺点。为防止乙醇挥发，成品应密闭贮存。乙醇与水混合时，会发生总体积缩小现象，所以用水稀释乙醇时，应放凉至室温后再调整至规定浓度。

（2）丙二醇　药用规格必须是1,2-丙二醇。其毒性小，无刺激性。性质与甘油相似，但黏度较甘油小，可作为内服及肌内注射用药的溶剂。可与水、乙醇、甘油等溶剂以任意比例混溶。一定比例的丙二醇和水的混合溶剂能延缓许多药物的水解，增加药物的稳定性。丙二醇的水溶液能促进药物在皮肤和黏膜上的渗透。但丙二醇有辛辣味，口服应用受到限制且价格高于甘油。

（3）聚乙二醇（PEG）　液体制剂中常用聚合度低的聚乙二醇，如PEG 300～600，为无色澄明的黏性液体。有轻微的特殊臭味，能与水、乙醇、丙二醇、甘油等溶剂混溶。聚乙二醇的不同浓度水溶液是一种良好的溶剂。能溶解许多水溶性无机盐和水不溶性的有机药物。对易水解的药物有一定的稳定作用。在外用液体制剂中有一定的保湿作用且对皮肤无刺激性。

3. 非极性溶剂

（1）脂肪油　本品为常用的非极性溶剂，是指药典上收载的一些植物油，如棉籽油、花生油、麻油、橄榄油、豆油等。脂肪油可用作内服药剂的溶剂，如维生素A和维生素D溶液剂；也作外用药剂的溶剂，如洗剂、搽剂、滴鼻剂等。脂肪油易酸败，也易受碱性药物的影响而发生皂化反应。

（2）液体石蜡　本品为饱和烃类化合物。其性质稳定。常用的是无色透明的油状液体。有轻质和重质两种，轻质密度为0.828～0.860g/ml，重质密度为0.860～0.890g/ml。能与非极性溶剂混合。能溶解生物碱、挥发油及一些非极性药物等。液体石蜡在肠道中不分解也不吸收，能使粪便软化，有润肠通便作用。

（3）乙酸乙酯　本品为无色或淡黄色流动性油状液体，有气味。可溶解甾体药物、挥发油及其他油溶性药物。可作外用液体制剂的溶剂。具有挥发性和可燃性，在空气中易被氧化，需加入抗氧剂。常作为搽剂的溶剂。

（4）肉豆蔻酸异丙酯　本品为无色澄明、几乎无气味的流动性油状液体，不易氧化和水解，不易酸败，不溶于水、甘油、丙二醇，但溶于乙醇、丙酮、乙酸乙酯和矿物油中。能溶解甾体药物和挥发油。本品无刺激性和过敏性。可透过皮肤吸收，并能促进药物经皮吸收，常用作外用药剂的溶剂。

二、液体制剂常用的附加剂

1. 增溶剂

某些难溶性药物在表面活性剂的作用下增加溶解度形成溶液的过程称为增溶。具增溶能力的表面活性剂称为增溶剂，被增溶的药物称为增溶质。以水为溶剂的液体制剂，增溶剂的最适亲水亲油平衡值（HLB）为 $15\sim18$，常用增溶剂为聚山梨酯类、聚氧乙烯脂肪酸酯类等。

2. 助溶剂

助溶系指难溶性药物与加入的第三种物质在溶剂中形成可溶性分子间络合物、复盐、缔合物等，以增加难溶性药物在溶剂中溶解度的现象。所加入的第三种物质称为助溶剂。助溶剂多为某些有机酸及其盐类如苯甲酸、碘化钾等，酰胺或胺类化合物如乙二胺等，一些水溶性高分子化合物如聚乙烯吡咯烷酮等。如碘在水中的溶解度为 $1:2950$，加入适量碘化钾，碘与碘化钾形成分子间络合物 KI_3，使碘在水中的溶解度增加到 5%。

3. 潜溶剂

为提高难溶性药物的溶解度而常使用混合溶剂。在混合溶剂中各溶剂达到一定比例时，药物的溶解度出现极大值，这种现象称为潜溶。这种混合溶剂称为潜溶剂。常与水形成潜溶剂的有乙醇、丙二醇、甘油、聚乙二醇等。例如，甲硝唑在水中的溶解度为 10%，如果使用水-乙醇混合溶剂，则溶解度提高 5 倍。

4. 防腐剂

液体制剂特别是以水为溶剂的液体制剂，易被微生物污染而发生霉变，尤其是含有糖类、蛋白质等营养物质的液体制剂，更容易引起微生物的滋长和繁殖，导致药物降低疗效或完全失效，甚至有可能产生一些对人体有害的物质。因此，研究如何防止药剂被微生物污染，如何抑制微生物在药剂中的生长繁殖，如何除去或杀灭药剂中的微生物，确保药剂质量，是制药工作的重要任务。

防腐剂品种较多，以下主要介绍药剂中常用的防腐剂。

（1）羟苯酯类 也称尼泊金类，是用对羟基苯甲酸与醇经酯化而得。此类系一类优良的防腐剂，无毒、无味、无臭，化学性质稳定，在 pH3～8 范围内能耐 $100℃$、2 小时灭菌。常用的有羟苯甲酯、羟苯乙酯、羟苯丙酯、羟苯丁酯等，在酸性溶液中作用较强。本类防腐剂配伍使用有协同作用。表面活性剂对本类防腐剂有增溶作用，能增大其在水中的溶解度，但不增加其抑菌效能，甚至会减弱其抗微生物活性。本类防腐剂用量不得超过 0.05%。含有聚山梨酯类的药液不宜采用羟苯酯类作为防腐剂，因其会发生络合作用使防腐能力降低。羟苯酯类遇铁能变色，可被塑料包装材料吸收。

（2）苯甲酸及其盐 苯甲酸是一种有效的防腐剂，最适 pH 为 4，用量一般为 $0.1\%\sim0.25\%$，苯甲酸钠和苯甲酸钾必须转变成苯甲酸后才有抑菌作用。苯甲酸和苯甲酸盐适用于微酸性和中性的内服和外用药剂。苯甲酸防霉作用较羟苯酯类弱，而防发酵能力则较羟苯酯类强，可与羟苯酯类联合应用。

（3）山梨酸及其盐 为白色至黄白色结晶性粉末，无味，有微弱特殊气味，山梨酸起防腐作用的是未解离的分子，故在 pH4 的水溶液中抑菌效果较好。常用浓度为 $0.15\%\sim$

0.2%。本品对真菌和细菌均有较强的抑制作用，特别适用于含有吐温类液体制剂的防腐；吐温类虽然也有络合作用，但在常用浓度为0.2%的情况下，仍有相当的抑菌力。山梨酸与其他防腐剂合用产生协同作用。本品稳定性差，易被氧化，在水溶液中尤其敏感，遇光时更甚，可加入适宜稳定剂。可被塑料吸附使抑菌活性降低。山梨酸钾、山梨酸钙作用与山梨酸相同，水中溶解度较大，需在酸性溶液中使用。

(4) 苯扎溴铵　又称新洁尔灭，系阳离子型表面活性剂，为淡黄色黏稠液体，低温时为蜡状固体。味极苦，有特臭，无刺激性，溶于水和乙醇，水溶液呈碱性。本品在酸性、碱性溶液中稳定，耐热压。对金属、橡胶、塑料无腐蚀作用。只用于外用药剂中，使用浓度为0.02%~0.2%。

(5) 其他防腐剂　醋酸氯己定（醋酸洗必泰），为广谱杀菌剂，用量为0.02%~0.05%。邻苯基苯酚微溶于水，具杀菌和杀霉菌作用，用量为0.005%~0.2%。桉叶油，使用浓度为0.01%~0.05%，桂皮油为0.01%，薄荷油为0.05%。

5. 矫味剂

为了掩盖和矫正药物的不良气味而加入的物质称为矫味、矫臭剂。味觉器官是舌上的味蕾，嗅觉器官是鼻腔中的嗅觉细胞，矫味、矫臭与人的味觉和嗅觉有密切关系，从生理学角度看，矫味也能矫臭。

(1) 甜味剂　包括天然的和合成的两大类。天然甜味剂有糖类、糖醇类、苷类，其中糖类最为常用，蜂蜜也是甜味剂。天然甜味剂中以蔗糖、单糖浆及芳香糖浆应用较广泛。芳香糖浆如橙皮糖浆、枸橼糖浆、樱桃糖浆及桂皮糖浆等，不但能矫味也能矫臭。天然甜味剂如甜菊苷，为微黄白色粉末，无臭，有清凉甜味，甜度比蔗糖大约300倍。本品甜味持久且不被吸收，但甜中带苦，故常与蔗糖和糖精钠合用。合成的甜味剂有糖精钠，甜度为蔗糖的200~700倍，易溶于水，但水溶液不稳定，长期放置甜度降低，常用量为0.03%。常与单糖浆、蔗糖和甜菊苷合用，常作咸味的矫味剂。阿司帕坦，也称蛋白糖（阿斯巴甜），为二肽类甜味剂，又称天冬甜精。甜度比蔗糖高150~200倍，可用于低糖量、低热量的保健食品和药品中。

(2) 芳香剂　在制剂中有时需要添加少量香料和香精以改善制剂的气味和香味，这些香料与香精称为芳香剂。香料分为天然香料和人造香料两大类。天然香料有植物中提取的芳香性挥发油如柠檬、薄荷挥发油等，以及它们的制剂如薄荷水、桂皮水等。人造香料也称调和香料，是由人工香料添加一定量的溶剂调和而成的混合香料，如苹果香精、香蕉香精等。

(3) 胶浆剂　胶浆剂具有黏稠缓和的性质，可以干扰味蕾的味觉而能矫味，如海藻酸钠、阿拉伯胶、羧甲基纤维素钠（CMC-Na）、琼脂、明胶、甲基纤维素等的胶浆。如在胶浆剂中加入甜味剂，则增加其矫味作用。

(4) 泡腾剂　将有机酸（如枸橼酸、酒石酸）与碳酸氢钠一起遇水后产生大量二氧化碳，二氧化碳能麻痹味蕾起矫味作用，对盐类的苦味、涩味、咸味有改善。

6. 着色剂

着色剂又称色素，能改善制剂的外观颜色，可用来识别制剂的浓度、区分应用方法和减少患者对服药的厌恶感。可分为天然色素和人工合成色素两大类。

(1) 天然色素　常用的有植物性和矿物性色素，常用的无毒天然色素有姜黄、胡萝卜素等，矿物性的有氧化铁（棕红色）等。

(2) 合成色素　人工合成色素的特点是色泽鲜艳，价格低廉，大多数毒性比较大，用量不宜过多。我国批准的内服合成色素有苋菜红、柠檬黄、胭脂红、胭脂蓝和日落黄，通常配成1‰贮备液使用，用量不得超过万分之一。外用色素有伊红、品红、亚甲蓝等。

7. 其他附加剂

在液体制剂中为了增加稳定性，有时需要加入抗氧剂、pH调节剂、金属离子络合剂等。

知识链接2

称　量

一、称重

1. 称重

称重是将被称重的质量与已知质量的另一物体（砝码）的质量置衡器（天平）上加以比较的操作，主要用于称取固体或半固体药物。

2. 常用设备

有电子天平、电子台秤等。其基本结构有载荷称重台和称重显示仪表。其工作原理为：利用电子应变元件受力形变原理输出微小的模拟电信号，通过信号电缆传送给称重显示仪表，进行称重操作和显示称量结果。电子台秤有多种显示方式，包括：数码管显示、液晶显示、荧光显示和液晶点阵显示。台秤上还安装有过载保护装置。

常用TCS系列电子台秤（图3-1）的主要特点如下：

外壳采用ABA塑钢材质，使用寿命长，电子显示头可调整适当的显示角度，按键触感良好，防水性高；采用LED电子管显示，数字清晰易读；具有全扣重、重量累加、简易计数、计重、百分比等功能；能实现公斤、台斤、英镑单位切换；并且还具有自动校正、自动零点追踪、双重超载保护功能。

3. 称重的方法

（1）直接称量法　称量物体，如烧杯、表面皿、坩埚等，一般采用直接称量法。即用砝码直接与被称物平衡，此时砝码的重量就是被称物的重量。

图3-1　TCS系列
电子台秤

方法如下：用一张干净的纸条拿取被称物放入天平的称量盘，然后去掉纸条，在砝码盘上加砝码。此时，砝码所标示的重量就等于被称物的重量。

（2）增量法　此法一般用来称量规定重量的试样。方法如下：

将盛物容器放于天平的称量盘，在砝码盘上加适当的砝码使之平衡，得到盛物容器重W_0，然后在砝码盘上添加与所称试样同重的砝码，用牛角勺取试样加于盛物容器中，直至达到平衡。此时，砝码总重W，则称取的样品重为$W - W_0$。

（3）减量法　此法一般用来连续称取几个试样，其量允许在一定范围内波动，也用于称取易吸湿、易氧化或易与二氧化碳反应的试样。此法称取固体试样的方法为：将适量试样装入称量瓶中，用纸条缠住称量瓶放于天平托盘上，称得称量瓶及试样重量为W_1，然后用纸条缠住称量瓶，从天平盘上取出，举放于容器上方，瓶口向下稍倾，用纸捏住称量瓶盖，轻敲瓶口上部，使试样慢慢落入容器中，当倾出的试样已接近所需要的重量时，慢慢地将称量瓶竖起，再用称量瓶盖轻敲瓶口下部，使瓶口的试样集中到一起，盖好瓶盖，放回到天平盘上称量，得 W_2，两次称量之差就是试样的重量。如此继续进行，可称取多份试样。

第一份：试样重 $=W_1-W_2$，第二份：试样重 $=W_2-W_3$。

4. 操作注意事项

① 要根据称重物料的性质，选择适当的容器，根据所称重物料的重量和称重的允许误差正确选择称重设备。

② 称取前，须将天平放置在水平台上，并调整水平。

③ 每台天平有一盒固定的砝码，不得换用，取砝码不能用手拿，必须用镊子夹取。砝码只能放在砝码盒或天平盘上，不可放在其他任何地方。

④ 施加砝码时要遵循"先大后小，中间截取"的原则。

⑤ 同一次实验所有的称取，必须使用同一台天平、同一盒砝码。

⑥ 应经常保持天平的清洁和干燥。若被污染时，应用软软的纱布擦拭。

二、量取

1. 量取

量取是利用带有容量刻度的量器按容量取用液体物料，其准确性不及质量称取，受许多因素如液体的相对密度、黏度、液量的多少、量器的体积和准确度以及操作方法等影响，但操作简便、迅速，在一般情况下若量器选用得当，操作正确，其准确度亦能符合要求。

2. 量器

常用的有量筒、量瓶、量杯等。

3. 操作注意事项

① 量取前，应根据所需量取的溶液量考虑选用适当大小的量器，一般不得少于量器总量的五分之一。

② 量取时，应右手握药瓶标签位置，左手取量器并打开药瓶盖，将药瓶口紧靠量器边缘，沿其内壁徐徐注入药液，防止药液污染瓶签和溅溢器外。

③ 读数时量杯或量筒保持垂直，眼睛与所读刻度成水平，读数以液体凹面为准。

④ 量取操作完毕立即盖好瓶盖；量取黏稠性液体如甘油、糖浆等，不论在注入或倾出时，均须以充分时间使其按刻度流尽，以保证容量的准确。

⑤ 量取后，用过的量器，须洗净沥干后再量其他液体，必要时烘干再用。

操作工序二　化　　糖

一、准备工作

（一）操作人员

操作人员按照《D级洁净区生产人员进出标准规程》要求进入生产操作区。

（二）生产环境

参见"项目三　任务 3-1 操作工序一中生产环境"要求执行。

（三）任务文件

1. 批生产指令单
2. 化糖岗位操作法
3. 化糖锅标准操作规程
4. 化糖锅清洁消毒标准操作规程
5. 生产记录及状态标识

（四）物料要求

按批生产指令单所列的物料，从上一任务或物料间领取物料备用。

（五）场地、设施设备

① 进入配液间，检查是否有"清场合格证"，还需检查是否在清洁有效期内，并请现场 QA 人员检查。

② 检查配液间中是否存有与本批次产品无关的遗留物品。

③ 对化糖锅进行检查，注意是否具有"完好"的标识卡及"已清洁"标识。检查设备是否正常；若有一般故障可以自己排除，自己不能排除的则通知维修人员，设备检查正常后方可运行。

④ 检查记录台是否清洁干净，是否留有上批次的生产记录表或与本批次生产无关的文件。

⑤ 检查配液间的温度、相对湿度、压差是否与生产要求相符，并记录洁净区温度、相对湿度和压差。

⑥ 查看并填写生产交接班记录。

⑦ 接收批生产指令单、生产记录、中间产品交接记录等文件，要仔细阅读批生产指令单，明确产品名称、规格、批号、批量、工艺要求等指令。

⑧ 复核所有物料是否正确，容器外标签是否清楚，内容与标签是否相符，核查重量、件数是否相符。

⑨ 检查所使用的周转容器及生产用具是否清洁，有无破损。

⑩ 上述各项达到要求后，由 QA 人员验证合格，取得清场合格证附于本批次生产记录内，将操作间的标识标志改为"生产运行"后，方可进行下一步生产操作。

二、生产过程

（一）生产操作

① 用纯化水冲洗干净化糖锅（见图 3-2），称好蔗糖，检查电动搅拌是否正常。检查所有阀门及管道等部件是否严密、完好。

② 在化糖锅内放入适量纯化水，关闭化糖锅旁通阀，打开自动排水阀，打开蒸汽阀加热纯化水，至沸腾。

③慢慢加入蔗糖，并开启搅拌，至蔗糖完全溶解，加水调整含糖量为 85%（g/ml）。

④ 生产结束，关闭进气阀，放出物料。

（二）质量控制要点与质量判断

① 化糖时应注意控制蒸汽进汽阀的大小，防止冲料及夹套

图 3-2　化糖锅

蒸汽压力过高。化糖过程中，要及时进行含糖量测定。

② 相对密度和含糖量均应符合相关要求。

三、清洁清场

① 将物料用干净的不锈钢桶盛放、密封，容器内外均附上状态标识，备用。转入下道工序。

② 按清场顺序和设备清洁规程清理工作现场、工具、容器具、设备，并请 QA 人员检查，合格后发给清场合格证，将清场合格证挂贴于操作室门上，作为后续产品的开工凭证。

③ 撤掉运行状态标识，挂清场合格标识。

④ 及时填写批生产记录、设备运行记录、交接班记录等，并复核、检查记录是否有漏记或错记项目，复核中间产品检验结果是否在规定范围内；检查记录中的各项是否有偏差发生，如果发生了偏差则按《生产过程偏差处理规程》操作。

⑤ 关好水、电开关及门，按进入程序的相反程序退出。

操作工序三　配　　液

一、准备工作

（一）操作人员

操作人员按照《D 级洁净区生产人员进出标准规程》要求进入生产操作区。

（二）生产环境

参见"项目三　任务 3-1 操作工序一中生产环境"要求执行。

（三）任务文件

1. 批生产指令单

2. 配液岗位操作法

3. 配料罐标准操作规程

4. 配料罐清洁消毒标准操作规程

5. 生产记录及状态标识

（四）物料要求

按批生产指令单所列的物料，从物料间领取物料和上一任务制备的糖浆备用。

（五）场地、设施设备

对配液罐进行检查，注意是否具有"完好"的标识卡及"已清洁"标识。检查设备是否正常；若有一般故障可以自己排除，自己不能排除的则通知维修人员，设备检查正常后方可运行。

其他参见"项目三　任务 3-1 操作工序二中场地、设施设备"要求执行。

二、生产过程

（一）生产操作

① 确认配液罐各阀门是否处于适当位置。

② 将硫酸亚铁、枸橼酸用热水溶解，将单糖浆从加料口加入配液罐内。

③ 打开搅拌器，向配液缸夹套内通蒸汽对罐内药液进行加热，保持适度温度状态，边搅拌边将薄荷醑缓缓加入。

④ 加入适量的纯化水，检测糖浆的相对密度和含糖量，当糖浆的相对密度和含糖量达工艺所要求的密度时停机。

⑤ 糖浆剂经配液罐出口放出。

⑥ 称重，装入洁净的容器中。

（二）质量控制要点与质量判断

操作时，要随时检测糖浆的相对密度和含糖量。

三、清洁清场

① 将物料用干净的不锈钢桶盛放、密封，容器内外均附上状态标识，备用。转入下道工序。

② 按清场顺序和设备清洁规程清理工作现场、工具、容器具、设备，并请 QA 人员检查，合格后发给《清场合格证》，将《清场合格证》挂贴于操作室门上，作为后续产品的开工凭证。

③ 撤掉运行状态标识，挂清场合格标识。

④ 及时填写《批生产记录》《设备运行记录》《交接班记录》等，并复核、检查记录是否有漏记或错记项目，复核中间产品检验结果是否在规定范围内；检查记录中的各项是否有偏差发生，如果发生了偏差则按《生产过程偏差处理规程》操作。

⑤ 关好水、电开关及门，按进入程序的相反程序退出。

知识链接3

配　液　罐

配液罐根据配液工艺要求不同，分为浓配罐和稀配罐，浓配罐和稀配罐的基本配置大体相同。配液罐有各种不同的容积规格。通常浓配罐容积较小，稀配罐容积较大。其外形见图3-3。

浓、稀配液罐是具有搅拌、加热和保温功能的罐体设备。配液罐罐体特性为立式，支脚式，夹套加热保温，上、下椭圆封头结构，采用316L 不锈钢板制造。搅拌轴的密封一般采用机械密封，可采用变频调速器控制。目前，磁力搅拌器和射流搅拌器在配液系统中大量应用。罐内接口多采用便拆卸、易清洗、灭菌的国际通用 ISO 标准快装卡盘式接口，罐体设有液位计（无角点超声波、静压变送式）、可自动周转的 CIP 万向洗罐装置（俗称清洗球）、视孔灯、视镜、pH 计、数显式温度计、称重模块、防爆膜、洁净呼吸过滤器、投料口等辅助装置。

图 3-3　配液罐

操作工序四　过　　滤

一、准备工作

（一）操作人员

操作人员按照《D 级洁净区生产人员进出标准规程》要求进入生产操作区。

（二）生产环境

参见"项目三　任务 3-1 操作工序—中生产环境"要求执行。

（三）任务文件

1. 批生产指令单

2. 过滤岗位操作法

3. 过滤标准操作规程

4. 过滤清洁消毒标准操作规程

5. 生产记录及状态标识

（四）物料要求

领取上一工序制备的硫酸亚铁糖浆备用。

（五）场地、设施设备

对过滤装置进行检查，注意是否具有"完好"的标识卡及"已清洁"标识。检查设备是否正常；若有一般故障可以自己排除，自己不能排除的则通知维修人员，设备检查正常后方可运行。

参见"项目三　任务 3-1 操作工序—中场地、设施设备"要求执行。

二、生产过程

（一）生产操作

以使用钛棒过滤器生产为例，学习操作过程。

① 戴无菌手套，检查密封圈完好、滤芯卡紧、管道连接完毕，卡箍已卡紧，压力表安装良好。

② 打开放气阀、入口阀，直到液体从放气阀溢出，关闭放气阀。打开出口阀、入口阀。

③ 观测压差，监控过滤效率。

（二）质量控制要点与质量判断

① 过滤器安装、操作正确。

② 药液可见异物、不溶性微粒均应符合相关要求。

三、清洁清场

① 将物料用干净的不锈钢桶盛放、密封，容器内外均附上状态标识，备用。转入下道工序。

② 按清场顺序和设备清洁规程清理工作现场、工具、容器具、设备，并请 QA 人员检查，合格后发给清场合格证，将清场合格证挂贴于操作室门上，作为后续产品的开工凭证。

③ 撤掉运行状态标识，挂清场合格标识。

④ 及时填写批生产记录、设备运行记录、交接班记录等，并复核、检查记录是否有漏记或错记项目，复核中间产品检验结果是否在规定范围内；检查记录中的各项是否有偏差发生，如果发生了偏差则按《生产过程偏差处理规程》操作。

⑤ 关好水、电开关及门，按进入程序的相反程序退出。

知识链接4

过滤与过滤装置

配液完成后，药液要经过过滤处理。过滤是保证药液澄明的重要操作，一般分为初滤和精滤。如药液中沉淀物较多时，特别加活性炭处理的药液须初滤后方可精滤以免沉淀堵塞滤孔。

常用的过滤材料有滤纸、长纤维脱脂棉、聚丙烯、亲水性聚四氟乙烯、绸布、绒布、尼龙布、沙滤棒、钛滤棒等。

一、滤过方式

有如下三种。

1. 常压滤过

通常采用高位静压滤过装置。该装置适用于楼房，配液间和储液罐在楼上，待滤药液通过管道自然流入滤器，滤液流入楼下的贮液容器。利用液位差形成的静压，促使经过滤器的滤材自然滤过。此法简便、压力稳定、质量好，但滤速慢。

2. 减压滤过

是在滤液贮存器上不断抽去空气，形成一定真空度，促使在滤器上方的药液经滤材流入滤液贮存器内。

3. 加压滤过

采用离心泵输送药液通过滤器进行滤过。其特点是压力稳定、滤速快、质量好、产量高。由于全部装置保持正压，空气中的微生物和微粒不易侵入滤过系统，同时滤层不易松动，因此滤过质量比较稳定。适用于配液、滤过、灌封在同一平面工作。此方法在目前制药生产中比较常见。

二、常用滤器

常用滤器的种类和选择如下。

1. 砂滤器

如图 3-4 所示，砂滤棒是由二氧化硅、黏土等材料高温焙烧而成的空心滤棒，棒的微孔径约为 $10\mu m$。砂滤器是由多根砂滤棒组成的过滤内芯，适用于大生产中的初滤。注射剂生产中常用中号砂滤器（$500\sim300ml/min$）。特点是价廉易得，但易脱砂，对药液的吸附性强，难清洗。

2. 板框式压滤机

板框式压滤机由多块滤板与滤框相间重叠排列组成，是液体制剂过滤的常见设备，如图 3-5 所示。该设备过滤面积大，截留量

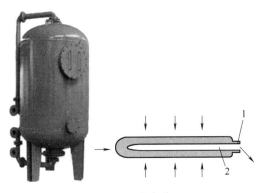

图 3-4 砂滤器
1—接口；2—内径

图3-5　板框式压滤机

多，可用于黏性大、滤饼可压缩的各种物料的过滤，特别适用于含少量微粒的待滤液，在生产中多用于预滤，缺点是装配和清洗麻烦，容易滴漏。

滤框的作用为积集滤渣和承挂滤布。滤板表面制成各种凹凸形，以支撑滤布和有利于滤液的排出。过滤时悬浮液由右上角进料孔道→滤框内部空间→滤液通过滤框两侧的滤布→顺滤板表面的凹槽流下→由滤液的出口阀排出。滤渣积集于滤框内部，当滤渣充满滤框后松开丝口→取出滤框→用水冲去滤渣→框、板及滤布经洗涤、安装后再次使用。

3. 微孔滤膜器

药用微孔滤膜器的结构如图3-6所示。微孔滤膜采用高分子材料（如醋酸纤维素等）制作，滤膜安放时，反面朝向被滤过液体，有利于防止膜的堵塞。安装前，滤膜应放在注射用水中浸渍润湿，安装时，滤膜上还可以加2～3层滤纸，以提高滤过效果。

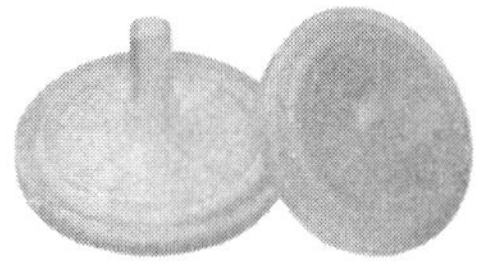

优点是微孔孔径小，截留能力强；孔径大小均匀，无颗粒泄漏；滤速快；没有介质迁移，不影响药液的pH；吸附性小，不影响主药的含量；用后弃去，无污染。但易堵塞，有些滤膜化学稳定性不理想。微孔滤膜用于精滤或无菌过滤。

图3-6　微孔滤膜器

4. 折叠式微孔膜滤芯

为了增大过滤单位体积的过滤面积，常将高分子平板微孔膜折叠成手风琴状后再围成圆筒形。加压的原药液自管外向管内过滤后，可作为成品药液去灌装。主要种类有聚丙烯滤芯、尼龙膜滤芯、聚偏二氟膜滤芯、聚偏四氟膜滤芯。过滤器外壳采用316L不锈钢板，快装式接口，配洁净316L不锈钢压力表，内含滤芯，折叠式微孔膜滤芯如图3-7所示。

微孔滤膜由于截留的杂质粒子量较少，所以一般使用周期较长。当操作一段时间后过滤阻力增大，则停止向管内供料，过滤器进行清洗再生。微孔滤膜是作为末端精滤使用的过滤介质，所以对其前置的预过滤要求极为严格，否则极易发生堵塞。

5. 钛滤器

钛滤器包括管式和板式，如图3-8所示。滤棒是以工业高纯钛粉为原料，经分筛、冷却等静压成型后，高温、高真空烧结而成。筒体钢板采用316L不锈钢板，内外电抛光，筒体可作180°旋转，便于排料彻底，接口采用快装式，配洁净隔膜压力表。广泛应用于大输液、小针剂、滴眼液、口服液浓配环节中的脱炭过滤及稀配环节中的终端过滤前的保安过滤。

钛滤芯以其高科技材料组成和特殊成型工艺，使其具有独有的优良性能；结构均匀、孔径分布窄、分离效率高；孔隙率高、过滤阻力小、渗透效率高；耐高温；化学稳定性好、耐酸碱腐蚀、具有抗氧化性能；无微粒脱落，不使原液形成二次污染，符合GMP要求；机械性能好，可压滤可抽滤，操作简单；压差低，占地面积小，流量大；抗微生物能力强，不与微生物发生作用；成型工艺好，整体无焊接部分的长度较长；可在线再生，易清洗，使用寿命较长。

图 3-7 折叠式微孔膜滤芯

图 3-8 钛滤器

操作工序五 灌 封

一、准备工作

（一）操作人员

参见《D级洁净区生产人员进出标准规程》。

（二）生产环境

参见"项目三 任务 3-1 操作工序一中生产环境"要求。

（三）工序文件

1. 批生产指令单
2. 灌装机操作规程
3. 灌装机清洁消毒标准操作规程
4. 剩余物料管理规程
5. 生产记录及状态标识

（四）物料要求

硫酸亚铁糖浆、玻璃瓶等。

（五）场地、设施设备

① 进入内包装间，检查是否有"清场合格证"，并检查是否在清洁有效期内，是否有质检员或检查员的签名。

② 检查生产场地是否洁净，是否有与本批次生产无关的遗留物品。

③ 检查设备是否洁净完好，并挂有"已清洁"标识（在清洁有效期内）。

④ 检查操作间的进风口与回风口是否在更换的有效期内。

⑤ 检查计量器具与称量范围是否相符，是否洁净完好，是否有检查合格证，并在使用有效期内。

⑥ 检查记录台是否清洁干净，是否留有上批次的生产记录表或与本批次无关的文件。

⑦ 检查操作间的温度、相对湿度、压差是否与生产要求相符，并记录在"洁净区温度、相对湿度、压差记录表"上。

⑧ 查看并填写生产交接班记录。

⑨ 接收到批生产指令单、生产记录、中间产品交接单等文件，要仔细阅读批生产指令单，明确产品名称、规格、批号、批量、工艺要求等指令。

⑩ 复核所用物料是否正确，容器外标签是否清楚，内容与标签是否相符，复核重量、件数是否相符。

⑪ 检查使用的周转容器及生产用具是否洁净，有无破损。

⑫ 上述各项达到要求后，由现场 QA 人员验证合格，将操作间的状态标识改为"生产运行"后方可进行生产操作。

⑬ 用于糖浆剂灌封的四泵直线式消泡灌装机如图 3-9 所示。

图 3-9　四泵直线式消泡灌装机

二、生产过程

（一）生产操作

① 药液从配制到灌装不得超过 24 小时。药液灌装温度不得超过 40℃，药液的灌装应在 D 级环境下进行。按照《灌装机操作规程》打开灌装机，开启灌装阀门。由输瓶机传过来的空瓶，通过传送带输送至灌装头下方时受挡于拨盘停止向前，此时四只灌装头经过凸轮同步下压至瓶子内部进行灌装，由四只定量活塞泵来完成灌装。灌装计量由灌装计量泵控制，调节计量泵的流量使其达到 100～102ml，灌有液体的瓶子再由输送带送出。

② 灌装是糖浆剂质量控制的又一关键环节。每瓶药液控制在 100～102ml，操作时动作要敏捷，避免污染瓶口、瓶颈和药液。灌装时尽量减少室内人员的走动，尽量减少停灌次数，每 30 分钟每个灌装头抽检一瓶，如果装量不合格应立即停止灌装，查找原因及时调整。

③ 灌装时应经常检查装量，做好记录。

④ 分装装量控制在 100ml±2ml，取供试品 3 个，开启时注意避免损失，将内容物转移至预经标化的干燥量入式量筒中（量具的大小应使待测体积至少占其额定体积的 40%），黏稠液体倾出后，除另有规定外，将容器倒置 15 分钟，尽量倾净。读出每个容器内容物的装量，并求其平均装量，平均装量不少于标示装量，每个容器装量不少于标示装量的 98%。

⑤ 将灌装好的药液传送到下道工序，或装入塑料筐中，贴好物料标签，填写内容，存放在指定区域。

⑥ 按《剩余物料管理规程》的要求将剩余物料装入双层塑料袋内，密封。填写剩余物料标签，并贴于塑料袋内袋外，存放至指定区域。

（二）质量控制要点与质量判断

① 装量差异、澄明度应符合企业内控标准与药典的要求。

② 机器运行过程中，禁止用手或拿清洁用品伸入运动部件中清理污、异物。

三、清洁清场

① 将物料用干净的不锈钢桶盛放、密封，容器内外均附上状态标识，备用。转入下道工序。

② 按清场顺序和设备清洁规程清理工作现场、工具、容器具、设备，并请 QA 人员检

查，合格后发给清场合格证，将清场合格证挂贴于操作室门上，作为后续产品的开工凭证。

③ 撤掉运行状态标识，挂清场合格标识。

④ 及时填写批生产记录、设备运行记录、交接班记录等，并复核、检查记录是否有漏记或错记项目，复核中间产品检验结果是否在规定范围内；检查记录中的各项是否有偏差发生，如果发生了偏差则按《生产过程偏差处理规程》操作。

⑤ 关好水、电开关及门，按进入程序的相反程序退出。

知识链接5

玻璃瓶的处理方法与灌装生产设备

玻璃瓶需要清洗干燥，聚酯瓶一般不需要清洗，直接使用。玻璃瓶、瓶塞（盖）除去包装由缓冲区（传递窗）传入洗瓶间，用 CXB20/1000 冲洗瓶机进行清洗。工作程序为：理瓶、输瓶、冲水、吹气（除去余水）、翻瓶、输瓶。该类冲洗瓶机适于 30～1000ml 各类材质的圆瓶、异形瓶等在灌装前进行内外壁冲水、吹气或酒精消毒，代替复杂的冲洗、烘干、消毒工艺。

灌装生产设备如下：

1. 四泵直线式消泡灌装机

四泵直线式消泡灌装机（图 3-9）用于 30～1000ml 各类材质的圆瓶、异形瓶等灌装液体制剂。其主要结构包括贮瓶盘、控制盘、计量泵、喷嘴、底座、挡瓶机、理瓶盘、储液桶等。该机工作过程为：需要灌装的料液置于贮药槽内，通过计量泵到达喷头，与此同时，贮瓶盘内的药瓶经过整理后通过输送轨道被输送到挡瓶机，然后完成药液的灌装，再由输瓶轨道将灌完药液的药瓶成品送回贮瓶盘。

2. 液体灌装自动线

液体灌装自动线可以自动完成洗瓶、灌装、旋盖、贴签、印批号等一系列操作。该生产线自动化程度高，操作简便，运行稳定，能有效节约成本，提高生产效率。各单机联动、分离快捷，并且调整快速、简单，使生产的每个工序保证协调。

操作工序六 外 包 装

一、准备工作

（一）操作人员

操作人员按照《D 级洁净区生产人员进出标准规程》要求进入生产操作区。

（二）生产环境

参见"项目三 任务 3-1 操作工序一中生产环境"要求执行。

（三）任务文件

1. 批生产指令单

2. 外包装岗位操作法

3. 外包装岗标准操作规程

4. 外包装岗清洁消毒标准操作规程

5. 生产记录及状态标识

（四）物料要求

包装材料、标签、说明书等。

（五）场地、设施设备

① 进入外包装间，检查是否有"清场合格证"，并检查是否在清洁有效期内，是否有质检员或检查员的签名。

② 检查生产场地是否洁净，是否有与本批次生产无关的遗留物品。

③ 检查设备是否洁净完好，是否挂有"已清洁"标识（在清洁有效期内）。

④ 检查记录台是否清洁干净，是否留有上批次的生产记录表或与本批次无关的文件。

⑤ 检查操作间的温度、相对湿度、压差是否与生产要求相符，并记录在"洁净区温度、相对湿度、压差记录表"上。

⑥ 查看并填写生产交接班记录。

⑦ 接收到批生产指令单、生产记录、中间产品交接单等文件，要仔细阅读《批生产指令单》，明确产品名称、规格、批号、批量、工艺要求等指令。

⑧ 复核所用物料是否正确，打印是否清楚，内容与标签是否相符，复核重量、件数是否相符。

⑨ 上述各项达到要求后，由现场 QA 人员验证合格，将操作间的状态标识改为"生产运行"后方可进行生产操作。

二、生产过程

（一）生产操作

1. 对待包装产品进行目检

岗位操作人员需对所有待包装产品进行目检，检查装量是否均匀，是否有异物、沉淀等，批号、有效期至是否清晰、准确无误。操作人员将检查合格的待包装产品点清数量，装入中转筐中，填写物料卡并记录数量，放在外包间的待包装产品存放区。不合格的待包装产品，按液体制剂车间废弃物料处理的标准处理。

2. 贴签

① 操作人员按生产指令打印生产批号及有效期至，班组长进行复核，并确认无误。

② 标签发放：标签管理员把已打印生产日期、产品批号、有效期至的标签发放给贴签人员，填写班组标签发放使用台账。然后按生产指令贴签，要求药瓶数量及标签的数量准确无误。

注：打印生产日期、产品批号、有效期至的标签和未打印生产日期、产品批号、有效期至的标签应隔离，分开存放，写明物料货位卡。

③ 贴签操作人员按《液体制剂车间人工贴签标准操作规程》进行贴签。

④ 生产过程的监控：a. 每瓶进行检查贴签位置，两端高度是否一致，是否有污损、字迹不清，不合格应立即通知工艺员、QA 人员。b. 每隔 10min 检查贴签位置，两端高度是否一致，是否有污损、字迹不清、将结果及时填写在批生产记录上。

⑤ 班组长按标签损坏数量补发标签，同时回收损坏标签，操作人员重新贴好标签，检

验合格后，将贴签后产品装入中转箱。填写物料卡，放在指定的已贴签产品存放区，通过传递窗将成品传至外包间。

⑥ 当日生产结束后或每批生产结束后都应将岗位剩余的所有标签退回到标签存放间，与物料员共同完成称重，二人复核，填写包材的"物料签""物料卡"，填写物料收发记录。

3. 人工装小盒

① 标签管理员把已打印生产日期、产品批号、有效期至的小盒发放给包装入员，填写班组标签发放使用台账。然后按批包装指令装小盒，要求盒内铝塑板或药袋数量及说明书的数量准确无误。

注：打印生产日期、产品批号、有效期至的小盒和未打印生产日期、产品批号、有效期至的小盒应隔离，分开存放，写明物料货位卡。

② 直接装箱的小盒：将包装后的小盒逐一称重，填写液体制剂车间仪器使用记录、液体制剂车间外包岗位称重记录。如出现不符合称重范围的，由称重人员进行逐个检查，检查无误后，重新装盒。

4. 扫码与装箱

（1）扫码　操作人员对需要进行扫码的产品按液体制剂车间药监码赋码系统使用的标准进行操作，对称重后的小盒逐一进行扫码，填写药监码赋码系统设备日志，将Ⅰ级码扫入药监码监管系统，不需进行扫码的品种可直接装箱。

（2）装箱　装箱前检查大箱的品名、规格和所印的批号、生产日期、有效期至是否与待装产品相符，如有不符或不清楚的大箱及时挑出、更换，并通知班组长。检查无误后折好大箱，包装人员按批包装指令将扫码后的小盒装入大箱中，并核对小盒数量是否正确。

（3）封箱与关联　装箱完成后，岗位操作人员核对药品的品名、规格、批号、数量是否与大箱上的一致。每箱放入一张装箱单（合格证），用胶带封箱。封箱时胶带应拉直，贴平，在大箱侧面切断胶条。封箱后扫大箱码，将Ⅰ级码与Ⅱ级码关联。

注：装箱单（合格证）由标签管理员写上产品名称、规格、包装规格、批号，发给包装人员，填写物料收发记录和班组标签发放使用台账，包装人员在装箱单上填写好装箱人。

（4）合箱与零头箱

① 生产车间成品零头的合箱：一批产品包装结束后产生的零头，由同品种、同规格、同包装形式的下一批产品补足包装成一箱。严格按合箱的标准执行。

② 不连续生产情况下，一批成品包装后产生的零头可暂时存放在生产车间，但是必须由专人负责管理，专区存放，并有状态标识。零头必须在规定的贮藏条件存放，若无相应的贮藏条件则应入库，在生产车间满足贮藏条件的车间存放 3 个月后，如仍无下一批同品种、同规格、同包装形式的产品生产，应将零头入库。

5. 打包

按液体制剂车间全自动捆扎机使用的标准操作，将装好箱的成品逐一打包，箱体要与捆扎机标尺相持平，要求打包成"井"字形，填写全自动捆扎机设备日志。

6. 入库

本批产品包装结束后由外包装班组长核对总件数，填写成品入库单，按成品入库的标准入库。入库后，外包负责人填写车间入库总账。

（二）质量控制要点与质量判断

① 操作时严格按工艺要求进行。

② 包材领用时，须认真核对标签、箱贴、说明书的产品名称、规格与"批包装记录-包装指令单"内容一致。

③ 贴标前，根据"批包装记录-包装指令单"核对待包装品和所用包装材料的名称、规格、数量是否一致，质量状态是否合格。

④ 如发生偏差，立即通知班组长，及时采取必要的措施。

⑤ 不同品种或同品不同规格、不同批次不得在同一房内同时包装、贴签。

⑥ 对于不是一个包装单位的余料，装盒后写一批装一盒，打上两批的批号，做好合箱记录。

⑦ 严格检查核对所生产的品名、批号、规格和数量，确认无误，方可操作。

三、清洁清场

① 将物料用干净的不锈钢桶盛放、密封，容器内外均附上状态标识，备用。转入下道工序。

② 按清场顺序和设备清洁规程清理工作现场、工具、容器具、设备，并请 QA 人员检查，合格后发给清场合格证，将清场合格证挂贴于操作室门上，作为后续产品的开工凭证。

③ 撤掉运行状态标识，挂清场合格标识。

④ 及时填写批生产记录、设备运行记录、交接班记录等，并复核、检查记录是否有漏记或错记项目，复核中间产品检验结果是否在规定范围内；检查记录中的各项是否有偏差发生，如果发生了偏差则按《生产过程偏差处理规程》操作。

⑤ 关好水、电开关及门，按进入程序的相反程序退出。

知识链接6

物 料 平 衡

一、物料平衡管理的目的

物料平衡是防止混药、差错和低限投料的一个指标，同时防止药品生产过程中潜在的异常情况或者差错给药品质量带来的影响，以判断每个生产步骤是否正常，进而为是否需要进行偏差分析提供依据。物料平衡是产品或物料实际产量或实际用量及收集到的损耗之和与理论产量或理论用量之间的比较，并考虑可允许的偏差范围。收率是一种反映生产过程中投入物料的利用程度的技术经济指标。在药品生产过程的适当阶段，计算实际收率和理论收率的百分比，能够有效避免或及时发现药品混淆事故。

二、物料平衡管理的要求

生产中所用的物料和生产的每批产品应当检查产量和物料平衡，确保物料平衡符合设定的限度。如有差异，必须查明原因，确认无潜在质量风险后，方可按照正常产品处理。物料平衡必须在批生产记录中反映出来。通过工艺验证确定物料平衡率。药品生产企业根据生产实际情况、产品工艺验证、生产消耗确定适当的百分比范围。各关键工序都必须明确收率的计算方法，根据验证结果确定收率的合格范围。各工序的物料平衡和收率原则上不许超过规定的平衡范围，凡超过必须查明原因，在得出合理的解释，确认无潜在质量事故后，经批准方可按正常产品处理或继续下一步的生产，并按生产过程偏差处理规程进行处理，将处理记录附入批生产记录中。

三、标签物料平衡

印刷包装材料进行物料平衡管理，可有效防止物料在生产过程中出现差错，特别是贴签工序，标签的使用是最容易发生偏差的地方。因此在生产过程中须对标签严格管理，要求标签的实用数、残损数及剩余数之和应与领用数相符，不允许有偏差出现，即标签的物料平衡限度应是100%。

$$物料平衡＝\frac{实用数＋残损数＋剩余数}{领用数}×100\%$$

【任务记录】

制备过程中按要求填写操作记录（表3-3）。

表3-3　硫酸亚铁糖浆批生产记录

品名		规格		批号	
操作日期	年　月　日	房间编号		温度　　℃	相对湿度　　%
操作步骤	操作要求		操作记录		操作时间
1. 操作前检查	设备是否完好正常		□是　　□否		时　分～ 时　分
	设备、容器、工具是否清洁		□是　　□否		
	计量器具仪表是否校验合格		□是　　□否		
2. 配料	1. 按生产处方规定，称取各种物料，记录品名、用量。 2. 在称量过程中执行一人称量，一人复核制度。 3.100瓶生产处方如下： 　硫酸亚铁　　　400g 　枸橼酸　　　　21g 　蔗糖　　　　　8250g 　薄荷油　　　　20ml 　纯化水　　　　适量加至10L		按生产处方规定，称（量）取各种物料，记录如下： 　硫酸亚铁　　　　　g 　枸橼酸　　　　　　g 　蔗糖　　　　　　　g 　薄荷油　　　　　　ml 　纯化水　　　　　　ml 注：每种物料均应填写具体的称量数量		时　分～ 时　分
3. 化糖	1. 在化糖锅内放入适量纯化水，加热至沸腾。 2. 慢慢加入蔗糖，并开启搅拌，至蔗糖完全溶解，加水调整含糖量为85%（g/ml）。 3. 称量并记录单糖浆重量		1. 化糖锅型号： 2. 蔗糖量： 3. 加热搅拌时间： 4. 单糖浆量：		时　分～ 时　分

续表

操作步骤	操作要求	操作记录	操作时间
4. 配液	1. 配液罐中加适量纯化水加热,打开搅拌器,向配液缸夹套内通蒸汽对罐内液体进行加热,保持适度温度状态,加入硫酸亚铁、枸橼酸溶解。 2. 将单糖浆从加料口加入配液罐内,边搅拌边缓缓加入薄荷醑。 3. 加入适量的纯化水定容。 4. 将配好的糖浆剂装入洁净桶内,并密封,做好标识,备用。 5. 进行物料平衡计算,物料平衡限度控制为98%～100%,并填写操作记录	1. 称取硫酸亚铁　　g,枸橼酸　　g 置配液罐中溶解,加入单糖浆　　ml,再缓缓加入薄荷醑　　ml,搅拌均匀,添加纯化水　　ml 至足量。 2. 搅拌时间: 3. 搅拌温度: 4. 物料平衡计算 领取物料总重(A): 实收重量(B): 可回收利用物料重量(C): 不可用物料重量(D): $$物料平衡 = \frac{B+C+D}{A} \times 100\% =$$	时　分～ 时　分
5. 过滤	1. 将上工序的糖浆剂经钛棒过滤器循环过滤。 2. 称量并记录过滤后重量	物料平衡计算 领取物料总重(A): 实收重量(B): $$收率 = \frac{B}{A} \times 100\% =$$	时　分～ 时　分
6. 灌封	1. 将上工序的物料进行灌装,灌装规格:100ml(含硫酸亚铁 4g)/瓶。 2. 记录分装后瓶数和剩余的糖浆剂	1. 灌装规格: 2. 灌装数量:　　瓶 3. 糖浆剂:　　ml	时　分～ 时　分
7. 外包装	1. 包装规格: 1 瓶/小盒、20 小盒/箱进行外包装。 2. 放说明书与合格证: 每小盒中放一张说明书,每箱内放一张合格证。 3. 记录包装数量	1. 包装规格: 　　瓶/小盒、　　小盒/箱进行外包装。 2. 放说明书与合格证: 每小盒中放　　张说明书,每箱内放　　张合格证。 3. 包装数量　　箱,另　　小盒	时　分～ 时　分
8. 清场	1. 生产结束后将物料、文件全部清理,并放置在指定位置。 2. 使用过的设备、容器及工具应清洁无异物并实行定置管理。 3. 地面、墙壁应清洁,门窗及附属设备无积灰,无异物	QA 检查确认: □合格 □不合格	时　分～ 时　分
备注			
操作人		复核人		QA	

【任务评价】

（一）职业素养与操作技能评价

硫酸亚铁糖浆制备技能评价见表3-4。

表 3-4 硫酸亚铁糖浆制备技能评价表

评价项目		评价细则	小组评价	教师评价
职业素养	职业规范 (4分)	1. 规范穿戴工作衣帽(2分)		
		2. 无化妆及佩戴首饰(2分)		
	团队协作 (4分)	1. 组员之间沟通顺畅(2分)		
		2. 相互配合默契(2分)		
	安全生产 (2分)	生产过程中不存在影响安全的行为(2分)		
实训操作	物料预 处理 (10分)	1. 开启设备前检查设备(4分)		
		2. 按操作规程正确操作设备(4分)		
		3. 操作结束将设备复位,并对设备进行常规维护保养(2分)		
	配料 (10分)	1. 选择正确的称量设备,并检查校准(4分)		
		2. 按操作规程正确操作设备(4分)		
		3. 操作结束将设备复位,并对设备进行常规维护保养(2分)		
	化糖 (5分)	1. 对环境、设备检查到位(2分)		
		2. 按操作规程正确操作设备(2分)		
		3. 操作结束将设备复位,并对设备进行常规维护保养(1分)		
	配液 (10分)	1. 对环境、设备检查到位(4分)		
		2. 按操作规程正确操作设备(4分)		
		3. 操作结束将设备复位,并对设备进行常规维护保养(2分)		
	过滤 (5分)	1. 对环境、设备检查到位(2分)		
		2. 按操作规程正确操作设备(2分)		
		3. 操作结束将设备复位,并对设备进行常规维护保养(1分)		
	灌封 (10分)	1. 对环境、设备检查到位(4分)		
		2. 按操作规程正确操作设备(4分)		
		3. 操作结束将设备复位,并对设备进行常规维护保养(2分)		
	外包装 (10分)	1. 对环境、设备、包材检查到位(4分)		
		2. 按操作规程正确操作设备(4分)		
		3. 操作结束将设备复位,并对设备进行常规维护保养(2分)		
	产品质量 (10分)	1. 相对密度、装量符合要求(4分)		
		2. 收率、物料平衡符合要求(6分)		
	清场 (10分)	1. 能够选择适宜的方法对设备、工具、容器、环境等进行清洗和 消毒(6分)		
		2. 清场结果符合要求(4分)		
实训记录	完整性 (5分)	1. 完整记录操作参数(2分)		
		2. 完整记录操作过程(3分)		
	正确性 (5分)	1. 记录数据准确无误,无错填现象(3分)		
		2. 无涂改,记录表整洁、清晰(2分)		

(二)知识评价

1. 单项选择题

(1)单糖浆含糖量为（　　　　）(g/ml)。

A. 85% B. 67% C. 64.7% D. 100%

(2) 糖浆剂含糖量应不低于（　　）（g/ml）。

A. 30% B. 45% C. 65% D. 85%

(3) 下列（　　）是常用防腐剂。

A. 氯化钠 B. 苯甲酸钠 C. 氢氧化钠 D. 亚硫酸钠

(4) 羟苯酯类属于（　　）。

A. 着色剂 B. 矫味剂 C. 芳香剂 D. 防腐剂

(5) 配液系统一般包括浓配罐、稀配罐和暂存罐，浓配罐的作用是（　　）。

A. 配制药液 B. 接收药液 C. 暂存药液 D. 传送药液

(6) 下列关于过滤的影响因素叙述错误的是（　　）。

A. 滤渣两侧压力差越大，滤速越快 B. 滤器面积越大，滤速越快

C. 滤材、滤饼孔隙越大，滤速越快 D. 滤液黏度越小，滤速越快

(7) 糖浆剂生产中易出现的问题不包括（　　）。

A. 沉淀问题 B. 变色问题 C. 霉变问题 D. 分层问题

(8) 印刷性外包装材料的物料平衡为（　　）。

A. 97%～101% B. 98%～102% C. 1% D. 95%～100%

(9) 原始记录填写时，如需要更改，必须（　　）。

A. 用涂改液将原有记录彻底覆盖 B. 单横线划去后，在边上记录

C. 标明填写错误，但不允许更改 D. 单横线划去后，在边上记录，并签字或盖章

(10) 关于中药糖浆剂叙述中不正确的是（　　）。

A. 含蔗糖量应不低于 64.7%（g/ml）或 85%（g/ml）

B. 糖浆剂是含有药物、药材提取物和芳香物质的浓蔗糖水溶液

C. 为防止微生物的污染，糖浆剂常加防腐剂

D. 可分为矫味糖浆和药用糖浆

2. 简答题

(1) 简述药品包装的作用。

(2) 简述影响过滤的因素。

(3) 简述糖浆剂的装量差异如何检查。

3. 案例分析题

在试制含糖量低的糖浆制剂时，中试样品在存放过程中发生酸败。请分析其产生的原因及解决办法。

任务 3-2　口服混悬剂——布洛芬混悬滴剂制备

【任务资讯】

一、认识口服混悬剂

1. 口服混悬剂的定义

口服混悬剂系指难溶性固体原料药物分散在液体介质中制成的供口服的混悬液体制剂。

包括浓混悬剂和干混悬剂。非难溶性药物也可以根据临床需求制备成干混悬剂。用适宜的量具以小体积或以滴计量的口服溶液剂、口服混悬剂或口服乳剂称为滴剂。

2. 适合口服制备混悬剂的情况

① 将难溶性药物制成液体制剂时；

② 药物的剂量超过了溶解度而不能以溶液剂形式应用时；

③ 两种溶液混合时，药物的溶解度降低而析出固体药物时；

④ 为了使药物产生缓释作用等，都可以考虑制成混悬剂。但为了安全起见，毒性药物或剂量小的药物不应制成混悬剂使用。

3. 口服混悬剂的质量要求

① 药物本身的化学性质应稳定，在使用或贮存期间含量符合要求；

② 根据用途不同，混悬剂中的微粒大小有不同要求；

③ 粒子的沉降速度应很慢，沉降后不应有结块现象，轻摇后应能迅速均匀分散；

④ 混悬剂应有一定的黏度；

⑤ 外用混悬剂应容易涂布；

⑥ 在使用时应无不适感或刺激性。

口服混悬剂在标签上应注明"用前摇匀"；以滴计量的滴剂在标签上要标明每毫升或每克液体制剂相当的滴数。

按照《中国药典》对口服混悬剂质量检查的有关规定，需要进行以下检查：

（1）装量 除另有规定外，单剂量包装口服混悬剂的装量，照下述方法检查，应符合规定。

检查法 取供试品 10 袋（支），将内容物分别倒入经标化的量入式量筒内，检视，每支装量与标示装量相比较，均不得少于其标示量。

凡规定检查含量均匀度者，一般不再进行装量检查。

多剂量包装的口服混悬剂和干混悬剂照《中国药典》最低装量检查法检查，应符合规定。

（2）装量差异 除另有规定外，单剂量包装的干混悬剂照下述方法检查，应符合规定。

检查法 取供试品 20 袋（支），分别精密称定内容物，计算平均装量，每袋（支）装量与平均装量相比较，装量差异限度应在平均装量的 ±10％ 以内，超出装量差异限度的不得多于 2 袋（支），并不得有 1 袋（支）超出限度 1 倍。

凡规定检查含量均匀度者，一般不再进行装量差异检查。

（3）干燥失重 除另有规定外，干混悬剂照《中国药典》干燥失重测定法检查，减失重量不得过 2.0％。

（4）沉降体积比 口服混悬剂照下述方法检查，沉降体积比应不低于 0.90。

检查法 除另有规定外，用具塞量筒量取供试品 50ml，密塞，用力振摇 1 分钟，记下混悬物的开始高度 H_0，静置 3 小时，记下混悬物的最终高度 H，按下式计算：

$$沉降体积比 = \frac{H}{H_0}$$

干混悬剂按各品种项下规定的比例加水振摇，应均匀分散，并照上法检查沉降体积比，应符合规定。

（5）微生物限度 除另有规定外，照《中国药典》非无菌产品微生物限度检查：微生物计数法和控制菌检查法及非无菌药品微生物限度标准检查，应符合规定。

二、混悬剂的稳定性

混悬剂中的微粒直径一般为 $0.1\sim50\mu m$，分散度较高，较大的表面自由能使粒子间有相互聚结以降低体系表面积的趋势，所以混悬剂处于不稳定状态。混悬剂的不稳定性与下列因素有关。

1. 混悬微粒的沉降速度

混悬剂中药物微粒与分散介质间存在密度差。如药物的密度大于分散介质密度，在重力作用下，静置时会自然沉降。其沉降速度服从 Stokes 定律，如下式所示：

$$v = \frac{2r^2(\rho_1 - \rho_2)}{9\eta}g$$

式中，v 为沉降速度，cm/s；r 为微粒半径，cm；ρ_1 为微粒的密度，g/ml；ρ_2 为分散介质的密度，g/ml；g 为重力加速度，$9.80 m/s^2$；η 为分散质的黏度，Pa•s。

由 Stokes 沉降速度定律可知，微粒沉降速度与微粒粒径的大小、微粒与分散介质的密度差成正比，与分散介质的黏度成反比。即微粒粒径越大沉降速度越快，微粒与分散介质之间的密度差越大沉降速度越快，黏度越小沉降速度越快。

因此降低微粒沉降速度，提高混悬剂的稳定性的措施为：①减小微粒的半径，是最有效的一种方法；②加入助悬剂，在增加分散介质黏度的同时，减小微粒与分散介质间的密度差，同时微粒吸附助悬剂分子而增加亲水性。

2. 混悬微粒的电荷与水化

与胶体微粒相似，微粒表面的电荷与介质中相反离子之间可构成双电层，产生 ξ 电位。由于微粒表面带有电荷，水分子便在微粒周围定向排列形成水化膜，微粒的电荷与水化膜均能阻碍微粒的合并。增加了混悬剂的聚结稳定性。

3. 微粒的增长与晶型的转变

混悬剂中存在溶质不断溶解与结晶的动态过程。混悬剂中药物微粒大小不可能完全一致。药物小粒子的溶解度大于大粒子的溶解度，致使混悬剂在贮存过程中，小微粒逐渐溶解变得愈来愈小，大微粒在消耗了小微粒后变得愈来愈大，沉降速度加快，混悬剂的稳定性降低。

具有同质多晶性质的药物，若制备时使用了亚稳定型结晶药物，在制备和贮存过程中亚稳定型可转化为稳定型，可能改变药物微粒沉降速度或结块，并可能降低疗效。

因此，在制备混悬剂时，不仅要考虑微粒的粒径大小，还应考虑其粒度分布，其分布范围愈窄愈好；对有多晶型的药物，应选用较稳定的亚稳定型或稳定型；尽量避免用研磨法减小粒径。另外，向混悬剂中加入适量的亲水胶（如阿拉伯胶、甲基纤维素等）或表面活性剂（如聚山梨酯 80 等），能够延缓或防止微粒增大，可增加其稳定性。

4. 混悬微粒的润湿与水化

固体药物的亲水性强弱，能否被水润湿，与混悬剂制备的易难、质量高低及稳定性大小关系很大。若为亲水性药物，制备时则易被水润湿，易于分散，并且制成的混悬剂较稳定。若为疏水性药物，不能为水润湿，较难分散，可加入润湿剂改善疏水性药物的润湿性，从而使混悬剂易于制备并增加其稳定性。如加入甘油研磨制得微粒，不仅能使微粒充分润湿，而且还易于均匀混悬于分散剂中。

5. 混悬微粒的絮凝与反絮凝

由于混悬剂中的微粒分散度较大，具有较大的界面自由能，因而微粒易于聚集。为了使混悬剂处于稳定状态，可以使混悬微粒在介质中形成疏松的絮状聚集体，方法是加入适量的电解质，使 ξ 电位降低至一定数值（一般应控制电位在 20～25mV 范围内），混悬微粒形成絮状聚集体。此过程称为絮凝，为此目的而加入的电解质称为絮凝剂。絮凝状态下的混悬微粒沉降虽快，但沉降体积大。沉降物不易结块，振摇后又能迅速恢复均匀的混悬状态。

向絮凝状态的混悬剂中加入电解质，使絮凝状态变为非絮凝状态的过程称为反絮凝。为此目的而加入的电解质称为反絮凝剂，反絮凝剂可增加混悬剂流动性，使之易于倾倒，方便应用。

6. 分散相的浓度和温度

在相同的分散介质中分散相浓度增大，微粒碰撞聚集机会增加，混悬剂的稳定性降低。温度变化不仅能改变药物的溶解度和化学稳定性，还能改变微粒的沉降速度、絮凝速度、沉降容积，从而改变混悬剂的稳定性。冷冻会破坏混悬剂的网状结构，使稳定性降低。

三、混悬剂的处方组成

为了提高混悬剂的物理稳定性而加入的附加剂称为稳定剂，根据其作用可分为润湿剂、助悬剂、絮凝剂与反絮凝剂等。

1. 润湿剂

润湿剂是指能增加疏水性药物微粒被水润湿能力的附加剂。许多疏水性药物，如硫磺、甾醇类、阿司匹林等不易被水润湿，加之药物微粒表面吸附有空气，给混悬剂的制备带来困难，此时应加入润湿剂。润湿剂可吸附于微粒表面，降低微粒与分散介质之间的界面张力，增加疏水性药物的亲水性，使之容易被润湿、分散。最常用的润湿剂是 HLB 值为 7～11 的表面活性剂，如聚山梨酯类、泊洛沙姆、聚氧乙烯蓖麻油类等。

2. 助悬剂

助悬剂是指能增加液体分散介质的黏度以降低微粒的沉降速度或增加微粒亲水性的附加剂。助悬剂包括的种类很多，其中有低分子化合物、高分子化合物，甚至有些表面活性剂也可作助悬剂用。

（1）低分子助悬剂　如甘油、糖浆等，内服混悬剂使用糖浆兼有矫味作用，外用混悬剂常加甘油作助悬剂。

（2）高分子助悬剂

① 天然高分子助悬剂。主要是树胶类，如阿拉伯胶、西黄蓍胶、桃胶等。阿拉伯胶可用其粉末或胶浆，用量一般为 5%～15%；西黄蓍胶因其黏度大，用量仅为 0.5%～1.0%。此外还有植物多糖类，如琼脂、白及胶、海藻酸钠、淀粉浆等；蛋白质类如明胶等。

② 合成或半合成高分子助悬剂。主要是纤维素衍生物类，如甲基纤维素、羧甲基纤维素钠、羟丙基纤维素、羟丙基甲基纤维素、羟乙基纤维素等。其他如聚维酮（PVP）、聚乙烯醇、卡波姆、葡聚糖等。此类助悬剂性质稳定，受 pH 影响小，但应注意某些助悬剂与药物或其他附加剂有配伍变化如甲基纤维素与鞣质或盐酸有配伍变化，羧甲基纤维素钠与三氯化铁或硫酸铝也有配伍变化。

③ 硅皂土。为天然硅胶状的含水硅酸铝，呈灰黄或乳白色细粉末，直径为 1～150μm，不溶于水和酸，但在水中可膨胀，体积增加约 10 倍，形成高黏度并具有触变性和假塑性的

凝胶。硅皂土在 pH＞7 时膨胀性更大且黏度更高，助悬效果更佳。如炉甘石洗剂中加入一定量的硅皂土，助悬效果极佳。

④ 触变胶。利用触变胶的触变性，也可达到助悬、稳定作用。即凝胶与溶胶恒温转变的性质，静置时形成凝胶防止微粒沉降，振摇时变为溶胶有利于混悬剂的使用。2％单硬脂酸铝溶解于植物油中形成典型的触变胶。一些具有塑性流动和假塑性流动的高分子化合物水溶液常具有触变性，可选择使用。

3. 絮凝剂与反絮凝剂

制备混悬剂时常需加入絮凝剂，使混悬剂处于絮凝状态，以增加混悬剂的稳定性。絮凝剂主要是具有不同价数的电解质，其中阴离子的絮凝作用大于阳离子。一般离子价数越高，絮凝作用越强，离子价数增加 1，絮凝效果增加 10 倍。同一电解质可因用量不同，在混悬剂中起絮凝作用或反絮凝作用。例如，枸橼酸盐、枸橼酸氢盐、酒石酸盐、酒石酸氢盐、磷酸盐和一些氯化物（如三氯化铝）等，既可用作絮凝剂亦可用作反絮凝剂。

絮凝剂和反絮凝剂的种类、性能、用量、微粒荷电性质以及其他附加剂等均对絮凝剂和反絮凝剂的使用有影响，应在试验的基础上加以选择。

四、混悬剂的制备

制备混悬剂时，应尽量使混悬微粒的粒径小且粒度分布均一。混悬剂的制备方法分为机械分散法和凝聚法。

1. 机械分散法

机械分散法是将粗颗粒的药物粉碎成符合粒径要求的微粒，再分散于分散介质中制成混悬剂的方法。小量制备可用乳钵，大量生产时可用乳匀机、胶体磨等设备。加液研磨比干磨粉碎得更细，微粒可达到 0.1～0.5μm。加液研磨时，可使用处方中的水、芳香水、糖浆、甘油等液体，通常是 1 份药物加入 0.4～0.6 份液体进行研磨，能产生最大分散效果。

氧化锌、炉甘石、碱式硝酸铋、碱式碳酸铋、碳酸钙、碳酸镁、磺胺类等难溶性药物，因分子中存在亲水基团，故有一定的亲水性，制备混悬剂时一般先将药物干磨粉碎到一定细度，再加处方中的液体适量，加液研磨至适宜的分散度，最后加入处方中的剩余液体至全量。对于强疏水的难溶性药物，由于不易被水润湿，须先加一定量的润湿剂与药物研磨均匀后，再加液体研磨混匀。对于质重、硬度大的药物，可采用"水飞法"，即在药物中加适量的水研磨至细，再加入较多量的水，搅拌，稍加静置，倾出上层液体，研细的悬浮微粒随上清液被倾倒出去，余下的粗粒再进行研磨。如此反复直至完全研细，直至达到要求的分散度为止。"水飞法"可使药物粉碎到极细的程度。

2. 凝聚法

（1）物理凝聚法　将分子和离子状态分散的药物溶液加至另一药物不溶的分散介质中凝聚成混悬液的方法。一般将药物制成热饱和溶液，在搅拌下加至另一种药物不溶的液体中，使药物快速结晶，此法可得到 10μm 以下（占 80％～90％）的微粒，再将微粒分散于适宜的介质中即可制成混悬剂。醋酸可的松滴眼剂就是用物理凝聚法制备的。

（2）化学凝聚法　用化学反应使两种或两种以上的物质在分散介质中生成难溶性的药物微粒制成混悬剂的方法。为使微粒细小均匀，化学反应在稀溶液中进行并应急速搅拌。胃肠道透视用 $BaSO_4$ 混悬剂就是用此法制成的。

【任务说明】

本任务是制备布洛芬混悬滴剂［20ml（含布洛芬 0.4g）/瓶］，收载于《中国药典》二部。布洛芬混悬滴剂用于婴幼儿的退热，缓解由感冒、流感等引起的轻度头痛、咽痛及牙痛等。本品为乳白色或着色的混悬液体，味酸甜。口服，需要时每 6～8 小时可重复使用，每24 小时不超过 4 次，每次 5～10mg/kg。或参照年龄、体重剂量表，用滴管量取。使用前请摇匀，使用后请清洗滴管。本品每瓶 20ml，含布洛芬 0.4g。

【任务准备】

一、接收操作指令

布洛芬混悬滴剂批生产指令见表3-5。

表 3-5　布洛芬混悬滴剂批生产指令

品名	布洛芬混悬滴剂	规格	20ml(含布洛芬 0.4g)/瓶
批号		理论投料量	10 瓶
采用的工艺规程名称		布洛芬混悬滴剂工艺规程	
原辅料的批号和理论用量			
序号	物料名称	批号	理论用量
1	布洛芬		4g
2	甘油		10ml
3	蔗糖		80g
4	柠檬酸		0.4g
5	羧甲基纤维素钠		1g
6	聚山梨酯 80		0.2ml
7	纯化水		适量共制 200ml
生产开始日期		年　月　日	
生产结束日期		年　月　日	
制表人		制表日期	年　月　日
审核人		审核日期	年　月　日

生产处方：

（10 瓶处方）

布洛芬　　　　　　4g

甘油　　　　　　　10ml

蔗糖　　　　　　　80g

柠檬酸　　　　　　0.4g

羧甲基纤维素钠　　1g

聚山梨酯 80　　　　0.2ml

纯化水　　　　　　适量共制 200ml

处方分析：

布洛芬为主药，甘油为润湿剂，蔗糖为助悬剂和矫味剂，羧甲基纤维素钠为助悬剂，柠檬酸为絮凝和反絮凝剂，聚山梨酯 80 为润湿剂，水为溶剂。

二、查阅操作依据

为更好地完成本项任务，可查阅《布洛芬混悬滴剂工艺规程》《中国药典》等与本项任务密切相关的文件资料。

三、制定操作计划

根据本品种的制备要求制定操作工序如下：

粉碎与过筛→配料→配液→灌装→包装

每个工序由准备工作、生产过程、清洁清场等几部分组成。在操作过程中填写混悬剂制备操作记录（表 3-7）。

【任务实施】

操作工序一　粉碎与过筛

一、准备工作

（一）操作人员

操作人员按照《D 级洁净区生产人员进出标准规程》要求进入生产操作区。

（二）生产环境

参见"项目三　任务 3-1 操作工序一中生产环境"要求执行。

（三）任务文件

1. 批生产指令单
2. 粉碎岗位标准操作规程
3. 粉碎机标准操作规程
4. 粉碎机清洁消毒标准操作规程
5. 旋振筛标准操作规程
6. 旋振筛清洁消毒标准操作规程
7. 批生产记录
8. 清场记录

（四）生产用物料

按批生产指令单所列的物料，从物料间领取物料备用，并核对品名、批号、数量、规格。

（五）场地、设施设备等

粉碎间应安装捕尘、吸尘等设施。粉碎间进风口应有适宜的过滤装置，出风口应有防止空气倒流的装置。粉碎设备及工艺技术参数应经验证后确认。

具体的检查工序如下：

① 检查粉碎间、设备、工具、容器具是否具有清场合格标识，核对其有效期，并请QA人员检查合格后，将清场合格证附于本批次生产记录中，进行下一步操作。

② 检查粉碎、过筛设备是否具有"完好"的标识卡及"已清洁"标识。检查设备是否正常，确认正常后方可运行。

③ 检查设备的筛网目数是否符合工艺要求。

④ 对计量器具进行检查，要求计量器具完好，性能与称量要求相符，有检定合格证，并在检定有效期内。一切正常后进行下一步操作。

⑤ 检查操作间的进风口和回风口是否有异常。

⑥ 检查操作间的温度、相对湿度、压差是否符合要求，并记录在洁净区温度表、相对湿度表、压差记录表上。

⑦ 接收到批生产指令单、生产记录、中间产品交接单等文件要仔细阅读，根据生产指令填写领料单，向仓库领取需要粉碎的物料，摆放在设备旁，并核对待粉碎物料的品名、批号、规格、数量、质量，无误后进行下一步操作。

⑧ 复核所用物料是否正确，容器外标签是否清楚，内容与标签是否相符。复核重量、件数是否相符。

⑨ 按《粉碎机清洁消毒标准操作规程》《旋振筛清洁消毒标准操作规程》对设备及所需容器、工具进行消毒。

⑩ 检查使用的周转容器及生产用具是否洁净，有无破损。

⑪ 上述各项达到要求后，由检查员或班长再检查一遍。检查合格后，在操作间的状态标识上注写"生产中"方可进行操作。

二、生产过程

（一）生产操作

① 将接料袋结实捆扎于粉碎机出料口处，再把接料袋放入专用料桶中。

② 将电源闭合，启动粉碎电机和吸尘电机，使机器空载运转2～3分钟，应无异常噪声，确认正常。

③ 运转正常后，加料粉碎，调节料斗闸门保持均匀加料，加料时不宜过快或过慢。

④ 粉碎过程中，每隔10分钟至少检查一次粉碎物的质量情况。

⑤ 粉碎过程中听到异常响声，立即停机检查。

⑥ 粉碎操作结束后，交过筛岗位。

⑦ 开启旋振筛，无异常噪声，确认正常。

⑧ 将洁净的盛料袋捆扎于旋振筛出料口，并放入接收的容器中。

⑨ 加物料于筛盘中，打开电源开机生产。

⑩ 过筛过程中注意加料速度必须均匀，一次加料不要太多，否则容易溅出并影响筛选效果。

⑪ 过筛过程中，每隔10分钟至少检查一次过筛物的质量情况。

⑫ 筛粉过程中听到异常响声，立即停机检查。

⑬ 未符合细度要求的物料继续粉碎，直至细度符合规定要求。

⑭ 粉碎、过筛操作结束后，将容器密封，填写两张物料标识卡，标明物料名称、批号、数量（毛重、皮重、净重或容积），由称量人和复核人签名，注明配料日期，一张贴于容器

外，一张放于容器内，交中间站管理人员。

（二）质量控制要点与质量判断

① 操作间必须保持干燥，室内呈负压，须有捕尘装置。

② 生产过程随时注意设备声音。

③ 生产过程所有物料均应有标识，防止发生混药、混批。

④ 根据对粉末细度的要求，选用适宜号数的药筛。

⑤ 筛内药粉不宜过多，一般以药筛容积的 1/4 为宜。

⑥ 较大粉粒不能通过筛孔时，应取出重新粉碎，不可用力挤压，以防不适宜的大颗粒通过，或因压力过大而损坏筛网。

⑦ 药粉中含水分较高时，应充分干燥后再过筛；易吸湿性药粉，应在干燥条件下过筛；含油脂多的药粉，易黏团成块，可于脱脂后过筛。

⑧ 药筛用完后，应用软毛刷刷净，必要时用水冲洗，但应及时晾干。

⑨ 药粉无异物，外观色泽均匀，细度符合要求。

三、清洁清场

① 将物料用干净的不锈钢桶盛放、密封，容器内外均附上状态标识，备用。转入下道工序。

② 按清场顺序和设备清洁规程清理工作现场、工具、容器具、设备，并请 QA 人员检查，合格后发给清场合格证，将清场合格证挂贴于操作室门上，作为后续产品的开工凭证。

③ 撤掉运行状态标识，挂清场合格标识。

④ 换粉碎物料品种或停车 2d 以上时，要按清洁程序清理现场。

⑤ 及时填写批生产记录、设备运行记录、交接班记录等，并复核、检查记录是否有漏记或错记项目，复核中间产品检验结果是否在规定范围内；检查记录中的各项是否有偏差发生，如果发生了偏差则按《生产过程偏差处理规程》操作。

⑥ 关好水、电及门，按进入程序的相反程序退出。

🔆 知识链接1

表面活性剂

一、表面活性剂的含义与结构特征

物质的相与相之间的交界面称为界面。物质有气、液、固三态，也就可以有气、液、固三相，会组成气-液、气-固、液-液及液-固等界面。通常把由气相组成的界面称为表面，在表面上所发生的一切物理化学现象称为表面现象。表面张力是指一种使表面分子具有向内运动的趋势，并使表面自动收缩至最小面积的力。

使液体表面张力降低的性质即为表面活性。表面活性剂是指那些具有很强表面活性、能使液体的表面张力显著下降的物质。此外，表面活性剂还具有增溶、乳化、润湿、去污、杀菌、消泡和起泡等应用性质，这是其与一般表面活性物质的重要区别。如乙醇、甘油等低级醇或无机盐等，不完全具备这些性质，因此不属于表面活性剂。

表面活性剂分子结构中同时含有两种不同性质的基团即亲水基团、亲油基团。一端为亲水基团，如羧酸、磺酸、氨基及它们的盐；另一端为亲油基团，一般是 8 个碳原子以上的烃链。由于表面活性剂亲水基团和亲油基团分别选择性地作用于界面的两个极性不同的物质，从而显现出降低表面张力的作用。

二、表面活性剂的分类

表面活性剂根据其解离情况可分为离子型表面活性剂和非离子型表面活性剂。根据离子型表面活性剂所带电荷，又可分为阳离子型表面活性剂、阴离子型表面活性剂和两性离子型表面活性剂。

1. 阴离子型表面活性剂

阴离子型表面活性剂的特征是起表面活性作用的部分是阴离子部分，即带负电荷的部分，如肥皂、硫酸化物、磺酸化物。

（1）肥皂类 系高级脂肪酸的盐，通式为 $(RCOO^-)_n M^{n+}$。肪酸烃链一般在 $C_{11} \sim C_{17}$ 之间，以硬脂酸、油酸、月桂酸等较常用。根据金属离子的不同，分为碱金属皂（一价皂如钾皂，又名软皂）、碱土金属皂（二价皂如钙皂、镁皂）和有机胺皂（如三乙醇胺皂）等。它们都具有良好的乳化能力，其中碱金属皂、有机胺皂为 O/W 乳化剂，碱土金属皂为 W/O 乳化剂。肥皂类易被酸破坏，碱金属皂还可被钙盐、镁盐等破坏，电解质还可使之盐析。本品有一定的刺激性，一般只用于外用制剂。

（2）硫酸化物 系硫酸化油和高级脂肪醇硫酸酯类，通式为 $ROSO_3^- M^+$。其中高级醇烃链 R 在 $C_{12} \sim C_{18}$ 之间。硫酸化油的代表是硫酸化蓖麻油，又称土耳其红油，为黄色或橘黄色黏稠液，有微臭，可与水混合，为无刺激性的去污剂和润湿剂，可代替肥皂洗涤皮肤，亦可作挥发油或水不溶性杀菌剂的增溶剂。高级脂肪醇硫酸酯类中常用的是十二烷基硫酸钠（月桂硫酸钠，O/W 乳化剂）、十六烷基硫酸钠（鲸蜡醇硫酸钠）、十八烷基硫酸钠（硬脂醇硫酸钠）等，它们的乳化性很强，且较肥皂类稳定，主要用作外用软膏的乳化剂。

（3）磺酸化物 系指脂肪族磺酸化物、烷基芳基磺酸化物等，通式为 $RSO_3^- M^+$。脂肪族磺酸化物如二辛基琥珀酸磺酸钠（商品名阿洛索-OT）、二乙基琥珀酸磺酸钠（商品名阿洛索-18）、十二烷基苯磺酸钠等，其中十二烷基苯磺酸钠是目前广泛应用的洗涤剂。

2. 阳离子型表面活性剂

这类表面活性剂起作用的部分是阳离子，亦称阳性皂。其分子结构的主要部分是一个五价的氮原子，所以也称为季铵化物。其特点是水溶性大，在酸性与碱性溶液中较稳定，具有良好的表面活性作用和杀菌作用。常用品种有苯扎氯铵和苯扎溴铵等。

3. 两性离子型表面活性剂

（1）天然两性离子型表面活性剂 包括卵磷脂、豆磷脂和蛋磷脂。常用的是卵磷脂，其结构由磷酸酯盐型的阴离子和季铵盐型阳离子部分组成，因此卵磷脂有两个疏水基团，故不溶于水，但对油脂的乳化能力很强，可制成油滴很小不易被破坏的乳剂。其基本结构为：

$$
\begin{array}{l}
CH_2-OOCR_1 \\
| \\
CH-OOCR_2 \\
| \quad\quad\quad\quad O \quad\quad\quad\quad\quad\quad\quad\quad\quad CH_3 \\
| \quad\quad\quad\quad \| \quad\quad\quad\quad\quad\quad\quad\quad\quad\quad | \\
CH_2-O-P^--O-CH_2-CH_2-N^+-CH_3 \\
\quad\quad\quad\quad\quad | \quad\quad\quad\quad\quad\quad\quad\quad\quad\quad\quad\quad | \\
\quad\quad\quad\quad\quad O \quad\quad\quad\quad\quad\quad\quad\quad\quad\quad\quad CH_3
\end{array}
$$

磷酸酯盐阴离子部分　　　季铵盐阳离子部分

（2）合成型两性离子型表面活性剂　这类表面活性剂为合成化合物，阴离子部分主要是羧酸盐，其阳离子部分为季铵盐或铵盐，由铵盐构成者即为氨基酸型（$R \cdot {}^{+}NH_2 \cdot CH_2CH_2 \cdot COO^-$）；由季铵盐构成者即为甜菜碱型〔$R \cdot {}^{+}N \cdot (CH_2)CH_2 \cdot COO^-$〕。氨基酸型在等电点时亲水性减弱，并可能产生沉淀；而甜菜碱型则无论在酸性、中性及碱性溶液中均易溶，在等电点时也无沉淀。

4. 非离子型表面活性剂

这类表面活性剂在水中不解离，分子中构成亲水基团的是甘油、聚乙二醇和山梨醇等多元醇，构成亲油基团的是长链脂肪酸或长链脂肪醇以及烷基或芳基等，它们以酯键或醚键与亲水基团结合，品种很多。由于不解离，可不受电解质和溶液 pH 影响，毒性和溶血性小，能与大多数药物配伍，常用作增溶剂、分散剂、乳化剂和助悬剂，个别品种也用于静脉注射剂的附加剂。

（1）脂肪酸山梨坦类（司盘类）　为脱水山梨醇脂肪酸酯类，商品名为司盘。本品为白色至黄色、黏稠油状液体或蜡状固体。不溶于水，易溶于乙醇，HLB 值 1.8～8.6，亲油性较强，故一般用作 W/O 型乳化剂或 O/W 型乳剂的辅助乳化剂。脱水山梨醇的酯类因脂肪酸种类和数量的不同而有不同产品，例如，月桂山梨坦（司盘 20）、棕榈山梨坦（司盘 40）、硬脂山梨坦（司盘 60）、三硬脂山梨坦（司盘 65）、油酸山梨坦（司盘 80）、三油酸山梨坦（司盘 85）等。其结构如下：

式中，—$RCOO^-$ 为脂肪酸根，山梨醇为六元醇，因脱水而环合

（2）聚山梨酯类（吐温类）　为聚氧乙烯脱水山梨醇脂肪酸酯类，商品名为吐温。本品为黏稠的液体，易溶于水、乙醇，不溶于油，广泛用作增溶剂或 O/W 型乳化剂。聚氧乙烯脱水山梨醇脂肪酸酯类根据脂肪酸种类和数量的不同而有不同产品。例如，聚山梨酯 20（吐温 20）、聚山梨酯 40（吐温 40）、聚山梨酯 60（吐温 60）、聚山梨酯 65（吐温 65）、聚山梨酯 80（吐温 80）、聚山梨酯 85（吐温 85）。其结构如下：

式中，—$(C_2H_4O)_nO^-$ 为聚氧乙烯基

（3）聚氧乙烯脂肪酸酯类　系由聚乙二醇与长链脂肪酸缩合而成的酯，商品名为卖泽。可用通式 $RCOOCH_2(CH_2OCH_2)_nCH_2OH$ 表示，根据聚乙二醇的平均分子量和脂肪酸品种不同有不同品种。乳化能力很强，为 O/W 型乳化剂。常用的为聚氧乙烯 40 脂肪酸酯（卖泽 52 或 S40）。

（4）聚氧乙烯脂肪醇醚类　系由聚乙二醇与脂肪醇缩合而成的醚类，商品名为苄泽（Brij）。可用通式 $RO(CH_2OCH_2)_nH$ 表示，因聚氧乙烯基聚合度和脂肪醇的不同而有不同的品种。例如，西土马哥，是由聚乙二醇与鲸蜡醇缩合而得；平平加 O 则是 15 单位氧乙烯与油醇的缩合物，作增溶剂、O/W 型乳化剂。

（5）聚氧乙烯-聚氧丙烯共聚物　系由聚氧乙烯和聚氧丙烯聚合而成，本品又称泊洛沙姆。商品名普朗尼克，通式为 $HO(C_2H_4O)_a(C_3H_6O)_b(C_2H_2O)_cH$。相对分子量由 1000 到 10000 以上，随着分子量的增大，本品由液体逐渐变为固体。具有乳化、润湿、分散、起泡、消泡等作用，但增溶作用较弱。PluronicF68 为 O/W 型乳化剂，可作为静脉注射用的

乳化剂，所制备的 O/W 乳剂能够耐受热压灭菌。

三、表面活性剂的基本性质和应用

1. 临界胶束浓度

表面活性剂在水溶液中，低浓度时产生表面吸附而降低溶液的表面张力，达到一定浓度后，正吸附达到饱和后继续加入表面活性剂，其分子则转入溶液中，表面活性剂的亲油基团相互吸引，形成亲油基团向内、亲水基团向外、在水中稳定分散、大小在胶体粒子范围的胶束。表面活性剂分子缔合形成胶束的最低浓度即为临界胶束浓度（CMC），不同表面活性剂（图 3-10）的 CMC 不同。具有相同亲水基的同系列表面活性剂，若亲油基团越大，则 CMC 越小。在 CMC 时，溶液的表面张力基本上到达最低值。在 CMC 到达后的一定范围内，单位体积内胶束数量和表面活性剂的总浓度几乎成正比。

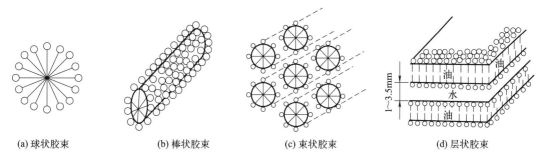

(a) 球状胶束　　　　　(b) 棒状胶束　　　　　(c) 束状胶束　　　　　(d) 层状胶束

图 3-10　胶束的形态

2. HLB 值

表面活性剂分子中亲水、亲油基团对水和油的综合亲和力称为亲水亲油平衡值（HLB）。将非离子型表面活性剂亲水性最大的聚氧乙烯二醇基的 HLB 值定为 20，将疏水性最大的饱和烷烃基的 HLB 值定为 0，所以非离子型表面活性剂的 HLB 值为 0～20 之间。HLB 值越大，其亲水性越强；HLB 值越小，其亲油性越强。

现在常用表面活性剂的 HLB 值范围为 0～40。常用表面活性剂的 HLB 值如表 3-6 所示。

非离子型表面活性剂的 HLB 值具有加和性，混合后的表面活性剂的 HLB 值可按下式进行计算。

$$HLB_{AB} = \frac{HLB_A \times W_A + HLB_B \times W_B}{W_A + W_B}$$

例如，用 45% 司盘 60（HLB=4.7）和 55% 吐温 60（HLB=14.9）组成的混合表面活性剂的 HLB 值为 10.31。但上式不能用于混合离子型表面活性剂 HLB 值的计算。

3. 昙点和克氏点

（1）昙点　某些含聚氧乙烯基的非离子型表面活性剂，其溶解度开始随温度上升而加大，到某一温度后其溶解度急剧下降，使溶液变浑浊，甚至产生分层，但冷后又可恢复澄明，这种由于温度升高，非离子型表面活性剂由澄明变浑浊的现象称为起昙，这个转变温度称为昙点。起昙是由于温度升高，聚氧乙烯型非离子型表面活性剂的亲水基团中位于外侧的

表 3-6　常用表面活性剂的 HLB 值

品名	HLB 值	品名	HLB 值
阿拉伯胶	8.0	司盘 20	8.6
阿特拉斯 G-263	25～30	司盘 40	6.7
泊洛沙姆 188	16.0	司盘 60	4.7
苄泽 30	9.5	司盘 65	2.1
苄泽 35	16.9	司盘 80	4.3
二硬脂酸乙二酯	1.5	司盘 83	3.7
单油酸二甘酯	6.1	司盘 85	1.8
单硬脂甘油酯	3.8	聚山梨酯 20	16.7
单硬脂酸丙二酯	3.4	聚山梨酯 21	13.3
聚氧乙烯 400 单月桂酸酯	13.1	聚山梨酯 4C	15.6
聚氧乙烯 400 单油酸酯	11.4	聚山梨酯 60	14.9
聚氧乙烯 400 单硬脂酸酯	11.6	聚山梨酯 61	9.6
聚氧乙烯壬烷基酚醚	15.0	聚山梨酯 65	10.5
聚氧乙烯烷基酚	12.8	聚山梨酯 80	15.0
聚氧乙脂肪醇醚	13.3	聚山梨酯 81	10.0
明胶	9.8	聚山梨酯 85	11.0
卖泽 45	11.1	西黄蓍胶	13.0
卖泽 49	15.0	西土马哥	16.4
卖泽 51	16.0	油酸	1.0
卖泽 52	16.9	油酸钠	18.0
平平加 O20	16.5	油酸钾	20.0
十二烷基硫酸钠	40	油酸三乙醇胺	12.0

氢原子与水分子形成的氢键断裂，溶解度下降，当温度降低至昙点以下时，氢键重新形成，增加了其在水中的溶解度，使溶液恢复澄明。

　　昙点是聚氧乙烯型非离子型表面活性剂的特征值。聚合度较低的聚氧乙烯类表面活性剂昙点较低，反之则昙点较高。盐类或碱性物质加入能使表面活性剂的昙点降低。某些表面活性剂由于不纯，可具有双重昙点；但并非所有聚氧乙烯型表面活性剂均有起昙现象，如泊洛沙姆 188、泊洛沙姆 108，由于其本身溶解度较大，在常压时看不到起昙现象。

　　（2）克氏点　离子型表面活性剂一般温度升高，溶解度增大，当上升到某温度后，溶解度急剧上升，此温度称为克氏点。克氏点是离子型表面活性剂的特征值，通常也是该表面活性剂应用温度的下限，只有在温度高于克氏点时才能产生更大的作用。如十二烷基磺酸钠的克氏点约为 70℃，故其表面活性在室温时发挥不够充分。

四、表面活性剂的应用

　　表面活性剂在药物制剂中可作增溶剂、乳化剂、润湿剂、起泡剂和消泡剂等，用途广泛。表面活性剂 HLB 值大小与制剂中的应用见图 3-11。

1. 增溶剂

　　增溶系因表面活性剂胶束的作用而增大物质溶解度的现象。被增溶的物质称为增溶质。当表面活性剂用量固定、增溶达到平衡时，增溶质的饱和浓度称为该物质的最大增溶浓度；若继续加入增

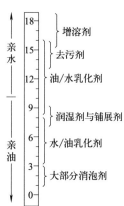

图 3-11　不同 HLB 值表面活性剂的应用

溶质，会导致液体混浊。以水为溶剂，常用作增溶剂的表面活性剂一般 HLB 值为 15～18。

增溶仅发生在胶束形成的溶液中。根据自身的化学结构，增溶质被增溶的形式主要有以下 3 种。①被胶束疏水内核包藏：非极性药物完全进入胶束的疏水中心区内而被增溶，如苯和甲苯的增溶；②定向穿插于胶束中：半极性药物的非极性基团插入胶束的疏水中心区，极性基团伸入球形胶束外缘的亲水栅状层中被增溶，如水杨酸的增溶；③被胶束亲水栅状层吸附或形成氢键：极性药物由于分子两端都有极性基团，可完全被球形胶束外缘亲水栅状层所吸附而增溶；或在含聚氧乙烯的增溶剂中，因药物含较强电负性原子而与聚乙二醇基形成氢键得到增溶，如对羟基苯甲酸的增溶。

表面活性剂增溶作用示意图见图 3-12。

为保证最好的增溶效果，使用增溶剂时原则上应先将药物与增溶剂混合后再加水稀释。但当加入一定量的水稀释时，也可能导致溶液发生浑浊，这是因为稀释后药物、水及增溶剂三者间比例改变超出可增溶范围。为了保证配制澄明溶液以及在稀释时仍保持澄明，可通过实验制作药物、增溶剂及水的三元相图来确定增溶剂的用量。

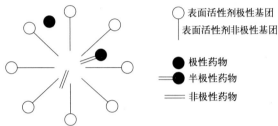

○ 表面活性剂极性基团

表面活性剂非极性基团

● 极性药物

━● 半极性药物

━━ 非极性药物

图 3-12　表面活性剂增溶作用示意图

2. 乳化剂

两种或两种以上不相混溶的液体因第三种物质的存在，使其中一种液体以细小的液滴分散在另一液体中，这一过程称为乳化。具有乳化作用的物质称为乳化剂。表面活性剂可作为乳剂的乳化剂。表面活性剂能降低油-水界面张力，有利于小液滴呈分散状态从而使乳剂易于形成，同时表面活性剂的分子能在分散相液滴周围定向排列形成保护膜，防止液滴相互碰撞时的聚结合并，从而提高乳剂的稳定性。

表面活性剂的 HLB 值可决定乳剂的类型。亲油性强的表面活性剂（HLB 值 3～8）通常作为水/油型乳化剂，亲水性强的表面活性剂（HLB 值 8～18）通常为油/水型乳化剂。乳化不同种类的油相所需的乳化剂的 HLB 值也有不同，欲制成稳定的乳剂，需通过实验选择 HLB 值适宜的表面活性剂。

3. 润湿剂

润湿是指液体在固体表面铺展或渗透的黏附现象，润湿示意图见图 3-13。促进液体在固体表面铺展或渗透的表面活性剂称为润湿剂。表面活性剂可降低固体药物和润湿液体之间的界面张力，使液体能黏附于固体表面并在固-液界面上定向排列，排除固体表面所吸附的气体，降低润湿液体与固体表面间的接触角，使固体被润湿。作为润湿剂的表面活性剂，分子中的亲水基与亲油基应该具有适宜的平衡，其 HLB 值一般在 7～9 并应有合适的溶解度。

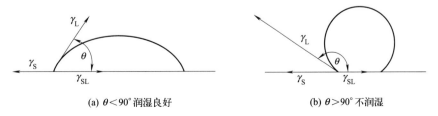

(a) $\theta < 90°$ 润湿良好　　　　　　　　(b) $\theta > 90°$ 不润湿

图 3-13　液体润湿示意图

4. 起泡剂和消泡剂

泡沫是气体分散在液体中的分散体系。一些含有表面活性剂或具有表面活性物质的溶液，如中草药的乙醇或水浸出液，含有皂苷、蛋白质、树胶以及其他高分子化合物的溶液，当剧烈搅拌或蒸发浓缩时，可产生稳定的泡沫。这些表面活性剂通常有较强的亲水性和较高的 HLB 值，在溶液中可降低液体的界面张力而使泡沫稳定，这些物质即称为"起泡剂"。在产生稳定泡沫的情况下，加入一些 HLB 值为 1～3 的亲油性较强的表面活性剂，则可与泡沫液层争夺液膜表面而吸附在泡沫表面上，代替原来的起泡剂，而其本身并不能形成稳定的液膜，故使泡沫破坏。这种用来消除泡沫的表面活性剂称为消泡剂，少量的辛醇、戊醇、醚类、硅酮等也可起到类似作用。

5. 消毒剂和杀菌剂

大多数阳离子型表面活性剂和两性离子型表面活性剂都可用作消毒剂，少数阴离子型表面活性剂也有类似作用，如甲酚皂、甲酚磺酸钠等。这些消毒剂在水中都有比较大的溶解度，根据使用浓度，可分别用于手术前皮肤消毒、伤口或黏膜消毒、器械消毒和环境消毒等，如苯扎溴铵为一种常用广谱杀菌剂，皮肤消毒、局部湿敷和器械消毒分别用其 0.5% 醇溶液、0.02% 水溶液和 0.05% 水溶液（含 0.5% 亚硝酸钠）。

操作工序二　配　　料

将领取原辅料用小车推至称量室，按生产指令逐一称量并复核，之后将物料送至配液间，准确填写称量记录。

操作过程中的其他具体要求，可参见任务 3-1 配料工序。

知识链接2

防污染和交叉污染

一、污染来源

污染是指在生产、取样、包装或重新包装、储存或运输等操作过程中，原辅料、中间产品、待包装产品、成品受到具有化学或微生物特性的杂质或异物的不利影响。按照污染的情况一般可分为三个方面：

① 由微生物引起的污染；

② 由原料或产品被另外的物料或产品引起的污染，如生产设备中的残留物，操作人员的服装引入或散发的尘埃、气体、雾状物；

③ 由其他物质或异物等对药品造成的污染。

二、混淆与交叉污染的原因

混淆是指一种或一种以上的其他原材料或成品与已标明品名等的原材料或成品相混，通俗的说法称为"混药"。如原料与原料、成品与成品、标签与标签、有标识的与未标识的、已包装的与未包装的混淆等。交叉污染是指不同原料、辅料及产品之间发生的相互污染。

产生混淆的原因包括：

① 厂房。生产区域狭小、拥挤，同一区域有不同规格、品种、批号的药品同时生产；生产中物料流向不合理，生产线交叉；生产、运储、仓储无保证措施；非生产人员进入等造成无意或有意混淆事件等。

② 设备。由生产中使用的设备、容器无状态标识，清场不彻底等造成。

③ 材料。辅料、包装材料、中间产品、中间体等无明显标识，放置混乱，散装或放在易破损的包装中；印刷性包装材料管理不善等。

④ 人员。生产人员未经培训上岗，工作责任心不强，压力过大，操作中随意性大等原因。

⑤ 制度。管理制度不健全，或执行不力，无复核、统计、监督机制，发现问题未及时查找出原因等。

三、防控措施

为防止药品被污染和混淆，生产操作应采取生产前检查、操作过程控制、结束后清场等措施保证药品生产的质量。应当定期检查在防止污染和交叉污染的措施并通过监控程序、清洁程序的风险评估、清洁验证结果、产品质量回顾分析、偏差处理的回顾分析等评估其适用性和有效性。

生产过程中防止污染和交叉污染的措施：

① 在分隔的区域内生产不同品种的药品；采用阶段性生产方式；

② 设置必要的气锁间和排风；空气洁净度级别不同的区域有压差控制；

③ 降低未经处理或未经充分处理的空气再次进入生产区导致污染的风险；

④ 在易产生交叉污染的生产区内，操作人员穿戴该区域专用的防护服；

⑤ 采用经过验证或已知有效的清洁和去污染操作规程进行设备清洁；必要时，对与物料直接接触的设备表面的残留物进行检测；

⑥ 采用密闭系统生产；

⑦ 干燥设备的进风安装空气过滤器，排风安装防止空气倒流装置；

⑧ 生产和清洁过程中避免使用易碎、易脱屑、易发霉器具；使用筛网时，制定防止因筛网断裂而造成污染的措施；

⑨ 液体制剂的配制、过滤、灌封、灭菌等工序必须在规定时间内完成；

⑩ 软膏剂、乳膏剂、凝胶剂等半固体制剂以及栓剂的中间产品规定储存期和储存条件。

<h2 style="text-align:center">操作工序三 配 液</h2>

一、准备工作

（一）操作人员

操作人员按照《D级洁净区生产人员进出标准规程》要求进入生产操作区。

（二）生产环境

参见"项目三 任务3-1 操作工序一中生产环境"要求执行。

（三）任务文件

参见"项目三 任务3-1 操作工序三中任务文件"要求执行。

（四）生产用物料

按批生产指令单所列的物料，从上一任务领取物料备用。

（五）场地、设施设备等

参见"项目三　任务 3-1 操作工序三中场地、设施设备"的相关要求执行。

二、生产过程

（一）生产操作

① 开启 A 配液罐的进液阀，加入处方量的甘油；关好进液阀，打开投料口阀门，加入处方量的布洛芬、聚山梨酯 80、柠檬酸等物料；打开搅拌器电源开关和蒸汽阀门，将罐内物料加热搅拌，温度达到设定值时，应关闭蒸汽阀；加入羧甲基纤维素钠，充分搅拌溶解，制成 A 溶液。

② 开启 B 配液罐的进液阀，向内放入一定量的纯化水；关好进液阀，打开投料口阀门，加入处方量的蔗糖；打开搅拌器电源开关；打开蒸汽阀门，将罐内物料加热 2～3 分钟后，关小排气阀，温度达到 100℃时，应关闭蒸汽阀；打开输送泵，回流过滤；过滤结束开启进液阀，放入适量的热纯化水，制成浓度为 85% 的蔗糖溶液。

③ 启动输送泵，将 A 配液罐中的 A 溶液泵入 85% 糖浆剂液，A 溶液输送完毕后，用少量纯化水冲洗 A 配液罐内壁，将冲洗液也全部泵入 B 配液罐中，两种溶液充分混匀形成混合液，见布洛芬呈结晶样析出，加纯化水至混合液 20L，混匀制成布洛芬混悬液。

④ 待检验合格后，开启输送泵，将药液泵至高位贮液罐，待灌装。

⑤ 按《配液罐清洁规程》进行清洁；检查各个管道阀门的关闭情况，是否正常。

⑥ 认真填写各项生产记录，并更新设备状态标志。

（二）质量控制要点与质量判断

① 开关机顺序正确。

② 正确排除故障。

③ 物料投放顺序正确。

④ 分散均匀，放置后若有沉淀物，经振摇应易再分散。

三、清洁清场

① 将物料用干净的不锈钢桶盛放、密封，容器内外均附上状态标识，备用。转入下道工序。

② 按清场顺序和设备清洁规程清理工作现场、工具、容器具、设备，并请 QA 人员检查，合格后发给清场合格证，将清场合格证挂贴于操作室门上，作为后续产品的开工凭证。

③ 撤掉运行状态标识，挂清场合格标识。

④ 及时填写批生产记录、设备运行记录、交接班记录等，并复核、检查记录是否有漏记或错记项目，复核中间产品检验结果是否在规定范围内；检查记录中的各项是否有偏差发生，如果发生了偏差则按《生产过程偏差处理规程》操作。

⑤ 关好水、电开关及门，按进入程序的相反程序退出。

操作工序四　灌　封

检查机器各部件是否完好，相关设备是否已清洁消毒；核查从配液岗位接收的药液是否合格，将合格药液从配料罐泵到贮液桶内，将计量泵的吸入管放至贮液桶内；接通灌装机电源，调节设备进行灌装，本品每瓶 20ml，含布洛芬 0.4g；按清洁规程进行清洁、消毒，并认真填写各项生产记录，并更新设备状态标志。

操作过程中的其他具体要求，可参见项目三任务 3-1 灌封工序。

知识链接3

药品包装

一、药品包装的界定和分类

1. 药品包装的界定

药品包装有两层含义，一是为在流通过程中保护药品，方便储运和促进销售，按一定的技术标准制作的容器、材料和辅助物等物品，用于盛放药品，起到防护作用；二是指运用适当的材料或容器，利用包装技术对药品的半成品或成品进行分（灌）、封、装、贴签等操作。在药事管理中，通常特指前者。

《药品管理法》第四十八条规定，药品包装应当符合药品质量的要求，方便储存、运输和医疗使用。

2. 药品包装的分类

药品的包装分内包装、外包装和最小销售单元包装。

（1）内包装　系指直接与药品接触的包装（如安瓿、注射剂瓶、铝箔等，也叫作"药包材"）。药包材应当能保证药品在生产、运输、贮藏及使用过程中的质量，并便于医疗使用。《药品管理法》第四十六条规定，直接接触药品的包装材料和容器，应当符合药用要求，符合保障人体健康、安全的标准。对不合格的直接接触药品的包装材料和容器，由药品监督管理部门责令停止使用。国家对直接接触药品的包装有严格的规定和标准，如《药品包装材料与药物相容性试验指导原则》（YBB00142002）等相关技术指导原则的要求。《药品管理法》第二十五条第二款规定，国务院药品监督管理部门在审批药品时，对化学原料药一并审评审批，对相关辅料、直接接触药品的包装材料和容器一并审评，对药品的质量标准、生产工艺、标签和说明书一并核准。禁止使用未按照规定审评、审批的原料药、包装材料和容器生产药品。

（2）外包装　系指内包装以外的包装，按里向外分为中包装和大包装。外包装应根据药品的特性选用不易破损的包装，以保证药品在运输、贮藏、使用过程中的质量。

（3）最小销售单元包装　实际上也是属于外包装，药品的每个最小销售单元的包装必须按照规定印有或贴有标签并附有说明书。

二、药品包装的要求与作用

1. 药品包装的要求

《药品管理法》规定，药品包装应当按照规定印有或者贴有标签并附有说明书。同时还规定，发运中药材应当有包装。在每件包装上，应当注明品名、产地、日期、供货单位、并附有质量合格的标志。

药品包装应当结合所盛装药品的理化性质和剂型特点，分别采取不同措施。如遇光易变质，暴露空气中易氧化的药品，应采用遮光密闭的容器；瓶装的液体药品应采取防震、防压措施。此外，还有一些具体要求，如药品包装（包括内外包装）必须加封口、封签、封条或使用防盗盖、瓶盖套等；标签必须贴牢、贴正，不得与药品一起放入容器内；凡封签、标签包装容器等有破损的，不得出厂和销售。

2. 药品包装的作用

符合标准化要求的包装有利于保证药品质量；便于药品运输、装卸及储存；便于识别与计量，有利于现代化和机械化装卸；有利于包装、运输、储存费用的减少。需冷冻、冷藏的药品包装上应当附有传感器和记录仪，全过程记录药品储存温度。

药品在流通领域中可受到运输装卸条件、储存时间、气候变化等情况的影响，所以药品的包装应与这些条件相适应。如怕冷冻药品发往寒冷地区时，要加防寒包装；药品包装措施应按相对湿度最大的地区考虑等。同样，在对出口药品进行包装时应充分考虑出口国的具体情况，将因包装而影响药品质量的可能性降低到最低限度。

操作工序五　外　包　装

在具体操作中按批生产指令单上的要求以 1 瓶/小盒、10 小盒/中盒、10 中盒/一箱进行外包装。将使用说明书对折后，即折成原尺寸的 1/2，根据包装规格，依次将滴管、待包装品、说明书装入塑托中（标签面向上装入塑托中，标签下沿位置对齐），然后放入小盒中（瓶口方向和小盒顶端方向一致），并贴上封口签。检查装箱单外观质量，在装箱单指定位置打印产品名称、包装规格、批号、包装者姓名或编号等内容，打印应内容正确、字迹清晰、端正、不错位、不重叠，然后进行装箱、封箱、入库。

操作过程中的其他具体要求，可参见项目三任务 3-1 外包装工序。

【任务记录】

制备过程中按要求填写操作记录（表 3-7）。

表 3-7　布洛芬混悬滴剂批生产记录

品名		规格		批号		
操作日期	年　月　日		房间编号	温度　　℃	相对湿度	％
操作步骤	操作要求		操作记录			操作时间
1. 操作前检查	设备是否完好正常		□是　　　□否			时　分～ 时　分
	设备、容器、工具是否清洁		□是　　　□否			
	计量器具仪表是否校验合格		□是　　　□否			
2. 粉碎与过筛	1. 计算各种物料的总用量,按照比处方量多5％的比例领取物料,然后按粉碎、筛分岗位操作SOP进行操作。 2. 将布洛芬进行粉碎、过筛,过筛目数为100目,并控制操作速度,柠檬酸、羧甲基纤维素钠、聚山梨酯80只需要筛分,目数为100目。 3. 将粉碎、过筛后的物料装入洁净塑料袋内,并密封,做好标识,备用。 4. 进行物料平衡计算,物料平衡限度控制为98％～100％并填写操作记录		物料名称： 粉碎前重量： 粉碎机型号： 粉碎后重量： 筛分机型号：　　目数： 筛分后重量： 物料平衡计算 领取物料总重(A) 实收重量(B)： 可回收利用物料重量(C)： 不可用物料重量(D)： 物料平衡$=\dfrac{B+C+D}{A}\times100\%=$			时　分～ 时　分

操作步骤	操作要求	操作记录	操作时间
3. 配料	1. 按生产处方规定,称取各种物料,记录品名、用量。 2. 在称量过程中执行一人称量,一人复核制度。 3. 1000 瓶生产处方如下: 　布洛芬　　　　　　400g 　甘油　　　　　　　1000ml 　蔗糖　　　　　　　8000g 　柠檬酸　　　　　　40g 　羧甲基纤维素钠　　100g 　聚山梨酯 80　　　　20ml 　纯化水　　　　适量共制 20L	按生产处方规定,称(量)取各种物料,记录如下: 布洛芬 甘油 蔗糖 柠檬酸 羧甲基纤维素钠 聚山梨酯 80 纯化水	时　分～ 时　分
4. 配液	1. 将布洛芬、聚山梨酯 80、柠檬酸等物质加热溶解于 1000ml 甘油(含少量水)中,加入羧甲基纤维素钠,充分搅拌溶解,制成 A 溶液。A 溶液加入 85% 糖浆溶液(由蔗糖配合纯化水制备),两种溶液充分混匀形成混合液,见布洛芬呈结晶样析出,加水至 20L,混匀,制成布洛芬混悬液。 2. 称量配液后的药液,进行物料平衡计算,物料平衡限度控制为 98%～100%,并填写操作记录	1. 配液罐型号: 2. 物料平衡计算 领取物料总重(A): 实收重量(B): 可回收利用物料重量(C): 不可用物料重量(D): 物料平衡 $=\dfrac{B+C+D}{A}\times100\%=$	
5. 灌封	1. 将上工序的药液进灌封,分装规格:20ml(含布洛芬 0.4g)/瓶。 2. 记录分装后瓶数和剩余的药液	1. 分装规格: 2. 分装数量:　　瓶 3. 剩余药液:　　ml	时　分～ 时　分
6. 外包装	1. 包装规格: 1 瓶小盒、10 小盒/中盒、10 中盒/箱进行外包装。 2. 放说明书与合格证: 每小盒中放一张说明书,每箱内放一张合格证。 3. 记录包装数量	1. 包装规格: 　瓶/小盒、　小盒/中盒、　中盒/箱进行外包装。 2. 放说明书与合格证: 每小盒中放　张说明书,每箱内放　张合格证。 3. 包装数量　箱,另　小盒	
7. 清场	1. 生产结束后将物料、文件全部清理,并放置在指定位置。 2. 使用过的设备、容器及工具应清洁无异物并实行定置管理。 3. 地面、墙壁应清洁,门窗及附属设备无积灰,无异物	QA 检查确认: □合格 □不合格	时　分～ 时　分
备注			
操作人		复核人	QA

【任务评价】

（一）职业素养与操作技能评价

布洛芬混悬滴剂制备技能评价见表3-8。

表 3-8　布洛芬混悬滴剂制备技能评价表

评价项目		评价细则	小组评价	教师评价
职业素养	职业规范 （4分）	1. 规范穿戴工作衣帽（2分） 2. 无化妆及佩戴首饰（2分）		
	团队协作 （4分）	1. 组员之间沟通顺畅（2分） 2. 相互配合默契（2分）		
	安全生产 （2分）	生产过程中不存在影响安全的行为（2分）		
实训操作	粉碎与 过筛 （10分）	1. 对环境、设备检查到位，筛网选择合适（4分）		
		2. 按操作规程正确操作设备（4分）		
		3. 操作结束将设备复位，并对设备进行常规维护保养（2分）		
	配料 （10分）	1. 选择正确的称量设备，并检查校准（4分）		
		2. 按操作规程正确操作设备（4分）		
		3. 操作结束将设备复位，并对设备进行常规维护保养（2分）		
	配液 （10分）	1. 对环境、设备检查到位（4分）		
		2. 按操作规程正确操作设备（4分）		
		3. 操作结束将设备复位，并对设备进行常规维护保养（2分）		
	灌封 （10分）	1. 对环境、设备检查到位（4分）		
		2. 按操作规程正确操作设备（4分）		
		3. 操作结束将设备复位，并对设备进行常规维护保养（2分）		
	外包装 （10分）	1. 对环境、设备、包材检查到位（4分）		
		2. 按操作规程正确操作设备（4分）		
		3. 操作结束将设备复位，并对设备进行常规维护保养（2分）		
	产品质量 （10分）	1. 装量、沉降体积符合要求（4分）		
		2. 收率、物料平衡符合要求（6分）		
	清场 （10分）	1. 能够选择适宜的方法对设备、工具、容器、环境等进行清洗和消毒（6分）		
		2. 清场结果符合要求（4分）		
实训记录	完整性 （10分）	1. 完整记录操作参数（4分）		
		2. 完整记录操作过程（6分）		
	正确性 （10分）	1. 记录数据准确无误，无错填现象（6分）		
		2. 无涂改，记录表整洁、清晰（4分）		

（二）知识评价

1. 单项选择题

（1）不属于低分子溶液剂的是（　　　）。

A. 碘甘油　　　　　　　　　　　　C. 布洛芬混悬滴剂

B. 复方薄荷脑醑　　　　　　　　　D. 对乙酰氨基酚口服溶液

（2）关于混悬剂的说法正确的有（　　　）。

A. 制备成混悬剂后可产生一定的长效作用

B. 毒性或剂量小的药物应制成混悬剂

C. 沉降容积比小说明混悬剂稳定

D. 絮凝度越大，混悬剂越稳定

（3）影响混悬型液体制剂稳定性的因素不包括（　　　）。

A. 温度　　　　　　　　　　　　　B. 微粒间的排斥力与吸引力

C. 湿度　　　　　　　　　　　　　D. 混悬粒子的沉降

（4）甲基纤维素在混悬剂中常作为（　　　）。

A. 助悬剂　　　　　B. 润湿剂　　　　　C. 反絮凝剂　　　　　D. 絮凝剂

（5）评价混悬剂质量方法不包括（　　　）。

A. 流变学测定　　　　　　　　　　B. 重新分散试验

C. 沉降容积比的测定　　　　　　　D. 澄清度的测定

（6）关于混悬剂质量评价说法错误的是（　　　）。

A. 要求测定微粒大小

B. 絮凝度越大，絮凝效果越好

C. 需要进行重新分散试验

D. 沉降体积比是指沉降物的体积与沉降前混悬剂的体积之比

（7）药物粉碎的目的不包括（　　　）。

A. 增加药物的表面积，促进药物的溶解与吸收，提高药物的生物利用度

B. 便于调剂和服用

C. 将表面能转变成机械能

D. 加速中药中有效成分的浸出或溶出

（8）《中国药典》当前版规定，九号筛的孔径相当于工业筛的目数是（　　　）。

A. 200 目　　　　　B. 80 目　　　　　C. 50 目　　　　　D. 30 目

（9）下列关于筛析的陈述，错误的是（　　　）。

A. 药典筛号的划分是以筛孔内径为标准

B. 工业筛以每平方英寸上有多少孔来表示

C. 编织筛易于移位，所以在交叉处固定

D. 药典筛号的划分共有 9 种

（10）药品包装的主要目的是（　　　）。

A. 流通过程中保护药品，方便储运和促进销售

B. 促使消费者赏心悦目，心情愉快，乐意购买药品

C. 保证经销商分销方便

D. 保证制药企业获取更大的利润

2. 简答题

（1）简述污染途径有哪些。

（2）简述药品包装的分类及其定义。

（3）简述混悬剂的不稳定性与哪些原因有关。

3. 案例分析题

某岗位操作工人在用分散法制备混悬剂时，如果是亲水性药物，该如何进行分散操作？

任务 3-3　口服乳剂——鱼肝油乳制备

【任务资讯】

一、认识乳剂

1. 乳剂的定义

口服乳剂是指互不相溶的两种液体混合，其中一相液体以液滴状分散于另一相液体中形成的非均相的液体制剂。分散的液滴状液体称为分散相、内相或非连续相，另一相液体则称为分散介质、外相或连续相。液体分散相分散于另一不相混溶的液体分散介质中形成乳剂的过程称为"乳化"。

2. 乳剂的分类

（1）按分散系统的组成分类　乳剂可分为单乳与复乳。

① 单乳。又可分为水包油型（O/W 型）与油包水型（W/O 型）乳剂。前者是指外相为"水"，内相为"油"的乳剂；后者是指外相为"油"，内相为"水"的乳剂。O/W 型与 W/O 型乳剂的主要区别见表 3-9。

表 3-9　区别乳剂类型的方法

性质	O/W 型乳剂	W/O 型乳剂
外观	通常为乳白色	接近油的颜色
皮肤上的感觉	无油腻感	有油腻感
稀释	可用水稀释	可用油稀释
导电性	导电	几乎不导电
加水溶性染料	外相染色	内相染色
加油溶性染料	内相染色	外相染色
滤纸润湿剂	液滴迅速铺展，中心留有油滴	不能铺展

② 复乳。将第一次乳化所得的 W/O 型一级乳分散在含适宜乳化剂的水相中（或将 O/W 型一级乳分散在含适宜乳化剂的油相中），经二次乳化制备得到的乳剂，常以 W/O/W 型或 O/W/O 型表示。

（2）按分散相粒子大小分类

① 普通乳。普通乳的液滴大小一般为 $1 \sim 100 \mu m$，这时乳剂形成乳白色不透明的液体。普通乳剂属于热力学不稳定体系。

② 亚微乳与纳米乳。亚微乳的液滴粒径一般为 $0.1 \sim 1.0 \mu m$，纳米乳液滴粒径一般小于 100nm。乳剂中液滴大小与乳剂外观的关系见表 3-10。

表 3-10　乳剂中液滴大小与乳剂外观的关系

液滴大小	大滴	$>1 \mu m$	$0.1 \sim 1 \mu m$	$0.05 \sim 0.1 \mu m$	$<0.05 \mu m$
外观	可分辨的两组	白色乳状液	蓝白色乳状液	灰色半透明液	透明液

3. 乳剂的优缺点

（1）优点

① 乳剂中液滴的分散度大，药物吸收快，生物利用度高；

② 油性药物制成乳剂能保证剂量准确，且使用方便；

③ 水包油型乳剂可掩盖药物的不良臭味，并可加入矫味剂；

④ 外用乳剂可改善药物对皮肤、黏膜的渗透性，减少刺激性；

⑤ 静脉注射乳剂在体内分布较快，药效高、具有靶向性。

（2）缺点　乳剂中的液滴分散度大，比表面积大，界面自由能高，容易聚集、沉降或漂浮，属于热力学不稳定体系和聚结不稳定体系。乳剂的不稳定性主要有以下几种情况。

① 分层。乳剂放置过程中出现分散相液滴上浮或下沉的现象称为分层，亦称乳析。分层主要是由分散相和分散介质之间密度差造成的，液滴上浮或下沉的速度符合 Stokes 定律，可通过减小液滴半径、增加介质黏度、降低分散相与分散介质之间的密度差等方法来降低分层速度。分层现象虽可逆，乳剂没有被破坏，经过振摇后能恢复成均匀的乳剂，但分层后的乳剂外观粗糙，也容易引起絮凝甚至破坏，是不符合质量要求的。优良的乳剂分层过程应十分缓慢，《中国药典》口服乳剂以 4000r/min 的转速离心 15min 不应有分层现象。

② 转型。由于某些条件的变化而引起乳剂类型的改变称为转型，亦称转相，即原为 O/W 型转为 W/O 型或由 W/O 型转为 O/W 型。转型主要是由乳化剂性质的改变而引起的，比如以钠皂为乳化剂制成的 O/W 型乳剂，加入足量的氯化钙溶液后，生成的钙皂可使其转变为 W/O 型乳剂。转型也可由相体积比造成，比如 W/O 型乳剂加入过多的水时，可转变为 O/W 型乳剂。一般来说，乳剂分散相浓度在 50% 左右最稳定，浓度在 25% 以下或 74% 以上其稳定性较差。

③ 絮凝。乳剂中分散相液滴发生可逆的聚集现象称为絮凝。乳剂中电解质和离子型乳化剂的存在是产生絮凝的主要原因，也与乳剂的黏度等因素有关。发生絮凝时，由于分散相液滴表面电荷减少，因而分散相小液滴产生聚集，而絮凝状态仍保持液滴及其乳化膜的完整性，聚集和分散是可逆的，但絮凝的出现表明乳剂的稳定性降低，通常是乳剂破坏的前奏。

④ 合并与破坏。形成乳剂的分散相小液滴相互结合，使液滴周围的乳化膜破坏，导致小液滴逐渐变为大的液滴，称为合并。合并的液滴进一步分成油水两层的现象称为破坏。乳剂的破坏是不可逆的，破坏后液滴界面消失，即使经过振摇也不能恢复到原来的分散状态。影响合并与破坏的因素主要有：

a. 乳化剂的性质：乳化剂形成的乳化膜越牢固，就越能有效防止乳滴的合并与破坏；

b. 乳滴的大小和均匀性：乳滴越小、越均匀，乳剂就越稳定；

c. 分散介质的黏度：分散介质黏度的增加，可使液滴合并速度减慢；

d. 溶剂：添加油水两相均能溶解的溶剂，使两相变为一相，能加快破坏的进行；

e. 外界因素：如温度过高或过低、加入相反类型乳化剂、添加电解质、微生物的增殖、油的酸败等均可导致乳剂的合并与破坏。

⑤ 酸败。乳剂受外界因素（光、热、空气等）及微生物等影响而发生变质的现象称为酸败。如加入抗氧剂、防腐剂及采用适宜的包装和贮存方法，可防止酸败。

4. 乳剂的质量要求

乳剂的类型与给药途径不同，其质量要求也不相同。一般要求乳剂的外观呈均匀的乳白色（普通乳、亚微乳）或半透明、透明（纳米乳）；分散相液滴大小均匀，粒径符合规定；

无分层现象；无异臭味，内服口感适宜，外用和注射用无刺激性；有良好的流动性，方便使用；具备一定的防腐能力，在贮存与使用中不易霉变。

除另有规定外应作如下检查：

（1）装量　除另有规定外，照下述方法检查，应符合规定。

检查法　取供试品 10 袋（支），将内容物分别倒入经标化的量入式量筒内，检视，每支装量与标示装量相比较，均不得少于其标示量。

凡规定检查含量均匀度者，一般不再进行装量检查。

多剂量包装的口服溶液剂、口服混悬剂、口服乳剂和干混悬剂照最低装量检查法检查，应符合规定。

（2）微生物限度　除另有规定外，照《中国药典》非无菌产品微生物限度检查：微生物计数法和控制菌检查法及非无菌药品微生物限度标准检查，应符合规定。

二、乳剂的处方组成

通常，乳剂由水相、油相和乳化剂组成，三者缺一不可。乳剂中的一相通常为水或水性液体，称为水相；另一相为与水不相混溶的液体，称为油相；乳化剂在乳剂的形成与稳定中发挥着极其重要的作用。此外，为增加乳剂的稳定性，乳剂中还可加入辅助乳化剂、防腐剂和抗氧剂等附加剂。

1. 乳化剂

乳化剂是乳剂的重要组成部分，对乳剂的形成、稳定性以及药效发挥等方面起重要的作用。

乳化剂应具备以下条件：①具有较强的乳化能力，并能在乳滴表面形成牢固的乳化膜；②安全性好，无毒、无刺激性；③稳定性好，理化性质稳定，受外界因素（如酸、碱、盐、pH 等）的影响小。

常用的乳化剂分为表面活性剂、天然高分子、固体粉末三类。

（1）表面活性剂　表面活性剂用作乳化剂，乳化能力强，性质较稳定，容易在乳滴表面形成单分子乳化膜。这类乳化剂混合使用乳化效果更佳。详细内容见本项目任务 3-2 中知识链接 1。

（2）天然高分子　这类乳化剂亲水性较强，黏度较大，可形成多分子乳化膜，使制备的乳剂稳定，可用于制备 O/W 型乳剂。天然高分子表面活性小，降低表面张力的性能低，用于制备乳剂时做功较多，且用量较大。天然高分子乳化剂易被微生物污染变质，使用时需添加防腐剂。

① 阿拉伯胶，是阿拉伯酸的钠、钙、镁盐的混合物。适用于制备植物油、挥发油的乳剂，可供内服用。阿拉伯胶的使用浓度为 $10\%\sim15\%$，在 pH 为 $4\sim10$ 范围内乳剂稳定。阿拉伯胶内含有氧化酶，使用前应在 80℃加热以破坏。阿拉伯胶的乳化能力较弱，常与西黄蓍胶、果胶、琼脂等合用。

② 明胶，用量为油量的 $1\%\sim2\%$。易受溶液 pH 及电解质的影响产生凝聚作用。常与阿拉伯胶合用。

③ 西黄蓍胶，水溶液黏度较高，pH 为 5 时黏度最大，0.1% 溶液为稀胶浆，$0.2\%\sim2\%$ 溶液呈凝胶状。西黄蓍胶的乳化能力较差，一般与阿拉伯胶合用。

④ 杏树胶，是杏树分泌的胶汁凝结而成的棕色块状物，用量为 $2\%\sim4\%$。乳化能力和

黏度均超过阿拉伯胶，可作为阿拉伯胶的代用品。

（3）固体粉末　这类乳化剂为不溶性的细微固体粉末，乳化时能吸附于油水界面形成固体微粒乳化膜。形成乳剂的类型由接触角 θ 决定，一般 $\theta<90°$ 易被水润湿，形成 O/W 型乳剂；$\theta>90°$ 易被油润湿，形成 W/O 型乳剂。O/W 型乳化剂有氢氧化镁、氢氧化铝、二氧化硅、硅皂土等；W/O 型乳化剂有氢氧化钙、氢氧化锌、硬脂酸镁等。

2. 辅助乳化剂

辅助乳化剂又称助乳化剂，一般无乳化能力或乳化能力很弱，但与乳化剂合用能增加乳剂稳定性。辅助乳化剂可调节乳化剂的 HLB 值，并能与乳化剂形成稳定的复合凝聚膜，增加乳化膜的强度，防止乳滴合并。此外，辅助乳化剂还能提高乳剂的黏度，有利于提高乳剂的稳定性。例如，甲基纤维素、羧甲基纤维素钠、羟丙基甲基纤维素、羟乙基纤维素、海藻酸钠、琼脂、西黄蓍胶、阿拉伯胶、黄原胶、果胶、硅皂土等可增加水相黏度；鲸蜡醇、蜂蜡、单硬脂酸甘油酯、硬脂酸、硬脂醇等可增加油相黏度。一些中短链醇或低分子量聚乙二醇等还可提高乳化剂的表面活性和乳化性能，可用作制备微乳、纳米乳的辅助乳化剂。

3. 乳化剂的选择

乳化剂的选择应根据乳剂的使用目的、药物的性质、处方的组成、欲制备乳剂的类型、乳化方法等综合考虑，适当选择。

（1）根据乳剂的类型选择　在进行乳剂的处方设计时应先确定乳剂类型，根据乳剂类型选择所需的乳化剂。O/W 型乳剂应选择 O/W 型乳化剂，W/O 型乳剂应选择 W/O 型乳化剂。乳化剂的 HLB 值为这种选择提供了重要的依据。

（2）根据乳剂给药途径选择　口服乳剂应选择无毒的天然乳化剂或某些亲水性高分子乳化剂等。外用乳剂应选择对局部无刺激性、长期使用无毒性的乳化剂。注射用乳剂应选择磷脂、泊洛沙姆等乳化剂。

（3）根据乳化剂性能选择　乳化剂的种类很多，其性能各不相同，应选择乳化性能强、性质稳定、受外界因素（如盐、pH 等）影响小、无毒无刺激性的乳化剂。

（4）混合乳化剂的选择　乳化剂混合使用有许多特点，可改变 HLB 值，以改变乳化剂的亲油亲水性，使其有更大的适应性，如磷脂与胆固醇混合比例为 10∶1 时，可形成 O/W 型乳剂，比例为 6∶1 时则形成 W/O 型乳剂。可增加乳化膜的牢固性，如油酸钠为 O/W 型乳化剂，与鲸蜡醇、胆固醇等亲油性乳化剂混合使用，可形成配合物，增强乳化膜的牢固性，并增加乳剂的黏度及其稳定性。非离子型乳化剂可以混合使用，如聚山梨酯和脂肪酸山梨坦等。非离子型乳化剂可与离子型乳化剂混合使用。但阴离子型乳化剂和阳离子型乳化剂不能混合使用。乳化剂混合使用时，必须符合油相对 HLB 值的要求，乳化油相所需 HLB 值列于表 3-11。

表 3-11　乳化油相所需 HLB 值

名称	所需 HLB 值		名称	所需 HLB 值	
	W/O 型	O/W 型		W/O 型	O/W 型
液体石蜡(轻)	4	10.5	鲸蜡醇	—	15
液体石蜡(重)	4	10～12	硬脂醇	—	14
棉籽油	5	10	硬脂酸	—	15
植物油	—	7～12	精制羊毛脂	8	15
挥发油	—	9～16	蜂蜡	5	10～16

三、乳剂的制备

1. 乳剂的制备方法

（1）油中乳化剂法　又称干胶法。本法的特点是先将乳化剂（胶）分散于油相中研匀后加水相制备成初乳，然后稀释至全量。在初乳中油、水、胶的比例，植物油为 4∶2∶1，挥发油为 2∶2∶1，液体石蜡为 3∶2∶1。本法适用于制备阿拉伯胶或阿拉伯胶与西黄蓍胶的混合胶。

（2）水中乳化剂法　又称湿胶法。本法先将乳化剂分散于水中研匀，再将油加入，用力搅拌使成初乳，加水将初乳稀释至全量，混匀，即得。初乳中油、水、胶的比例与上法相同。

（3）新生皂法　指将油水两相混合时，两相界面上生成的新生皂作为乳化的方法。植物油中含有硬脂酸、油酸等有机酸，加入氢氧化钠、氢氧化钙、三乙醇胺等，在高温下（70℃以上）生成的新生皂为乳化剂，经搅拌即形成乳剂。生成的一价皂为 O/W 型乳化剂，生成的二价皂为 W/O 型乳化剂。本法适用于乳膏剂的制备。

（4）两相交替加入法　向乳化剂中每次少量、交替地加入水或油，边加边搅拌，即可形成乳剂。天然胶类、固体微粒乳化剂等可用本法制备乳剂。当乳化剂用量较多时，本法也是一个很好的方法。

（5）机械法　将油相、水相、乳化剂混合后用乳化机械制备乳剂的方法。机械法制备乳剂时可不用考虑混合顺序，借助于机械提供的强大能量，很容易制成乳剂。乳化机械主要有以下几种。

① 搅拌乳化装置，小量制备可用乳钵，大量制备可用搅拌机，分为低速搅拌乳化装置和高速搅拌乳化装置。

② 乳匀机，借强大推动力将两相液体通过乳匀机的细孔而形成乳剂。制备时可先用其他方法初步乳化，再用乳匀机乳化，效果较好。

③ 胶体磨，利用高速旋转的转子和定子之间的缝隙产生强大剪切力使液体乳化。对要求不高的乳剂可用本法制备。

④ 超声波乳化装置，利用 10~50kHz 高频振动来制备乳剂。可制备 O/W 和 W/O 型乳剂，但黏度大的乳剂不宜用本法制备。

（6）纳米乳的制备方法　纳米乳除含有油相、水相和乳化剂外，还含有辅助成分。薄荷油、丁香油等，维生素 A、维生素 D、维生素 E 等均可制成纳米乳。纳米乳的乳化剂主要是表面活性剂，其 HLB 值应在 15~18 的范围内，乳化剂和辅助成分应占乳剂的 12%~25%。通常选用聚山梨酯 60 和聚山梨酯 80 等。制备时取 1 份油加 5 份乳化剂混合均匀，然后加入水中，如不能形成澄明乳剂，可增加乳化剂的用量。如能很容易地形成澄明乳剂，可减少乳化剂的用量。

（7）复合乳剂的制备方法　采用两步乳化法制备。先将水、油、乳化剂制成一级乳，再以一级乳为分散相，与含有乳化剂的水或油再乳化制成二级乳。如制备 O/W/O 型复合乳剂，先选择亲水性乳化剂制成 O/W 型一级乳剂，再选择亲油性乳化剂分散于油相中，在搅拌下将一级乳加入油相中，充分分散即得 O/W/O 型乳剂。

2. 乳剂中药物的加入方法

乳剂是药物很好的载体，可加入各种药物使其具有治疗作用。若药物溶解于油相，可先将药物溶于油相再制成乳剂；若药物溶于水相，可先将药物溶于水后再制成乳剂；若药物不溶于油相也不溶于水相，可用亲和性大的液相研磨药物，再将其制成乳剂，也可将药物先用已制成的少量乳剂研磨再与乳剂混合均匀。

制备符合质量要求的乳剂，要根据制备量的多少、乳剂的类型及给药途径等多方面加以考虑。黏度大的乳剂应提高乳化温度。足够的乳化时间也是保证乳剂质量的重要条件。

【任务说明】

本任务是制备鱼肝油乳（本品每克含鱼肝油 200 毫克）。鱼肝油为维生素类药，常用来防治维生素 A 和维生素 D 缺乏症。因鱼肝油微有特异的鱼腥臭，所以临床上常制成鱼肝油乳进行应用。鱼肝油乳为乳白色或微黄色的均匀乳状黏稠液体，味香甜。生产鱼肝油乳所需物料包括主药（鱼肝油）、辅料（聚山梨酯 80、西黄蓍胶、甘油等），其质量优劣直接关系到成品质量，关系到人们用药的安全性和有效性。本品 500ml/瓶，每克含鱼肝油 200 毫克。

【任务准备】

一、接收操作指令

鱼肝油乳批生产指令见表 3-12。

表 3-12　鱼肝油乳批生产指令

品名	鱼肝油乳	规格	500ml/瓶
批号		理论投料量	10 瓶
采用的工艺规程名称			
原辅料的批号和理论用量			
序号	物料名称	批号	理论用量
1	鱼肝油		1840ml
2	吐温 80		62.5g
3	西黄蓍胶		45g
4	甘油		95g
5	苯甲酸		7.5g
6	糖精		1.5g
7	杏仁油香精		14g
8	香蕉油香精		4.5g
9	纯化水		共制成 5000ml
生产开始日期		年　月　日	
生产结束日期		年　月　日	
制表人		制表日期	年　月　日
审核人		审核日期	年　月　日

生产处方：

（10 瓶处方）

鱼肝油　　　　　　1840ml

聚山梨酯 80	62.5g
西黄蓍胶	45g
甘油	95g
苯甲酸	7.5g
糖精	1.5g
杏仁油香精	14g
香蕉油香精	4.5g
纯化水	适量共制成 5000ml

处方分析：

① 本处方中鱼肝油为药物、油相，聚山梨酯 80 为乳化剂，西黄蓍胶是辅助乳化剂，苯甲酸为防腐剂，糖精是甜味剂，杏仁油香精、香蕉油香精为芳香矫味剂。

② 本品是 O/W 型乳剂，也可用阿拉伯胶为乳化剂采用干胶法或湿胶法制得。

③ 因本法采用机械法制备，成品液滴细小而均匀，较为稳定。

二、查阅操作依据

为更好地完成本项任务，可查阅《鱼肝油乳工艺规程》《中国药典》等与本项任务密切相关的文件资料。

三、制定操作计划

根据本品种的制备要求制定操作工序如下：

配料→混合乳化→灌封→包装

每个工序由准备工作、生产过程、清洁清场等几部分组成。在操作过程中填写化学药乳剂制备操作记录（表 3-13）。

【任务实施】

操作工序一 配 料

按批生产指令单所列的物料，从物料间领取物料备用，并核对品名、批号、数量、规格。在称量过程中执行一人称量，一人复核制度。

操作过程中的其他具体要求，可参见任务 3-1 配料工序。

操作工序二 混 合 乳 化

一、准备工作

（一）操作人员

操作人员按照《D 级洁净区生产人员进出标准规程》要求进入生产操作区。

（二）生产环境

参见"项目三 任务 3-1 操作工序一中生产环境"要求执行。

（三）任务文件

1. 批生产指令单

2. 混合岗位操作法

3. 胶体磨标准操作规程

4. 胶体磨清洁消毒标准操作规程

5. 生产记录及状态标识

（四）生产用物料

按物料领取标准程序从中间站领取所需物料，并核对品名、批号、数量、规格。

（五）场地、设施设备等

参见"项目三　任务 3-1 操作工序—中场地、设施设备"要求执行。

二、生产过程

（一）生产操作

① 根据《混合乳化岗位操作规程》检查生产区域、生产设备是否符合要求。

② 按照标准操作规程装配高速搅拌乳化装置、胶体磨，并确认运行良好。

③ 根据生产处方对待混合的物料复核标签内容与实物是否一致。

④ 在现场 QA 的监督下，按照添加量递增的方式将物料进行简单预混。一般将油溶性物料加入油相中，水溶性物料加入水相中，乳化剂根据特性，加入油相或水相中。

⑤ 将预混后的油相物料缓慢加入水相中。启动搅拌机，搅拌时间不少于 30 分钟。

⑥ 将搅拌均匀的物料称重，贴上物料标签，根据需要移送或直接泵入暂存罐。

⑦ 启动胶体磨，均质 3 次或循环 2 小时。

⑧ 按照《混合乳化岗位操作规程》中清场要求进行清场。

（二）质量控制要点与质量判断

① 操作间必须保持干燥。

② 生产过程随时注意设备声音。

③ 生产过程所有物料均应有标识，防止发生混药、混批。

④ 控制混合时间、混合转速。

⑤ 观察外观色泽、判断混合均匀度。

三、清洁清场

① 将物料用干净的不锈钢桶盛放、密封，容器内外均附上状态标识，备用。转入下道工序。

② 按清场顺序和设备清洁规程清理工作现场、工具、容器具、设备，并请 QA 人员检查，合格后发给清场合格证，将清场合格证挂贴于操作室门上，作为后续产品的开工凭证。

③ 撤掉运行状态标识，挂清场合格标识。

④ 及时填写批生产记录、设备运行记录、交接班记录等，并复核、检查记录是否有漏记或错记项目，复核中间产品检验结果是否在规定范围内；检查记录中的各项是否有偏差发生，如果发生了偏差则按《生产过程偏差处理规程》操作。

⑤ 关好水、电开关及门，按进入程序的相反程序退出。

知识链接

乳剂类型鉴别

一、乳剂类型鉴别方法

（1）稀释法　取2支试管，分别加入液状石蜡乳和石灰搽剂各1ml，再加入纯化水约5ml，振摇并翻转数次，观察混合情况，判断乳剂所属类型（能与水均匀混合者为O/W型乳剂，反之则为W/O型乳剂）。

（2）染色法　将液状石蜡乳和石灰搽剂分别涂在载玻片上，用苏丹红溶液（油溶性染料）和亚甲蓝溶液（水溶液性染料）各染色一次，肉眼观察，判断乳剂所属类型（苏丹红均匀分散者为W/O型乳剂，亚甲蓝均匀分散者为O/W型乳剂）。

（3）导电法　以水为外相的O/W型乳剂能导电，以油为外相的W/O型乳剂则绝缘，利用这一特性也能鉴别乳剂的类型。此法也适用于乳剂型软膏类的鉴别。

此外，其他辨别乳剂的方法尚有：涂少许乳剂于滤纸上，如为O/W型乳剂滤纸可润湿。

二、注意事项

（1）亚甲蓝溶液的配制　将5g亚甲蓝溶于10ml纯化水中，使其完全溶解，即得。

（2）苏丹红溶液的配制　将0.02g苏丹红溶于60ml无水乙醇中，使其完全溶解，加纯化水稀释至100ml，即得。

操作工序三　灌　封

根据生产指令领取混合好的待计量包装的物料、塑料瓶，核对标签内容与实物是否一致。检查装量，经质检员检查合格后开始灌封操作，按照500ml/瓶调整装量，装量控制500～515ml之间，每30分钟取10瓶检查一次，检查结果记录于批生产记录中。

操作过程中的其他具体要求，可参见任务3-1灌封工序。

操作工序四　外　包　装

在具体操作中按生产指令单上的要求以1瓶/小盒、24小盒/箱进行外包装。将使用说明书对折后，即折成原尺寸的1/2，根据包装规格，依次将待包装品、说明书装入塑托中（标签面向上装入塑托中，标签下沿位置对齐），然后放入小盒中（瓶口方向和小盒顶端方向一致），并贴上封口签。检查装箱单外观质量，在装箱单指定位置打印产品名称、包装规格、批号、包装者姓名或编号等内容，打印应内容正确、字迹清晰、端正、不错位、不重叠，然后进行装箱、封箱、入库。

操作过程中的其他具体要求，可参见任务3-1外包装工序。

【任务记录】

制备过程中按要求填写操作记录（表3-13）。

表 3-13　鱼肝油乳批生产操作记录

品名		规格			批号		
操作日期	年　月　日		房间编号	温度	℃	相对湿度	％
操作步骤	操作要求			操作记录			操作时间
1. 操作前检查	设备是否完好正常			□是　　□否			时　分 ～ 时　分
	设备、容器、工具是否清洁			□是　　□否			
	计量器具仪表是否校验合格			□是　　□否			
2. 配料	1. 按生产处方规定,称取各种物料,记录品名、用量。 2. 在称量过程中执行一人称量,一人复核制度。 3. 100 瓶生产处方如下: 　鱼肝油　　　　　18.40L 　聚山梨酯 80　　　0.625kg 　西黄蓍胶　　　　0.45g 　甘油　　　　　　0.95g 　苯甲酸　　　　　0.075kg 　糖精　　　　　　0.015kg 　杏仁油香精　　　0.14kg 　香蕉油香精　　　0.045kg 　纯化水　　　　　共制成 50L			按生产处方规定,称(量)取各种物料,记录如下: 　鱼肝油 　聚山梨酯 80 　西黄蓍胶 　甘油 　苯甲酸 　糖精 　杏仁油香精 　香蕉油香精 　纯化水			时　分 ～ 时　分
3. 混合乳化	1. 将糖精溶解于水,加甘油混合,加入乳匀机内,搅拌 5 分钟,用少量鱼肝油将苯甲酸、西黄蓍胶润匀后加入粗乳机内,搅拌 5 分钟,加入聚山梨酯 80,搅拌 20 分钟,缓慢均匀地加入鱼肝油,搅拌 80 分钟,加入香蕉油香精、杏仁油香精,搅拌 10 分钟后粗乳液即成。将粗乳液缓慢均匀地加入胶体磨中,重复研磨 2～3 次。 2. 称量配液后的药液,进行物料平衡计算,物料平衡限度控制为 98％～100％,并填写操作记录			1. 乳匀机型号: 2. 胶体磨型号: 3. 研磨时间: 4. 物料平衡计算 领取物料总重(A): 实收重量(B): 可回收利用物料重量(C): 不可用物料重量(D): 物料平衡 = $\dfrac{B+C+D}{A} \times 100\%$ =			
4. 灌封	1. 将上工序的乳液进灌封,分装规格:500ml(每克含鱼肝油 200mg)/瓶。 2. 记录分装后瓶数和剩余的药液			1. 分装规格: 2. 分装数量:　　　瓶 3. 剩余药液:　　　ml			时　分 ～ 时　分
5. 外包装	1. 包装规格: 1 瓶/小盒,24 小盒/箱进行外包装。 2. 放说明书与合格证: 每小盒中放一张说明书,每箱内放一张合格证。 3. 记录包装数量			1. 包装规格: 　　　瓶/小盒、　　　小盒/箱进行外包装。 2. 放说明书与合格证: 每小盒中放　　　张说明书,每箱内放　　　张合格证。 3. 包装数量　　　箱,另　　　小盒			
6. 清场	1. 生产结束后将物料、文件全部清理,并放置在指定位置。 2. 使用过的设备、容器及工具应清洁无异物并实行定置管理。 3. 地面、墙壁应清洁,门窗及附属设备无积灰,无异物			QA 检查确认: □ 合格 □ 不合格			时　分 ～ 时　分
备注							
操作人		复核人		QA			

【任务评价】

（一）职业素养与操作技能评价

鱼肝油乳制备技能评价见表3-14。

表3-14 鱼肝油乳制备技能评价表

评价项目		评价细则	小组评价	教师评价
职业素养	职业规范 （8分）	1. 规范穿戴工作衣帽（4分） 2. 无化妆及佩戴首饰（4分）		
	团队协作 （8分）	1. 组员之间沟通顺畅（4分） 2. 相互配合默契（4分）		
	安全生产 （4分）	生产过程中不存在影响安全的行为（4分）		
实训操作	配料 （10分）	1. 选择正确的称量设备，并检查校准（4分）		
		2. 按操作规程正确操作设备（4分）		
		3. 操作结束将设备复位，并对设备进行常规维护保养（2分）		
	混合乳化 （10分）	1. 对环境、设备检查到位（4分）		
		2. 按操作规程正确操作设备（4分）		
		3. 操作结束将设备复位，并对设备进行常规维护保养（2分）		
	灌封 （10分）	1. 对环境、设备检查到位（4分）		
		2. 按操作规程正确操作设备（4分）		
		3. 操作结束将设备复位，并对设备进行常规维护保养（2分）		
	外包装 （10分）	1. 对环境、设备、包材检查到位（4分）		
		2. 按操作规程正确操作设备（4分）		
		3. 操作结束将设备复位，并对设备进行常规维护保养（2分）		
	产品质量 （10分）	1. 色泽、装量符合要求（4分）		
		2. 收率、物料平衡符合要求（6分）		
	清场 （10分）	1. 能够选择适宜的方法对设备、工具、容器、环境等进行清洗和消毒（6分）		
		2. 清场结果符合要求（4分）		
实训记录	完整性 （10分）	1. 完整记录操作参数（4分）		
		2. 完整记录操作过程（6分）		
	正确性 （10分）	1. 记录数据准确无误，无错填现象（6分）		
		2. 无涂改，记录表整洁、清晰（4分）		

（二）知识评价

1. 单项选择题

（1）乳化剂失去乳化作用导致（　　　）。

A. 乳剂破裂　　　B. 乳剂絮凝　　　C. 乳剂分层　　　D. 乳剂转相

（2）乳剂的附加剂不包括（　　　）。

A. 乳化剂　　　　　B. 抗氧剂　　　　　C. 增溶剂　　　　　D. 防腐剂

（3）乳剂特点的错误表述是（　　　）。

A. 乳剂液滴的分散度大　　　　　　　B. 乳剂中药物吸收快

C. 乳剂的生物利用度高　　　　　　　D. 一般 W/O 型乳剂专供静脉注射用

（4）与乳剂形成条件无关的是（　　　）。

A. 降低两相液体的表面张力　　　　　B. 形成牢固的乳化膜

C. 加入反絮凝剂　　　　　　　　　　D. 有适当的相比

（5）乳剂的制备方法中水相加至含乳化剂的油相中的方法是（　　　）。

A. 手工法　　　　B. 干胶法　　　　C. 湿胶法　　　　D. 直接混合法

（6）关于乳剂的稳定性，错误的说法是（　　　）。

A. 分层是由于分散相与连续相存在密度差而产生的不稳定现象，常用适当增加连续相的黏度的方法来延缓

B. 转相通常是由于外加物质使乳化剂的性质改变而引起的，也受到 φ 值大小的影响

C. 分层是可逆的，而絮凝和破裂是不可逆的不稳定性现象

D. 加适当的抗氧剂和防腐剂可防止乳剂的酸败

（7）向用油酸钠为乳化剂制备的 O/W 型乳剂中，加入大量氯化钙后，乳剂可出现（　　　）。

A. 分层　　　　　B. 絮凝　　　　　C. 转相　　　　　D. 合并

（8）决定乳剂类型的主要因素是（　　　）。

A. 乳化剂的用量　　　　　　　　　　B. 乳化方法

C. 分散相的浓度　　　　　　　　　　D. 乳化剂的性质和 HLB 值

（9）下列乳浊液最稳定的是当分散相为（　　　）左右时。

A. 40%　　　　B. 60%　　　　C. 75%　　　　D. 50%

（10）利用植物油所含的有机酸与加入的氢氧化钠、氢氧化钙、三乙醇胺等，加热（70℃以上）形成的乳剂的制备方法是（　　　）。

A. 干胶法　　　　B. 湿胶法　　　　C. 机械法　　　　D. 新生皂法

2. 简答题

（1）简述乳剂的制备方法有哪些。

（2）简述制备乳剂的乳化机械有哪些。

（3）简述乳剂的不稳定性有哪些情况。

3. 案例分析题

乳剂制备时药物如果是油溶性药物，应该如何加入乳匀机中？

项目四

固体制剂制备

学习目标

通过固体制剂的制备任务达到如下学习目标。

知识目标：

1. 掌握　散剂、颗粒剂、胶囊剂、片剂的定义、分类、性质及特点；掌握散剂、颗粒剂、胶囊剂、片剂的处方组成与处方分析；散剂、颗粒剂、胶囊剂、片剂的生产制备工艺。

2. 了解　散剂、颗粒剂、胶囊剂、片剂的质量评价方法；散剂、颗粒剂、胶囊剂、片剂的包装与贮存。

技能目标：

1. 会正确更衣，进入相应洁净级别的操作岗位。

2. 会使用固体制剂各制备工序的设备，完成固体制剂各岗位的制备操作。

3. 会根据批生产指令要求，正确领取内包材，使用自动包装机，熟练进行固体制剂内包装，包装出符合质量要求的药品。

4. 会按 GMP 要求完成清场操作。

5. 会正确填写各工序的操作记录。

素质目标：

1. 具备对固体制剂生产过程中的每一个环节都保持高度的责任心，确保产品质量符合标准。

2. 能够与相关人员有效沟通协作，共同解决生产中的问题，提升整体效率。

3. 紧跟行业动态，不断学习固体制剂新技术、新工艺，提升自身专业素养和创新能力。

项目说明

固体制剂系指以固体状态存在的剂型的总称。常用的固体剂型有散剂、颗粒剂、片剂、胶囊剂、膜剂、丸剂等，在药物制剂中约占 70%。固体制剂一般供口服给药使用，但也可用于其他给药途径，如溶液片，临用前溶解于水，用于漱口、消毒、洗涤伤口等。固体制剂的共同特点是：①与液体制剂相比，固体制剂的理化性质和生物学稳定性好，生产制造成本较低，包装、运输、使用方便；②大多数药物均是以固体形式存在，且制备过程的前处理经历相同的单元操作，以保证药物的均匀混合与准确剂量，而且剂型之间有着密切的联系；③固体制剂口服后，药物需先溶解后才能透过生物膜，从而被吸收进入血液循环中起效。

本项目包括：散剂——口服补液盐散（Ⅰ）制备、颗粒剂——维生素 C 颗粒制备、胶囊剂——诺氟沙星胶囊制备及软胶囊剂——维生素 E 软胶囊制备、片剂——阿司匹林片制备共 5 个任务。本项目主要学习散剂、颗粒剂、胶囊剂、片剂的剂型特点、制备工艺、制备所需辅料与设备、制剂质量控制等内容。

任务 4-1　散剂——口服补液盐散（Ⅰ）制备

【任务资讯】

一、认识散剂

1. 散剂的定义

散剂系指原料药物或与适宜的辅料经粉碎、均匀混合制成的干燥粉末状制剂。

2. 散剂的分类

散剂可分为口服散剂和局部用散剂。

口服散剂一般溶于或分散于水、稀释液或者其他液体中服用，也可直接用水送服。

局部用散剂可供皮肤、口腔、咽喉、腔道等处应用；专供治疗、预防和润滑皮肤的散剂也可称为撒布剂或撒粉。

3. 散剂的优点

① 散剂的药物粒径小，比表面积大，药物分散程度高。

② 外用散剂覆盖面积大，有保护和收敛作用。

③ 散剂的制备工艺相对简单，易于控制剂量，方便运输、携带。

4. 散剂的缺点

① 与外界接触面积大，容易造成吸湿性增加。

② 与空气接触多，对药物活性、刺激性和气味等方面影响增加。

5. 散剂的质量要求

按照《中国药典》2020 年版（四部）通则对散剂质量检查的有关规定，需要进行以下检查：

（1）粒度。用于烧伤或严重创伤的中药局部用散剂及儿科用散剂，按照下述方法检查，应符合规定。

检查法　除另有规定外，取供试品 10g，精密称定，置规定号的药筛中（筛下配有密合的接收器），筛上加盖。按水平方向旋转振摇至少 3 分钟，并不时在垂直方向轻叩筛。取筛下的颗粒及粉末，称定重量，计算其所占比例（％）。中药通过六号筛的粉末重量，不得少于 95％。

（2）外观均匀度。取供试品适量，置光滑纸上，平铺约 5cm²，将其表面压平，在明亮处观察，应色泽均匀，无花纹与色斑。

（3）水分。中药散剂照水分测定法测定，除另有规定外，不得超过 9.0％。

（4）装量差异。单剂量包装的散剂，按照下述方法检查，应符合规定。

检查法　除另有规定外，取试品 10 袋（瓶），分别精密称定每袋（瓶）内容物的重量，求出内容物装量与平均装量。每袋（瓶）装量与平均装量相比较〔凡有标示装量的散剂，每袋（瓶）装量与标示装量相比较〕，按表 4-1 中规定，超出装量差异限度的散剂不得多于 2 袋（瓶），并不得有1袋（瓶）超出装量差异限度的1倍。

（5）装量。除另有规定外，多剂量包装的散剂，按照最低装量检查法检查，应符合规定，见表4-1。

（6）无菌。除另有规定外，用于烧伤［除程度较轻的烧伤（Ⅰ°或浅Ⅱ°外）］、严重创伤或临床必需无菌的局部用散剂，按照无菌检查法检查，应符合规定。

（7）微生物限度。除另有规定外，按照非无菌产品微生物限度检查：微生物计数法和控制菌检查法及非无菌药品微生物限度标准检查，应符合规定。

表 4-1　散剂装量差异限度要求

平均装量或标示装量	装量差异限度（中药、化学药）	装量差异限度（生物制品）
0.1g 及 0.1g 以下	±15%	±15%
0.1g 以上至 0.5g	±10%	±10%
0.5g 以上至 1.5g	±8%	±7.5%
1.5g 以上至 6.0g	±7%	±5%
6.0g 以上	±5%	±3%

二、散剂的处方组成

散剂中可以添加以下辅料：

（1）稀释剂　用于增加散剂的体积和重量，常用有乳糖、淀粉、糊精、蔗糖、葡萄糖等惰性物质。在毒性药物或药理作用很强的药物中，常需要加入一定比例的稀释剂制成稀释散或倍散，以利临时配方。

（2）吸收剂　用于吸收液体成分，如挥发油、酊剂、流浸膏等。常用吸收剂有磷酸钙、蔗糖、葡萄糖等。

（3）矫味剂、芳香剂和着色剂　用于改善散剂的味道和外观，提高患者的接受度。

（4）中和胃酸的成分　在含有挥发性成分的散剂中，为了防止胃酸对生物制品散剂中活性成分的破坏，可以调配中和胃酸的成分，如沉降碳酸钙、碳酸镁等。

【任务说明】

本任务制备口服补液盐散（Ⅰ）（14.75g/包）。口服补液盐散（Ⅰ）系化学药散剂，化学药散剂是指符合《中国药典》（四部）散剂通则规定，主药为化学药的散剂，口服补液盐散（Ⅰ）收载于《中国药典》二部。口服补液盐散（Ⅰ）为调节水、电解质平衡用药。临用时，将一包药品溶于500ml温水中，一般每日服用3000ml，直至腹泻停止。本品每包重14.75g（大袋葡萄糖11g，氯化钠1.75g；小袋氯化钾0.75g，碳酸氢钠1.25g）。

【任务准备】

一、接收操作指令

口服补液盐散（Ⅰ）批生产指令见表4-2。

表 4-2 口服补液盐散（Ⅰ）批生产指令

品名	口服补液盐散（Ⅰ）	规格	14.75g/包
批号		理论投料量	10 包
采用的工艺规程名称		口服补液盐散（Ⅰ）工艺规程	
原辅料的批号和理论用量			
序号	物料名称	批号	理论用量/g
1	氯化钠		17.5
2	氯化钾		7.5
3	碳酸氢钠		12.5
4	葡萄糖		110
生产开始日期		年 月 日	
生产结束日期		年 月 日	
制表人		制表日期	年 月 日
审核人		审核日期	年 月 日

生产处方：

（10 包处方）

氯化钠　　　17.5g

氯化钾　　　7.5g

碳酸氢钠　　12.5g

葡萄糖　　　110g

二、查阅操作依据

为更好地完成本项任务，可查阅《口服补液盐散（Ⅰ）工艺规程》《中国药典》等与本项任务密切相关的文件资料。

三、制定操作计划

根据本品种的制备要求制定操作工序如下：

配料→粉碎与过筛→混合→分剂量与内包装→外包装

每个工序由准备工作、生产过程、清洁清场等几部分组成。在操作过程中填写化学药散剂制备操作记录（表 4-3）。

【任务实施】

操作工序一　配　　料

一、准备工作

（一）生产人员

生产人员按照《D 级洁净区生产人员进出标准规程》要求进入生产操作区。

（二） 生产环境

（1）环境总体要求　应保持整洁，门窗玻璃、墙面和顶棚应洁净完好；设备、管道、管线排列整齐并包扎光洁，无跑、冒、滴、漏现象发生，且符合相关清洁要求。检查确认生产现场无残留物料。

（2）环境温度　一般应控制在 18～26℃。

（3）环境相对湿度　一般应控制在 45％～65％。

（4）环境灯光　不能低于 300lx，灯罩应密封完好。

（5）电源　应设置在操作间外面并有相应的保护措施，确保安全生产。

（三） 任务文件

1. 批生产指令单

2. 配料岗位标准操作规程

3. 台秤标准操作规程

4. 台秤清洁消毒标准操作规程

5. 配料岗位清场标准操作规程

6. 配料岗位生产前确认记录

7. 配料间配料记录

（四） 生产用物料

一般情况下，工艺流程上的物料净化包括脱外包、传递和传输。

① 脱外包，包括采用吸尘器或清扫的方式清除物料外包装表面的尘粒，污染较大，故脱外包操作间应设置在洁净室（区）外侧。在脱外包操作间与洁净室（区）之间应设置洁净传递窗（柜）或缓冲间，用于清洁后的原料、辅料、包装材料和其他物品的传递。洁净传递窗（柜）两边的传递门，应有联锁装置，防止被同时打开，密封性好并易于清洁。

② 洁净传递窗（柜）的尺寸和结构，应满足传递物品的大小和重量的需要。

③ 原、辅料进出 D 级洁净区，按《物料进出 D 级洁净区清洁消毒操作规程》要求操作。

（五） 场地、设施设备

固体制剂车间应在配料间安装捕尘、吸尘等设施。配料设备（如电子秤等）的技术参数应经验证确认。配料间进风口应有适宜的过滤装置，出风口应有防止空气倒流的装置。

① 进入配料间，检查是否有"清场合格证"，还需检查是否在清洁有效期内，并请现场 QA 人员检查。

② 检查配料间中是否存有与本批次产品无关的遗留物品。

③ 对台秤等计量器具进行检查，注意是否具有"完好"的标识卡及"已清洁"标识。检查设备是否正常；若有一般故障可以自己排除，自己不能排除的则通知维修人员，设备检查正常后方可运行。要求计量器具完好，性能与称量要求相符，有检定合格证，并在检定有效期内。设备检查正常后进行下一步操作。

④ 检查配料间的进风口和回风口是否在更换有效期内。

⑤ 检查记录台是否清洁干净，是否留有上批次的生产记录表或与本批次生产无关的文件。

⑥ 检查配料间的温度、相对湿度、压差是否与生产要求相符，并记录洁净区温度、相对湿度和压差。

⑦ 查看并填写生产交接班记录。

⑧ 接收到批生产指令单、生产记录、中间产品交接记录等文件，要仔细阅读批生产指令单，明确产品名称、规格、批号、批量、工艺要求等指令。

⑨ 复核所有物料是否正确，容器外标签是否清楚，内容与标签是否相符，核查重量、件数是否相符。

⑩ 检查所使用的周转容器及生产用具是否清洁，有无破损。

⑪ 检查吸尘系统是否清洁。

⑫ 上述各项达到要求后，由 QA 人员验证合格，取得清场合格证附于本批次生产记录内，将操作间的状态标识改为"生产运行"后，方可进行下一步生产操作。

二、生产过程

（一）生产操作

根据批生产指令单填写领料单，从备料间领取原料、辅料，并核对品名、批号、规格、数量、质量，无误后进行下一步的操作。

按批生产指令单、《台秤标准操作规程》进行称量配料，完成称量任务后，关停电子秤。

将所称量物料装入洁净的盛装容器中，转入下一操作工序，并按批生产记录管理制度及时填写相关生产记录。

将配料所剩的尾料收集，标明状态，交中间站并填好生产记录。

若有异常情况，应及时报告技术人员，并协商解决措施。

（二）质量控制要点

本工序所使用的原、辅料外观和性状要求符合《中国药典》各原、辅料项下的规定。

三、清洁清场

将物料用干净的不锈钢桶盛放、密封，容器内外均附上状态标识，备用。按 D 级洁净区的清洁消毒程序清理工作现场、工具、容器、设备，并请 QA 人员检查，合格后发给"清场合格证"，将"清场合格证"挂贴于操作室门上，作为后续产品的开工凭证。撤掉运行状态标识，挂清场合格标识，按清洁程序清理现场。及时填写批生产记录、设备运行记录、交接记录等，并复核，检查记录是否有漏记或错记现象；复核中间产品检验结果是否在规定范围内；检查记录中的各项是否有偏差发生。如果发生偏差则按《生产过程偏差处理规程》操作。关好水电开关及门，按进入程序的相反程序退出。

操作工序二 粉碎与过筛

一、准备工作

（一）生产人员

生产人员按照《D 级洁净区生产人员进出标准规程》要求进入生产操作区。

（二）生产环境

参照"本项目　任务 4-1 操作工序一的生产环境"的要求执行。

（三）任务文件

① 批生产指令单

② 粉碎岗位标准操作规程

③ 粉碎机标准操作规程

④ 粉碎机清洁消毒标准操作规程

⑤ 粉碎岗位清场标准操作规程

⑥ 粉碎岗位操作记录

（四）生产用物料

参照"本项目　任务 4-1 操作工序一的生产用物料"的要求执行。

（五）场地、设施设备

粉碎间应安装捕尘、吸尘等设施。粉碎间进风口应有适宜的过滤装置，出风口应有防止空气倒流的装置。粉碎设备为万能粉碎机，其工艺技术参数应经验证后确认。

万能粉碎机利用活动齿盘和固定齿盘间的高速相对运动，使被粉碎物经齿冲击、摩擦及物料彼此间冲击等综合作用得以粉碎。本机结构简单、坚固、运转平稳、粉碎效果良好，被粉碎物可直接由主机磨腔中排出，粒度大小通过更换不同孔径的筛网获得，另外，该机为不锈钢制作，机壳内壁全部经机械加工达到表面平滑，改善了以前机型内壁粗糙、积粉的现象。

具体的检查工序如下：

① 检查粉碎间、设备、工具、容器是否具有清场合格标识，核对其有效期，并请 QA 人员检查合格后，将清场合格证附于本批次生产记录中，进行下一步操作。

② 检查粉碎设备是否具有"完好"的标识卡及"已清洁"标识。检查设备是否正常，确认正常后方可运行。

③ 检查设备的筛网目数是否符合工艺要求。

④ 对计量器具进行检查，要求计量器具完好，性能与称量要求相符，有检定合格证，并在检定有效期内。一切正常后进行下一步操作。

⑤ 检查操作间的进风口和回风口是否有异常。

⑥ 检查操作间的温度、相对湿度、压差是否符合要求，并记录在洁净区温度表、相对湿度表、压差记录表上。

⑦ 接收到批生产指令单、生产记录、中间产品交接单等文件要仔细阅读，根据生产指令填写领料单，向仓库领取需要粉碎的物料，摆放在设备旁，并核对待粉碎物料的品名、批号、规格、数量、质量，无误后进行下一步操作。

⑧ 复核所用物料是否正确，容器外标签是否清楚，内容与标签是否相符。复核重量、件数是否相符。

⑨ 按《粉碎机清洁消毒标准操作规程》对设备及所需容器、工具进行消毒。

⑩ 检查使用的周转容器及生产用具是否洁净，有无破损。

⑪ 上述各项达到要求后，由检查员或班长再检查一遍。检查合格后，在操作间的状态标识上注写"生产中"方可进行操作。

二、生产过程

（一）生产操作

① 取下"已清洁"状态标识牌，换上"设备运行"状态标识牌。

② 在接料口绑扎好接料袋。

③ 按照《粉碎机标准操作规程》启动粉碎机进行粉碎。

④ 在粉碎机料斗内加入待粉碎物料，加入量不得超过容量的2/3。

⑤ 粉碎过程中严格监控粉碎机电流，不得超过设备额定要求，粉碎机壳温度不得超过60℃，如有超过现象应立即停机，待冷却后，再次重新启动粉碎机。

⑥ 完成粉碎任务后，按《粉碎机标准操作规程》关停粉碎机。

⑦ 打开接料口，将物料移至清洁的塑料袋内，再装入洁净的盛装容器内，并在容器内、外贴上标签，注明物料品名、规格、批号、数量、日期和操作者的姓名，转交中间站管理员，存放于物料存储间，填写"请验单"请验。

⑧ 将生产所剩的尾料收集，标明状态，交中间站，并填写好生产记录。

⑨ 有异常情况，应及时报告技术人员，并协助解决。

（二）质量监控要点

① 原、辅料的洁净程度：要求无杂质、无污点。

② 粉碎机粉碎的速度、所用筛网的大小：粉碎机粉碎的速度不能太快，物料加入料斗的量不要太多，以免造成粉碎机负荷太大，从而损坏机器。

③ 粉碎后产品的性状、细度：粉碎后的产品为均匀的粉末状固体，细度要求95%的粉末能通过七号筛。

三、清洁清场

① 将物料用干净的不锈钢桶盛放、密封，容器内外均附上状态标识，备用。转入下道工序。

② 按清场顺序和设备清洁规程清理工作现场、工具、容器具、设备，并请QA人员检查，合格后发给清场合格证，将清场合格证挂贴于操作室门上，作为后续产品的开工凭证。

③ 撤掉运行状态标识，挂清场合格标识。

④ 换粉碎物料品种或停车2d以上时，要按清洁程序清理现场。

⑤ 及时填写批生产记录、设备运行记录、交接班记录等，并复核、检查记录是否有漏记或错记项目，复核中间产品检验结果是否在规定范围内；检查记录中的各项是否有偏差发生，如果发生了偏差则按《生产过程偏差处理规程》操作。

⑥ 关好水、电开关及门，按进入程序的相反程序退出。

操作工序三　混　　合

一、准备工作

（一）生产人员

生产人员按照《D级洁净区生产人员进出标准规程》要求进入生产操作区。

（二） 生产环境

参照"项目三 任务 3-1 操作工序一（二）生产环境"的要求执行。

（三） 任务文件

1. 混合岗位标准操作规程
2. 混合机标准操作规程
3. 混合机清洁标准操作规程
4. 混合岗位清场标准操作规程
5. 总混合生产前确认记录
6. 总混合生产记录

（四） 生产用物料

按批生产指令单所列的物料，从上一任务或物料间领取物料备用。

（五） 场地、设施设备

① 混合生产岗位应有防尘、捕尘的设施。

② 混合设备应有好的密闭性，内壁光滑、混合均匀、易于清洗，并能适应批量生产的要求。

③ 对生产厂房、设备、容器具等按清洁规程清洁，其清洁效果应经验证确认。

④ 混合设备有 V 形混合机（图 4-1）、二维运动混合机、三维运动混合机（图 4-2）、双锥形回转混合机、SLH 型双螺旋锥形混合机和槽式搅拌混合机（图 4-3）等。

图 4-1　V 形混合机　　　　图 4-2　三维运动混合机　　　　图 4-3　槽式搅拌混合机

⑤ 检查总混间、设备、工具、容器具是否具有清场合格标志，并核对其有效期，待 QA 人员检查合格后，将清场合格证附于本批次生产记录内，进入下一步操作。

⑥ 根据混合要求选用适当的设备，并检查设备是否具有"完好"标识卡及"已清洁"标识。一切检查正常后方可运行。

⑦ 对计量器具进行检查，正常后进行下一步操作。

⑧ 根据生产指令核对所需混合药材的品名、批号、规格、数量和质量，无误后进行下一步操作。

⑨ 按《三维运动混合机清洁、消毒标准操作规程》对设备及所需容器、工具进行检查后进入下一步操作。

⑩ 在场地、设施设备上挂好本次运行状态标识，进入操作状态。

二、生产过程

（一）生产操作

① 将待混合的物料置于混合设备中，依据产品工艺规程，按混合设备标准操作进行混合。

② 在混合时若需要加入特殊管理的药品、贵细药品时，要及时请质量管理员、车间工艺员到场，三方监督投料并签名。

③ 若需另行加入的物料同待混合物料的量相差较悬殊时，采用等量递加法进行混合。

④ 将已混合均匀的物料置于洁净容器中，密封，标明品名、批号、剂型、数量、容器编号、操作人、日期等，放于物料贮存室。

⑤ 将完成混合的物料进行质量确认，看颜色是否均匀，有无团块、杂点等情况，无误后方可进行清场。

⑥ 将生产所剩的尾料收集起来，标明状态，交中间站保管，并填写好记录。

⑦ 如有异常情况发生，应及时报告技术人员，并协商解决。

（二）质量控制要点

① 混合设备的转速：要求中速运行。

② 混合物料的装量和混合时间：每次混合物料的体积要求为混合设备容积的 $1/3 \sim 1/2$，每次混合时间为 15min。

③ 混合物的均匀度：混合后的物料应呈现均匀的色泽，无花纹与色斑。

三、清洁清场

① 按清场程序和设备清洁规程清理工作现场、工具、容器和设备，并请 QA 人员检查，合格后签发"清场合格证"。

② 撤掉运行状态标识，挂出清场合格标识。

③ 暂停连续生产同一品种物料时要将设备清理干净，按清洁程序清理现场。

④ 及时填写批生产记录、设备运行记录、交接班记录等。

⑤ 关好水、电开关及门，按进入程序的相反程序退出。

知识链接1

散剂混合的方法

散剂的均匀性是散剂安全有效的基础，主要通过混合来实现。影响混合质量的因素除了散剂中各组分的混合比例、堆密度以及混合器械的吸附性外，还与散剂组分的吸湿性、低共熔现象等理化特性有关。

一、组分的比例

两种或两种以上基本等量且状态、粒度相近的药粉混合时，一般容易混合均匀；若组分比例量相差过大时，采用等量或近等量药物的混合方式则难以混合均匀，故常采用等量递加法（又称配研法）进行混合。

毒性大的药物，因使用剂量小，为取用方便，常加入一定比例的稀释剂制成稀释散或倍散。稀释倍数由剂量而定，一般剂量0.01～0.1g可配成10倍散（即1份药物与9份稀释剂混合），0.001～0.01g可配成100倍散，0.001g以下可配成1000倍散。常用的稀释剂有乳糖、糖粉、淀粉、糊精、磷酸钙、白陶土等干燥惰性物质，采用等量递加法与毒性大的药物混合。有时为了便于观察混合均匀性，可加入少量色素。

等量递加混合法：取量小的组分和等量的量大的组分，同时置于混合机械中混合均匀，再加入同混合物等量的量大的组分混合均匀，如此倍量增加直至加完全部量大的组分为止。

二、组分的密度

性质相同、密度基本一致的两种或两种以上的药粉容易混匀。当密度差异较大时，应将密度小（质轻）者先放入混合容器中，再放入密度大（质重）者，利于组分混合均匀。但当组分的粒径小于$30\mu m$时，密度的大小将不会成为导致分离的因素。

三、组分的吸附性与带电性

当药物粉末对混合器械具吸附性时，不仅影响混合的均匀性，也会造成药物的损失。解决方法一般是将量大或不易吸附的药粉或辅料先垫底，量少或易吸附者后加入。混合时，因摩擦而带电的粉末不易混合均匀；解决办法是加少量表面活性剂或润滑剂作抗静电剂，如阿司匹林粉中加0.25％～0.5％的硬脂酸镁具有抗静电作用。

四、含液体或易吸湿性的组分

处方中含有液体组分时，可用处方中其他固体组分或吸收剂吸收液体组分至不显湿润为止。常用吸收剂有磷酸钙、白陶土、蔗糖、葡萄糖等。若含易吸湿性组分，则应针对吸湿原因加以解决：①如含结晶水的药物会因研磨放出结晶水而引起湿润，则可用等摩尔无水物代替；②若是含吸湿性很强的药物（如胃蛋白酶等），则可在低于其临界相对湿度条件下，迅速混合，并密封防潮包装；③若组分因混合引起吸湿，则不应混合，可分别包装，同时生产过程中相对湿度应控制在临界相对湿度（CRH）以下。

五、含可形成低共熔混合物的组分

将两种或两种以上药物按一定比例混合时，在室温条件下，出现的润湿与液化现象，称为低共熔现象。对于可形成低共熔物的散剂，应根据共熔后对药理作用的影响及处方中所含其他固体成分的数量而采取相应措施：

① 共熔后，药理作用较单独应用增强者，则宜采用共熔法。如氯霉素与尿素、灰黄霉素与PEG6000形成共熔混合物均比单独成分吸收快、药效高，故处方设计时，应通过试验酌情减小剂量。

② 共熔后，如药理作用无变化，且处方中固体成分较多时，可将共熔成分先共熔，再以其他组分吸收混合，使分散均匀。

③ 处方中如含有挥发油或其他足以溶解共熔组分的液体时，可先将共熔组分溶解，然后再借喷雾法或一般混合法与其他固体成分混匀。

④ 共熔后，药理作用减弱者，应分别用其他成分（或辅料）稀释，避免出现低共熔。

操作工序四　分剂量与内包装

一、准备工作

（一）生产人员

生产人员参照"项目三　任务 3-1 操作工序一中的（一）操作人员"的有关要求进入生产操作区。

（二）生产环境

参照"项目三　任务 3-1 操作工序一中的（二）生产环境"的有关要求执行。

（三）任务文件

1. 散剂分装标准操作程序
2. 散剂分装生产记录

（四）生产用物料

散剂粉末、铝箔袋、塑料袋、纸袋等。

（五）场地、设施设备

① 进入内包装间，检查是否有"清场合格证"，并检查是否在清洁有效期内，是否有质检员或检查员的签名。

② 检查生产场地是否洁净，是否有与本批次生产无关的遗留物品。

③ 检查设备是否洁净完好，挂有"已清洁"标识（在清洁有效期内）。

④ 检查操作间的进风口与回风口是否在更换的有效期内。

⑤ 检查计量器具与称量范围是否相符，是否洁净完好，是否有检查合格证，并在使用有效期内。

⑥ 检查记录台是否清洁干净，是否留有上批次的生产记录表或与本批次无关的文件。

⑦ 检查操作间的温度、相对湿度、压差是否与生产要求相符，并记录在"洁净区温度、相对湿度、压差记录表"上。

⑧ 查看并填写生产交接班记录。

⑨ 接收到批生产指令单、生产记录、中间产品交接单等文件，要仔细阅读批生产指令单，明确产品名称、规格、批号、批量、工艺要求等指令。

⑩ 复核所用物料是否正确，容器外标签是否清楚，内容与标签是否相符，复核重量、件数是否相符。

⑪ 检查使用的周转容器及生产用具是否洁净，有无破损。

⑫ 上述各项达到要求后，由现场 QA 人员验证合格，将操作间的状态标识改为"生产运行"后方可进行生产操作。

⑬ 用于散剂分剂量包装的散剂分装机如图 4-4 所示。

图 4-4　散剂分装机

二、生产过程

（一）生产操作

① 装机

A. 检查电气控制柜的各个插头是否正确插好。

B. 调整电子秤4个座高度调整钮，观察电子秤左下角的水平仪，使水平仪气泡居中，调整时要确保秤盘上无杂物。

C. 打开电源开关，电子秤的重量指示窗口显示"0000"；若不为"0000"，则按"置零"键，会在重量指示窗口左下角出现零位标识"▽"。

D. 重量、脉冲设定。将包装容器放在电子秤上，按"置零"键，电子秤的重量指示窗口显示"0000"，显示稳定后先按"去皮"键，再输入包装的标准重量，然后按"清除"键。

E. 下料控制器面板操作方法如下。

a. "时间/▲"按键：此键设定自动下料时的时间间隔，按一下该键，脉冲窗口显示时间间隔数，按"▲"或"▽"进行修改；设定所需值后，按"袋数/确定"键，脉冲窗口重新显示脉冲数，时间间隔数存入单片机，设置完成。

b. "速度/▽"按键：该键用于设定下料的速度，按一下该键，脉冲窗口显示速度数，按"▲"或"▽"进行修改，设定所需值；按"袋数/确定"键，速度数存入单片机，脉冲窗口重新显示脉冲数，设置完成。

c. "清料/停止"按键：按一下该键，充填指示灯亮，包装机开始连续下料；再按一下该键，充填指示灯灭，包装机停止下料。

d. "给料/停止"按键：在主机料斗中物料没有达到上料位的情况下，按一下该键，给料指示灯亮，给料系统工作；再次按一下该键，给料指示灯灭，给料系统停止工作。

e. "手动/自动"按键：按一下该键，包装机自动间隔充填；充填结束时，再次按一下该键，包装机回到手动状态。

f. "袋数/确定"按键：该按键可设置给料系统所需的预置袋数，按一下该键，电控柜脉冲窗口显示预置袋数，按"▲"或"√"进行修改，修改到所需值；再次按一下该键，脉冲窗口重新显示脉冲数，预置袋数存入单片机，设置完成。此功能应用于带自动供料的设备中。

② 先空放几次物料，使其螺旋部位充实物料，接着用包装容器装料。

③ 料斗中的料位应控制在料斗高度的 1/2～4/5 范围内。

④ 对预置袋数进行设定，每隔 15min 抽检每 10 袋重量 1 次，随时监控每袋重量，避免超限。

⑤ 随时注意设备运行情况，并填写设备运行记录。

⑥ 物料经散剂分装机包装后，操作员将合格药品装入规定的洁净容器内，称取重量，认真填写"周转卡"，标明品名、批号、生产日期、操作人员姓名等，挂于物料容器上，将产品运往中间站，与中间站负责人进行复核交接，双方在物料进出站台账上签字。

⑦ 整个生产过程中及时认真填写批生产记录，并复核、检查记录是否有漏记或错记现象，复核中间产品检验结果是否在规定范围内，同时应根据不同情况选择标示"设备状态卡"。

（二）质量控制要点

① 外观：外包装表面完整光洁，色泽均匀，字迹清晰。

② 装量差异：超过重量差异限度的不得多于两袋（瓶），并不得有一袋（瓶）超出限度一倍。

③ 检查法 取供试品 10 袋（瓶），分别称定每袋（瓶）内容物的重量，求得每袋（瓶）

装量与标示装量相比较，超出装量差异限度的不得多于两袋（瓶），并不得有 1 袋（瓶）超出限度 1 倍。

三、清洁清场

① 按清场程序和设备清洁规程清理工作现场、工具、容器、设备，并请 QA 人员检查，合格后发给清场合格证。

② 撤掉运行状态标识，挂清场合格标识。

③ 暂停连续生产的同一品种要将设备清理干净。

④ 换品种或停产两天以上时，要按清洁程序清理现场。

⑤ 及时填写批生产记录、设备运行记录、交接班记录等。

⑥ 关好水、电开关及门，按进入程序的相反程序退出。

知识链接2

散剂分剂量

一、分剂量的含义及方法

分剂量是将均匀混合的散剂，按需要的剂量进行分装的过程。分剂量常用技术有目测法、重量法、容量法 3 种；机械化生产多采用容量法分剂量。

（1）目测法　是将一定重量的散剂，根据目测分成所需的若干等份。此法操作简便，但误差大，常用于药房小量调配。

（2）重量法　是用天平准确称取每个单剂量进行分装。此法的特点是分剂量准确，但操作麻烦、效率低，常用于含有细料或剧毒药物的散剂分剂量。

（3）容量法　是将制得的散剂填入一定容积的容器中进行分剂量，容器的容积相当于散剂一个剂量的体积。这种方法的优点是分剂量快捷，可以实现连续操作，常用于大生产。其缺点是分剂量的准确性会受到物料的物理性质（如堆密度、流动性等）、分剂量速度等的影响。

为了保证分剂量的准确性，应结合药物的堆密度、流动性、吸湿性等理化性进行试验考察。

二、分剂量常用设备与操作过程

散剂定量包装机如图 4-5 所示，是根据容量法分剂量的原理设计而成，主要由贮粉器、抄粉匙、旋转盒及传送装置等四部分组成，借电力传动。操作时将药粉置于贮粉器内，通过搅拌器的搅拌，药粉均匀混合，由螺旋输送器将药粉输入旋转盘内。当轴转动时，带动链带，连在链带上的抄粉匙即抄满药粉，经过刮板刮平后，迅速沿顺时针方向倒于右方纸上。

同时，抄粉匙敲击横杆可使匙内散剂敲落干净。抄粉匙的工作过程如图 4-6 所示（图中各数字所指仪器部件同图 4-5），另外在偏心轮的带动下，空气唧筒间歇地吹气或吸气。空气吸纸器通过通气管和安全瓶与唧筒相连，借唧筒的作用使空气吸纸器作左右往复运动。当吸纸器在左方时，将已放上药粉的纸张吸起，并向右移至传送带上，随即吹气，使装有药粉的纸张落于传送带而随之向前移动，完成定量分装的操作。

上述散剂分装机只是比较典型的一种，此外还有采用转动螺旋杆等代替抄粉匙来进行定量分装散剂的设备。

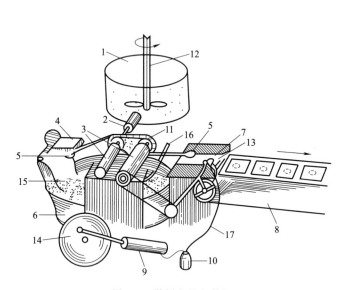

图 4-5　散剂定量包装机

1—贮粉器；2—螺旋输粉器；3—轴承；4—刮板；5—抄粉匙；6—旋转盒；
7—空气吸纸器；8—传送带；9—空气唧筒；10—安全瓶；11—链带；
12—搅拌器；13—纸；14—偏心轮；15—搅粉铲；16—横杆；17—通气管

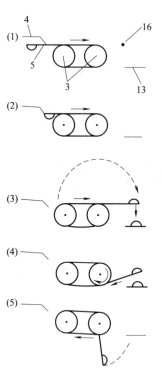

图 4-6　散剂定量包装机抄粉匙
工作过程（图注同图 4-5）

操作工序五　外　包　装

一、准备工作

（一）生产人员

生产人员参照《一般生产区更衣标准的操作规程》要求进行更衣，进入外包装间。

（二）生产环境

（1）环境总体要求　应保持环境整洁，门窗玻璃、墙面和顶棚应洁净完好；设备、管道、管线排列整齐并包扎光洁，无跑、冒、滴、漏现象发生，且符合相关清洁要求。检查确认生产现场无上次生产的遗留物。

（2）环境灯光　环境的灯光以能看清管道标识和压力表以及房间、设备死角为好，灯罩应密封完好。

（3）电源 电源应安装在操作间的外面，应有防漏电保护装置，确保安全生产。

（4）地面 地面应铺设防滑地砖或防滑地坪，无污物，无积水。

（三）任务文件

1. 批包装指令单
2. 物料进出一般生产区洁净消毒规程
3. 外包装岗位标准操作规程
4. 打码机标准操作规程
5. 外包装生产记录
6. 外包装岗位清场标准操作规程
7. 外包装岗位清场检查记录

（四）生产用物料

包装材料、标签和说明书。

（五）场地、设施设备

外包装用纸盒钢印打码机，如图 4-7 所示；高台自动打包机，如图 4-8 所示。

图 4-7 纸盒钢印打码机

图 4-8 高台自动打包机

二、生产过程

（一）生产过程要点

按批生产指令单上的要求，以 10 袋/小盒、60 小盒/箱进行外包装。每小盒中放一张说明书，每箱内放一张合格证。上一批次作业结余的零头可与下一批次进行拼包装，拼箱外箱上应标明拼箱批号及数量。每批次结余量和拼箱情况在批记录上显示，放入成品库待检入库。

（二）生产过程的质量控制

① 现场质量监控员抽取外包材样品，交质检部门按成品质量标准的有关规定进行检测。

② 入库现场质量监控员抽取样品，交质检部门按《中国药典》散剂项下的有关规定进行全项检测，并开具成品检验报告单，合格后方可入库。

（三）质量控制要点

① 检查外包装盒的标签、说明书，要齐全、清晰。

② 检查外包装盒的批号及内装的袋数，要准确、一致。

③ 入库要附凭证，填写入库单及请验单，验收合格方可入库。

三、清洁清场

生产结束时，将本任务生产出的合格产品的箱数计数，挂上标签，送到指定位置存放。将生产记录按批生产记录管理制度填写完毕，并交予指定人员保管。按照《一般生产区洁净消毒规程》对本生产区域进行清场，并有清场记录。

【任务记录】

制备过程中按要求填写操作记录（表 4-3）。

表 4-3 口服补液盐（Ⅰ）散批生产记录

品名	口服补液盐散（Ⅰ）		规格	14.75g/包		批号		
操作日期	年 月 日		房间编号		温度	℃	相对湿度	%
操作步骤	操作要求			操作记录			操作时间	
1. 操作前检查	设备是否完好正常			□是　　□否			时　　分 ～ 时　　分	
	设备、容器、工具是否清洁			□是　　□否				
	计量器具仪表是否校验合格			□是　　□否				
2. 物料预处理	1. 按粉碎、筛分岗位 SOP 进行操作。 2. 将物料进行粉碎、筛分,并控制操作速度,将粉碎、筛分后的物料装入洁净的塑料袋内,并密封,做好标识,备用。 3. 对粉碎、筛分后的物料进行物料平衡计算,物料平衡限度控制为 98%～100%			物料名称: 粉碎前重量: 粉碎机型号: 粉碎后重量: 筛分机型号:　　　筛网目数: 筛分后重量: 物料平衡计算 领取物料总量(A): 实收重量(B): 可回收利用物料重量(C): 不可用物料重量(D): 物料平衡 $=\dfrac{B+C+D}{A}\times100\%=$			时　　分 ～ 时　　分	
3. 配料	1. 按生产处方规定,称取各种物料,记录品名、用量。 2. 在称量过程中执行一人称量,一人复核制度。 3. 每包生产处方如下: 氯化钠　1.75g　氯化钾　0.75g 碳酸氢钠　1.25g　葡萄糖　11g			按生产处方规定,称(量)取各种物料,记录如下: 氯化钠　　　　　　g 氯化钾　　　　　　g 碳酸氢钠　　　　　g 葡萄糖　　　　　　g 注:每种物料均应填写具体的称量数量			时　　分 ～ 时　　分	
4. 混合、分装	1. 按混合岗位操作 SOP 进行操作,将上道操作工序的物料进行混合。 2. 混合后的物料过六号筛,过筛目数为100 目。 3. 用散剂分装机进行分装,使其成14.75g/包。 4. 分装后进行物料平衡计算,物料平衡限度控制为 98%～100%,并填写操作记录			1. 混合机型号: 2. 筛分机型号: 3. 分装机型号: 4. 分装数量:　　　包 5. 物料平衡:			时　　分 ～ 时　　分	

操作步骤	操作要求	操作记录	操作时间
5. 质量检查	1. 外观均匀度：取供试品适量置光滑纸上，平铺约 5cm² 。将其表面压平，在亮处观察，应呈现均匀的色泽，无花纹、色斑。 2. 装量差异：取供试品 10 包，分别称定每包内容物重量，每包的重量与标示装量相比较，超出限度的不得多于 2 包，并不得有 1 包超出限度 1 倍	1. 外观均匀度： 2. 装量差异：	时　分 ～ 时　分
6. 清场	1. 生产结束后将物料、文件全部清理，并放置在指定位置。 2. 撤除本批生产状态标识。 3. 使用过的设备、容器及工具应清洁无异物并实行定置管理。 4. 设备内外尤其是接触药品的部位要清洁，做到无油污，无异物。 5. 地面、墙壁应清洁，门窗及附属设备无积灰，无异物	QA 检查确认： □合格 □不合格	时　分 ～ 时　分
备注			
操作人		复核人	QA

【任务评价】

（一）职业素养与操作技能评价

口服补液盐散（Ⅰ）制备技能评价见表 4-4。

表 4-4　口服补液盐散（Ⅰ）制备技能评价表

评价项目		评价细则	小组评价	教师评价
职业素养	职业规范 （4 分）	1. 规范穿戴工作衣帽（2 分）		
		2. 无化妆及佩戴首饰（2 分）		
	团队协作 （4 分）	1. 组员之间沟通顺畅（2 分）		
		2. 相互配合默契（2 分）		
	安全生产 （2 分）	生产过程中不存在影响安全的行为（2 分）		
实训操作	物料预处理 （10 分）	1. 开启设备前检查设备（4 分）		
		2. 按操作规程正确操作设备（4 分）		
		3. 操作结束将设备复位，并对设备进行常规维护保养（2 分）		
	配料 （10 分）	1. 选择正确的称量设备，并检查校准（4 分）		
		2. 按操作规程正确操作设备（4 分）		
		3. 操作结束将设备复位，并对设备进行常规维护保养（2 分）		
	混合、分装 （20 分）	1. 对环境、设备检查到位（8 分）		
		2. 按操作规程正确操作设备（8 分）		
		3. 操作结束将设备复位，并对设备进行常规维护保养（4 分）		

评价项目		评价细则	小组评价	教师评价
实训操作	包装 (10分)	1. 对环境、设备、包材检查到位(4分)		
		2. 按操作规程正确操作设备(4分)		
		3. 操作结束将设备复位,并对设备进行常规维护保养(2分)		
	产品质量 (20分)	1. 外观均匀度、装量差异符合要求(8分)		
		2. 收率、物料平衡符合要求(12分)		
	清场 (10分)	1. 能够选择适宜的方法对设备、工具、容器、环境等进行清洗和消毒(6分)		
		2. 清场结果符合要求(4分)		
实训记录	完整性 (5分)	1. 完整记录操作参数(2分)		
		2. 完整记录操作过程(3分)		
	正确性 (5分)	1. 记录数据准确无误,无错填现象(3分)		
		2. 无涂改,记录表整洁、清晰(2分)		

(二)知识评价

1. 单项选择题

(1) 密度不同的药物在制备散剂时,最好的混合方法是(　　　)。

A. 等量递加法　　　　　B. 多次过筛　　　　C. 将密度小的加到密度大的上面

D. 将密度大的加到密度小的上面

(2) 我国工业标准编号用目表示,目系指(　　　)。

A. 每厘米长度内所含筛孔的数目　　　　　　B. 每平方厘米面积内所含筛孔的数目

C. 每英寸长度内所含筛孔的数目　　　　　　D. 每平方英寸面积内所含筛孔的数目

(3) 关于散剂的描述错误的是(　　　)。

A. 散剂系指药物或与适宜的辅料经粉碎、均匀混合制成的干燥粉末状制剂

B. 散剂与片剂比较,散剂易分散、起效迅速、生物利用度高

C. 混合时摩擦产生静电而阻碍粉末混匀,通常可加少量表面活性剂克服

D. 散剂与液体制剂比较,散剂比较稳定

(4) 散剂按用途可分为(　　　)。

A. 单散剂与复散剂　　　　　　　　　B. 倍散与普通散剂

C. 内服散剂与外用散剂　　　　　　　D. 分剂量散剂与不分剂量散剂

(5) 与药物的过筛效率无关的因素是(　　　)。

A. 药粉的干燥程度　　　　　　　　　B. 药物粒子的形状

C. 药粉的色泽　　　　　　　　　　　D. 粉层厚度

(6)《中国药典》规定的粉末的分等标准错误的是(　　　)。

A. 粗粉指能全部通过三号筛,但混有能通过四号筛不超过40%的粉末

B. 中粉指能全部通过四号筛,但混有能通过五号筛不超过60%的粉末

C. 细粉指能全部通过五号筛,并含能通过六号筛不少于95%的粉末

D. 最细粉指能全部通过六号筛,并含能通过七号筛不少于95%的粉末

(7) 一般应制成倍散的是(　　　)。

A. 含毒性药品散剂   B. 眼用散剂

C. 含液体成分散剂   D. 含共熔成分散剂

（8）关于粉体润湿性的叙述正确的是（   ）。

A. 休止角小，粉体的润湿性差

B. 粉体的润湿性由接触角表示

C. 粉体的润湿性由休止角表示

D. 接触角小，粉体的润湿性差

（9）调配散剂时，下列物理性质中不是特别重要的是（   ）。

A. 休止角   B. 附着性和凝聚性   C. 磨损度   D. 飞散性

（10）以下工艺流程符合散剂制备工艺的是（   ）。

A. 物料前处理—混合—筛分—粉碎—分剂量—质量检查—包装储存

B. 物料前处理—粉碎—筛分—分剂量—混合—质量检查—包装储存

C. 物料前处理—粉碎—分剂量—筛分—混合—质量检查—包装储存

D. 物料前处理—粉碎—筛分—混合—分剂量—质量检查—包装储存

2. 简答题

（1）常用的粉碎方法和机械有哪些？

（2）常用的混合机械有哪些特点和应用？

（3）药品分剂量的方法有哪些？各有什么特点？

3. 案例分析题

某药厂生产操作员在用万能粉碎机粉碎物料后，使用振荡筛进行筛分时，发现物料过筛较困难。试分析其产生的可能原因及解决方法。

任务 4-2 颗粒剂——维生素 C 颗粒制备

【任务资讯】

一、认识颗粒剂

1. 颗粒剂的定义

颗粒剂系指原料药物与适宜的辅料混合制成具有一定粒度的干燥颗粒状制剂。

2. 颗粒剂的分类

颗粒剂可分为可溶颗粒（通称为颗粒）、混悬颗粒、泡腾颗粒、肠溶颗粒，根据释放特性不同还有缓释颗粒等。

（1）混悬颗粒 系指难溶性原料药物与适宜辅料混合制成的颗粒剂。临用前加水或其他适宜的液体振摇即可分散成混悬液。除另有规定外，混悬颗粒剂应进行溶出度检查。

（2）泡腾颗粒 系指含有碳酸氢钠和有机酸，遇水可放出大量气体而呈泡腾状的颗粒剂。泡腾颗粒中的原料药物应是易溶性的，加水产生气泡后应能溶解。有机酸一般用枸橼酸、酒石酸等。泡腾颗粒一般不得直接吞服。

（3）肠溶颗粒 系指采用肠溶材料包裹颗粒或其他适宜方法制成的颗粒剂。肠溶颗粒耐胃酸而在肠液中释放活性成分或控制药物在肠道内定位释放，可防止药物在胃内分解失效，避免对胃的刺激。肠溶颗粒应进行释放度检查。肠溶颗粒不得咀嚼。

（4）缓释颗粒　系指在规定的释放介质中缓慢地非恒速释放药物的颗粒剂。缓释颗粒应符合缓释制剂的有关要求，并应进行释放度检查。缓释颗粒不得咀嚼。

3. 颗粒剂的优点

颗粒剂是常用的固体制剂之一，具有如下优点。

① 可溶颗粒、混悬颗粒、泡腾颗粒的起效快，与液体制剂相似。

② 飞散性、附着性、聚集性、吸湿性等均较散剂小；流动性比散剂好，便于分剂量。

③ 颗粒剂的性质稳定，运输、携带、贮存方便。

④ 可根据需要加入适宜的辅料，制成色、香、味俱全的颗粒剂，便于服用。

⑤ 必要时对颗粒进行包衣，根据包衣材料性质可使颗粒具有防潮、掩味、缓释或肠溶等作用。

4. 颗粒剂的缺点

颗粒剂的主要缺点如下。

① 多数颗粒剂因含糖较多，贮存、包装不当时，易引湿受潮，软化结块，影响质量。

② 多种颗粒的混合颗粒剂，如各种颗粒的大小或粒密度差异较大时易产生离析现象，从而导致剂量不准确。

5. 颗粒剂质量要求

（1）外观　颗粒应干燥、均匀、色泽一致，无吸潮、软化、结块、潮解等现象。

（2）粒度　除另有规定外，按照粒度和粒度分布测定法（双筛分法）测定，不能通过一号筛与能通过五号筛的总和不得超过15％。

（3）干燥失重　除另有规定外，化学药品和生物制品颗粒剂照干燥失重测定法测定，于105℃干燥至恒重，减失重量不得超过2.0％。

（4）水分　中药颗粒剂照水分测定法测定，除另有规定外，水分不得超过8.0％。

（5）溶化性　除另有规定外，颗粒剂按照下述方法检查，溶化性应符合规定。含中药原粉的颗粒剂不进行溶化性检查。

可溶颗粒检查法：取供试品10g（中药单剂量包装取1袋），加热水200ml，搅拌5分钟立即观察，可溶颗粒应全部溶化或轻微浑浊。

泡腾颗粒检查法：取供试品3袋，将内容物分别转至盛有200ml水的烧杯中，水温为15～25℃，应迅速产生气体而呈泡腾状，5分钟内颗粒均应完全分散或溶解在水中。

颗粒剂按上述方法检查，均不得有异物，中药颗粒还不得有焦屑。

混悬颗粒以及已规定检查溶出度或释放度的颗粒剂可不进行溶化性检查。

（6）装量差异　单剂量包装的颗粒剂按下述方法检查，应符合表4-5中的规定。

表 4-5　颗粒剂装量差异限度要求

平均装量或标示装量	装量差异限度/%	平均装量或标示装量	装量差异限度/%
1.0g 及 1.0g 以下	±10.0	1.5g 以上至 6.0g	±7.0
1.0g 以上至 1.5g	±8.0	6.0g 以上	±5.0

二、颗粒剂的处方组成

颗粒剂中常用的辅料有稀释剂、黏合剂（润湿剂）、崩解剂，根据需要还可加入矫味剂、着色剂等。以下简单介绍前两类，可详见片剂制备的相关内容；矫味剂和着色剂参见液体制剂制备的相关内容。

1. 稀释剂

稀释剂用来增加制剂的重量或体积，也称填充剂。颗粒剂常用的稀释剂有以下几种。

（1）糖粉　系结晶性蔗糖经低温干燥粉碎而成的白色粉末。黏合力强，吸湿性较强，一般不单独使用，常与糊精、淀粉配合使用。

（2）糊精　系淀粉水解的中间产物，为白色或淡黄色粉末，在冷水中溶解较慢，较易溶于热水。具有较强的黏结性，制粒时使用不当会造成颗粒崩解或溶出迟缓，有时也会影响含量测定，很少单独使用，常与糖粉、淀粉配合使用。

（3）乳糖　由等分子葡萄糖及半乳糖组成，为白色结晶性粉末，有甜味，易溶于水，常用含有一分子结晶水的乳糖（α-乳糖），无吸湿性，性质稳定，可与大多数药物配伍。

2. 润湿剂与黏合剂

（1）润湿剂　润湿剂是本身无黏性，但可润湿物料并诱发其黏性的液体。在制粒过程中常用的润湿剂有以下几种。

① 纯化水，是最常用的润湿剂，无味无毒，价格低廉，适用于对水稳定的药物，但制成的颗粒干燥温度高、干燥时间长，对热不稳定药物不利。在处方中水溶性成分较多时可能出现发黏、结块、湿润不均匀、干燥后颗粒发硬等现象，此时最好采用低浓度的淀粉浆或乙醇溶液代替，以克服上述不足。

② 乙醇，可用于遇水易分解的药物或遇水黏性太大的药物。中药浸膏的制粒常用乙醇-水溶液作润湿剂，随着乙醇浓度的增大，润湿后所产生的黏性降低。常用浓度为30%～70%。

（2）黏合剂　黏合剂系指对无黏性或黏性不足的物料给予黏性，从而使物料聚结成粒的辅料。黏合剂可以用其溶液，也可以用其细粉。常用黏合剂如下。

① 淀粉浆，是淀粉在水中受热糊化而得。由于淀粉价廉易得，且淀粉黏合性良好，因此淀粉浆是制粒中首选的黏合剂，常用浓度为8%～15%。淀粉的制法有煮浆法和冲浆法两种。煮浆法是将淀粉混悬于全部量的冷水中，在夹层容器中加热并不断搅拌，直至糊化。冲浆法是将淀粉混悬于少量（1～1.5倍）水中，然后根据浓度要求冲入一定量的沸水，不断搅拌糊化而成。

② 纤维素衍生物，是将天然的纤维素经处理后制成的各种纤维素的衍生物。常用的有甲基纤维素（MC）、丙基纤维素（HPC）、羟丙基甲基纤维素（HPMC）、羧甲基维素钠（CMC-Na）等。

【任务说明】

本任务是制备维生素C颗粒［2g（含维生素C100mg)/包］，系化学药颗粒剂，化学药颗粒剂是指符合《中国药典》四部颗粒剂通则规定，主药为化学药的颗粒剂，维生素C颗粒收载于《中国药典》二部。维生素C颗粒属于乙类非处方药（over the counter drug，OTC），用于预防坏血病，也可用于各种急慢性传染疾病及紫癜等的辅助治疗。

【任务准备】

一、接收操作指令

维生素C颗粒批生产指令见表4-6。

表 4-6 维生素 C 颗粒批生产指令

品名	维生素 C 颗粒	规格	2g(含维生素 C100mg)/包
批号		理论投料量	10 包
采用的工艺规程名称		维生素 C 颗粒工艺规程	

原辅料的批号和理论用量

序号	物料名称	批号	理论用量
1	维生素 C		1.0g
2	糊精		9.9g
3	蔗糖		9g
4	酒石酸		0.1g
5	50%乙醇		适量
生产开始日期		年 月 日	
生产结束日期		年 月 日	
制表人		制表日期	年 月 日
审核人		审核日期	年 月 日

生产处方：

（10 包处方）

维生素 C	1.0g
糊精	9.9g
蔗糖	9.0g
酒石酸	0.1g
50%乙醇	适量

处方分析：

维生素 C 为主药；糊精为稀释剂，并有黏合作用；蔗糖为稀释剂，并有黏合及矫味作用；酒石酸为稳定剂；50%乙醇为润湿剂。

二、查阅操作依据

为更好地完成本项任务，可查阅《维生素 C 颗粒工艺规程》《中国药典》等与本项任务密切相关的文件资料。

三、制定操作计划

根据本品种的制备要求制定操作工序如下：

配料→粉碎与过筛→制粒→干燥→整粒与筛分→总混→分剂量与内包装→外包装

每个工序由准备工作、生产过程、清洁清场等几部分组成。在操作过程中填写化学药颗粒剂制备操作记录（表 4-7）。

【任务实施】

操作工序一 配 料

由于本任务中配料量较小，在操作过程中应注意选择感量适宜的天平（托盘天平、扭力天平、电子天平等）。感量是指天平平衡位置上微分标尺移动一个分度所需的毫克数（mg/格），与灵敏度互为倒数，感量越小天平越灵敏。在称量过程中选择感量不同的天平称量的质量是有所差异的，要根据最小称重应大于天平感量的 20 倍（相对误差小于 5%）的原则选择称重器具。

操作过程中的其他具体要求，可参见任务 4-1 配料工序。

操作工序二 粉碎与过筛

对于少量物料的粉碎，可用研钵（乳钵）。研钵主要用于研磨固体物质或进行粉末状固体的混合研磨。研钵在使用过程中应注意如下事项：

① 在使用过程中应特别小心，不能研磨硬度过大的物质，不能与氢氟酸接触。

② 进行研磨操作时，研钵应放在不易滑动的物体上，研杵应保持垂直。大块的固体只能压碎，不能用研杵捣碎，否则会损坏研钵、研杵或将固体溅出。易爆物质只能轻轻压碎，不能研磨。研磨对皮肤有腐蚀性的物质时，应在研钵上盖上厚纸片或塑料片，然后在其中央开孔，插入研杵后再行研磨，研钵中盛放固体的量不得超过其容积的三分之一。

③ 研钵不能进行加热，切勿放入电烘箱中干燥。

④ 洗涤研钵时，应先用水冲洗，耐酸腐蚀的研钵可用稀盐酸洗涤。研钵上附着难洗涤的物质时，可向其中放入少量食盐，研磨后再进行洗涤。

操作过程中的其他具体要求及记录，可参见任务 4-1 粉碎与过筛工序。

操作工序三 制 粒

一、准备工作

（一）操作人员

参见《D 级洁净区生产人员进出标准规程》。

（二）操作环境

参见"项目三 任务 3-1 操作工序一中生产环境"要求。

（三）工序文件

1. 批生产指令单

2. 制粒岗位标准操作规程

3. 制粒机标准操作规程

（1）FL-3 型沸腾制粒机标准操作规程

（2）GHL 系列高速混合制粒机标准操作规程

4. 制粒机清洁消毒标准操作规程

（1）FL-3 型沸腾制粒机清洁消毒标准操作规程

（2）GHL 系列高速混合制粒机清洁消毒标准操作规程

5. 生产记录及状态标识

（1）设备状态标识

（2）清场状态标识

（3）制粒岗位清场记录

（4）黏合剂（湿润剂）配制记录

（5）制粒生产记录

（四）物料要求

按物料领取标准程序从中间站领取所需物料，并核对品名、批号、数量、规格。

（五）场地、设施设备

① 进入制粒间，检查是否有上次生产的"清场合格证"，由质检员或检查员签名。

② 检查制粒间是否洁净，有无与生产无关的遗留物品。

③ 检查设备洁净是否完好，并挂有"已清洁"标志。

④ 检查操作间的进风口与回风口是否正常。

⑤ 检查计量器具与称量的范围是否相符，是否洁净完好，有无合格证，并且在使用有效期内。

⑥ 检查记录台是否清洁干净，是否留有上批的生产记录表及与本批无关的文件。

⑦ 检查操作间的温度、相对湿度、压差是否与要求相符，并记录。

⑧ 接收到批生产指令单 、生产记录（空白）、中间产品交接单（空白）等文件，要仔细阅读"批生产指令"，明确产品名称、规格、批号、批量、工艺要求等指令。

⑨ 复核所用物料是否正确，容器外标签是否清楚，内容与标签是否相符，复核重量、件数。

⑩ 检查使用的周转容器及生产用具是否洁净、有无破损。

⑪ 上述各项达到要求后，由检查员或班长检查一遍，检查合格后，在操作间的状态标识上写上"生产中"方可进行生产操作。

二、生产过程

图 4-9　沸腾制粒机

（一）制备操作

以使用沸腾制粒机（图 4-9）生产为例，学习操作过程。

1. 称量、配料

按生产指令称量配料，放入不锈钢桶内，备用。

2. 调机操作

① 将过滤袋按顺序系牢在过滤袋架上，保持每个袋袖的最大通风度，并拉挂好料袋钢绳，腾空过滤袋架将袋边缘翻卷在过滤室的法兰盘上，对好布袋与横梁位置后，收紧系牢过滤袋。

② 用纯化水或少许75％乙醇溶液检查喷枪有无堵塞，接上输液管与气管，在输液小车上的盛料桶内加入少许拟生产用的液体物料，启动控制柜上的喷雾按钮、输液泵按钮，调节变频器上的输液频率和压缩空气压力，检查喷出的液体雾化是否均匀正常，无点滴、无间断、

无歪斜等。雾化角大小、输液频率值（20～50Hz）、压缩机压力值（0.2～0.6MPa）视具体品种和工艺而确定。

③ 启动抖袋检查按钮，检查抖袋动作是否正常到位，检查旋风收集器是否清洁、无堵塞。

④ 通过控制柜上温度查看电磁阀是否完好，如果损坏应当及时维修。

⑤ 通过控制柜台上"物料温度"观看"温度传感器"是否灵敏完整；如坏则修换。

⑥ 推入喷雾室并升起料斗，关闭风门，启动风机，待电压稳定后，微开风门，检查整个机器的密闭性（无异声）。开启加热开关，预热设备约30分钟。

3. 沸腾制粒操作

（1）投固体物料　将所需的合格原辅料依照工艺顺序投入料斗中。投料前再次核对品名、规格、数量、外观和有无异物等。确认投完所需原辅料后，将料斗旋入与喷雾室对正，升起料斗，同时观察各接触点（面）是否紧密。

（2）升温　根据具体品种工艺要求，设定进出风温度，开启风机，待电压稳定后，启动程序，微开风门，开启蒸汽阀门，对管道进行加热，当物料温度达到工艺要求温度时，便可进行喷雾操作。

（3）喷入液体原辅料　将需要喷入的清膏和黏合剂等液体原辅料处理合格，混合均匀，调到工艺规定的相对密度。经80目以上筛网过滤加入输液小车的贮液桶内，即可进行喷雾操作。喷枪则须在调机操作时安装好，位置视料斗内物料多少来确定。

（4）调整参数　喷雾途中随时通过取样筒取样，查看颗粒形成情况，通过玻璃视镜观察沸腾状况，确定是否需要调整参数（雾化压力、输液速率、风门等）。

（5）纠正不良情况　透过玻璃视镜观察物料沸腾状况，一旦发现物料有沟流、死角、结块或塌床等沸腾不佳时应立即停止喷液，通过加大风门、鼓风或人工翻料进行处理，待沸腾状况正常后方可继续喷液。

（6）后续操作　液体物料喷完后，加少许经煮沸了的纯化水继续喷雾，保证液体物料全部喷完，并对输液管道、喷枪进行初步清洁，可防止堵塞。

（7）抽样　喷完后，继续沸腾干燥30～60分钟，并从取样筒中抽样，用快速水分测定仪测定颗粒水分合格后（除另有规定外，一般要在3%以下），稍关小风门，开始降温，待物料温度降至室温后再停机。

（8）出料　停机后，关闭风机、加热蒸汽等，降下料斗，将料斗中成形的干燥颗粒转移到料车中，进行初检后，立即送入整粒、总混岗位进行整粒和总混或放入中间站。

4. 操作注意事项

① 调配桶及搅拌棒，应用纯化水冲洗后使用。

② 如用有机溶液，应经100目不锈钢筛网过滤后使用，操作时应戴防护眼镜及手套。

③ 调配后的黏合剂桶，应密闭并做好标识。

④ 配制好的黏合剂应用直通蒸汽煮沸灭菌，且应在24小时之内用完，未用完者丢弃，或再次煮沸后使用。

（二）质量控制要点

1. 质量评价

（1）颗粒粒度分布　筛网目数分析，参照《中国药典》四部规定，取颗粒20g，置药筛内轻轻筛动3分钟，不能通过一号筛和能通过五号筛的粉末总和不得超过供试量的15%。

（2）颗粒流动性　要求休止角≤45度。休止角是粉体堆积层的自由斜面在静止的平衡状态下，与水平面所形成的最大角。这里休止角的测定采用固定圆锥法进行测定，将颗粒轻轻地、均匀地落入圆盘的中心部，使颗粒形成圆锥体，当物料从粉体斜边沿圆盘边缘自由落下时停止加料，用量角器测定休止角。

2. 操作注意事项及质控要点

① 设备操作前检查，设备状态与完好检查，辅助设备检查，仪表检查。

② 制粒时进风、出风温度，喷液速度、时间，压缩空气质量，压力等工艺参数的设定与调节。

③ 过滤袋应每班拆下清洗，否则会因在袋内积聚过多造成阻塞，影响流化的建立和制粒的效果。更换品种时，主机应清洗。

三、清洁清场

① 停机。

② 将操作室的状态标识改写为"清洁中"。

③ 将整批的数量重新复核一遍，检查标签确实无误后，交下一工序生产或送到中间站。

④ 清退剩余物料、废料，并按车间生产过程剩余产品的处理标准操作规程进行处理。

⑤ 按《FL-3型沸腾制粒机清洁标准操作规程》清洁所用过的设备、生产场地、用具、容器（清洁设备时，要断开电源）。

⑥ 清场后及时填写清场记录，清场自检合格后，请质检员或检查员检查。

⑦ 通过质检员或检查员检查后取得"清场合格证"并更换操作室的状态标识。

⑧ 完成"生产记录"填写，并复核，检查记录是否有漏记或错记现象，复核中间产品检查结果是否在规定范围内。检查记录中各项是否有偏差发生。如果发生偏差则按《生产过程偏差处理规程》操作。

⑨ 清场合格证放在记录台规定位置，作为后续产品开工凭证。

知识链接

制粒技术及制粒设备

制粒是把粉末、块状物、溶液、熔融液等状态的物料进行处理，制成具有一定形态和大小的颗粒的操作，制粒通常分为湿法制粒和干法制粒两种。

多数的固体剂型都要经过"制粒"过程。制粒技术不仅应用于片剂、胶囊剂、颗粒剂等的制备过程，而且为了方便粉末的处理也经常需将粉末制成颗粒，再如供直接压片用的辅料也常需制成颗粒，以保证药品质量和生产的顺利进行。

一、湿法制粒的方法及设备

湿法制粒是在物料粉末中加入黏合剂或润湿剂进行制粒的方法。由湿法制成的颗粒经过表面润湿，因此，做出的颗粒表面性质较好，外形美观，耐磨性较强、压缩成形性好。湿法制粒在制药工业生产中应用最为广泛。

1. 挤压制粒

挤压制粒是指在混合均匀的物料中加入黏合剂或润湿剂制备软材，然后将软材强制挤压通过一定规格的筛网而制备颗粒的一种方法，所用设备有摇摆式制粒机、螺旋挤压制粒机、旋转挤压制粒机等。

2. 高速搅拌制粒

高速搅拌制粒机是近年来开发应用的新型制粒设备。将原、辅料和黏合剂加入一个容器内，靠高速旋转的搅拌器的搅拌、剪切、压实等作用而迅速完成混合和制粒。其制粒过程如下：

原、辅料 ——→ 混合 ——→ 制湿粒 ——→ 干燥 ——→ 整粒 ——→ 颗粒

黏合剂

高速搅拌制粒机的主要结构由容器、搅拌桨、切割刀、出料口所组成（图 4-10）。关键因素是搅拌桨的形式与角度。搅拌桨的主要作用是把物料混合均匀，并使颗粒被压实，防止与器壁黏附等；切割刀的主要作用是破碎大块粒状物，并和搅拌桨的作用相呼应，使颗粒受到强大的挤压作用与滚动而形成密实的球形粒子。

搅拌制粒具有流动性好、操作简单快速等优点，但所制颗粒粒度分布较宽。

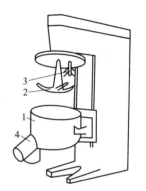

图 4-10　高速搅拌
制粒机的结构
1—容器；2—搅拌桨；
3—切割刀；4—出料口

3. 流化床制粒

流化床制粒是在自下而上通过的热空气的作用下，使物料粉末保持流态化状态的同时，喷入含有黏合剂的溶液，使粉末结聚成颗粒的方法。由于粉末粒子呈流态化而上下翻滚，如同液体的沸腾状态，故也有沸腾制粒之称，又因为混合、制粒干燥的全过程都可在一个设备内完成，又称为一步制粒法，一步制粒机还可以用于包衣操作。

流化床制粒过程如下：

原、辅料 ——→ 混合 ——→ 制粒 ——→ 干燥 ——→ 整粒 ——→ 颗粒 ——→ 颗粒剂

黏合剂　　　　　　　　　　　　　　　　　　　　　　　压片 ——→ 片剂

流化床制粒的特点包括：①在一台设备内可以进行混合、制粒、干燥、包衣等操作，简化工艺，节约时间；②操作简单，劳动强度低；③因为在密闭容器内操作，所以不仅异物不会混入而且粉尘不会外溢，既保证质量又避免环境污染；④颗粒粒度均匀，含量均匀，压缩成形性好，制得的片剂崩解迅速、溶出度好，确保片剂质量；⑤设备占地面积小。

流化床制粒主要是靠黏合剂的架桥作用使粉末相互结集成粒。在悬浮松散的粉末中均匀喷入液滴，并且靠喷入的液滴使粉末润湿、结聚成粒子核的同时，再由继续喷入的液滴润湿粒子核，在粒子核的润湿表面的黏合架桥作用下相互结合在一起，形成较大粒子。干燥后，粉粒间的液体架桥变成固体桥，形成多孔性、比表面积较大的柔软颗粒（图 4-11）。

流化床制粒得到的颗粒的粒密度小，粒子强度小，但颗粒的溶解性、流动性、压缩成形性较好。

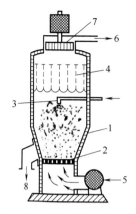

图 4-11　流化床制粒示意图

1—容器；2—筛板；3—喷嘴；
4—袋滤器；5—空气进口；
6—空气排出口；7—排
风机；8—物料出口

4. 喷雾制粒

喷雾制粒是将药物溶液或悬浮液、浆状液用雾化器喷成液滴，并散布于热气流中，使水分迅速蒸发以直接获得球状干燥品的制粒方法。

该制粒法直接把液态原料在数秒内干燥成粉状颗粒，因此也叫喷雾干燥制粒法。如以干燥为目的时，就叫喷雾干燥技术。

本法起源于 20 世纪初，后来在制药工业中得到了广泛的应用与发展，如抗生素粉针的生产、微型胶囊的制备、固体分散体的研究等都利用了喷雾干燥技术。

（1）喷雾制粒的流程与操作　喷雾制粒分为四个过程：①药液（混悬液）雾化成微小粒子（液滴）；②热风与液滴接触；③水分蒸发；④干晶与热风的分离与干晶的回收。

如图 4-12 喷雾制粒示意图所示，料液由贮槽 7 进入雾化器 1 喷成液滴分散于热气流中，空气经蒸汽加热器 5 及电加热器 6 加热后沿切线方向进入干燥室 2 与液滴接触，液滴中的水分蒸发，液滴经干燥后成固体细粉落于器底，可连续出料或间歇出料，废气由干燥器下方的出口流入旋风分离器 3，进一步分离固体粉粒，然后经风机 4 过滤放空。

（2）喷雾干燥制粒的特征

① 由液体原料直接得到粉状固体颗粒；

② 由于是液滴的干燥，单位重量原料的比表面积大，能在 5 至数十秒的短时间内完成干燥；

③ 物料与热风的接触时间短，适合于热敏性物料；

④ 颗粒的粒度范围为 30 至数百微米，堆密度范围为 $200 \sim 600 \mathrm{kg/m^3}$，中空球状粒子较多，具有良好的溶解性、流动性和分散性；

⑤ 适合于连续化的大量生产。

由于其设备高大，要气化大量液体，能量消耗大，因此设备费用及操作费用均较高；另外黏性较大物料易黏壁，也使其应用受到限制。

图 4-12　喷雾制粒示意图

1—雾化器；2—干燥室；3—旋风分离器；
4—风机；5—蒸汽加热器；6—电加热器；
7—料液贮槽；8—压缩空气

二、干法制粒技术及设备

将固体物料混合均匀后用较大压力压制成较大的粒状或片状物后再破碎成大小适宜的颗粒的操作叫干法制粒。干法制粒常用于热敏性物料、遇水易分解的药物以及容易压缩成形的药物的制粒。

干法制粒过程如下：

干法制粒又分为压片法和滚压法。

压片法系将固体粉末首先用重型压片机压实，成为直径为 20～25mm 的大片，然后再破碎成所需粒度的颗粒的方法。

滚压法系利用转速相同的两个滚动轮之间的缝隙，将粉末滚压成一定形状的块状物的方法。其形状与大小取决于滚筒表面情况，如滚筒表面具有各种形状的凹槽，可压制成各种形状的块状物；如滚筒表面光滑或有瓦楞状沟槽，则可压制成大片状，然后通过颗粒机破碎成一定大小的颗粒。干法制粒机结构见图 4-13，干法制粒机外形见图 4-14。

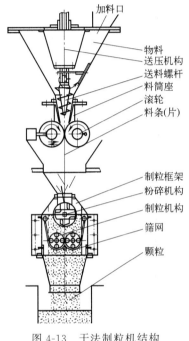

图 4-13 干法制粒机结构

图 4-14 干法制粒机外形图

操作工序四 干 燥

一、准备工作

（一）操作人员

操作人员按照《D 级洁净区生产人员进出标准规程》要求进入生产操作区。

（二）生产环境

参见"项目三 任务 3-1 操作工序一中生产环境"要求执行。

（三）任务文件

1. 批生产指令单

2. 干燥岗位标准操作规程

3. 沸腾干燥机标准操作规程

4. 沸腾干燥机清洁消毒标准操作规程

5. 热风循环烘箱标准操作规程

6.热风循环烘箱清洁消毒标准操作规程

7.生产记录及状态标识

（1）设备状态标识

（2）清场状态标识

（3）干燥岗位清场记录

（4）干燥生产前确认记录

（四）生产用物料

干燥设备生产所用物料是操作工序三中湿法制粒混合机生产所得的湿颗粒。用沸腾制粒机所生产的颗粒已干燥，无须进行本工序的操作。

（五）场地、设施设备

参见"项目三　任务 3-1 操作工序一中场地、设施设备"的要求。

二、生产过程

（一）生产操作

以沸腾干燥机（图 4-15）为例。

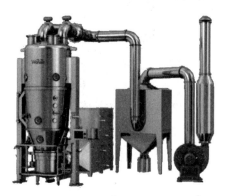

图 4-15　沸腾干燥机

本设备一般进行负压操作，以加快湿物料中水分的蒸发，降低干燥温度，这对保证易氧化药物的稳定性有一定的意义。

① 开电源开关加热，待混合室温度达到预定温度时，将制备好的湿颗粒由加料器加入流化床干燥机中。

② 过滤后的洁净空气加热后，由鼓风机送入流化床底部经分布板进入分配床体内。

③ 调节风阀，使从加料器进入的湿颗粒在热风的作用下形成最佳沸腾状态，达到气固相的热质交换从而进行干燥。

④ 物料干燥后由排料口排出，干颗粒含水量要适当，一般为 1%～3%。

⑤ 废气由沸腾床顶部排出。

⑥ 旋风除尘器组和布袋除尘器回收废气中的固体粉料后排空。

⑦ 使用完毕，关闭风机，关掉蒸汽总电源，清场，清洁按清洁操作规程进行。

（二）质量控制要点

进风温度：（70±1）℃。

出风温度：（60±1）℃。

压力值：0.5～0.6MPa。

三、清洁清场

① 停机。

② 将操作室的状态标识改写为"清洁中"。

③ 将整批的数量重新复核一遍，检查标签确实无误后，交下一工序生产或送到中间站。

④ 清退剩余物料、废料，并按车间生产过程剩余产品的处理标准操作规程进行处理。

⑤ 按清洁标准操作规程清洁所用过的设备、生产场地、用具、容器（清洁设备时，要断开电源）。

⑥ 清场后及时填写清场记录，清场自检合格后，请质检员或检查员检查。

⑦ 通过质检员或检查员检查后取得清场合格证并更换操作室的状态标识。

⑧ 完成"生产记录"填写，并复核，检查记录是否有漏记或错记现象，复核中间产品检查结果是否在规定范围内。检查记录中各项是否有偏差发生。如果发生偏差则按《生产过程偏差处理规程》操作。

⑨ 清场合格证放在记录台规定位置，作为后续产品开工凭证。

操作工序五　整粒与筛分

一、准备工作

（一）操作人员

操作人员按照《D级洁净区生产人员进出标准规程》要求进入生产操作区。

（二）生产环境

参见"项目三　任务 3-1 操作工序一中生产环境"要求执行。

（三）任务文件

1. 批生产指令单

2. 整粒与筛分岗位标准操作规程

3. 快速整粒机、筛分机标准操作规程

4. 快速整粒机、筛分机清洁消毒标准操作规程

5. 生产记录及状态标识

（1）设备状态标识

（2）清场状态标识

（3）整粒生产前确认记录

（4）整粒生产记录

（四）原辅料

检查从中间站接收的半成品颗粒是否有合格证，并核对本次生产品种的品名、批号、规格、数量、质量无误后，进行下一步操作。

二、生产过程

（一）生产操作

① 检查整粒与筛分间、设备及容器的清洁状况，检查清场合格证及有效期，取下标识牌，按标识管理规定进行定置管理。

② 班长按生产指令填写工作状态，填写内容为：品名、批号、规格、生产日期、操作人员。挂生产状态标识牌于指定位置。

③ 将所需用到的设备、工具和容器用 75％乙醇擦拭消毒。

④ 将颗粒加入按工艺要求安装好筛网的整粒机料斗内，出料口接洁净布袋，按《YK-160 型摇摆整粒机标准操作规程》的要求进行整粒。

⑤ 将整好的颗粒按《BT-400 圆盘筛分机标准操作规程》的要求进行筛分，圆盘筛分机上层用 10 目筛网，下层用 80 目筛网，收集中间层颗粒为合格颗粒。

⑥ 将整粒合格的颗粒移至中间站与中间站管理员按中间产品交接程序办理交接，填写交接记录。中间站管理员填写中间产品请检单，送检。

⑦ 生产完毕，填写生产记录，取下生产状态标识牌，挂清场牌，按清场标准操作程序、D 级洁净区清洁标准操作程序、整粒机清洁标准操作程序进行清场、清洁。

⑧ 清场完毕，填写清场记录，报带教老师检查，合格后，发清场合格证，挂已清场牌。

⑨ 注意

a. 无关人员不得随意动用设备。

b. 开机前必须将机器部位清洗干净，任何杂物工具不得放在机器上，以免振动掉下，损坏机器。

c. 发现机器有故障或有产品质量问题，必须停机处理，不得在运转中排除各类故障。

（二）质量控制要点

整粒机的筛网目数。一般是整粒目数小于制粒目数，即整粒网眼大，制粒网眼小。例如，20 目制粒，16 目整粒。

三、清洁清场

① 停机。

② 将操作间的状态标识改写为"清洁中"。

③ 将整批的数量重新复核一遍，检查标签确认无误后，交下一工序生产或送到中间站。

④ 清退剩余物料、废料，按车间生产过程剩余产品的处理标准操作规程进行处理。

⑤ 按清洁标准操作规程清洁所用过的设备、生产场地、用具、容器（清洁设备时，要断开电源）。

⑥ 清场后，及时填写清场记录，清场自检合格后，请质检员或检查员检查。

⑦ 通过质检员或检查员检查后，取得清场合格证，并更换操作室的状态标识。

⑧ 完成"生产记录"的填写，并复核。检查记录是否有漏记或错记现象，复核中间产品检验结果是否在规定范围内。检查记录中各项是否有偏差发生。如果发生偏差则按《生产过程偏差处理规程》操作。

⑨ 清场合格证放在记录台规定位置，作为后续产品开工凭证。

操作工序六　总　　混

一、准备工作

（一）操作人员

操作人员按照《D 级洁净区生产人员进出标准规程》要求进入生产操作区。

（二）生产环境

参见"项目三　任务 3-1 操作工序一中生产环境"要求执行。

（三）任务文件

1. 批生产指令单
2. 总混岗位标准操作规程
3. SH-50 型三维运动混合机标准操作规程
4. SH-50 型三维运动混合机清洁消毒标准操作规程
5. 生产记录及状态标识
（1）设备状态标识
（2）清场状态标识
（3）整粒生产前确认记录
（4）整粒生产记录

（四）原辅料

检查从中间站接收的半成品颗粒是否有合格证，并核对本次生产品种的品名、批号、规格、数量、质量无误后，进行下一步操作。

二、生产过程

（一）生产操作

① 检查总混间、设备及容器的清洁状况，检查清场合格证及有效期，取下标识牌，按标识管理规定进行定置管理。

② 班长按生产指令填写工作状态，填写内容为：品名、批号、规格、生产日期、操作人员。挂生产状态标识牌于指定位置。

③ 将所需用到的设备、工具和容器用 75％乙醇擦拭消毒。

④ 将整粒合格的颗粒加入三维运动混合机内，按《SH-50 型三维运动混合机标准操作规程》的要求进行总混。

⑤ 将总混合格的颗粒移至中间站与中间站管理员按中间产品交接程序办理交接，填写交接记录。中间站管理员填写中间产品请检单，送检。

⑥ 生产完毕，填写生产记录，取下生产状态标识牌，挂清场牌，按清场标准操作程序、D 级洁净区清洁标准操作程序、整粒机清洁标准操作程序进行清场、清洁。

⑦ 清场完毕，填写清场记录，报带教老师检查，合格后，发清场合格证，挂已清场牌。

⑧ 注意

a. 无关人员不得随意动用设备。

b. 开机前须将机器部位清洗干净，任何杂物工具不得放在机器上，以免振动掉下，损坏机器。

c. 发现机器有故障或有产品质量问题，必须停机处理，不得在运转中排除各类故障。

（二）质量控制要点

总混时间：根据验证结果，确定为 15 分钟。
总混后物料外观：均匀，无色差。

三、清洁清场

① 停机。

② 将操作间的状态标识改写为"清洁中"。

③ 将整批的数量重新复核一遍，检查标签确认无误后，交下一工序生产或送到中间站。

④ 清退剩余物料、废料，按车间生产过程剩余产品的处理标准操作规程进行处理。

⑤ 按清洁标准操作规程清洁所用过的设备、生产场地、用具、容器（清洁设备时，要断开电源）。

⑥ 清场后，及时填写清场记录，清场自检合格后，请质检员或检查员检查。

⑦ 通过质检员或检查员检查后，取得清场合格证，并更换操作室的状态标识。

⑧ 完成"生产记录"的填写，并复核。检查记录是否有漏记或错记现象，复核中间产品检验结果是否在规定范围内。检查记录中各项是否有偏差发生。如果发生偏差则按《生产过程偏差处理规程》操作。

⑨ 清场合格证放在记录台规定位置，作为后续产品开工凭证。

操作工序七　分剂量与内包装

一、准备工作

（一）操作人员

参见《D级洁净区生产人员进出标准规程》。

（二）生产环境

参见"项目三　任务3-1操作工序一中生产环境"的要求。

（三）工序文件

1. 批生产指令单。

2. 颗粒分装岗位标准操作程序。

3. 颗粒分装生产记录。

（四）原材料

颗粒物料、纸/聚乙烯、铝箔/聚乙烯包装材料等。

图4-16　颗粒自动包装机

（五）场地、设备

场地要求参见"项目三　任务3-1操作工序五"。

设备为DXDK80CG颗粒自动包装机（图4-16）。

二、生产过程

1. 打开操作面板各按键开关

（1）电源开关　按下电源开关、指示电源开关，指示灯亮，接通机器总电源。

（2）急停开关　按下急停开关，机器立刻停止运转。再次启动机器前，必须先打开急停开关（按箭头方向旋转）。

（3）料位键　使用此键后，检测料位传感器在物料用完前自动停机并报警。

（4）计数器　机器每完成一次封切动作计数一次。打开电源后计数器自动复位。

（5）清零键　按一下清零键，计数器回到零位。

（6）光电键　对印有色标的包装材料，按下光电键，光电开关（电眼）开始工作，机器可按包材上的图案制袋与裁切。

（7）卡袋键　按下卡袋键，机器便启动卡袋检测功能，在包装过程中如发生卡袋现象（即包装袋堆积在切刀上方），机器自动停机并报警。为保障人身安全，在排除卡袋前，必须先按下急停开关，排除卡袋后，打开急停开关，再按启动键。

（8）断纸键　按下断纸键，机器便启动断纸、无纸检测功能，在包装过程中如出现断纸或无纸，机器自动停机并报警。再按断纸键，解除报警。

（9）启动键　接通电源后，按下启动键，机器开始运转。

（10）停止键　按下停止键，机器停止运转。

（11）点动键　接通电源后，按下点动键，机器开始运转；松开点动键，机器停止运转。

（12）输纸键　接通电源后，按下输纸键，输纸滚轮转动；松开输纸键，滚轮停止转动。

2. 检查机器上安装的容量杯与制袋用的成型器是否与所需求的相符，包装材料是否符合使用要求。

3. 用手将离合器手柄逆时针转动，使上离合器与下离合器脱离。

4. 用手逆时针方向转动上转盘一周，在旋转过程中，下转盘下方的下料门应能够顺利地打开或关闭（注意：在调节杯容量时，要适当调节拨门杆的高度，使拨门杆不顶住下料门，且能够顺利地打开或关闭下料门）。

5. 将包装材料装在架纸轴上，并装上挡纸轮及挡套，把装好包装材料的架纸轴放在架纸板上，注意包装材料的印刷面方向应与机器图示相符，将包装材料与成型器对正，使挡纸轮及挡套夹紧包装材料并拧紧手旋钮。

6. 向下拉动包装材料，按走纸方向穿好包装材料，并将包装材料插入成型器中向下拉动放入两滚轮之间，按下输纸键，使两滚轮压住成型后的包装材料。

7. 走空袋试运行，可在空袋运行中对相关部位进行仔细地检查、细微地调整。

8. 空袋调整运行

（1）设定封合温度　打开电源开关，根据使用的包装材料，在横封设定温度及纵封设定温度调节仪（控制仪）上分别设定热封温度。

（2）调整封合压力　初步调整时，可在没有通电的状态下进行。用手转动主电机传动皮带，使左右热封器体处于完全闭合状态。

三、清洁清场

① 停机。

② 将操作间的状态标识改写为"清洁中"。

③ 将整批的数量重新复核一遍，检查标签确认无误后，交下一工序生产或送到中间站。

④ 清退剩余物料、废料，按车间生产过程剩余产品的处理标准操作规程进行处理。

⑤ 按清洁标准操作规程清洁所用过的设备、生产场地、用具、容器（清洁设备时，要断开电源）。

⑥ 清场后，及时填写清场记录，清场自检合格后，请质检员或检查员检查。

⑦ 通过质检员或检查员检查后，取得"清场合格证"，并更换操作室的状态标识。

⑧ 完成"生产记录"的填写，并复核。检查记录是否有漏记或错记现象，复核中间产品检验结果是否在规定范围内。检查记录中各项是否有偏差发生。如果发生偏差则按《生产过程偏差处理规程》操作。

⑨ 清场合格证放在记录台规定位置，作为后续产品开工凭证。

操作工序八 外 包 装

在具体操作中按批生产指令单上的要求以 10 袋/小盒、20 小盒/箱进行外包装。小盒中放一张说明书，每箱内放一张合格证。上一批作业结余的零头可与下一批进行拼箱，拼箱外箱上应标明拼箱批号及数量。每批结余量和拼箱情况在批记录上显示。放入成品库待检入库。

操作过程中的其他要求，可参见项目三 任务 3-1 的外包装工序。

【任务记录】

制备过程中按要求填写操作记录（表 4-7）。

表 4-7 维生素 C 颗粒批生产记录

品名		规格			批号		
操作日期	年 月 日		房间编号		温度 ℃	相对湿度	%
操作步骤	操作要求			操作记录			操作时间
1.操作前检查	设备是否完好正常			□是　　□否			时　分～时　分
	设备、容器、工具是否清洁			□是　　□否			
	计量器具仪表是否校验合格			□是　　□否			
2.配料	1. 按生产处方规定,称取各种物料,记录品名、用量。2. 在称量过程中执行一人称量,一人复核制度。3. 100 袋生产处方如下:维生素 C　10g　糊精　99g蔗糖　90g　酒石酸　1g50%乙醇　适量			按生产处方规定,称(量)取各种物料,记录如下:维生素 C　10g糊精　99g蔗糖　90g酒石酸　1g50%乙醇　适量注:每种物料均应填写具体的称量数量			时　分～时　分
3.粉碎与过筛	1. 计算各种物料的总用量,按照比处方量多5%的比例领取物料,然后按粉碎、筛分岗位操作 SOP 进行操作。2. 将维生素 C、蔗糖分别进行粉碎、过筛,过筛目数为 100 目,并控制操作速度,糊精只需要筛分,目数为 100 目。3. 将粉碎、过筛后的物料装入洁净塑料袋内,并密封,做好标识,备用。4. 进行物料平衡计算,物料平衡限度控制为 98%～100%,并填写操作记录			物料名称:粉碎机型号:粉碎前重量:粉碎后重量:筛分机型号:　　　　目数:筛分后重量:物料平衡计算领取物料总重(A):实收重量(B):可回收利用物料重量(C):不可用物料重量(D):物料平衡=$[(B+C+D)/A]\times 100\%=$			时　分～时　分

操作步骤	操作要求	操作记录	操作时间
4. 制粒	1. 润湿剂的配制：配制 50％乙醇 100ml，然后将酒石酸 1g 溶于约 50ml 50％的乙醇中，另 50ml 不含酒石酸。 2. 混合：采用等量递加法，将处方量的维生素 C、糊精、蔗糖混匀。 3. 制颗粒：将 50％乙醇（内溶酒石酸）加入以上的混合物中，混匀，制软材，视情况决定是否再加 50％乙醇。将制好的软材用 14 目筛制粒	1. 润湿剂的配制：取 95％的乙醇，加纯化水　　ml 配成 50％乙醇，将酒石酸　　g 溶于约　　ml 50％乙醇中。 2. 混合机型号： 混合时间：　　分钟 3. 制粒机型号： 制粒筛网目数：　　目	时　分 ～ 时　分
5. 干燥	1. 按干燥岗位操作 SOP 进行操作。 2. 将所制湿颗粒均匀摊盘，置干燥箱内，设定上限温度 60℃进行干燥。 3. 称量并记录干燥后物料重量	1. 干燥箱型号： 2. 开始加热时间： 3. 物料干燥时间： 4. 干燥后物料重量：	时　分 ～ 时　分
6. 整粒与分级	1. 将干燥后的颗粒用整粒机进行整粒，将结块的颗粒打散。 2. 将干燥后的颗粒用一号筛与五号筛进行分级。 3. 收集不能通过一号筛与能通过五号筛的颗粒为合格颗粒。 4. 称量并记录整粒后物料重量	1. 整粒机型号： 2. 筛分机型号： 3. 分级后合格物料重量： 4. 分级后不合格物料重量： 5. 计算收率： 收率＝（合格物料重量/领取物料重量）×100％＝	时　分 ～ 时　分
7. 分剂量与内包装	1. 将上工序的物料进行分装，分装规格：2g（含维生素 C100mg）/袋。 2. 记录分装后袋数和剩余的颗粒	1. 分装规格： 2. 分装数量：　　袋 3. 剩余颗粒：　　g	时　分 ～ 时　分
8. 外包装	1. 包装规格： 10 袋/小盒、20 小盒/箱进行外包装。 2. 放说明书与合格证： 每小盒中放一张说明书，每箱内放一张合格证。 3. 记录包装数量	1. 包装规格： 　　袋/小盒、　　小盒/箱进行外包装。 2. 放说明书与合格证： 每小盒中放　　张说明书，每箱内放　　张合格证。 3. 包装数量：　　箱，另　　小盒	
9. 质量检查	1. 粒度： 除另有规定外，按照粒度和粒度分布测定法（通则 0982 第二法筛分法）测定，不能通过一号筛与能通过五号筛的总和不得超过 15％。 2. 溶化性： 除另有规定外，颗粒剂照下述方法检查，溶化性应符合规定。取供试品 10g，加热水 200ml，搅拌 5 分钟，立即观察，应全部溶化或轻微浑浊	1. 粒度： 2. 溶化性：	时　分 ～ 时　分
10. 清场	1. 生产结束后将物料、文件全部清理，并放置在指定位置。 2. 使用过的设备、容器及工具应清洁无异物并实行定置管理。 3. 地面、墙壁应清洁，门窗及附属设备无积灰，无异物	QA 检查确认： □合格 □不合格	时　分 ～ 时　分
备注			
操作人		复核人	QA

【任务评价】

（一）职业素养与操作技能评价

维生素 C 颗粒制备技能评价见表 4-8。

表 4-8 维生素 C 颗粒制备技能评价表

评价项目		评价细则	小组评价	教师评价
职业素养	职业规范 （4分）	1. 规范穿戴工作衣帽（2分）		
		2. 无化妆及佩戴首饰（2分）		
	团队协作 （4分）	1. 组员之间沟通顺畅（2分）		
		2. 相互配合默契（2分）		
	安全生产 （2分）	生产过程中不存在影响安全的行为（2分）		
实训操作	物料预处理 （10分）	1. 开启设备前检查设备（4分）		
		2. 按操作规程正确操作设备（4分）		
		3. 操作结束将设备复位，并对设备进行常规维护保养（2分）		
	配料 （10分）	1. 选择正确的称量设备，并检查校准（4分）		
		2. 按操作规程正确操作设备（4分）		
		3. 操作结束将设备复位，并对设备进行常规维护保养（2分）		
	制粒 （10分）	1. 对环境、设备检查到位（4分）		
		2. 按操作规程正确操作设备（4分）		
		3. 操作结束将设备复位，并对设备进行常规维护保养（2分）		
	干燥 （10分）	1. 对环境、设备检查到位（4分）		
		2. 按操作规程正确操作设备（4分）		
		3. 操作结束将设备复位，并对设备进行常规维护保养（2分）		
	整粒、分级 与总混 （10分）	1. 对环境、设备检查到位，筛网选择合适（4分）		
		2. 按操作规程正确操作设备（4分）		
		3. 操作结束将设备复位，并对设备进行常规维护保养（2分）		
	包装 （10分）	1. 对环境、设备、包材检查到位（4分）		
		2. 按操作规程正确操作设备（4分）		
		3. 操作结束将设备复位，并对设备进行常规维护保养（2分）		
	产品质量 （10分）	1. 粒度、溶化性符合要求（4分）		
		2. 收率、物料平衡符合要求（6分）		
	清场 （10分）	1. 能够选择适宜的方法对设备、工具、容器、环境等进行清洗和消毒（6分）		
		2. 清场结果符合要求（4分）		
实训记录	完整性 （5分）	1. 完整记录操作参数（2分）		
		2. 完整记录操作过程（3分）		
	正确性 （5分）	1. 记录数据准确无误，无错填现象（3分）		
		2. 无涂改，记录表整洁、清晰（2分）		

（二）知识评价

1. 单项选择题

（1）颗粒剂的粒度检查结果要求：不能通过（　　）号筛与能通过（　　）号筛的颗粒总和不得超过供试量的 15%。

A. 一 四　　　　　B. 一 五　　　　　C. 二 一　　　　　D. 二 五

（2）一步制粒机内能完成的工序顺序正确的是（　　）。

A. 混合→制粒→干燥　　　　　　　B. 粉碎→混合→制粒→干燥

C. 过筛→混合→制粒→干燥　　　　D. 制粒→混合→干燥

（3）下列关于流化床制粒说法错误的是（　　）。

A. 干燥速度和喷雾速率是流化床制粒操作的关键

B. 一般进风量大、进风温度高，则干燥速度快，颗粒粒径小、易碎

C. 喷雾速度过慢，颗粒粒径大，细粉少

D. 进风量太小、进风温度太低，物料易过湿而结块，不能流化

（4）单剂量分装的颗粒剂进行装量差异检查时，取样量为（　　）袋。

A. 5 袋　　　　　B. 10 袋　　　　　C. 15 袋　　　　　D. 20 袋

（5）下列对于流化床制粒机的捕尘装置叙述错误的是（　　）。

A. 制粒过程中，捕尘袋上吸附的粉末要利用清灰装置及时清除

B. 每批生产结束，要将捕尘袋彻底清洗，防止产生污染

C. 捕尘袋通透性变差可使颗粒的干燥时间延长

D. 捕尘装置的主要作用是收集物料中的杂质

（6）单剂量包装的颗粒剂，标示装量在 6.0g 以上的，装量差异限度为（　　）。

A. ±5%　　　　　B. ±8%　　　　　C. ±7%　　　　　D. ±10%

（7）关于颗粒剂的错误表述是（　　）。

A. 飞散性、附着性比散剂要小

B. 服用方便，可根据需要加入矫味剂、着色剂等

C. 可包衣或制成缓释制剂

D. 干燥失重不得超过 8%

（8）在水或规定的释放介质中缓慢地非恒速释放药物的颗粒剂是指（　　）。

A. 缓释颗粒　　　B. 控释颗粒　　　C. 泡腾颗粒　　　D. 肠溶颗粒

（9）现行版药典规定，颗粒剂的水分含量不得超过（　　）。

A. 1%　　　　　B. 2%　　　　　C. 15%　　　　　D. 3%

（10）不属于湿法制粒的技术是（　　）。

A. 挤压制粒　　　　　　　　　　　B. 流化床制粒

C. 喷雾制粒　　　　　　　　　　　D. 滚压法制粒

2. 简答题

（1）颗粒剂的装量差异如何检查？

（2）用一步制粒机制备颗粒的过程中有哪些注意事项？

（3）试述一步制粒机的制粒原理。

3. 案例分析题

某药厂制粒工在用一步制粒机制粒时，制得的颗粒出现大小不均匀的现象。试分析其产生的可能原因及解决方法。

任务 4-3　胶囊剂——诺氟沙星胶囊制备

【任务资讯】

一、认识胶囊剂

1. 胶囊剂的定义

胶囊剂系指原料药物或与适宜辅料充填于空心胶囊或密封于软质囊材中制成的固体制剂。

2. 胶囊剂的分类

胶囊剂可分为硬胶囊和软胶囊。根据释放特性不同可分为缓释胶囊、控释胶囊、肠溶胶囊等。

（1）硬胶囊（通称为胶囊）　系指采用适宜的制剂技术，将原料药物或加适宜辅料制成的均匀粉末、颗粒、小片、小丸、半固体或液体等，充填于空心胶囊中的胶囊剂。

（2）软胶囊　系指将一定量的液体原料药物直接密封，或将固体原料药物溶解或分散在适宜的辅料中制备成溶液、混悬液、乳状液或半固体，密封于软质囊材中的胶囊剂。

（3）缓释胶囊　系指在规定的释放介质中缓慢地非恒速释放药物的胶囊剂。

（4）控释胶囊　系指在规定的释放介质中缓慢地恒速释放药物的胶囊剂。

（5）肠溶胶囊　系指用肠溶材料包衣的颗粒或小丸充填于胶囊而制成的硬胶囊，或用适宜的肠溶材料制备而得的硬胶囊或软胶囊。

3. 胶囊剂的优点

胶囊剂与其他口服固体制剂相比，具有如下优点。

① 能掩盖药物的不良臭味、提高药物的稳定性。因药物装在胶囊壳中与外界隔离，避开了水分、空气、光线的影响，对具有不良臭味、不稳定的药物有一定程度的遮蔽、保护与稳定作用。

② 药物在体内的起效快。胶囊剂中的药物是以粉末或颗粒状态直接填装于囊壳中，不受压力等因素的影响，所以在胃肠道中迅速分散、溶出和吸收，一般情况下其起效快于丸剂等剂型。

③ 液态药物的固体剂型化。含油量高的药物或液态药物难以制成丸剂、硬胶囊剂等，但可制成软胶囊，将液态药物以个数计量，服药方便。

④ 可延缓药物的释放和定位释药。可将药物按需要制成缓释颗粒装入胶囊壳中，以达到缓释延效作用；制成肠溶胶囊剂即可将药物定位释放于小肠；亦可制成直肠给药或阴道给药的胶囊剂，使定位在这些腔道释药；对在结肠段吸收较好的蛋白质、多肽类药物，可制成结肠靶向胶囊剂。

4. 胶囊剂的缺点

由于胶囊剂的囊材成分主要是明胶，具有脆性和水溶性，故以下情况不宜制成胶囊剂。

① 药物的水溶液或稀乙醇溶液。

② 易风化或易吸湿的药物。

③ pH 值低于 2.5 或高于 7.5 的药液。

④ 易溶性药物和刺激性较强的药物。

5. 胶囊剂质量要求

（1）外观　胶囊剂应整洁，不得有黏结、变形、渗漏或囊壳破裂现象，并应无异臭。

（2）水分　中药硬胶囊剂应进行水分检查。取供试品内容物，照水分测定法（通则 0832）测定，除另有规定外，不得超过 9.0%。

硬胶囊内容物为液体或半固体者不检查水分。

（3）装量差异　照下述方法检查，应符合表 4-9 中的规定。

检查法　除另有规定外，取供试品 20 粒（中药取 10 粒），分别精密称定重量，倾出内容物（不得损失囊壳），硬胶囊囊壳用小刷或其他适宜的用具拭净；软胶囊或内容物为半固体或液体的硬胶囊囊壳用乙醚等易挥发性溶剂洗净，置通风处使溶剂挥尽，再分别精密称定囊壳重量，求出每粒内容物的装量与平均装量。每粒装量与平均装量相比较（有标示装量的胶囊剂，每粒装量应与标示装量比较），超出装量差异限度的不得多于 2 粒，并不得有 1 粒超出限度 1 倍。

凡规定检查含量均匀度的胶囊剂，一般不再进行装量差异的检查。

表 4-9　胶囊剂装量差异限度要求

平均装量或标示装量	装量差异限度
0.30g 以下	±10.0%
0.30g 及 0.30g 以上	±7.5%（中药±10%）

（4）崩解时限　除另有规定外，照崩解时限检查法检查，均应符合表 4-10 的规定。

硬胶囊或软胶囊，除另有规定外，取供试品 6 粒，按片剂的装置与方法（化学药胶囊如漂浮于液面，可加挡板；中药胶囊加挡板）进行检查。硬胶囊应在 30 分钟内全部崩解；软胶囊应在 1 小时内全部崩解，以明胶为基质的软胶囊可改在人工胃液中进行检查。如有 1 粒不能完全崩解，应另取 6 粒复试，均应符合规定。

肠溶胶囊，除另有规定外，取供试品 6 粒，按上述装置与方法，先在盐酸溶液（9→1000）中不加挡板检查 2 小时，每粒的囊壳均不得有裂缝或崩解现象；继将吊篮取出，用少量水洗涤后，每管加入挡板，再按上述方法，改在人工肠液中进行检查，1 小时内应全部崩解。如有 1 粒不能完全崩解，应另取 6 粒复试，均应符合规定。

凡规定检查溶出度或释放度的胶囊剂，一般不再进行崩解时限的检查。

表 4-10　胶囊剂崩解时限

胶囊剂	检查法	规定
硬胶囊	加挡板	30 分钟内全部崩解
软胶囊	加挡板	1 小时内全部崩解
肠溶胶囊	先在盐酸溶液（9→1000）中不加挡板检查 2 小时，每粒囊壳均不得有裂缝或崩解现象；再加挡板改在人工肠液中进行检查	1 小时内全部崩解

二、胶囊剂的组成

硬胶囊剂由内容物与胶囊壳组成。胶囊壳是由明胶或其他适宜的药用材料制成的具有弹性的空心囊状物，由囊体和囊帽构成，两者能互相紧密套合。一般多凭经验或试装后选用适当大小的胶囊壳。

硬胶囊剂内容物常见的填充形式有粉末、颗粒、小丸、小片、液体或半固体。药物粉碎至适当粒度能满足硬胶囊剂的填充要求时，可直接填充，但更多的情况是添加适当的辅料制备成不同形式后填充，以满足生产或治疗的需要。

胶囊剂的常用辅料有稀释剂、黏合剂（润湿剂）、润滑剂。稀释剂如淀粉、微晶纤维素、糖粉、乳糖、氧化镁等；润滑剂如硬脂酸镁、硬脂酸、滑石粉、二氧化硅等。具体品种介绍可详见片剂制备的相关内容。

【任务说明】

本任务是制备诺氟沙星胶囊（0.1g/粒），系化学药硬胶囊剂，化学药硬胶囊剂主要是指符合《中国药典》四部胶囊剂通则规定，主药为化学药的硬胶囊剂，诺氟沙星胶囊收载于《中国药典》二部。诺氟沙星胶囊属于医保甲类处方药，为喹诺酮类抗菌药，具广谱抗菌作用，尤其对需氧革兰阴性杆菌的抗菌活性高，对下列细菌在体外具良好抗菌作用：肠杆菌科的大部分细菌，包括柠檬酸杆菌属，阴沟肠杆菌、产气肠杆菌等肠杆菌属，大肠埃希菌，以及克雷伯菌属、变形菌属、沙门菌属、志贺菌属、弧菌属、耶尔森菌属等。主要用于大肠埃希菌、肺炎克雷伯菌及奇异变形菌所致的急性单纯性下尿路感染及肠道感染。

【任务准备】

一、接收操作指令

诺氟沙星胶囊批生产指令见表 4-11。

表 4-11　诺氟沙星胶囊批生产指令

品名	诺氟沙星胶囊	规格	0.1g/粒
批号		理论投料量	200 粒
采用的工艺规程名称		诺氟沙星胶囊工艺规程	
原辅料的批号和理论用量			
序号	物料名称	批号	理论用量
1	诺氟沙星		20g
2	淀粉		30g
3	60％乙醇		适量
4	滑石粉		1g
生产开始日期		年　月　日	
生产结束日期		年　月　日	
制表人		制表日期	年　月　日
审核人		审核日期	年　月　日

生产处方：

（200 粒处方）

诺氟沙星	20g
淀粉	30g
60％乙醇	适量
滑石粉	1g

处方分析：

诺氟沙星为主药；淀粉为稀释剂；60％乙醇为润湿剂；滑石粉为润滑剂。

二、查阅操作依据

为更好地完成本项任务，可查阅《诺氟沙星胶囊工艺规程》《中国药典》等与本项任务密切相关的文件资料。

三、制定操作计划

根据本品种的制备要求制定操作工序如下：

配料→粉碎与过筛→制粒→干燥→整粒→总混→
药物的充填→内包装→外包装

每个工序由准备工作、生产过程、清洁清场等几部分组成。在操作过程中填写胶囊剂制备操作记录（表 4-13）。

【任务实施】

操作工序一　配　　料

按生产处方规定，称取各种物料，记录品名、用量；在称量过程中执行一人称量，一人复核制度。

操作过程中的其他具体要求，可参见任务 4-1 配料工序。

操作工序二　粉碎与过筛

将辅料淀粉进行粉碎、筛分，筛分目数为 100 目，并控制操作速度，将粉碎、筛分后的物料装入洁净塑料袋内，并密封，做好标识，备用。

操作过程中的其他具体要求及记录，可参见任务 4-1 粉碎与过筛工序。

操作工序三　制　　粒

将 60％乙醇加入药物与辅料的混合物中，混匀，制软材，将制好的软材用 20 目筛制粒。

操作过程中的其他具体要求及记录，可参见任务 4-2 制粒工序。

操作工序四　干　　燥

将所制湿颗粒均匀摊盘，置干燥箱内，设定上限温度 55℃进行干燥；称量并记录干燥后物料重量。

操作过程中的其他具体要求及记录，可参见任务 4-2 干燥工序。

操作工序五　整　　粒

将干燥后的颗粒用整粒机进行整粒。收集能通过一号筛与不能通过五号筛的颗粒为合格颗粒，称量并记录整粒后物料重量。

操作过程中的其他具体要求及记录，可参见任务 4-2 整粒与筛分工序。

操作工序六　总　　混

将总混均匀的物料放入内衬有洁净塑料袋的周转桶内，袋口扎紧，放入物料流通卡片，盖上桶盖，送入中间站进行称重，并做好标识。

操作过程中的其他具体要求及记录，可参见任务 4-2 总混工序。

操作工序七　药物的充填

一、准备工作

（一）操作人员

参见《D 级洁净区生产人员进出标准规程》。

（二）操作环境

参见"项目三　任务 3-1 操作工序一中生产环境"要求。

（三）工序文件

1. 批生产指令单

2. 硬胶囊填充岗位标准操作规程

3. NJP-800 型胶囊填充机标准操作规程

4. 生产记录及状态标识

（1）设备状态标识

（2）清场状态标识

（3）硬胶囊填充岗位清场记录

（4）NJP-800 型胶囊填充生产记录

（四）物料要求

按物料领取标准程序从中间站领取所需物料，并核对品名、批号、数量、规格。

（五）场地、设施设备

① 进入充填间，检查是否有上次生产的"清场合格证"，由质检员或检查员签名。

② 检查充填间是否洁净，有无与生产无关的遗留物品。

③ 检查设备是否洁净完好，并挂有"已清洁"标志。

④ 检查充填间的进风口与回风口是否正常。

⑤ 检查计量器具与称量的范围是否相符，是否洁净完好，有无合格证，并且在使用有效期内。

⑥ 检查记录台是否清洁干净，是否留有上批的生产记录表及与本批无关的文件。

⑦ 检查充填间的温度、相对湿度、压差是否与要求相符，并记录。

⑧ 接收到批生产指令单、生产记录（空白）、中间产品交接单（空白）等文件，要仔细阅读"批生产指令"，明确产品名称、规格、批号、批量、工艺要求等指令。

⑨ 复核所用物料是否正确，容器外标签是否清楚，内容与标签是否相符，复核重量、件数。

⑩ 检查使用的周转容器及生产用具是否洁净、有无破损。

⑪ 上述各项达到要求后，由检查员或班长检查一遍，检查合格后，在操作间的状态标识上写上"生产中"方可进行生产操作。

二、生产过程

（一）制备操作

以使用 NJP-800 全自动胶囊填充机（图 4-17）和胶囊抛光机（图 4-18）生产为例，学习操作过程。

图 4-17　NJP-800 全自动胶囊填充机

图 4-18　胶囊抛光机

① 将胶囊填充机各零部件逐个装好，检查机器上不得遗留工具和零件，检查正常无误，方可开机，运转部位适量加油。

② 调整电子天平的零点，检查其灵敏度。

③ 从中间站领取需填充的中间产品及空胶囊，按产品递交单逐个核对填充物品名、规格、批号和重量等，检查空胶囊规格及外观、质量等，确认无误后，按程序办理交接。

④ 胶囊填充应严格按产品工艺规程和胶囊填充机的标准操作规程进行操作。

⑤ 开机前先手盘空车 1～2 个循环，检查是否有卡阻现象。

⑥ 按点动开关，运行几个循环，试机正常后，进入正常运行。

⑦ 加空胶囊于胶囊料斗，进行试车，检查空胶囊锁口位置是否正确，如位置不对，及时调节锁口位置。

⑧ 将颗料装入药粉斗内后，按"手动上料"键进行加料，直至传感器灯亮为止，再将其状态切换至"自动上料"键。

⑨ 按"点动"键，将其切换至"运行"状态，机器处于自动运行状态。

⑩ 机器在正常运转下，每 20min 抽取一组胶囊（每组 10 粒）称量，并及时填写原始记录，如出现装量不稳，应及时调节充填杆，至装量稳定。

⑪ 生产过程中，真空度一般保持在 0.04～0.08MPa，以保证胶囊能拔开，又不被损坏。

⑫ 及时清理机器工作台面、碎胶囊壳，并定时清理模孔中的粉尘，以免影响胶囊壳上机率。

⑬ 质检员应随时检查胶囊外观质量、胶囊重量差异等，使其符合要求。

⑭ 将上述胶囊放入抛光机中进行抛光。

（二）质量控制要点

① 空胶囊壳的外观：应光洁、色泽均匀、切口平整、无变形、无异臭。

② 颗粒的外观：颗粒剂应干燥、大小均匀、色泽一致，无吸潮、软化、结块、潮解等现象。

③ 装量差异：胶囊剂的装量 0.3g 以下，装量差异限度 ±10%；胶囊剂的装量 0.3g 及 0.3g 以上，装量差异限度 ±7.5%。

三、清洁清场

① 停机。

② 将操作间的状态标识改为"清洁中"。

③ 将胶囊装入内衬有塑料袋的洁净周转桶中，扎好内袋，称重记录，桶内外各附产物标签一张，盖好桶盖，按中间站产品交接标准操作规程办理产品移交。中间站管理员填写请验单，送质检部请验。

④ 将整批的数量重新复核一遍，检查标签确实无误后，交下一工序生产或送到中间站。

⑤ 清退剩余物料、废料，并按车间生产过程剩余产品的标准操作规程进行处理。

⑥ 按清洁标准操作规程、D 级洁净区清洁标准操作规程、胶囊填充机清洁标准操作规程清洁所用过的设备、生产场地、用具、容器（清洁设备时，要断开电源）。

⑦ 清场后及时填写清场记录，清场自检合格后，请质检员或检查员检查。

⑧ 通过质检员或检查员检查后取得"清场合格证"，并更换操作间的状态标识。

⑨ 完成"生产记录"填写，并复核，检查记录是否有漏记或错记现象，复核中间产品检查结果是否在规定范围内，检查记录中各项是否有偏差发生。如果发生偏差则按《生产过程偏差处理规程》操作。

⑩ 将清场合格证放在记录台规定位置，作为后续产品开工凭证。

💡 知识链接1

空胶囊的制备

一、空胶囊的组成

明胶是空胶囊的主要成囊材料，由骨、皮水解而制得（由酸水解制得的明胶称为 A 型明胶，由碱水解制得的明胶称为 B 型明胶，二者等电点不同）。以骨骼为原料制得的骨明胶，质地坚硬，性脆且透明度差；以猪皮为原料制得的猪皮明胶，富有可塑性，透明度好。为兼顾囊壳的强度和塑性，采用骨、皮混合胶较为理想。还有其他胶囊，如淀粉胶囊、甲基纤维素胶囊、羟丙基甲基纤维素胶囊等，但均未广泛使用。明胶的性质并不完全符合要求，既易吸湿又易脱水，故一般需向制备空胶囊的胶液中加入下列一些物质：为增加韧性和可塑性，一般加入增塑剂，如甘油、山梨醇、CMC-Na、HPC、油酸酰胺、磺酸钠等；为减小流动性、增加胶冻力，可加入增稠剂琼脂等；对光敏感的药物，可加遮光剂二氧化钛（2%～3%）；为美观和便于识别，可加食用色素等着色剂；为防止霉变，可加防腐剂，如羟苯酯类等。

二、空胶囊制备工艺

空胶囊系由囊体和囊帽组成，其主要制备流程如下：

溶胶→蘸胶（制坯）→干燥→拔壳→切割→整理

一般由自动化生产线完成，先在不锈钢模具上形成一层明胶薄膜。然后明胶薄膜变干、硬化，形成胶囊壳，然后从模具上取下来。一般有两种尺寸的模具，一种用来制备胶囊体，另一种直径较大的用来制备胶囊帽。

生产环境洁净度应达 D 级，温度 10～25℃，相对湿度 35%～45%。为便于识别，空胶囊壳上还可用食用油墨印字。

三、空胶囊的规格

空胶囊的规格均有明确规定，空胶囊共有 8 种规格，分别是 000、00、0、1、2、3、4、5，常用的为 0～5 号，随着号数由小到大，容积由大到小，见表 4-12：

表 4-12　空胶囊号数和容积的关系表

空胶囊号数	0	1	2	3	4	5
容积/ml	0.68	0.50	0.37	0.30	0.21	0.13

知识链接2

填充物料的制备、填充与封口

若纯药物粉碎至适宜粒度就能满足硬胶囊剂的填充要求，即可直接填充，但多数药物由于流动性差等，需加入一定的稀释剂、润滑剂等辅料才能满足填充（或临床用药）的要求。一般可加入蔗糖、乳糖、微晶纤维素、改性淀粉、二氧化硅、硬脂酸镁、滑石粉、HPC 等改善物料的流动性或避免分层。也可加入辅料制成颗粒后进行填充。

填充机根据填充方式可归为四种类型：（a）型是由螺旋钻压进物料；（b）型是用柱塞上下往复压进物料；（c）型是自由流入物料；（d）型是在填充管内，先将药物压成单位量药物再填充于胶囊中。从填充原理看，（a）和（b）型填充机对物料要求不高，只要物料不易分层即可；（c）型填充机要求物料具有良好的流动性，常需制粒才可达到；（d）型适用于流动性差但混合均匀的物料，如针状结晶药物、易吸湿药物等。

胶囊规格的选择与套合、封口：应根据药物的填充量选择空胶囊的规格，首先按药物的规定剂量所占容积来选择最小空胶囊，可根据经验试装后决定，但常用的方法是先测定待填充物料的堆密度，然后根据应装剂量计算该物料的容积，以决定应选胶囊的号数。将药物填充于囊体后，即可套合胶囊帽。目前多使用锁口式胶囊，密闭性良好，不必封口；使用非锁口式胶囊（平口套合）时需封口，封口材料常用不同浓度的明胶液，如明胶 20%、水 40%、乙醇 40% 的混合液等。

操作工序八 内 包 装

一、准备工作

（一）操作人员

参见《D 级洁净区生产人员进出标准规程》。

（二）生产环境

参见"项目三 任务 3-1 操作工序一中生产环境"的要求。

（三）工序文件

1. DPP 型铝塑泡罩包装机标准操作规程
2. DPP 型铝塑泡罩包装机清洁消毒规程
3. 内包装生产记录

（四）原材料

铝箔、PVC 材料、药片或胶囊。

（五）场地、设施设备

DPP 型铝塑泡罩包装机（图 4-19）、空压机（图 4-20）。

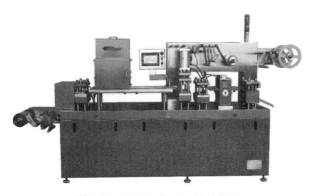

图 4-19 DPP 型铝塑泡罩包装机

图 4-20 空压机

二、生产过程

（一）开机准备

① 按照机上标牌所示接通进水、出水、进气口（空压机另接在本机外），参照电气原理图及安全用电规定，接通电源，同时接好保护接地，拨上自动断路器 Qs1～Qs5，此时变频器显示"00"，已处待机状态（注：变频调速器的参数出厂时已设定好，也可按需另设定）。

② 在模式按键操作面板上，打开"电源"键接通控制电源，同时打开"热封""下加热""上加热"键，使之进入工作状态，并设定好温控仪温度值。一般热封定为 150℃左右；上、下加热定为 120℃左右。若需调节，需按照温控仪使用说明书调好设定值（出厂时已经设定好，但具体温度与 PVC 塑片质量、室温及湿度诸多因素有关，在热封、成型效果都好的前提下，温度宜低）。

③ 油盒内应加入机油，以不溢出为限。机器开动时，各转动机构应喷上少许机油，每班加油2次。

④ 将铝箔输送摆杆轻轻抬起，直至送料电机开启，输出足够的铝箔，再放下输送摆臂，按"操作工艺流程"安装塑片和铝箔，校正中心位置（"牵引"键只在安装塑片时用，正常工作时请勿开启，以免影响正常运转）。

⑤ 预热温度达到设定值后，打开压缩空气，先按"手动"键进行运转，如没有发现异常情况，使"手动"键复位，并启动"工作"键，此时热封加热板自动下降，热封升降试运转时不工作，也可以启动工作。机器开始运转，待成型、热封、冲裁等功能都合格后，按"加料调速"键，调节适当速度，然后打开加料闸门，控制好药量，同时开通冷却水。

（二）部件调整

工作流程为：塑片→加热→成型→加料→盖铝箔→热封→压痕批号→牵引→止退→冲裁→废料回收。

1. 铝/塑成型

成型模的安装：成型托架处于下点时，把成型模推入托架，对准吹气模并锁紧压板。可松开成型部分的调程螺母，顺着滑槽前后移动，调至泡罩与热封模封合，把调程螺母锁紧。

2. 铝/铝成型

将下模与中模进行组装，组装后，放入成型底板与中模气道之间，调正位置后，其停位于最高位，下模与中模分别由压板锁紧，由气孔阀（成型合孔阀）使下模与中模上下移动数次，视良好后停放在最低位置，放上模与上模底板，由压板锁住上模，调整上模与中模的位置，再由气孔阀（成型上气缸气孔阀）使上模在中模间上下移动数次，视良好后锁紧上模压板，调节螺母与螺套，调节到导板与成型下模平面有一定的压力，压力轻重视成型后的铝箔平面没有起皱为准。

3. 热封模的安装

热封模的安装，要求要与成型塑片中泡罩吻合，如果出现前后偏位时，可松开调程板的紧固螺钉，旋转调节手柄，顺时针旋转，调程板前移，则泡罩前移；逆时针旋转，则调程板后移，即泡罩后移。如果出现左右偏位现象，可松开热封模压板向左或向右移动热封模，使成型塑片的泡罩与热封模良好吻合。

4. 压痕

调整时在热封模与网纹板之间放一张塑料片，以免压坏网纹及热封模，将凸轮升到最高点，使网纹板与热封模封合，调节定位螺母与盖板底面相离2~3mm，再旋紧定位螺母。初调时，压力不宜过高，机器正常运行时，视热封效果再做微调。调好压力后再将调节定位螺母向上旋转，直至锁紧上盖板。调正成型模和热封模后，再调轨道，使其有两条轨道的一边分别靠住泡罩侧边，注意不要靠得太紧。

5. 冲裁

压痕模的安装方法与热封模相同，调对中心位置，压力不宜过高，否则将会损坏切片及钢字。调节时从轻到重慢慢加压，直到切线后版块能够撕开即可，切线的正确位置应切在泡眼与泡眼之间的中心位置。安装冲裁模时，拆下冲裁立柱上的四只球头螺母，再卸下冲裁盖板，将已装配好的冲裁模装上，盖上盖板，再用螺栓分别将上、下模固定在上盖板及冲裁导板上，如果冲裁的版块左右偏位，可能是轨道不正或成型模中心不正，须重新调正；冲出的版块前后偏位，可松开冲裁机械后面的螺钉，用调节手柄使冲裁机械向前或向后移动。

6. 牵引机械

在热封模下降 15mm 时，牵引凸轮开始上升，牵引行程调节范围为 40～110mm，调节时松开紧固螺钉，再调节手柄，顺时针旋转，定位齿轮上升，行程缩小；逆时针旋转，定位齿轮下降，行程加长。然后旋紧紧固螺钉。牵引机械手上的两只燕尾头块应轻轻靠上泡罩侧边。

7. 配气凸轮位置与调整

配气凸轮在轴上的安装顺序从左到右依次为牵引夹持气缸凸轮、止退气缸凸轮、成型吹气上凸轮与成型气缸凸轮。热封凸轮联动热封模回位最低点时，配气凸轮安装。

总的过程是：牵引夹夹住塑片后，塑片定位气缸马上松开，机械手开始牵引；机械手到位停止后，塑片定位气缸压住塑片，成型气缸及冲裁上升，牵引夹持松开，牵引机械退回，成型气缸和冲裁下降至原位，完成一个周期。

8. 铝箔自动送料机构

工作时铝箔带动摆杆上升，圆头感应圈、接近开关、送料电机同时工作。铝箔被送出后，摆杆随之下降，圆头感应圈对准并触及接近开关，电机停止，一次输送料工作结束。如此循环。

（三）生产操作

① 开机前按要求向各润滑部位加润滑油，检查设备清洁标识牌，清洁标志应符合生产要求。

② 根据电源原理图及安全用电规定接通电源，打开主电源开关。

③ 按机座后面标牌所示打开进水、出水、进汽口阀门。

④ 参照"工作流程"标牌所示方法安装好塑片和铝箔。校正中心位置。

⑤ 开通各加热部位并设置温度，热封 150℃ 左右，上、下预加热 120℃ 左右，应按生产工艺实际需要而定。

⑥ 加热温度上升到设定温度后，按下操作面板"运行"按钮，观察成型、热封、冲裁等工位运行情况，一切正常后打开加料闸门放料生产。

⑦ 在生产过程中，操作人员应注意热封气缸缸体是否烫手，如有，检查进出水情况，以免气缸密封圈损坏。

（四）注意事项

① 开机前要进行全面清洗，用软布蘸少量洗洁精（或肥皂水）擦去表面油污、尘垢，然后用软布擦干。

② 为了安全生产，应按照接地标牌指定位置接入地线。

③ 机器要安排专职人员操作、维修，对各工位进行调节时，必须在停机状态。

④ 传动机构的各处齿轮、链轮、导套及凸轮每班加油 2 次。

⑤ 减速器加注 15 号或 20 号机油，凸轮和偏心轮的最高处都应浸到油面。各滚动轴承每年至少加注润滑油一次。

⑥ 油雾器的油杯中要保持油位正常。

⑦ 经常擦拭机器，保持机器清洁。每隔三个月停机检查，检修机器各部件，并吹去电气部分的粉尘。

⑧ 如果设备暂不使用，应将所有易生锈的零件涂上防锈油，包括成型模、热封模、冲裁模、成型加热板等。

（五）设备应用中常用问题解析

铝塑泡罩包装机在使用中容易在泡罩成型、热压封合等方面出现问题。

1. 泡罩成型

泡罩成型是 PVC 薄膜（塑片）加热后通过模具并利用压缩空气压缩为所需形状和大小的泡罩，当成型出的泡罩出现问题时需要从以下几方面着手解决：

① PVC 薄膜（塑片）是否为合格产品。

② 加热装置的温度是否过高或过低。

③ 加热装置的表面是否粘连 PVC。

④ 成型模具是否合格，成型孔洞是否光滑，气孔是否通畅。

⑤ 成型模具的冷却系统是否工作正常、有效。

⑥ 正压成型的压缩空气是否洁净、干燥，压力、流量能否达到正常值，管路有无非正常损耗。

⑦ 正压成型模具是否平行夹紧 PVC 带，有无漏气现象。

2. 热压封合

在平板式铝塑泡罩包装的热压封合过程中，PVC 带与铝箔是由相互平行的平板状热封板和网纹板在一定温度和压力作用下，在同一平面内完成热压封合。热封板和网纹板的接触为面状接触，所需要的压力相对较大。当出现热封网纹不清晰、网纹深浅不一、热合时PVC 带跑位造成硌泡等问题时，需要从以下几方面着手解决：

① 铝箔是否为合格产品，热合面是否涂有符合要求的热溶胶。

② 加热装置的温度是否过高或过低。

③ PVC 带或铝箔的运行是否有非正常的阻力。

④ 热封模具是否合格，表面是否平整、光滑，PVC 带上成型出的泡罩能否顺利套入热封板的孔洞内。

⑤ 网纹板上的网纹是否纹路清晰、深浅一致。

⑥ 热封模具的冷却系统是否工作正常、有效。

⑦ 热封所需的压力是否正常。

⑧ 热封板和网纹板是否平行。

3. 铝塑泡罩包装机装备有各种自动监控装置，能够起到各种保护作用，在发现下列问题时自动停止机器的运行：

① 安全防护罩打开。

② 压缩空气压力不足。

③ 加热温度不够。

④ PVC 薄膜或铝箔用完。

⑤ 包装的药品用完。

⑥ 某些工位机械过载。

⑦ 电路过载。

三、清洁清场

① 生产结束时，将本工序制备好的产品放于指定的容器中，以备下一道工序使用。

② 将原始记录按要求填写完毕，纳入批生产记录。

③ 按照清洁消毒规程对设备及容器具进行清洁消毒，并记录。

④ 按 D 级洁净区清洁消毒规程对本生产区域进行清场，并填写清场记录，纳入批生产记录。

⑤ 操作人员退出洁净区，按进入洁净区的相反程序进行。

⑥ 操作人员按规定周期更换干净的工作服。

操作工序九　外　包　装

在具体操作中按批生产指令单上的要求以 2 板/盒、10 盒/条、300 盒/箱进行外包装。每一小盒中放一张说明书，每箱内放一张合格证。上一批作业结余的零头可与下一批进行拼箱，拼箱外箱上应标明拼箱批号及数量。每批结余量和拼箱情况在批记录上显示。放入成品库待检入库。

操作过程中的其他要求，可参见项目三任务 3-1 的外包装工序。

知识链接3

胶囊剂的包装与贮存

由于囊材的特殊性质，胶囊剂对高温、高湿不稳定。包装材料与贮存环境如湿度、温度和贮藏时间对胶囊剂的质量都有明显的影响。有实验表明，氯霉素胶囊在相对湿度 49% 的环境中，放置 32 周，溶出度变化不明显，而在相对湿度 80% 的环境中，放置 4 周，溶出度则变得很差。一般来说，高温、高湿（相对湿度 60%）对胶囊剂可产生不良的影响，不仅会使胶囊吸湿、软化、变黏、膨胀、内容物结块，而且会造成微生物滋生。因此，必须选择适当的包装容器与贮藏条件。一般应选用密闭性能良好的玻璃容器、透湿系数小的塑料容器和泡罩式包装，在温度小于 25℃、相对湿度不超过 45% 的干燥阴凉处，密闭贮藏。

【任务记录】

操作过程中按要求填写操作记录（表 4-13）。

表 4-13　诺氟沙星胶囊批生产记录

品名		规格			批号		
操作日期	年 月 日		房间编号		温度 ℃	相对湿度	%
操作步骤	操作要求				操作记录		操作时间
1. 操作前检查	设备是否完好正常			□是　　□否			时　分 ～ 时　分
	设备、容器、工具是否清洁			□是　　□否			
	计量器具仪表是否校验合格			□是　　□否			
2. 配料	1. 按生产处方规定，称取各种物料，记录品名、用量。 2. 在称量过程中执行一人称量，一人复核制度。 3. 1000 粒生产处方如下： 诺氟沙星　　100g 淀粉　　　　150g 60%乙醇　　适量 滑石粉　　　5g			按生产处方规定，称取各种物料，记录如下： 诺氟沙星 淀粉 60%乙醇 滑石粉			时　分 ～ 时　分

操作步骤	操作要求	操作记录	操作时间
3. 粉碎与过筛	1. 按粉碎、筛分岗位操作SOP进行操作。 2. 将淀粉进行粉碎、筛分,筛分目数为100目,并控制操作速度,将粉碎、筛分后的物料装入洁净塑料袋内,并密封,做好标识,备用。 3. 对粉碎、筛分后的物料进行物料平衡计算,物料平衡限度控制为98%～100%	物料名称: 粉碎前重量: 粉碎机型号: 粉碎后重量: 筛分机型号:　　　　目数: 筛分后重量: 物料平衡计算: 领取物料总重(A): 实收重量(B): 可回收利用物料重量(C): 不可用物料重量(D): 物料平衡=$\dfrac{B+C+D}{A}\times100\%=$	时　分 ～ 时　分
4. 制粒	1. 混合:将诺氟沙星与淀粉混匀。 2. 制颗粒:将60%乙醇加入上一步的混合物中,混匀,制软材,视情况决定是否再加60%乙醇。将制好的软材用20目筛制粒	1. 混合机型号: 混合时间:　　分钟 2. 制粒机型号: 制粒筛网目数:　　　目	时　分 ～ 时　分
5. 干燥	1. 按干燥岗位操作SOP进行操作。 2. 将所制湿颗粒均匀摊盘,置干燥箱内,设定上限温度55℃进行干燥。 3. 称量并记录干燥后物料重量	干燥箱型号: 开始加热时间: 物料干燥时间: 干燥后物料重量:	时　分 ～ 时　分
6. 整粒	1. 将干燥后的颗粒用整粒机进行整粒。 2. 收集能通过一号筛同时不能通过五号筛的颗粒为合格颗粒。 3. 称量整粒后物料的重量并记录	整粒机型号: 筛号: 整粒后物料的重量:	时　分 ～ 时　分
7. 总混	将物料与滑石粉混匀	混合机型号: 混合时间:　　分钟	时　分 ～ 时　分
8. 药物的充填	1. 用全自动胶囊填充机进行填充,选用1号空心胶囊,使成0.1g/粒。 2. 在填充的过程中进行囊重差异的控制 时间 重量	胶囊填充机型号: 填充数量:　　粒 将填充囊重填写在下表中:	时　分 ～ 时　分
9. 内包装	1. 试运行:打井冷却水,启动电源,设定运行参数。 2. 上加热板温度130℃,下加热板温度130℃,热合温度160℃。 3. 进行试压操作,泡眼吻合,批号清楚,网纹应清晰。 4. 质量检查:随时检查泡罩情况、装粒情况、漏粉情况、热合情况、批号情况。 5. 包装结束,将铝塑板存入周转桶内,计量,记录,贴标签。转入中间站	铝塑包装机型号: 上加热板温度: 下加热板温度: 热合温度: 铝塑板批号: 成品板量: 尾料量: 废品量: 取样量:	时　分 ～ 时　分
10. 外包装	1. 装盒:2板/盒、1张说明书。 2. 包条:10盒/条。 3. 装箱:300盒/箱	1. 包装规格:　板/盒、　张说明书/盒、 　　盒/条、　　盒/箱。 2. 包装数量　箱,另　　小盒	时　分 ～ 时　分

操作步骤	操作要求	操作记录	操作时间
11. 清场	1. 生产结束后将物料全部清理,并定位放置。 2. 修改生产状态标识。 3. 使用过的设备、容器及工具应清洁无异物并实行定置管理。 4. 设备内外尤其是接触药品的部位要清洁,做到无油污,无异物。 5. 地面、墙壁应清洁,门窗及附属设备无积灰,无异物。 6. 不留本批产品的生产记录及本批生产指令书面文件	QA 检查确认: □合格 □不合格	时　分 ～ 时　分
备注			
操作人	复核人	QA	

【任务评价】

（一）职业素养与操作技能评价

诺氟沙星胶囊制备技能评价见表 4-14。

表 4-14　诺氟沙星胶囊制备技能评价表

评价项目		评价细则	小组评价	教师评价
职业素养	职业规范 （4 分）	1. 规范穿戴工作衣帽（2 分） 2. 无化妆及佩戴首饰（2 分）		
	团队协作 （4 分）	1. 组员之间沟通顺畅（2 分） 2. 相互配合默契（2 分）		
	安全生产 （2 分）	生产过程中不存在影响安全的行为（2 分）		
实训操作	物料预处理 （10 分）	1. 开启设备前检查设备（4 分）		
		2. 按照操作规程正确操作设备（4 分）		
		3. 操作结束将设备复位,并对设备进行常规维护保养（2 分）		
	配料 （10 分）	1. 选择正确的称量设备,并检查校准（4 分）		
		2. 按照操作规程正确操作设备（4 分）		
		3. 操作结束将设备复位,并对设备进行常规维护保养（2 分）		
	制粒 （10 分）	1. 对环境、设备检查到位（4 分）		
		2. 按照操作规程正确操作设备（4 分）		
		3. 操作结束将设备复位,并对设备进行常规维护保养（2 分）		
	干燥 （10 分）	1. 对环境、设备检查到位（4 分）		
		2. 按照操作规程正确操作设备（4 分）		
		3. 操作结束将设备复位,并对设备进行常规维护保养（2 分）		

评价项目		评价细则	小组评价	教师评价
实训操作	整粒与总混 (10分)	1. 对环境、设备检查到位,筛网选择合适(4分)		
		2. 按照操作规程正确操作设备(4分)		
		3. 操作结束将设备复位,并对设备进行常规维护保养(2分)		
	包装 (10分)	1. 对环境、设备、包材检查到位(4分)		
		2. 按照操作规程正确操作设备(4分)		
		3. 操作结束将设备复位,并对设备进行常规维护保养(2分)		
	产品质量 (10分)	1. 囊重符合要求(4分)		
		2. 收率、物料平衡符合要求(6分)		
	清场 (10分)	1. 能够选择适宜的方法对设备、工具、容器、环境等进行清洗和消毒(6分)		
		2. 清场结果符合要求(4分)		
实训记录	完整性 (5分)	1. 完整记录操作参数(2分)		
		2. 完整记录操作过程(3分)		
	正确性 (5分)	1. 记录数据准确无误,无错填现象(3分)		
		2. 无涂改,记录表整洁、清晰(2分)		

（二）知识评价

1. 单项选择题

（1）下列关于胶囊剂的概念叙述正确的是（　　　）。

A. 系指将药物填装于空心硬质胶囊中制成的固体制剂

B. 系指将药物填装于弹性软质胶囊中而制成的固体制剂或半固体制剂

C. 系指将药物填装于空心硬质胶囊中或密封于弹性软质胶囊中而制成的固体或半固体制剂

D. 系指将药物填装于空心硬质胶囊中或密封于弹性软质胶囊中而制成的固体制剂

（2）下列关于囊材的正确叙述是（　　　）。

A. 硬、软囊壳的材料都是明胶、甘油、水以及其他的药用材料,其比例、制备方法相同

B. 硬、软囊壳的材料都是明胶、甘油、水以及其他的药用材料,其比例、制备方法不相同

C. 硬、软囊壳的材料都是明胶、甘油、水以及其他的药用材料,其比例相同,制备方法不同

D. 硬、软囊壳的材料不同,其比例、制备方法也不相同

（3）制备空胶囊时加入的甘油是（　　　）。

A. 保湿剂　　　　B. 增塑剂　　　　C. 胶冻剂　　　　D. 溶剂

（4）制备空胶囊时加入的明胶是（　　　）。

A. 成型材料　　　B. 增塑剂　　　　C. 增稠剂　　　　D. 保湿剂

(5) 制备空胶囊时加入的琼脂是（　　　）。

A. 成型材料　　　　B. 增塑剂　　　　C. 增稠剂　　　　D. 遮光剂

(6) 下列药物适合制成胶囊剂的是（　　　）。

A. 易风化的药物　　　　　　　　B. 吸湿性的药物

C. 药物的稀醇水溶液　　　　　　D. 具有臭味的药物

(7) 空胶囊系由囊体和囊帽组成，其主要制备流程为（　　　）。

A. 溶胶→蘸胶（制坯）→拔壳→干燥→切割→整理

B. 溶胶→蘸胶（制坯）→干燥→拔壳→切割→整理

C. 溶胶→干燥→蘸胶（制坯）→拔壳→切割→整理

D. 溶胶→拔壳→干燥→蘸胶（制坯）→切割→整理

(8) 一般胶囊剂包装储存的环境温度、湿度是（　　　）。

A. 30℃、相对湿度＜60%　　　　B. 25℃、相对湿度＜75%

C. 30℃、相对湿度＜75%　　　　D. 25℃、相对湿度＜60%

(9) 当胶囊剂囊心物的平均装量为 0.25g 时，其装量差异限度为（　　　）。

A. ±5%　　　　B. ±7.5%　　　　C. ±8%　　　　D. ±10%

(10) 关于胶囊剂崩解时限要求正确的是（　　　）。

A. 硬胶囊应在 30 分钟内崩解　　　B. 硬胶囊应在 60 分钟内崩解

C. 软胶囊应在 90 分钟内崩解　　　D. 软胶囊应在 30 分钟内崩解

2. 简答题

(1) 简述胶囊剂的组成。

(2) 胶囊剂生产时囊重如何检查？装量差异有什么要求？

(3) 简述胶囊剂的生产工艺流程。

3. 案例分析题

某药厂胶囊生产时进行泡罩式铝塑包装，出现泡罩成型不良的现象，试分析该从哪些方面着手解决。

任务 4-4　软胶囊剂——维生素 E 软胶囊制备

【任务资讯】

一、认识软胶囊剂

1. 软胶囊剂的定义

系指将一定量的液体原料药物直接密封，或将固体原料药物溶解或分散在适宜的辅料中制备成溶液、混悬液、乳状液或半固体，密封于软质囊材中的胶囊剂。软胶囊剂也称为胶丸。

2. 软胶囊剂的特点

液体油性药物可直接封入胶囊，无需使用吸附、包合等类型的添加剂；密封性好，胶囊强度和膜遮光性高，内容物稳定性好；服用后，内容物迅速释放，生物利用度高；填充物均一性好，含量均匀；能遮盖某些内容物异臭、异味；胶囊膜的味、色、香、透明度、光泽度均可自由选择，与其他圆形药品相比，外观圆润光滑，患者的依从性好。

　　油性药物及低熔点药物、对光敏感及遇湿热不稳定或者易氧化的药物、具不良气味的药物及微量活性药物、具有挥发性成分的药物和生物利用度差的疏水性药物等可制成软胶囊。

二、软胶囊剂的组成

1. 软胶囊剂囊材

　　软胶囊剂的囊壳主要由明胶、增塑剂和水三者构成，通常明胶、增塑剂、水三者的重量比为 1∶(0.4～0.6)∶1。增塑剂所占比例比硬胶囊剂高。若增塑剂用量过低或过高，囊壁会过硬或过软。常用的增塑剂有甘油、山梨醇或两者的混合物等，增塑剂的用量可根据产品主要销售地的气温和相对湿度进行适当调节，比如我国南方的气温和相对湿度一般较高，因此增塑剂用量应少一些，而在北方增塑剂用量应多一些。

　　其他辅料如防腐剂（可用羟苯酯类，用量为明胶量的 0.2%～0.3%）、遮光剂、色素等，可根据需要进行添加。

2. 软胶囊剂内容物

　　软胶囊剂中可填装油类及不能溶解明胶的液体药物或药物溶液。具体要求如下。

　　① 液体药物中含水量不可超过 5%。

　　② 液体药物中如果含有挥发性、小分子有机化合物，如乙醇、酮、酸或酯等，均能软化或溶解囊壁。

　　③ 液态药物 pH 需保持在 2.5～7.5，否则易使明胶水解或变性，导致药物泄漏或影响崩解和溶出，可选用磷酸盐、乳酸盐等缓冲液调整。

　　④ O/W 型乳剂的内容物接触囊壁后因失水而使乳剂破裂，同时易使囊壁变软。

　　⑤ 醛类可使明胶变性。

　　软胶囊剂的内容物除少数液体药物（如鱼肝油等）外，均需用植物油、PEG400、芳香烃、酯类、有机酸、甘油、异丙醇以及表面活性剂等适宜的油脂或非油性辅料溶解或制成混悬剂，可提高有效成分的生物利用度，同时也增加药物稳定性。

　　制备中药软胶囊时，应注意除去提取物中的鞣质，因鞣质可与蛋白质结合为鞣性蛋白质，使软胶囊的崩解度受到影响。

【任务说明】

　　本任务是制备维生素 E 软胶囊，软胶囊剂是指符合《中国药典》四部胶囊剂规定的软胶囊剂，维生素 E 软胶囊收载于《中国药典》二部。

　　维生素 E 是一种脂溶性维生素，又称生育酚醋酸酯，是最主要的抗氧剂之一。溶于脂肪和乙醇等有机溶剂中，不溶于水，对热、酸稳定，对碱不稳定，对氧敏感，对热不敏感，但油炸时维生素 E 活性明显降低。生育酚能促进性激素分泌，使男子精子活力和数量增加；使女子雌性激素浓度增高，提高生育能力，预防流产；还可用于男性不育症、烧伤、冻伤、毛细血管出血、更年期综合征、美容等方面，有很好的疗效。近来还发现维生素 E 可抑制眼睛晶状体内的脂质过氧化反应，使末梢血管扩张，改善血液循环。

　　富含维生素 E 的食物有：果蔬、坚果、瘦肉、乳类、蛋类、压榨植物油等。果蔬包括猕猴桃、菠菜、卷心菜、菜花、甘蓝、莴苣、甘薯、山药。坚果包括杏仁、榛子和胡桃。压榨植物油包括向日葵籽油、芝麻油、玉米油、橄榄油、花生油、山茶油等。此外，红花、大豆、棉籽、小麦胚芽、鱼肝油都含有一定量的维生素 E，其中含量最为丰富的是小麦胚芽。

【任务准备】

一、接收操作指令

维生素 E 软胶囊批生产指令见表 4-15。

表 4-15 维生素 E 软胶囊批生产指令

品名	维生素 E 软胶囊	规格	50mg
批号		理论投料量	1000 粒
采用的工艺规程名称		维生素 E 软胶囊工艺规程	
原辅料的批号和理论用量			
序号	物料名称	批号	理论用量
1	维生素 E		50g
2	大豆油		100g
生产开始日期		年　月　日	
生产结束日期		年　月　日	
制表人		制表日期	年　月　日
审核人		审核日期	年　月　日

生产处方：

（1000 粒处方）

维生素 E　　　50g

大豆油　　　　100g

处方分析：

维生素 E 为主药；大豆油为稀释剂。

二、查阅操作依据

为更好地完成本项任务，可查阅《维生素 E 软胶囊工艺规程》《中国药典》等与本项任务密切相关的文件资料。

三、制定操作计划

根据本品种的制备要求制定操作工序如下：

内容物配制→化胶→压丸→干燥→拣丸→内包装→外包装

每个工序由准备工作、生产过程、清洁清场等几部分组成。在操作过程中填写软胶囊剂制备操作记录（表 4-16）。

【任务实施】

操作工序一　内容物配制

一、准备工作

（一）操作人员

参见《D 级洁净区生产人员进出标准规程》。

（二）操作环境

参见"项目三 任务 3-1 操作工序一中生产环境"要求。

（三）工序文件

1. 批生产指令单

2. 配料岗位标准操作规程

3. 设备标准操作规程

（1）配料罐标准操作规程

（2）胶体磨标准操作规程

4. 清洁清场标准操作规程

（1）配料罐清洁消毒标准操作规程

（2）胶体磨清洁消毒标准操作规程

（3）配料岗位清场标准操作规程

5. 生产记录及状态标识

（1）设备状态标识

（2）清场状态标识

（3）配料岗位清场记录

（4）配料岗位生产前确认记录

（5）配料间配料生产记录

（四）物料要求

按物料领取标准规程从中间站领取所需物料，并核对品名、批号、数量、规格。

（五）场地、设施设备

① 进入配料间，检查是否有上批次生产的"清场合格证"，并且检查是否在清洁有效期内，由质检员或检查员签名。

② 检查配料间是否洁净，有无与本批次生产无关的遗留物品。

③ 对胶体磨（图 4-21）进行检查，是否具有"完好"的标志卡及"已清洁"标志。检查设备是否正常，若有一般故障可自己排除，自己不能排除的则通知维修人员，正常后方可运行。要求计量器具（电子秤、流量计）完好，性能与计量要求相符，有检定合格证，并在检定有效期内，正常后进行下一步操作。

④ 检查配料间的进风口与回风口是否在更换有效期内。

⑤ 检查记录台是否清洁干净，是否留有上批的生产记录表及与本批无关的文件。

⑥ 检查配料间的温度、相对湿度、压差是否与生产要求相符，并记录洁净区温度、相对湿度、压差。

⑦ 查看并填写生产交接班记录。

⑧ 接收到批生产指令单、生产记录（空白）、中间产品交接单（空白）等文件，要仔细阅读"批生产指令"，明确产品名称、规格、批号、批量、工艺要求等指令。

⑨ 复核所有物料是否正确，容器外标签是否清楚，内容与标签是否相符，复核重量、件数。

图 4-21 胶体磨

⑩ 检查使用的周转容器及生产用具是否清洁，有无破损。

⑪ 检查吸尘系统是否清洁。

⑫ 上述各项达到要求后，由检查员或班长检查，检查合格后，取得清场合格证附于本批生产记录内，将操作间的状态标识改为"生产中"方可进行下一步生产操作。

二、生产过程

（一）生产操作

① 根据生产指令填写领料单，从备料间领取原料、辅料，并核对品名、批号、规格、数量、质量，无误后，进行下一步操作。

② 生产时所用的胶体磨要挂上"运行中"标志，填写所生产物料品名、批号、规格、生产日期，并签名。

③ 按生产指令，用电子秤称取并复核本批所用物料。

④ 称量处方量的维生素 E 溶于等量的大豆油中，搅拌使其充分混匀，加入剩余处方量的大豆油混合均匀，通过胶体磨研磨三次，真空脱气泡；在真空度 -0.10MPa 以下和温度 $90\sim100℃$ 进行 2 小时脱气。

⑤ 按生产指令要求，通知 QC 检验。

⑥ 检验合格后，将物料全部放入中转罐中贮存，并注明品名、批号、规格、数量。

（二）质量控制要点

① 维生素 E：本品为微黄色至黄色或黄绿色澄清的黏稠液体；几乎无臭。

② 大豆油：本品为淡黄色的澄清液体；无臭或几乎无臭。

三、清洁清场

① 按 D 级洁净区清洁消毒规程清理工作现场、工具、容器具、设备，并请 QA 人员检查，合格后发放清场合格证，将清场合格证放于操作室门上，作为后续产品开工凭证。

② 修改运行状态标志，悬挂清场合格标志，按清洁规程清理现场。

③ 及时填写批生产记录、设备运行记录、交接班记录等，并复核、检查记录是否有漏记或错记现象，复核中间产品检验结果是否在规定范围内；检查记录中各项是否有偏差发生，如果发生偏差则按《生产过程偏差处理规程》操作。

④ 关好水、电开关及门，按标准规程退出。

操作工序二　化　　胶

一、准备工作

（一）操作人员

参见《D 级洁净区生产人员进出标准规程》。

（二）操作环境

参见"项目三　任务 3-1 操作工序一中生产环境"要求。

（三）工序文件

1. 批生产指令单

2. 化胶岗位标准操作规程

3. 化胶罐标准操作规程

4. 化胶岗位清洁消毒标准操作规程

5. 化胶罐清洁消毒标准操作规程

6. 化胶岗位生产前确认记录

（四）物料要求

按物料领取标准程序从中间站领取所需物料，并核对品名、批号、数量、规格。

（五）场地、设施设备

① 进入化胶间，检查是否有上批次生产的"清场合格证"，并且检查是否在清洁有效期内，由质检员或检查员签名。

② 检查化胶间是否有与本批次产品无关的遗留物品。

③ 对化胶罐（图 4-22）进行检查，是否具有"完好"的标志卡及"已清洁"标志。检查设备是否正常，若有一般故障自己排除，自己不能排除的则通知维修人员，正常后方可运行。要求计量器具（电子秤、流量计）完好，性能与计量要求相符，有检定合格证，并在检定有效期内。正常后进行下一步操作。

④ 检查化胶间的进风口与回风口是否在更换有效期内。

⑤ 检查记录台是否清洁干净，是否留有上批的生产记录表或与本批无关的文件。

⑥ 检查化胶间的温度、相对湿度、压差是否与生产要求相符，并记录洁净区温度、相对湿度、压差。

⑦ 查看并填写生产交接班记录。

图 4-22　化胶罐

⑧ 接收到批生产指令单、生产记录（空白）、物料交接单（空白）等文件，要仔细阅读"批生产指令"，明确产品名称、规格、批号、批量、工艺要求等指令。

⑨ 复核所有物料是否正确，容器外标签是否清楚，内容与标签是否相符，复核重量、件数是否相符。

⑩ 检查使用的周转容器及生产用具是否清洁，有无破损。

⑪ 检查吸尘系统是否清洁。

⑫ 上述各项达到要求后，由 QA 验证合格，取得清场合格证附于本批生产记录内，将操作间的状态标识改为"生产中"后方可进行下一步生产操作。

二、生产过程

（一）制备操作

① 在生产时所用的化胶罐上挂上"运行中"标志，标志上应具备所生产物料的品名、批号、规格、生产日期及填写人签名。

② 开启循环水泵，然后开启蒸汽阀门，蒸汽与循环水直接接触并加热循环水。当循环水温度达到 95℃时应适当减少蒸汽阀门的开启度（以排汽口没有大量蒸汽溢出为准）。

③ 根据胶液配方及配制量，用流量计测量定量纯净水放入化胶罐内。

④ 开启热水循环泵，将煮水锅内热水循环至化胶罐夹层，加热罐内纯净水。

⑤ 待化胶罐内纯净水温度达 50~60℃时，关闭罐上的排气阀和上盖，开启搅拌机和真空泵，将称量好的明胶和甘油等原辅料用吸料管吸入化胶罐内，吸料完毕，关闭真空泵。

⑥ 待罐内明胶完全吸水膨胀，搅拌均匀。

⑦ 待罐内胶液达到 65~70℃时，开启缓冲罐的冷却水阀门，然后开启真空泵，对罐内胶液进行脱泡。

⑧ 通过视镜观察罐内胶液的情况，脱泡至最少量为止。关闭真空泵，打开化胶罐上的排气阀。

⑨ 如胶液需加入色素，此时将称量好的色素加入化胶罐内，继续搅拌 15 分钟至均匀后，关闭搅拌。

⑩ 测定黏度和气泡量均符合要求后，用 60 目双层尼龙滤袋，过滤胶液到保温贮胶罐中，50~55℃保温备用。

（二）质量控制要点

化胶的温度和时间：温度越高、时间越长，胶液的黏度破坏越严重，应根据每批明胶的质量不同，控制化胶温度及时间。

三、清洁清场

① 按 D 级洁净区清洁消毒程序清理工作现场、工具、容器具、设备，并请 QA 人员检查，合格后发给清场合格证，将清场合格证挂贴于操作室门上，作为后续产品开工凭证。

② 撤掉运行状态标志，挂清场合格标志，按清洁程序清理现场。

③ 及时填写批生产记录、设备运行记录、交接班记录等，并复核、检查记录是否有漏记或错记现象，复核中间产品检验结果是否在规定范围内；检查记录中各项是否有偏差发生，如果发生偏差则按《生产过程偏差处理规程》操作。

④ 关好水、电开关及门，按标准规程退出。

操作工序三　压　　丸

一、准备工作

（一）操作人员

参见《D 级洁净区生产人员进出标准规程》。

（二）操作环境

参见"项目 3　任务 3-1 操作工序一中生产环境"要求。

（三）工序文件

1. 批生产指令单
2. 压丸岗位标准操作规程
3. 软胶囊压制机标准操作规程
4. 压丸岗位清洁消毒标准操作规程
5. 软胶囊压制机清洁消毒标准操作规程
6. 压丸岗位生产前确认记录

（四）物料要求

按物料领取标准程序从中间站领取所需物料，并核对品名、批号、数量、规格。

（五）场地、设施设备

① 进入压丸间，检查是否有上次生产的"清场合格证"，并且检查是否在清洁有效期内，并请现场 QA 人员检查。

② 检查压丸间是否有与本批次产品无关的遗留物品。

③ 对软胶囊压制机（图 4-23）进行检查，是否具有"完好"的标志卡及"已清洁"标志。检查设备是否正常，若有一般故障自己排除，自己不能排除的则通知维修人员，正常后方可运行。要求计量器具（电子秤、流量计）完好，性能与计量要求相符，有检定合格证，并在检定有效期内。正常后进行下一步操作。

④ 检查压丸间的进风口与回风口是否在更换有效期内。

⑤ 检查记录台是否清洁干净，是否留有上批的生产记录表或与本批无关的文件。

⑥ 检查压丸间的温度、相对湿度、压差是否与生产要求相符，并记录洁净区温度、相对湿度、压差。

图 4-23　软胶囊压制机

⑦ 查看并填写生产交接班记录。

⑧ 接收到批生产指令单、生产记录（空白）、物料交接单（空白）等文件，要仔细阅读"批生产指令"，明确产品名称、规格、批号、批量、工艺要求等指令。

⑨ 复核所有物料是否正确，容器外标签是否清楚，内容与标签是否相符，复核重量、件数是否相符。

⑩ 检查使用的周转容器及生产用具是否清洁，有无破损。

⑪ 检查吸尘系统是否清洁。

⑫ 上述各项达到要求后，由 QA 验证合格，取得清场合格证附于本批生产记录内，将操作间的状态标识改为"生产中"方可进行生产操作。

二、生产过程

（一）制备操作

1. 加料

① 用加料勺将药液倒入盛料斗，注意不要加得过满，盖上盖子。

② 打开胶罐的放料口，适当放出胶液，以保证胶液流出顺畅。

③ 将胶罐的放料口用胶管与主机箱连接，胶管外包裹胶套用以保温，胶盒温度设置为 50～60℃。

④ 胶罐进气口连接压缩空气接口，压缩空气压力可根据胶液的黏稠度作适当调整。

2. 压制软胶囊

① 按软胶囊压制机标准操作规程进行软胶囊压制机调试操作。

② 根据工艺规程规定对喷体进行加热。

③ 调整转模压力，以刚好压出丸为宜，压力过大会损坏模具。

④ 根据工艺规程规定的内容物重进行装量调节。取样检测压出胶丸的夹缝质量、外观、内容物重，及时做出调整，直至符合工艺规程为止。

⑤ 正常开机，每小时每排胶丸取样，检查夹缝质量、外观、内容物重，每班检测胶皮厚度，并在批生产记录上记录，如有偏离控制范围的情况，应及时调整药液泵和胶皮涂布器。

⑥ 若在压制过程中，出现故障或意外停机后再开，须重复④的操作。

⑦ 开启转笼开关，边压制软胶囊边进行转笼定型干燥。

⑧ 生产过程中，定时将产生的胶网用胶袋盛装，放于指定地点，等待进一步处理。

（二）质量控制要点

① 外观：软胶囊均匀、对称，夹缝质量狭小、无漏液。

② 内容物重及装量差异：装量 0.30g 以下，装量差异限度±10%；装量 0.30g 及 0.30g 以上，装量差异限度±7.5%。

③ 左右胶皮厚度：均匀一致。

三、清洁清场

① 按 D 级洁净区清洁消毒程序清理工作现场、工具、容器具、设备，并请 QA 人员检查，合格后发给清场合格证，将清场合格证挂贴于操作室门上，作为后续产品开工凭证。

② 撤掉运行状态标志，挂清场合格标志，按清洁程序清理现场。

③ 及时填写批生产记录、设备运行记录、交接班记录等，并复核、检查记录是否有漏记或错记现象，复核中间产品检验结果是否在规定范围内；检查记录中各项是否有偏差发生，如果发生偏差则按《生产过程偏差处理规程》操作。

④ 关好水、电开关及门，按进入程序的相反程序退出。

操作工序四 干 燥

一、准备工作

（一）操作人员

参见《D 级洁净区生产人员进出标准规程》。

（二）操作环境

参见"项目三 任务 3-1 操作工序一中生产环境"要求。

（三）工序文件

1. 批生产指令单

2. 干燥岗位标准操作规程

3. 软胶囊干燥定型转笼标准操作规程

4. 干燥岗位清洁消毒标准操作规程

5. 软胶囊干燥定型转笼清洁消毒标准操作规程

6. 干燥岗位生产前确认记录

（四）物料要求

按物料领取标准程序从中间站领取所需物料，并核对品名、批号、数量、规格。

（五）场地、设施设备

① 进入干燥间，检查是否有上次生产的"清场合格证"，并且检查是否在清洁有效期内，并请现场 QA 人员检查。

② 检查干燥间是否有与本批次产品无关的遗留物品。

③ 对软胶囊干燥定型转笼（图 4-24）进行检查，是否具有"完好"的标志卡及"已清洁"标志。检查设备是否正常，若有一般故障自己排除，自己不能排除的则通知维修人员，正常后方可运行。要求计量器具（电子秤、流量计）完好，性能与计量要求相符，有检定合格证，并在检定有效期内。正常后进行下一步操作。

④ 检查干燥间的进风口与回风口是否在更换有效期内。

图 4-24 软胶囊干燥定型转笼

⑤ 检查记录台是否清洁干净，是否留有上批的生产记录表或与本批无关的文件。

⑥ 检查干燥间的温度、相对湿度、压差是否与生产要求相符，并记录洁净区温度、相对湿度、压差。

⑦ 查看并填写生产交接班记录。

⑧ 接收到批生产指令单、生产记录（空白）、物料交接单（空白）等文件，要仔细阅读"批生产指令"，明确产品名称、规格、批号、批量、工艺要求等指令。

⑨ 复核所有物料是否正确，容器外标签是否清楚，内容与标签是否相符，复核重量、件数是否相符。

⑩ 检查使用的周转容器及生产用具是否清洁，有无破损。

⑪ 检查吸尘系统是否清洁。

⑫ 上述各项达到要求后，由 QA 验证合格，取得清场合格证附于本批生产记录内，将操作间的状态标识改为"生产中"方可进行生产操作。

二、生产过程

（一）制备操作

1. 将压制完毕的胶丸放入干燥转笼进行干燥

① 按《干燥转笼操作规程》启动转笼，从转笼放丸口倒入胶丸，装丸最大量为转笼的 3/4。

② 设备外挂上"运行中"标志，填写名称、规格、批号、日期，操作者签名。每班检查两次室温、室内相对湿度，并记录。

③ 干燥 7～16 小时，准备好胶盘放在胶丸出口处，将干燥转笼旋转方向调至右转，放出胶丸。

2. 将转笼放出的胶丸放上干燥车进行干燥

① 将胶丸分置于干燥车上的筛网上（每个筛不宜放入过多，以二至三层胶丸为宜），并

摊平。干燥车外挂已填写各项内容的"运行中"标志。

② 将盛有胶丸的干燥车推入干燥间静置干燥。

③ 干燥时每隔三小时翻丸一次，使干燥均匀并防止粘连，尤其注意翻动筛盘边角位置的胶丸。

④ 干燥期间每两小时记录一次干燥条件。

⑤ 达到工艺规程所要求的干燥时间（8～16 小时）后，每车按上、中、下层随机抽取若干胶丸检查，胶丸坚硬不变形，即可送入洗丸间，或用胶桶装好密封并送至洗前暂存间。

3. 洗后软胶囊干燥操作

① 将洗后的软胶囊放上干燥车，分置于筛网上（每个筛以二至三层胶丸为宜），并摊平。干燥车外挂已填写各项内容的"运行中"标志。

② 将干燥车推入干燥隧道，挥去乙醇。

③ 干燥期间每隔三小时翻丸一次，使干燥均匀并防止粘连，尤其注意翻动筛盘边角位置的胶丸。

④ 每两小时记录一次干燥条件。

⑤ 达到工艺规程所要求的干燥时间（5～9 小时）后，抽取若干胶丸检查，丸形坚硬不变形，即可收丸。

⑥ 将干燥好的胶丸，放入内置洁净胶袋的胶桶中，扎紧胶袋，盖好桶盖，防止吸潮。

⑦ 装桶后的干丸用电子秤进行称量净重。桶外挂物料标志，注明品名、批号、规格、生产日期、班次、净重、数量。

（二）质量控制要点

外观：应整洁，不得有黏结、变形或破裂现象，并应无异臭。

三、清洁清场

① 按 D 级洁净区清洁消毒程序清理工作现场、工具、容器具、设备，并请 QA 人员检查，合格后发给清场合格证，将清场合格证挂贴于操作室门上，作为后续产品开工凭证。

② 撤掉运行状态标志，挂清场合格标志，按清洁程序清理现场。

③ 及时填写批生产记录、设备运行记录、交接班记录等，并复核、检查记录是否有漏记或错记现象，复核中间产品检验结果是否在规定范围内；检查记录中各项是否有偏差发生，如果发生偏差则按《生产过程偏差处理规程》操作。

④ 关好水、电开关及门，按进入程序的相反程序退出。

操作工序五　拣　　丸

一、准备工作

（一）操作人员

参见《D 级洁净区生产人员进出标准规程》。

（二）操作环境

参见"项目三　任务 3-1 操作工序一中生产环境"要求。

（三）工序文件

1. 批生产指令单

2. 拣丸岗位标准操作规程

3. 拣丸岗位清洁消毒标准操作规程

4. 拣丸岗位生产前确认记录

（四）物料要求

按物料领取标准程序从中间站领取所需物料，并核对品名、批号、数量、规格。

（五）场地、设施设备

① 进入拣丸间，检查是否有上次生产的"清场合格证"，并且检查是否在清洁有效期内，并请现场 QA 人员检查。

② 检查拣丸间是否有与本批次产品无关的遗留物品。

③ 检查拣丸间的进风口与回风口是否在更换有效期内。

④ 检查记录台是否清洁干净，是否留有上批的生产记录表或与本批无关的文件。

⑤ 检查拣丸间的温度、相对湿度、压差是否与生产要求相符，并记录洁净区温度、相对湿度、压差。

⑥ 查看并填写生产交接班记录。

⑦ 接收到批生产指令单、生产记录（空白）、物料交接单（空白）等文件，要仔细阅读"批生产指令"，明确产品名称、规格、批号、批量、工艺要求等指令。

⑧ 复核所有物料是否正确，容器外标签是否清楚，内容与标签是否相符，复核重量、件数是否相符。

⑨ 检查使用的周转容器及生产用具是否清洁，有无破损。

⑩ 检查吸尘系统是否清洁。

⑪ 上述各项达到要求后，由 QA 验证合格，取得清场合格证附于本批生产记录内，将操作间的状态标识改为"生产中"方可进行生产操作。

二、生产过程

（一）制备操作

① 将干燥后的软胶囊进行人工拣丸或机械拣丸，拣去大小丸、异形丸、明显网印丸、漏丸、瘪丸、薄壁丸、气泡丸等。

② 将合格的软胶囊丸放入洁净干燥的容器中，称量，容器外应附有状态标志，标明产品名称、重量、批号、日期，用不锈钢桶加盖封好。

③ 生产过程中及时填写各种生产记录。

（二）质量控制要点

外观：应整洁，不得有黏结、变形或破裂现象，并应无异臭。

三、清洁清场

① 按 D 级洁净区清洁消毒程序清理工作现场、工具、容器具、设备，并请 QA 人员检查，合格后发给清场合格证，将清场合格证挂贴于操作室门上，作为后续产品开工凭证。

② 撤掉运行状态标志，挂清场合格标志，按清洁程序清理现场。

③ 及时填写批生产记录、设备运行记录、交接班记录等，并复核、检查记录是否有漏记或错记现象，复核中间产品检验结果是否在规定范围内；检查记录中各项是否有偏差发生，如果发生偏差则按《生产过程偏差处理规程》操作。

④ 关好水、电开关及门，按进入程序的相反程序退出。

操作工序六 内 包 装

本产品采用铝塑包装，包装规格为12粒/板，铝塑包装的具体操作参见任务4-3操作工序八 内包装。

操作工序七 外 包 装

① 在小盒的指定位置打印批号、有效期，打印清晰、不重叠，每2板与说明书1张放入1个小盒，每10小盒封1个收缩膜。

② 在大箱的指定位置打印批号、有效期、生产日期，打印清晰、不重叠，每40个收缩膜装1个纸箱。胶带封口，箱外贴合格证，打上包装带，包装带位置合适、松紧适度，合箱及零头包装标志明显。

③ 批号、有效期在打印前，对批号模板以及打印的第一个盒、装箱单、大箱等进行检查，第一个打印的小盒粘贴在生产记录上。

知识链接

软胶囊剂的制备工艺

软胶囊剂的制备方法主要有滴制法与压制法两种。其中，由滴制法生产出来的软胶囊剂呈球形，且无缝，称为无缝胶丸。压制法生产出来的软胶囊剂中间有压缝，可根据模具的形状来确定软胶囊的外形，如椭圆形、橄榄形、鱼形等，称为有缝胶丸。

1. 化胶

化胶是指将明胶、水、甘油及防腐剂、色素等辅料，使用规定的化胶设备，煮制成适用于压制软胶囊的明胶液。明胶液经检查合格后方可使用。化胶设备可采用水浴式化胶罐或真空搅拌罐，投入明胶至放胶整个过程尽可能控制在2个小时内，温度通常不超过70℃，如利用回收网胶应在明胶全溶后投入网胶，防止胶液夹生。化胶过程中应控制化胶的温度和时间，温度越高、时间越长，胶液的黏度破坏越严重，应根据每批明胶的质量不同，控制化胶温度及时间。如加入 Fe_2O_3、Fe_3O_4 等色素，应增加甘油的投料量，以保持制成软胶囊后胶皮的柔软性。

2. 囊心物配制

囊心物配制时将药物及辅料通过调配罐、胶体磨、乳化罐等设备制成符合软胶囊剂质量标准的溶液、混悬液或乳液等类型的囊心物。

药物若本身是油类，只需加入适量抑菌剂，或再添加一定数量的玉米油（或PEG400）混匀即得。药物若是固态，可将其先粉碎过100～200目筛，再与玉米油等油脂或非油性辅料混合，经胶体磨研匀，使药物以极细腻的质点形式均匀地悬浮于玉米油中。

3. 压制或滴制成形

（1）压制法 系将明胶、甘油、水等混合溶解为明胶液，并制成胶皮，再将药物置于两块胶皮之间，用钢板模或旋转模压制成软胶囊的一种方法。压制法可分为平板模式和滚模式两种。

大量生产软胶囊时常采用滚模式软胶囊压制机。滚模式软胶囊压制机主机包括机身、机头、供料系、左右明胶滚、下丸器、明胶盒、润滑系统、喷体、胶液供应系统、胶皮冷却系统、胶囊输送带等。另配有压缩空气、冷水、清洁热水等辅助动力。生产时胶液分别由软胶囊机两边的输胶系统（明胶盒）流出，铺到转动的胶带定型转鼓上形成胶液带，由胶盒刀闸的高低可调整胶带厚薄。胶液带经冷源（空气冷却）冷却定型后，由上油滚轮揭下胶带，制出两条胶带，经胶带传送导杆和传送滚柱，从模具上部对应送入两平行对应吻合转动的一对圆柱形滚模间，使两条对合的胶带一部分先受到楔形注液器加热与模压作用而先黏合，此时囊心物料液泵同步随即将囊心物料液定量输出，通过料液管到达楔形注液器，楔形注液器内有电加热管，可加热喷体使胶皮受热后能黏合。料液经喷射孔喷出，冲入两胶带间所形成的由模腔托着的囊腔内。因滚模不断转动，使喷液完毕后的囊腔旋即模压黏合而完全封闭，形成软胶囊。

滚模式软胶囊压制机的模具形状可为椭圆形、球形或其他形状。压制法生产软胶囊产量大、自动化程度高、成品率高、计量准确，适合于工业化大生产。

（2）滴制法 滴制法制备软胶囊由具有双层喷头的滴丸机（图 4-25）完成。将油状药液加入药液贮槽，明胶液加入明胶液贮槽中，并保持一定温度。冷却管中放入冷却液（常为液体石蜡），根据每一胶丸内含药量多少，调节好出料口和出胶口。利用明胶液与油状药液为两相，明胶液、药液先后以不同的速度从同心管出口滴出，其中，明胶液在外层，药液从中心管喷出，使一定量的明胶液将定量的药液包裹后，滴入与明胶液不相混溶的冷却液中，由于表面张力作用而使之形成球形，并逐渐冷却、凝固而形成无缝胶丸。

滴制法制备软胶囊具有成品率高、装量差异小、产量大、成本低等优点。

4. 干燥

干燥是软胶囊剂的制备过程中不可缺少的过程。在压制或滴制成形后，软胶囊胶皮内含有 40%～50% 的水分，未具备定型的效果，生产时要进行干燥，使软胶囊胶皮的含水量下降至 10% 左右。因胶皮遇热易熔化，干燥过程应在常温或低于常温的条件下进行，

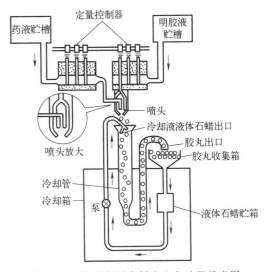

图 4-25 软胶囊剂滴制法生产过程示意图

即在低温低湿的条件下干燥，除湿的效果将直接影响软胶囊的质量。软胶囊剂的干燥条件是：温度 20～24℃、相对湿度 20% 左右。压制成形的软胶囊可采用滚筒干燥，动态的干燥形式有利于提高干燥的效果；滴制成形的软胶囊可直接放置在托盘上干燥。为保障干燥的效果，干燥间通常采用平行层流的送回风方式。

5. 清洗

为除去软胶囊表面的润滑液,在干燥后应用95%乙醇或乙醚进行清洗,清洗后在托盘上静置,使清洗剂挥干。

【任务记录】

操作过程中按要求填写操作记录(表4-16)。

表4-16　维生素E软胶囊批生产记录

品名		规格			批号		
操作日期	年　月　日	房间编号		温度	℃	相对湿度	%
操作步骤	操作要求		操作记录			操作时间	
1. 操作前检查	设备是否完好正常		□是　　□否			时　分 ～ 时　分	
	设备、容器、工具是否清洁		□是　　□否				
	计量器具仪表是否校验合格		□是　　□否				
2. 配料	1. 称量处方量的维生素E溶于等量的大豆油中,搅拌使其充分混匀,加入剩余的处方量的大豆油混合均匀,通过胶体磨研磨三次,真空脱气泡;在真空度－0.10MPa以下和温度90～100℃进行2小时脱气。 2.1000粒生产处方如下: 维生素E　　50g 大豆油　　　100g		1. 按生产处方规定,称取各种物料,记录如下: 维生素E　　　　g 大豆油　　　　　g 2. 通过胶体磨研磨　　次,真空脱气泡;在真空度　　MPa以下和温度　～　℃进行　小时脱气			时　分 ～ 时　分	
3. 化胶	1. 按明胶∶甘油∶水＝2∶1∶2的量称取明胶、甘油、水,和甘油、明胶、水总量的0.4%的姜黄素。 2. 明胶先用约80%水浸泡使其充分溶胀。 3. 将剩余水与甘油混合,置煮胶锅中加热至70℃,加入明胶,搅拌1～1.5h,使之完全熔融均匀,加入姜黄色素,搅拌使混合均匀,放冷,保温60℃静置,除去上浮的泡沫,滤过,测定胶液黏度,使胶液黏度为40Pa·s左右		1. 明胶∶甘油∶水＝　∶　∶　的量称取明胶、甘油、水,和甘油、明胶、水总量的　%的姜黄素。 2. 明胶先用约　　%水浸泡使其充分溶胀。 3. 将剩余水与甘油混合,置煮胶锅中加热至　℃,加入明胶液,搅拌　h,使之完全熔融均匀,加入姜黄色素,搅拌使混合均匀,放冷,保温　℃静置,除去上浮的泡沫,滤过,测定胶液黏度,使胶液黏度为　Pa·s左右			时　分 ～ 时　分	
4. 压丸	1. 将上述胶液放入保温箱内,温度保持在80～90℃之间压制胶片。 2. 将制成合格的胶片及内容物药液通过自动旋转制囊机压制成软胶囊。 3. 自动旋转制囊机生产过程中,控制压丸温度为35～40℃,滚模转速为3r/min左右		1. 将上述胶液放入保温箱内,温度保持在　℃之间压制胶片。 2. 将制成合格的胶片及内容物药液通过　　　　　　压制成软胶囊。 3. 自动旋转制囊机生产过程中,控制压丸温度为　℃,滚模转速为　r/min			时　分 ～ 时　分	

操作步骤	操作要求	操作记录	操作时间
5. 干燥	1. 将压制成的软胶囊在网机内 20℃下吹风定型,待定形 4 小时后,并整形。 2. 用乙醇在洗擦丸机中洗去胶囊表面油层,吹干洗液。 3. 将已经乙醇洗涤后的软胶囊于网机内吹干约 6 小时	1. 将压制成的软胶囊在网机内　℃下吹风定形,待定形　小时后,并整形。 2. 用　　在洗擦丸机中洗去胶囊表面油层,吹干洗液。 3. 将已经乙醇洗涤后的软胶囊于网机内吹干约　小时	时　分 ～ 时　分
6. 拣丸	1. 将干燥后的软胶囊进行人工拣丸或机械拣丸,拣去大小丸、异形丸、明显网印丸、漏丸、瘪丸、薄壁丸、气泡丸等。 2. 将合格的软胶囊丸放入洁净干燥的容器中,称量,容器外应附有状态标志,标明产品名称、重量、批号、日期,用不锈钢桶加盖封好	1. 将干燥后的软胶囊进行　　拣丸或　　拣丸,拣去大小丸、异形丸、明显网印丸、漏丸、瘪丸、薄壁丸、气泡丸等。 2. 将合格的软胶囊丸放入洁净干燥的容器中,称量重量为　　,容器外应附有状态标志,标明产品名称、重量、批号、日期,用不锈钢桶加盖封好	时　分 ～ 时　分
7. 内包装	1. 试运行:打开冷却水,启动电源,设定运行参数。 2. 上加热板温度 130℃,下加热板温度 130℃,热合温度 160℃。 3. 进行试压操作,泡眼吻合,批号清楚,网纹应清晰。 4. 质量检查:随时检查泡罩情况、装粒情况、漏粉情况、热合情况、批号情况。 5. 包装结束,将铝塑板存入周转桶内,计量,记录,贴标签。转入中间站	铝塑包装机型号: 上加热板温度: 下加热板温度: 热合温度: 铝塑板批号: 成品板量: 尾料量: 废品量: 取样量:	时　分 ～ 时　分
8. 外包装	1. 装盒:2 板/盒、1 张说明书。 2. 包条:10 盒/条。 3. 装箱:400 盒/箱	1. 包装规格:　板/盒、　张说明书/盒、　盒/条、　盒/箱。 2. 包装数量:　箱,另　小盒	时　分 ～ 时　分
9. 清场	1. 生产结束后将物料全部清理,并定置放置。 2. 撤除本批生产状态标志。 3. 使用过的设备、容器及工具应清洁无异物并实行定置管理。 4. 设备内外尤其是接触药品的部位要清洁,做到无油污,无异物。 5. 地面、墙壁应清洁,门窗及附属设备无积灰,无异物。 6. 不留本批产品的生产记录及本批生产指令书面文件	QA 检查确认: □合格 □不合格	时　分 ～ 时　分
备注			
操作人		复核人　　　　QA	

【任务评价】

（一）职业素养与操作技能评价

维生素 E 软胶囊制备技能评价见表 4-17。

表 4-17 维生素 E 软胶囊制备技能评价表

评价项目		评价细则	小组评价	教师评价
职业素养	职业规范 (4 分)	1. 规范穿戴工作衣帽(2 分) 2. 无化妆及佩戴首饰(2 分)		
	团队协作 (4 分)	1. 组员之间沟通顺畅(2 分) 2. 相互配合默契(2 分)		
	安全生产 (2 分)	生产过程中不存在影响安全的行为(2 分)		
实训操作	内容物配制 (10 分)	1. 选择正确的称量设备,并检查校准(4 分)		
		2. 按照操作规程正确操作设备(4 分)		
		3. 操作结束将设备复位,并对设备进行常规维护保养(2 分)		
	化胶 (10 分)	1. 对环境、设备检查到位(4 分)		
		2. 按照操作规程正确操作设备(4 分)		
		3. 操作结束将设备复位,并对设备进行常规维护保养(2 分)		
	压丸 (10 分)	1. 对环境、设备检查到位(4 分)		
		2. 按照操作规程正确操作设备(4 分)		
		3. 操作结束将设备复位,并对设备进行常规维护保养(2 分)		
	干燥 (10 分)	1. 对环境、设备检查到位(4 分)		
		2. 按照操作规程正确操作设备(4 分)		
		3. 操作结束将设备复位,并对设备进行常规维护保养(2 分)		
	拣丸 (10 分)	1. 对环境、设备检查到位(4 分)		
		2. 按照操作规程正确操作设备(4 分)		
		3. 操作结束将设备复位,并对设备进行常规维护保养(2 分)		
	包装 (10 分)	1. 对环境、设备、包材检查到位(4 分)		
		2. 按照操作规程正确操作设备(4 分)		
		3. 操作结束将设备复位,并对设备进行常规维护保养(2 分)		
	产品质量 (10 分)	1. 囊重符合要求(6 分)		
		2. 收率、物料平衡符合要求(4 分)		
	清场 (10 分)	1. 能够选择适宜的方法对设备、工具、容器、环境等进行清洗和消毒(6 分)		
		2. 清场结果符合要求(4 分)		
实训记录	完整性 (5 分)	1. 完整记录操作参数(2 分)		
		2. 完整记录操作过程(3 分)		
	正确性 (5 分)	1. 记录数据准确无误,无错填现象(3 分)		
		2. 无涂改,记录表整洁、清晰(2 分)		

（二）知识评价

1. 单项选择题

（1）一般情况下，制备软胶囊时，干明胶与干增塑剂的重量比是（   ）。

A. 1：0.3   B. 1：0.5   C. 1：0.7   D. 1：0.9

（2）不易制成软胶囊的药物是（   ）。

A. 维生素 E 油液   B. 维生素 AD 乳状液

C. 牡荆油   D. 复合维生素油混悬液

（3）软胶囊的囊壳主要由（   ）组成。

A. 明胶   B. 甘油   C. 水   D. 乙醇

（4）下列宜制成软胶囊剂的是（   ）。

A. O／W 乳剂   B. 芒硝   C. 鱼肝油   D. 药物稀醇溶液

（5）软胶囊剂的制备方法常用（   ）。

A. 滴制法   B. 熔融法   C. 乳化法   D. 塑制法

（6）关于胶囊剂崩解时限要求正确的是（   ）。

A. 硬胶囊应在 15 分钟内崩解   B. 硬胶囊应在 60 分钟内崩解

C. 软胶囊应在 60 分钟内崩解   D. 软胶囊应在 30 分钟内崩解

（7）软胶囊的囊材中常用的增塑剂是（   ）。

A. 明胶   B. 甘油   C. 羟苯乙酯   D. 二氧化钛

（8）软胶囊具有很好的弹性，主要是因为其中含有（   ）。

A. 水分   B. 明胶   C. 甘油   D. 蔗糖

（9）软胶囊的囊材中常用的防腐剂是（   ）。

A. 明胶   B. 甘油   C. 胭脂红   D. 羟苯乙酯

（10）软胶囊的囊材中常用的遮光剂是（   ）。

A. 明胶   B. 甘油   C. 羟苯乙酯   D. 二氧化钛

2. 简答题

（1）简述软胶囊剂的组成。

（2）如何进行软胶囊剂崩解时限的检查？

（3）简述软胶囊剂的生产工艺流程。

3. 案例分析题

压制法生产软胶囊过程中出现软胶囊畸形，请分析出现问题的原因，并结合问题提出解决措施。

任务 4-5   片剂——阿司匹林片制备

【任务资讯】

一、认识片剂

1. 片剂的定义及分类

片剂系指原料药物或与适宜的辅料制成的圆形或异形的片状固体制剂。

中药还有浸膏片、半浸膏片和全粉片等。

片剂以口服普通片为主，另有含片、舌下片、口腔贴片、咀嚼片、分散片、可溶片、泡腾片、阴道片、阴道泡腾片、缓释片、控释片、肠溶片与口崩片等。

（1）含片　系指含于口腔中缓慢溶化产生局部或全身作用的片剂。

含片中的原料药物一般是易溶性的，主要起局部消炎、杀菌、收敛、止痛或局部麻醉等作用。

（2）舌下片　系指置于舌下能迅速溶化，药物经舌下黏膜吸收发挥全身作用的片剂。

舌下片中的原料药物应易于直接吸收，主要适用于急症的治疗。

（3）口腔贴片　系指粘贴于口腔，经黏膜吸收后起局部或全身作用的片剂。

口腔贴片应进行溶出度或释放度检查。

（4）咀嚼片　系指于口腔中咀嚼后吞服的片剂。一般应选择甘露醇、山梨醇、蔗糖等水溶性辅料作填充剂和黏合剂。

咀嚼片的硬度应适宜。

（5）分散片　系指在水中能迅速崩解并均匀分散的片剂。分散片中的原料药物应是难溶性的。分散片可加水分散后口服，也可将分散片含于口中吮服或吞服。

分散片应进行溶出度和分散均匀性检查。

（6）可溶片　系指临用前能溶解于水的非包衣片或薄膜包衣片剂。

可溶片应溶解于水中，溶液可呈轻微乳光。可供口服、外用、含漱等用。

（7）泡腾片　系指含有碳酸氢钠和有机酸，遇水可产生气体而呈泡腾状的片剂。泡腾片不得直接吞服。

泡腾片中的原料药物应是易溶性的，加水产生气泡后应能溶解。有机酸一般用枸橼酸、酒石酸、富马酸等。

（8）阴道片与阴道泡腾片　系指置于阴道内使用的片剂。

阴道片和阴道泡腾片的形状应易置于阴道内，可借助器具将其送入阴道。阴道片在阴道内应易溶化、溶散或融化、崩解并释放药物，主要起局部消炎杀菌作用，也可给予性激素类药物。具有局部刺激性的药物，不得制成阴道片。

阴道片应进行融变时限检查。阴道泡腾片还应进行发泡量检查。

（9）缓释片　系指在规定的释放介质中缓慢地非恒速释放药物的片剂。缓释片应符合缓释制剂的有关要求并应进行释放度检查。除说明书标注可掰开服用外，一般应整片吞服。

（10）控释片　系指在规定的释放介质中缓慢地恒速释放药物的片剂。

控释片应符合控释制剂的有关要求并应进行释放度检查。除说明书标注可掰开服用外，一般应整片吞服。

（11）肠溶片　系指用肠溶性包衣材料进行包衣的片剂。

为防止原料药物在胃内分解失效、对胃的刺激或控制原料药物在肠道内定位释放，可对片剂包肠溶衣；为治疗结肠部位疾病等，可对片剂包结肠定位肠溶衣。除说明书标注可掰开服用外，一般不得掰开服用。

肠溶片除另有规定外，应符合迟释制剂的有关要求，并进行释放度检查。

（12）口崩片　系指在口腔内不需要用水即能迅速崩解或溶解的片剂。

一般适合于小剂量原料药物，常用于吞咽困难或不配合服药的患者。可采用直接压片和冷冻干燥法制备。

口崩片应在口腔内迅速崩解或溶解、口感良好、容易吞咽，对口腔黏膜无刺激性。

除冷冻干燥法制备的口崩片外，口崩片应进行崩解时限检查。对于难溶性原料药物制成的口崩片，还应进行溶出度检查。对于经肠溶材料包衣的颗粒制成的口崩片，还应进行释放度检查。

采用冷冻干燥法制备的口崩片可不进行脆碎度检查。

2. 片剂的特点

与其他口服固体制剂相比，具有如下特点。

能适应医疗预防用药的要求；是分剂量制剂，剂量准确，应用方便；是固体制剂，体积小，携带和储运方便；生产的机械化和自动化程度高，成本较低；等等。因而成为常规口服制剂的主要剂型。片剂也有不足之处，即婴、幼儿及有的老年人服用困难等。

3. 片剂质量要求

（1）外观　片剂外观应完整光洁，色泽均匀，有适宜的硬度和耐磨性，以免包装、运输过程中发生磨损或破碎，除另有规定外，非包衣片应符合片剂脆碎度检查法的要求。

（2）重量差异　照下述方法检查，应符合表4-18的规定。

检查法　取供试品20片，精密称定总重量，求得平均片重后，再分别精密称定每片的重量，每片重量与平均片重比较（凡无含量测定的片剂或有标示片重的中药片剂，每片重量应与标示片重比较），超出重量差异限度的不得多于2片，并不得有1片超出限度1倍。

糖衣片的片芯应检查重量差异并符合规定，包糖衣后不再检查重量差异。薄膜衣片应在包薄膜衣后检查重量差异并符合规定。

凡规定检查含量均匀度的片剂，一般不再进行重量差异检查。

表 4-18　片剂重量差异限度要求

标示片重或平均片重	重量差异限度/%
0.30g 以下	±7.5
0.30g 及 0.30g 以上	±5.0

（3）崩解时限　除另有规定外，照崩解时限检查法检查，均应符合表4-19中的规定。

咀嚼片不进行崩解时限检查。

凡规定检查溶出度、释放度的片剂，一般不再进行崩解时限检查。

表 4-19　片剂崩解时限

片剂类别	检查法	规定
普通片	加挡板	15分钟内全部崩解
中药浸膏片、半浸膏片	加挡板	1小时内全部崩解
全粉片	加挡板	30分钟内全部崩解
中药薄膜衣片	在盐酸溶液(9→1000)中,加挡板	1小时内全部崩解
中药糖衣片	加挡板	1小时内全部崩解
肠溶片	先在盐酸溶液(9→1000)中检查2小时,每片均不得有裂缝、崩解或软化现象;再在磷酸盐缓冲液(pH6.8)中检查	1小时内全部崩解
舌下片	加挡板	5分钟内全部崩解
含片	加挡板	不应在10分钟内全部崩解
泡腾片	取1片,置250ml烧杯(内有200ml温度为20℃±5℃的水)中	5分钟内全部崩解
可溶片	除另有规定外,水温为20℃±5℃	3分钟内全部崩解

二、片剂的处方组成

片剂是由两大类物质构成的,一类是发挥治疗作用的药物(即主药);另一类是没有生理活性的一些物质,它们所起的作用主要包括:填充作用、黏合作用、崩解作用和润滑作用,有时,还起到着色作用、矫味作用以及美观作用等,通常将这些物质总称为辅料。辅料指主药以外的一切物料的总称,亦称赋形剂。根据它们所起作用的不同,常将辅料分成填充剂(稀释剂和吸收剂)、润湿剂与黏合剂、崩解剂、润滑剂四大类。还可根据需要加入着色剂、矫味剂等,以便于患者服用。

1. 填充剂

也叫稀释剂,主要作用是增加片剂的重量或体积,从而便于压片;常用的填充剂有淀粉类、糖类、纤维素类和无机盐类等;由压片工艺、制剂设备等因素所决定,片剂的直径一般不能小于5.5mm,片重多在60mg以上,如果片剂中的主药只有几毫克或几十毫克时,不加入适当的填充剂,将无法制成片剂,因此,填充剂在这里起到了较为重要的、增加体积帮助其成型的作用。

(1) 淀粉 淀粉是一种多糖,比较常用的是玉米淀粉,它的性质稳定,价格便宜,吸湿性小、外观色泽好,流动性差,可压性差,与大多数药物不发生作用。若单独使用,会使压出的药片过于松散。在实际生产中,常与可压性较好的糖粉、糊精混合使用,以增加其黏合性及硬度。另外酸性较强的药物如对氨基水杨酸钠、水杨酸钠等能使淀粉胶化而影响制剂的崩解性能,因此,酸性较强的药物应尽量避免使用淀粉作填充剂。

(2) 糖粉 糖粉系指结晶性蔗糖经低温干燥粉碎后而成的白色粉末,其优点在于黏合力强,可用来增加片剂的硬度,并使片剂的表面光滑美观。糖粉为片剂优良的稀释剂,兼有矫味和黏合作用。多用于口含片、咀嚼片及纤维性中药或质地疏松的药物制片。糖粉具引湿性,纯度差的糖粉引湿性更强,用量过多会使制粒、压片困难,久贮使片剂硬度增加,崩解或溶出困难。除用于口含片或可溶性片剂外,一般不单独使用,常与糊精、淀粉配合使用。酸性或强碱性药物能促使蔗糖转化,增加其引湿性,故不宜配伍使用。

(3) 糊精 糊精是淀粉水解中间产物的总称,其水溶物约为80%,在冷水中溶解较慢,较易溶于热水,不溶于乙醇。习惯上亦称其为高糊(高黏度糊精),即具有较强的黏结性,使用不当会使片面出现麻点、水印或造成片剂崩解或溶出迟缓;同理,在含量测定时如果不充分粉碎提取,将会影响测定结果的准确性和重现性,所以,很少单独大量使用糊精作为填充剂,常与糖粉、淀粉配合使用。与淀粉配合用作填充剂,兼有黏合作用。糊精黏性较大,用量较多时宜选用乙醇为润湿剂,以免颗粒过硬。应注意糊精对某些药物的含量测定有干扰,也不宜用作速溶片的填充剂。糊精在药物检测中影响药物提取以至干扰其含量测定,故在有效成分含量较低的药物制剂中应慎重使用。

(4) 乳糖 乳糖是一种优良的片剂填充剂,制成的片剂光洁、美观,硬度适宜,释放药物较快,较少影响主药的含量测定,久贮不延长片剂的崩解时限,尤其适用于引湿性药物。由牛乳清中提取制得。常用含有一分子水的结晶乳糖(即 α-含水乳糖),乳糖易溶于水、无引湿性,具良好的流动性、可压性,性质稳定,可与大多数药物配伍。由喷雾干燥法制得的乳糖为非结晶乳糖,其流动性、可压性良好,可供粉末直接压片使用。

(5) 可压性淀粉 可压性淀粉亦称预胶化淀粉,是新型的药用辅料,英国、美国、日本及中国药典皆已收载。国产可压性淀粉是部分预胶化的产品(全预胶化淀粉又称为 α-淀粉）。本品是多功能辅料，可作填充剂，具有良好的流动性、可压性、自身润滑性和干黏合性，并有较好的崩解作用，制成的片剂硬度、崩解性均较好，释药速度快，有利于生物利用度的提高，尤适于粉末直接压片。若用于粉末直接压片时，硬脂酸镁的用量不可超过片剂处方总量的 0.5％，以免产生软化效应。

（6）微晶纤维素　微晶纤维素（MCC）是纤维素部分水解而制得的聚合度较小的白色、无臭、无味、由多孔微粒组成的结晶性粉末，具有良好的可压性，有较强的结合力，压成的片剂有较大的硬度，可作为粉末直接压片的"干黏合剂"使用。微晶纤维素可作黏合剂、崩解剂、助流剂和稀释剂。因具吸湿性，所压片剂有变软和膨大的倾向，故不适用于包衣片及某些对水敏感的药物。片剂中含 20％微晶纤维素时崩解较好。微晶纤维素的价格比常用的稀释剂如淀粉、糊精、糖粉等高，故除非处方中有特殊需要，一般不单独用作稀释剂使用，而作为稀释-黏合-崩解三合剂使用，是一种多功能的辅料。唯一缺点是当微晶纤维素的含水量超过 3％时，混合及压片过程中，有产生静电的倾向，从而出现分离和条痕现象，此种现象可用干燥方法除去其中部分水分克服。当微晶纤维素用于湿法制颗粒时，由于它的吸水作用，即使加润湿剂稍有过量亦不影响湿料的搅拌和过筛，仍能制得较均匀的颗粒，没有结块现象。微晶纤维素亦可直接加入用湿法制得的干颗粒中，以增加粉粒之间的结合力，防止脱片现象。由于吸湿影响了粒子间氢键的结合力，片子会逐渐软化，故在一段时间内温度和湿度的变化，往往导致这类片子的硬度的变化。微晶纤维素与其他辅料的配比，对不溶性药物的溶出速率，有较大的影响，微晶纤维素量越大，其溶出速率越快。微晶纤维素在咀嚼片中是较为常用的辅料，由于其有较好的流动性和压缩后较好的黏合性，不仅有助于压片，而且还具有一定的崩解作用，有助于咀嚼片在口中快速崩解。但在生产中发现，压片过程中时有裂片发生，与使用的微晶纤维素质量不稳定有关。

（7）甘露醇　甘露醇，白色针状结晶，常用作片剂的填充剂（10％～90％）。甘露醇无吸湿性，干燥快，化学稳定性好，在口中溶解时吸热，因而有凉爽感，同时兼具一定的甜味，在口中无沙砾感，用于抗癌药、抗菌药、抗组胺药以及维生素等大部分片剂。由于它无吸湿性，所以用于对水分敏感的药物压片特别有价值。可以作为直接压片的赋形剂和咀嚼片的矫味剂，故更广泛用于醒酒药、口含清凉剂等咀嚼片的制造，但流动性差，价格贵，常与蔗糖配合使用。其服用量过大，可能会产生轻微腹泻，用本品制粒压片时，润滑剂的用量要适当增加。该品是山梨糖醇的异构化体，山梨糖醇的吸湿性很强，而该品完全没有吸湿性。甘露醇有甜味，其甜度相当于蔗糖的 70％。甘露醇清凉味甘，易溶于水，无引湿性，是咀嚼片、口含片的主要稀释剂和矫味剂。山梨醇可压性好，亦可作为咀嚼片的填充剂和黏合剂。

（8）无机盐类　主要是一些无机钙盐，如硫酸钙、磷酸氢钙及药用碳酸钙（由沉降法制得，又称为沉降碳酸钙）等。其中硫酸钙较为常用，其性质稳定，无臭无味，微溶于水，与多种药物均可配伍，制成的片剂外观光洁，硬度、崩解均好，对药物也无吸附作用。在片剂辅料中常使用二水硫酸钙。但应注意硫酸钙对某些主药（四环素类药物）的吸收有干扰，此时不宜使用。

① 硫酸钙二水物，为白色或微黄色粉末，不溶于水，无引湿性，性质稳定，可与大多数药物配伍；对油类有较强的吸收能力，并能降低药物的引湿性，常作为稀释剂和挥发油的吸收剂。硫酸钙半水物遇水易固化硬结，不宜选用。使用二水物以湿法制粒压片时，湿粒干燥温度应控制在 70℃以下，以免温度过高失去 1 个分子以上的结晶水后，遇水硬结。

② 磷酸氢钙，为白色细微粉末或晶体，呈微酸性，具良好的稳定性和流动性。磷酸钙

与其性状相似，两者均为中药浸出物、油类及含油浸膏的良好吸收剂，并有减轻药物引湿性的作用。其他如氧化镁、碳酸钙、碳酸镁均可作为吸收剂，尤适于含挥发油和脂肪油较多的中药片剂。其用量应视药料中含油量而定，一般为10%左右；另外，因它们碱性较强，不适合用于酸性药物中。

2. 润湿剂与黏合剂

某些药物粉末或填充剂具有黏性，只需加入适当的液体就可将其本身固有的黏性诱发出来，这时所加入的液体就称为润湿剂；某些药物粉末本身不具有黏性或黏性较小，需要加入淀粉浆等黏性物质，才能使其黏合起来，这时所加入的黏性物质就称为黏合剂。

（1）纯化水　纯化水是一种润湿剂。物料往往对水的吸收较快，容易发生发黏、结块、湿润不均匀和干燥后颗粒发硬的现象，从而出现混合不均匀，制成的颗粒硬度不一致的现象，片剂易出现麻点、不易崩解，因此最好采用低浓度的淀粉或乙醇代替。

（2）乙醇　乙醇也是一种润湿剂。可用于遇水易于分解的药物，也可用于遇水黏性太大的药物。一般浓度为30%～70%。随着乙醇浓度的增加，润湿后产生的黏性降低，制得的颗粒比较松散，压成的片剂崩解较快。中药浸膏片常用乙醇作润湿剂，但应注意迅速操作，以免乙醇挥发而产生强黏性团块。

（3）淀粉浆　淀粉浆是淀粉在水中受热糊化而得。淀粉浆是片剂中最常用的黏合剂，常用浓度为8%～15%，并以浓度为10%的淀粉浆最为常用；若物料可压性较差，可再适当提高淀粉浆的浓度到20%，相反，也可适当降低淀粉浆的浓度。淀粉浆的制法主要有煮浆和冲浆两种方法，冲浆是将淀粉混悬于少量（1～1.5倍）水中，然后根据浓度要求冲入一定量的沸水，不断搅拌糊化而成；煮浆是将淀粉混悬于全部量的水中，在夹层容器中加热并不断搅拌（不宜用直火加热，以免焦化），直至糊化。因为淀粉价廉易得且黏合性良好，所以凡在使用淀粉浆能够制粒并满足压片要求的情况下，大多数选用淀粉浆这种黏合剂。

（4）纤维素衍生物　将天然的纤维素经处理后制成的各种纤维素的衍生物。

① 羟丙基甲基纤维素。羟丙基甲基纤维素（HPMC）是纤维素在碱性条件下醚化而制得，为白色的粉末，无臭无味。羟丙基甲基纤维素是一种最为常用的薄膜衣材料。作为黏合剂的浓度一般为2%～5%。制备HPMC水溶液时，最好先将HPMC加入总体积1/5～1/3的热水（80～90℃）中，充分分散与润湿，然后在冷却条件下不断搅拌，加冷水至总体积。本品不溶于乙醇、乙醚和氯仿，但溶于10%～80%的乙醇溶液或甲醇与二氯甲烷的混合液。

② 羟丙基纤维素。羟丙基纤维素（HPC）为白色粉末，易溶于冷水，加热至50℃发生胶化或溶胀现象；可溶于甲醇、乙醇、异丙醇和丙二醇中。作为黏合剂的浓度一般为5%～20%。作湿法制粒的黏合剂，也可作为粉末直接压片的黏合剂。

③ 甲基纤维素和乙基纤维素。甲基纤维素（MC）具有良好的水溶性，可形成黏稠的胶体溶液，作为黏合剂使用，但应注意的是，当蔗糖或电解质达到一定浓度时本品会析出沉淀。乙基纤维素（EC）不溶于水，在乙醇等有机溶剂中的溶解度较大，并根据其浓度的不同产生不同强度的黏性，可用其乙醇溶液作为对水敏感的药物的黏合剂，但应注意本品的黏性较强且在胃肠液中不溶解，会对片剂的崩解及药物的释放产生阻滞作用。目前，常利用乙基纤维素的这一特性，将其用于缓、控释制剂（骨架型或膜控释型）中。

④ 羧甲基纤维素钠。羧甲基纤维素钠（CMC-Na）是纤维素的羧甲基醚化物，不溶于乙醇、氯仿等有机溶剂；溶于水时，最初粒子表面膨化，然后水分慢慢地浸透到内部而成为透明的溶液，但需要的时间较长，最好在初步膨化和溶胀后加热至60～70℃，可大大加快

其溶解过程。用作黏合剂的浓度一般为 $1\%\sim2\%$，其黏性较强，常用于可压性较差的药物，但应注意是否造成片剂硬度过大或崩解超限。

（5）聚维酮　聚维酮（PVP）系 1-乙烯基-2-吡咯烷酮聚合物，根据分子量分为多种规格，其中最常用的型号是 K30。本品为白色至乳白色粉末，无臭或稍有特臭，无味，有吸湿性。常用于泡腾片及咀嚼片的制粒中。最大缺点是吸湿性强。用作黏合剂的浓度一般为 $3\%\sim15\%$。在医药上有广泛的应用，为国际倡导的三大药用新辅料之一。应用最广的是作为片剂、颗粒剂的黏合剂（水溶液或醇溶液）。PVP 还可用作胶囊的助流剂，眼用药的去毒剂及润滑剂，注射剂的助溶剂，液体制剂的分散剂，酶及热敏药物的稳定剂。PVP 干粉还可用作直接压片的干燥黏合剂。浓度为 $3\%\sim15\%$ 的 PVP 乙醇溶液常用于对水敏感的药物制粒，制成的颗粒可压性好。浓度为 5% 的 PVP 无水乙醇溶液可用于泡腾片中酸、碱混合粉末的制粒，可避免在水存在下发生化学反应。本品亦为咀嚼片的优良黏合剂。

（6）其他黏合剂　$5\%\sim20\%$ 的明胶溶液溶于水形成胶浆，其黏度较大，制粒时明胶溶液应保持较高温度，以防止胶凝，缺点是随着放置时间的延长会变硬，适用于松散且不易制粒的药物以及在水中不需崩解或延长作用时间的口含片等。$10\%\sim25\%$ 的阿拉伯胶也属于胶浆，应保温使用，以防胶凝。$50\%\sim70\%$ 的蔗糖溶液，也可用于可压性很差的药物。但应注意，这些黏合剂黏性很大，制成的片剂较硬，稍稍过量就会造成片剂的崩解超限。

3. 崩解剂

崩解剂是使片剂在胃肠液中迅速裂碎成细小颗粒的辅料。由于它们具有很强的吸水膨胀性，能够瓦解片剂的结合力，使片剂从一个整体的片状物裂碎成许多细小的颗粒，实现片剂的崩解，所以十分有利于片剂中主药的溶解和吸收。理想的崩解剂不但能使片剂崩解成颗粒，而且能进一步分散成制粒前的细粉状。一般认为，崩解剂应有良好的吸水性能，吸水后能膨胀。崩解剂用量一般为片重的 $5\%\sim20\%$。除了缓（控）释片以及某些特殊用途的片剂（如口含片、咀嚼片、舌下片、植入片）以外，一般的片剂中都应加入崩解剂。崩解时限为片剂质量检查的主要内容，快速崩解对于难溶性药物的片剂更具实际意义。

（1）常用崩解剂

① 干淀粉。本品为最常用的崩解剂。主要用玉米淀粉，用前应在 $100\sim105℃$ 干燥 1 小时，使含水量在 $8\%\sim10\%$ 之间，用量一般为干燥粒重的 $5\%\sim20\%$。含水量在 8% 以下的玉米淀粉，吸水性较强且有一定的膨胀性，较适用于水不溶性或微溶性药物的片剂，但对易溶性药物的崩解作用较差，因为易溶性药物遇水溶解产生浓度差，使片剂外面的水不易通过溶液层面透入片剂的内部，阻碍了片剂内部淀粉的吸水膨胀。淀粉用作片剂崩解剂的缺点是淀粉的可压性不好，用量多时会影响片剂的硬度；淀粉的流动性不好，外加淀粉过多会影响颗粒的流动性。

② 羧甲基淀粉钠（CMS-Na）。本品为优良的崩解剂。是一种白色无定形的粉末，具有较强的吸水性和膨胀性，具有在冷水中能较快泡胀的性质，是性能很好的崩解剂。能吸收其干燥体积 30 倍的水。充分膨胀后体积可增大 $200\sim300$ 倍（有时出现轻微的胶黏作用）。吸水后粉粒膨胀而不溶解，不形成胶体溶液，故不会阻碍水分的继续渗入而影响药片的进一步崩解。本品可用作不溶性药物及可溶性药物片剂的崩解剂，其用量一般为片重的 $1\%\sim6\%$，其崩解作用好；还具有良好的流动性和可压性，可改善片剂的成形性，增加片剂的硬度；由于具有良好的润湿性和崩解作用，因此可加快药物的溶出。可直接压片，用量少不影响片剂的可压性。研究及生产实践表明，全浸膏片用 3% 的 CMS-Na、疏水性半浸膏片用 1.5% 的

CMS-Na，能明显缩短崩解时限，增加素片硬度。

③ 低取代羟丙基纤维素（L-HPC）。本品为白色或类白色结晶性粉末，在水中不易溶解。但有很好的吸水性，是一种良好的片剂崩解剂。它的毛糙结构与药粉和颗粒之间有较大的镶嵌作用，使黏性强度增加，可提高片剂的硬度和光洁度。由于具有很大的表面积和孔隙度，所以它有很好的吸水速度和吸水量，其吸水膨胀率在 $500\%\sim700\%$（取代基占 $10\%\sim15\%$ 时），崩解后的颗粒也较细小，故而很利于药物的溶出。一般用量为片重的 $2\%\sim5\%$。L-HPC 具有崩解和黏结双重作用，对崩解差的片剂可加速其崩解和崩解后粉粒的细度；对不易成型的药物，可促进其成型和提高药片的硬度，还能使片剂快速崩解。其崩解度不受时间的影响。

④ 泡腾崩解剂。最常用的泡腾崩解剂由碳酸氢钠和枸橼酸或酒石酸组成，它们遇水时产生二氧化碳气体，使片剂迅速崩解。为了避免 $NaHCO_3$ 与酸直接接触，增加稳定性，可以采用聚乙二醇微囊包裹方法将 $NaHCO_3$ 包裹起来。泡腾崩解剂可用于溶液片等，局部作用的避孕药也常制成泡腾片。用泡腾崩解剂制成的片剂，应妥善包装，避免与潮气接触。

⑤ 表面活性剂。表面活性剂为崩解辅助剂。应用表面活性剂作崩解辅助剂，能降低水分与药物之间的界面张力，能增加药物的润湿性，促进水分透入，使片剂容易崩解。常用的表面活性剂，如聚山梨酯80、溴化十六烷基三甲铵、十二烷基硫酸钠等。用量一般为片剂处方量的 0.2%。表面活性剂使用时可以溶解于黏合剂内，也可以与崩解剂混合后加于颗粒中，还可以制成醇溶液喷在干颗粒上，其中第三种方法最能缩短崩解时间。单独使用表面活性剂崩解效果不好，必须与干淀粉等混合使用。

⑥ 交联聚维酮（PVPP）。交联聚维酮是白色、流动性良好的粉末；在水、有机溶剂及强酸和强碱溶液中均不溶解，在水中迅速溶胀但不会出现高黏度的凝胶层，因而其崩解性能十分优越。其用量一般为片剂处方量的 $1\%\sim4\%$。

⑦ 交联羧甲基纤维素钠（CCNa）。交联羧甲基纤维素钠不溶于水，但能吸收本身重量数倍的水而膨胀，所以具有较好的崩解作用；当与羧甲基淀粉钠合用时，崩解效果更好，但与干淀粉合用时崩解作用会降低。用量一般为片剂处方量的 0.5%。

⑧ 二氧化硅。一种新型辅料，主要用作润滑剂、抗黏剂、助流剂。是一种高纯度、流动性很好的白色粉末。在片剂制作过程中是极好的流动促进剂，可以极大地改善颗粒流动性，提高堆密度，使制得的片剂硬度增加，崩解时限缩短，从而提高药物溶出速度。由于大多数中成药的浸膏有吸湿的特性，而微粉硅胶（粒子超微细化的二氧化硅）具有吸附水分、促进流动的特性，也非常适合在胶囊等药物中使用。特别适宜油类、浸膏类药物的制粒。制成的颗粒具有很好的流动性和可压性，在直接压片中用作助流剂，还可作为助滤剂、澄清剂，以及液体制剂的助悬剂、增稠剂，一般药用没什么副作用。

（2）崩解剂的使用方法

① 内加法，是指将崩解剂与处方中其他物料混合在一起制成颗粒的方法。崩解作用起自颗粒的内部，使颗粒全部崩解。但由于崩解剂包于颗粒内，与水接触较迟缓，且淀粉等在制粒过程中已接触湿和热，因此，崩解作用较弱。

② 外加法，是指将崩解剂与已干燥的颗粒混合后压片的方法。此法虽然能使片剂的崩解速度较快，但其崩解作用主要发生在颗粒与颗粒之间，崩解后往往呈颗粒状而不呈细粉状。

③ 内外加法，是指一部分与处方中其他粉料混合在一起制成颗粒，另一部分加在已干

燥的颗粒中，混匀压片的方法。此种方法可克服上述两种方法的缺点，是较为理想的加法。

在制粒和压片时崩解剂的用量可根据具体品种而定，通常内加崩解剂量占崩解剂总量的50％～75％，外加崩解剂量占崩解剂总量的25％～50％，一般加入比例为内加3份，外加1份。崩解速度：外加法＞内外加法＞内加法；溶出速度：内外加法＞内加法＞外加法。

4. 润滑剂

润滑剂是一个广义的概念，是助流剂、抗黏剂和（狭义）润滑剂的总称，其中：①助流剂是降低颗粒之间的摩擦力从而改善粉末流动性的物质；②抗黏剂是防止物料黏着于冲头表面的物质；③（狭义）润滑剂是降低药片与冲模孔壁之间摩擦力的物质，这是真正意义上的润滑剂。因此，一种理想的润滑剂应该兼具上述助流、抗黏和润滑三种作用。润滑剂能增加颗粒或粉末的流动性，减少颗粒或粉末与冲模之间的摩擦力，以利于将片剂推出模孔，使片剂的剂量准确，片面光洁美观，减少重量差异，保证压片操作的顺利进行，保证压片时压力分布均匀，防止裂片等。

生产中常用的润滑剂如下。

（1）水不溶性润滑剂

① 硬脂酸镁。本品为白色细腻轻松粉末，相对密度大，有良好的附着性，与颗粒混合后分布均匀而不易分离，压片后片面光滑美观，为最常用的疏水性润滑剂。本品润滑性强，抗黏附性好，助流性差，常与其他润滑剂配合使用。用量一般为片重的0.1％～1％，用量过大时，由于其疏水性，会造成片剂的崩解（或溶出）迟缓或产生裂片，应用这种疏水性润滑剂时，可同时加入适量表面活性剂如十二烷基硫酸钠以克服之。另外，本品不宜用于阿司匹林、某些抗生素药物及多数有机碱盐类药物的片剂。

② 滑石粉。本品为白色或灰白色结晶性粉末。相对密度大，抗黏附性与助流性良好，但附着性及润滑性较差。主要作为助流剂使用，它可将颗粒表面的凹陷处填满补平，减少颗粒表面的粗糙性从而达到降低颗粒间的摩擦力、改善颗粒流动性的目的，常用量一般为片重的0.1％～3％，最多不要超过5％。有实验证明滑石粉对硬脂酸镁的润滑作用有干扰，所以最好不要同用。滑石粉为亲水性物质，不妨碍片剂崩解。

③ 氢化植物油。本品是经过精制、漂白、脱色及除臭的氢化植物油，润滑性能好。也可以用喷雾干燥法制得，是一种润滑性能良好的润滑剂（在片剂和胶囊剂中作润滑剂）。应用时，将其溶于轻质液体石蜡或己烷中，然后将此溶液喷于颗粒上，以利于均匀分布，常与滑石粉混用（若以己烷为溶剂，可在喷雾后采用减压的方法除去己烷）。

④ 高熔点蜡。本品常用量为片重的3％～5％。润滑性很好，抗黏附性不好，无助流性。

⑤ 硬脂酸。本品常用量为片重的1％～5％，润滑性好，抗黏附性不好，无助流性。

（2）水溶性润滑剂　由于疏水性润滑剂对片剂的崩解及药物的溶出有一定的影响，同时为了满足制备水溶性片剂如口含片、泡腾片等的要求，需选用水溶性或亲水性的润滑剂。

① 聚乙二醇（PEG）。本品为水溶性，溶解后可得到澄明溶液，与其他润滑剂相比粉粒较小。常用PEG4000与PEG6000（皆可溶于水）。制得的片剂崩解、溶出不受影响，且得到澄明的溶液。

② 十二烷基硫酸镁。本品为水溶性表面活性剂，具有良好的润滑作用。为目前正在开发的新型水溶性润滑剂。

5. 着色剂

片剂中常加入着色剂以改善外观和便于识别。着色剂以轻淡优美的颜色为最好，因为色深易出现色斑。使用的色素包括天然色素和合成色素，均应无毒、稳定。合成色素应限于我国药监部门允许使用者使用；可溶性色素虽能形成均衡的色泽，但在干燥过程中，某些色素有向颗粒表面迁移的倾向，致使片剂带有色斑，所以使用不溶性色素较好。

6. 芳香剂和甜味剂

主要用于口含片及咀嚼片。常用的芳香剂有芳香油等，可将其醇溶液喷入颗粒中或先与滑石粉等混匀后再加入。甜味剂一般不需另加，可在稀释剂选择时一并考虑，必要时可加入甜菊素或阿司帕坦等甜味剂。

【任务说明】

本任务是制备阿司匹林片（0.3g/片），系化学药普通片剂，化学药普通片剂主要是指符合《中国药典》四部片剂通则规定，主药为化学药的非包衣片剂。在教学过程中，以阿司匹林片为例进行制备过程学习。本药品收载于《中国药典》二部。

阿司匹林片属于非甾体抗炎药。具有镇痛、抗炎、解热、抗风湿、抑制血小板聚集等作用，主要用于镇痛、解热，抗炎、抗风湿，关节炎，儿童黏膜皮肤淋巴结综合征（川崎病）等。

【任务准备】

一、接收操作指令

阿司匹林片批生产指令见表 4-20。

表 4-20　阿司匹林片批生产指令

品名	阿司匹林片	规格	0.3g/片
批号		理论投料量	100 片
采用的工艺规程名称		阿司匹林片工艺规程	
原辅料的批号和理论用量			
序号	物料名称	批号	理论投料量
1	阿司匹林		30g
2	淀粉		3g
3	柠檬酸		0.15g
4	10%淀粉浆		适量
5	滑石粉		1.5g
生产开始日期		年　月　日	
生产结束日期		年　月　日	
制表人		制表日期	年　月　日
审核人		审核日期	年　月　日

生产处方：

（100 片处方）

阿司匹林　　　　30g

淀粉　　　　　　3g

柠檬酸　　　　　　0.15g

10%淀粉浆　　　　适量

滑石粉　　　　　　1.5g

处方分析：

阿司匹林为主药；淀粉为稀释剂；10%淀粉浆为黏合剂；柠檬酸为稳定剂；滑石粉为润滑剂。

二、查阅操作依据

为更好地完成本项任务，可查阅《阿司匹林片工艺规程》《中国药典》等与本项任务密切相关的文件资料。

三、制定操作计划

根据本品种的制备要求制定操作工序如下：

配料→制粒→干燥→整粒→总混→压片→内包装→外包装

每个工序由准备工作、生产过程、清洁清场等几部分组成。在操作过程中填写化学药普通片剂制备操作记录（表4-21）。

【任务实施】

操作工序一　配　　料

核对处理好的原辅料的品名、数量等。严格按工艺处方逐一称量，小心谨慎，双人复核所称取物料的品名、数量，放置在指定区域内，一次限配一批，并填写生产记录和传递卡。

操作过程中的其他具体要求，可参见任务4-1配料工序。

操作工序二　制　　粒

阿司匹林在潮湿状态下遇铁器易变色，呈淡红色。在制粒过程中应尽量避免接触铁器，过筛时宜用尼龙筛，并迅速干燥；加淀粉浆的温度不宜过高，以免影响药物稳定。

操作过程中的其他具体要求，可参见任务4-2制粒工序。

操作工序三　干　　燥

阿司匹林在高温下不稳定。操作过程中要将所制湿颗粒均匀摊盘，置干燥箱内，设定上限温度50℃，进行干燥。

操作过程中的其他具体要求，可参见任务4-2干燥工序。

操作工序四　整　　粒

将干燥后的颗粒用整粒机进行整粒。整粒筛为18目筛。

操作过程中的其他具体要求，可参见任务4-2整粒与筛分工序。

操作工序五　总　　混

总混是指在片剂生产过程中，压片工艺前将干燥后的颗粒与润滑剂及其他易挥发的物料进行均匀混合的操作，本任务中是将整粒后的物料与滑石粉进行均匀混合。

操作过程中的其他具体要求，可参见任务 4-2 总混工序。

操作工序六　压　　片

一、准备工作

（一）操作人员

参见《D 级洁净区生产人员进出标准规程》。

（二）操作环境

参见"项目三　任务 3-1 操作工序一中生产环境"要求。

（三）工序文件

1. 批生产指令单
2. 压片岗位标准操作规程
3. 旋转式压片机标准操作规程
4. 旋转式压片机清洁消毒标准操作规程
5. 压片岗位清场管理规程
6. 压片岗位清场记录
7. 压片工序批生产记录

（四）物料要求

待物料检验合格后，由现场质量监控人员开具物料放行单后方可领用物料，并认真核对品名、批号、数量、规格，无误后填写物料进出站记录。

（五）场地、设施设备

常用设备为 ZP-35B 旋转式压片机，见图 4-26。

图 4-26　ZP-35B旋转式压片机

1. ZP-35B 旋转式压片机装机检查

① 检查上下凸轮是否有损伤。

② 确保压轮压力完全释放。

③ 安装前确保所有冲头完好无损。

④ 使用上、下冲头时防止冲头端部与其他冲头或坚硬的金属表面碰撞损坏冲头。

2. 装机

① 冲模安装顺序依次为模圈、上冲、下冲。

② 安装好模圈后检查每个顶丝是否锁紧。

③ 冲模、刮粉器、出片嘴、吸尘器、外围罩壳及物料斗，按次序在压片机转台上安装正确。

④ 检查上、下冲在冲孔中是否活动自如。

其他要求，参见"项目三　任务 3-1 操作工序一中场地、设施设备"的要求。

二、生产过程

① 检查压片设备各紧固件无松动后，进行空转，检查是否运行正常、无异常声响。

② 用空白颗粒压片试车，检查设备在受压状态下是否运转正常，初步调节压力、片重，并可将上、下冲及冲模间残留的油污带走，避免污染产品。

③ 待空白片外观、硬度等合格后进入试压片阶段。

④ 将物料送入加料斗。

⑤ 启动压片机电源，同时启动辅机（吸尘器、筛片机）、润滑设备，并填写设备润滑记录。

⑥ 随时微调片重，使之在合格范围内。

⑦ 试压出小部分片剂后停机。

⑧ 由 QA 人员从试压的片剂中抽检部分片剂检查硬度和脆碎度。

⑨ 硬度和脆碎度检查合格后，重新开机正式压片。

⑩ 每 15 分钟抽检片重 1 次，随时监控片重避免超限。

⑪ 随时注意设备运行情况，并填写设备运行记录。

⑫ 药片经筛片机除粉、磨边后，操作员将合格药片装入规定的洁净容器内，准确称取重量，认真填写周转卡，标明品名、批号、生产日期、操作人姓名等，挂于物料容器上，将产品运往中间站，与中间站负责人进行复核交接，双方在物料进出站台账上签字。

⑬ 整个生产过程中及时认真填写批生产记录，并复核、检查记录是否有漏记或错记现象，复核中间产品检验结果是否在规定范围内。同时应依据不同情况选择标识"设备状态卡"。

三、清洁清场

① 停机。

② 将操作间的状态标识改写为"待清场"。

③ 称量本批所产素片的总重量，按下列公式计算物料平衡。

$$物料平衡=\frac{B+C+D+E}{A}\times100\%$$

式中，A 为领取物料总重；B 为合格产品重量；C 为不合格产品重量；D 为可回收物料重量；E 为不可回收物料重量。

④ 填写交接班记录。

⑤ 填写请验单，由质量控制部门抽样检查。

⑥ 清退剩余物料、废料，并按车间生产过程剩余产品的处理标准操作规程进行处理。

⑦ 按清洁标准操作规程清洁所用过的设备、生产场地、用具、容器（清洁设备时，要断开电源）。

⑧ 清场后，及时填写清场记录，清场自检合格后，请质检员或检查员检查。

⑨ 通过质检员或检查员检查后，取得"清场合格证"并更换操作室的状标识志。

⑩ 清场合格证放在记录台规定位置，作为后续产品开工凭证。

🔆 知识链接1

压 片 机 械

常用压片机有以下几类。

一、单冲压片机

单冲压片机的外形及基本结构如图 4-27、图 4-28 所示。出片调节器用以调节下冲推片时抬起的高度，使其恰与模圈的上缘相平；片重调节器用于调节下冲下降的深度，从而调节模孔的容积而控制片重；压力调节器是用于调节上冲下降的深度，下降深度大，上、下冲间的距离近，压力大，反之则小。单冲压片机的压片过程见图 4-29：①上冲抬起，饲粉器移动到模孔之上，下冲下降到适宜深度，饲粉器在模上摆动，颗粒填满模孔；②饲粉器由模孔上移开，使模孔中的颗粒与模孔的上缘相平；③上冲下降并将颗粒压缩成片；④上冲抬起，下冲随之抬起到与模孔上缘相平，将药片由模孔中推出；⑤饲粉器再次移动到模孔之上并将压成之片推开，同时进行第二次饲粉，如此反复进行。

单冲压片机的产量约 100 片/min，多用于新产品的试制等；压片时由单侧加压，所以压力分布不均匀、噪声大。

图 4-27 单冲压片机的外形

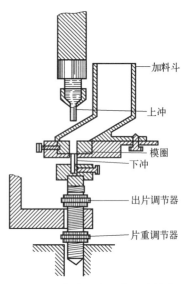

图 4-28 单冲压片机的基本结构

加料斗
上冲
模圈
下冲
出片调节器
片重调节器

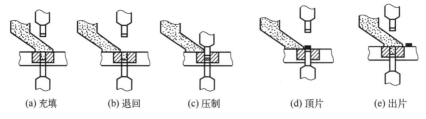

(a) 充填　　(b) 退回　　(c) 压制　　(d) 顶片　　(e) 出片

图 4-29 单冲压片机的压片过程

二、旋转压片机

旋转压片机是目前常用的压片机，主要由动力部分、传动部分和工作部分组成。旋转压片机的工作部分有绕轴而旋转的机台，机台分为三层，机台的上层装着若干上冲，在中层与上冲对应的位置装着模圈，下层的对应位置装下冲；另有固定位置的上压轮、下压轮、片重调节器、压力调节器、饲粉器、刮粉器、推片调节器以及附属的吸尘器和防护装置。机台装于机器的中轴上并绕轴而转动，机台上层的上冲随机台而转动并沿着固定的上冲轨道有规律地上、下运动；下冲也随机台并沿下冲轨道做上、下运动；在上冲之上及下冲的下面的固定位置分别装着上压轮和下压轮，在机台转动时，上、下冲经过上、下压轮时，被压轮推动使上冲向下、下冲向上运动，并对模孔中的颗粒加压；机台中层有一固定位置的刮粉器，颗粒由固定位置的饲粉器中不断地流入刮粉器中并由此流入模孔；压力调节器用于调节压缩时下冲升起的高度，两冲间距离越近，压力越大；片重调节器装于下冲轨道上，用于调节下冲经过刮粉器时的高度以调节模孔的容积。

旋转压片机工作部分的基本结构以及压片流程如图4-30所示。当下冲转到饲粉器之下时，其位置较低，颗粒装满模孔；下冲转动到刮粉器之下时，上冲上升到适宜的高度，刮粉器将多余的颗粒刮去；当上冲和下冲转到上、下压轮之间时，两个冲之间的距离最近，将颗粒压缩成片；上冲和下冲抬起，下冲抬到恰与模孔上缘相平，药片被刮粉器推开。

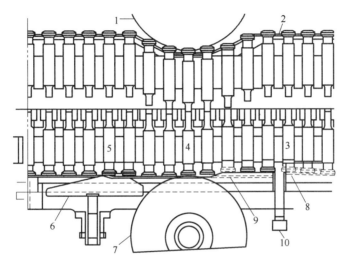

图4-30　旋转式压片机工作部分的基本结构以及压片流程
1—上压力盘；2—上冲轨道；3—出片；4—加压；5—加料；6—片重调节器；
7—下压力盘；8—下冲轨道；9—出片轨道；10—出片调节器

旋转压片机有多种型号，按冲数分，有16冲、19冲、27冲、33冲、55冲等；按流程来说，有单流程和双流程两种。单流程者仅有一套压轮（上、下压轮各一个），双流程者有两套压轮，另外饲粉器、刮粉器、片重调节器和压力调节器等各两套并均装于对称位置，中盘每转动一圈，每副冲压成两个药片。双流程压片机的生产效率高，而且压片时其载荷分布好，电机及传动机构处于更稳定的工作状态。

旋转压片机的饲粉方式合理，片重差异小；由上、下两方加压，压力分布均匀；生产效率较高。

近些年对压片机做了很多改进，如精度高，封闭式，除尘设备好，增加预压机构，等等。已有半自动及自动压片机，半自动压片机可根据压力变化，而自动剔除片重不合格的药片，其原理是测定压片机的部件的应变以测定压制药片的压力，上、下冲间的距离相同时，压力过大或过小，该片的片重必过大或过小，根据压力信号由一自动机构将片重不合格药片剔除。自动压片机则由压力变化信号指挥，由自动机构调节片重。

知识链接2

压片中经常出现的问题及其原因

一、松片

松片是指虽用较大压力压片，但片剂硬度小，松散易碎；有的药片初压成型时有一定硬度，但放置不久即变松散。松片的原因：

（1）原、辅料的压缩成型性不好　若原辅料有较强的弹性，例如，中草药的粉末中有纤维素以及酵母粉等，在大压力下虽可成型，但一经放置极易因膨胀而松片。遇此情况，应在处方中增多具有较强塑性的辅料，如可压性淀粉、微晶纤维素、乳糖等；也可选用更优良的黏合剂如羟丙甲纤维素等。原料的弹性也与晶型有关，必要时可粉碎，如针状或片状结晶不易压片。

（2）含水量的影响　压片的颗粒中一般应有适宜的含水量，过分干燥的颗粒往往不易压制成合格的片剂，原辅料在完全干燥状态时，其弹性较大，含适量水，可增强其塑性；颗粒有适量的水，压缩时有降低颗粒间摩擦力的作用，可以改善力的传递和分布，例如，用氯化钠压片时，其含水量越大，推片力越小；反之则越大。另外，含水有利于形成固体桥，有利于增加片剂硬度。

（3）润滑剂的影响　硬脂酸镁为国内最常用的润滑剂，但本品对一些片剂的硬度有不良影响。

（4）压缩条件　压力大小与片剂的硬度密切相关，压缩时间也有重要意义。塑性变形的发展需要一定的时间，如压缩速度太快，塑性很强的材料的弹性变形的趋势也将增大，使其易于松片。压片机中加有预压装置对压片有利，有人设计了两次压缩的压片机；再如增大旋转压片机冲头顶部的面积等以增加压缩时间。

（5）其他　如原辅料的粒度；其他辅料的选用；原辅料的熔点也有影响。

二、裂片

裂片是指片剂由模孔中推出后，容易因振动等原因而使面向上冲的一薄层裂开并脱落的现象；有时甚至由片剂腰部裂为两片，但较少发生。发生裂片的原因，传统的解释是颗粒中细粉多，压缩前颗粒孔隙中有空气，由于压缩速度较快，又因冲和模孔壁间的间隙很小，压缩过程中空气不能顺利排出，被封闭于片内的空隙内，当压力解除后，空气膨胀而发生裂片。

裂片的主要原因是颗粒的压缩行为不适宜，由于颗粒有较强弹性，压成的药片的弹性复原率高；也由压力分布不均匀等引起。用单冲压片机压片时，片剂的上表面压力较大。用旋转压片机压片时，片剂的上、下表面的压力较大。由于弹性复原率与压力大小有关，所以在片剂上表面或上、下表面的弹性复原高，片剂的上表面受压时间最短并首先移出模孔并脱离模孔的约束，所以易由顶部裂开。适当降低压力可以防止裂片，因为压力小，弹性复原率也小；增加压缩时间可增大塑性变形的趋势而防止裂片；颗粒中含有适量水分，可增强颗粒的塑性并有润滑作用，因而改善压力分布，可防止裂片。另外，加入优质润滑剂和助流剂以改变压力分布也是克服裂片问题的有效手段。

裂片的其他原因如模孔变形、磨损，压片机的冲头受损伤以及推片时下冲未抬到与模孔上缘相平的高度等。

三、黏冲

药片表面的物料会黏结在冲头表面，以致片剂的表面有缺损，不能继续压片。产生黏冲的原因：

① 冲头表面光洁度不够，表面已磨损或冲头表面刻有图案或其他标志易黏冲。

② 原辅料的熔点低，所以压缩时产生热发生熔融并黏冲。

③ 颗粒中含水多也易黏冲。

应采取针对性措施，例如冲头应抛光，以保持高光洁度；调节处方，必要时可适当增加辅料量；颗粒中的含水量应控制，应研究并确定每一处方的最佳含水量范围，并在生产中控制；使用优质的防止黏冲的辅料。

操作工序七　内　包　装

一、准备工作

（一）操作人员

参见《D级洁净区生产人员进出标准规程》。

（二）操作环境

参见"项目三　任务3-1 操作工序一中生产环境"要求。

（三）工序文件

1. 批生产指令单

2. 片剂瓶装联动线标准操作规程

3. 片剂内包装生产前确认记录

4. 片剂内包装岗位生产记录

5. 片剂内包装工序清场记录

（四）物料要求

按物料领取标准程序领取物料，包括上一工序生产出来的合格的阿司匹林片、塑料瓶、标签贴纸等，核对品名、批号、数量、规格。

（五）场地、设施设备等

片剂瓶装联动生产线见图4-31。

片剂瓶装联动生产线由高速自动理瓶机、电子数粒机、全自动高速塞纸机、高速旋盖机、电磁感应铝箔封口机、不干胶贴标机组成，符合GMP要求。主要特点为：

① 生产速度高：2000～12000 片/min，相当于两条机械筛动数粒装瓶生产线的产能，但只需操作人员 3～4 人。

② 全线兼容性强：光电计数采用抗高粉尘技术，全面兼容片剂（包括异形片）、硬胶

图 4-31　片剂瓶装联动生产线

囊、软胶囊（各种形状，透明、不透明）、丸剂等多种剂型。

③ 智能化程度高：多项自检报警功能，速度快、准确率高、轻触面板式操作，全线联动性好，运行流畅。对于不合格品自动剔除。

④ 效率高：各单机均为中文对话控制面板，可存储十到二十组品种参数，调节、使用特别方便。完全从操作的角度出发，易清洁、易操作、易调整、易维修、运行成本低、维护成本低。

⑤ 占地面积小（内包间使用面积小于 $30m^2$），能耗低。

其他要求参见"项目三　任务 3-1 操作工序一中场地、设施设备"的要求。

二、生产过程

（一）生产操作

① 打开总电源开关。

② 设定参数，使送瓶速度为 10 瓶/min，开启理瓶机，将空的药瓶送到数粒机出片嘴下。

③ 按多通道电子数粒机的标准操作规程开动电子数粒机数粒，设定参数（调节数粒振动大小），使 100 粒/瓶。

④ 刚开始几瓶可能不准，应倒入数粒盘中重数。

⑤ 按高速自动旋盖机标准操作规程开启旋盖机，按晶体管铝箔封口机标准操作规程开启电磁感应铝箔封口机，按 50 瓶/min 的要求设定操作参数后，正常运行。

⑥ 装上标签贴纸，开启贴标机。

（二）质量控制要点

① 外观。

② 每瓶的装量。

③ 批号。

三、清洁清场

① 生产结束，先关数粒机电机，后关理瓶机电机，然后用钥匙关闭总电源。

② 将本工序内包装好的药瓶计数，放入指定容器内，备用。

③ 将生产记录按批生产记录填写制度填写完毕，并交给指定人员保管。

④ 按 D 级洁净区清洁消毒规程对本生产区域进行清场，并有清场记录。

操作工序八 外 包 装

参见项目三任务 3-1 的外包装工序。

知识链接3

片剂的包装与贮存

片剂的包装与贮存既要注意外形美观，更应做到密封、防潮以及使用方便等，以保证制剂到达患者手中时，仍保持着药物的稳定与活性。

一、包装

1. 多剂量包装

方法及容器：几片至几百片包装在一个容器中，常用的容器多为玻璃瓶或塑料瓶，也有用软性薄膜、纸塑复合膜、金属箔复合膜等制成的药袋。

应用最多的是玻璃瓶。其密封性好，不透水汽和空气，化学惰性好，不易变质，价格低廉，有色玻璃瓶有一定的避光作用。但是重量较大、易于破损。

塑料瓶质地轻、不易破碎、容易制成各种形状、外观精美等，但其密封隔离性能不如玻璃制品，在高温及高湿下可能会发生变形等。

2. 单剂量包装

主要分为泡罩式（亦称水泡眼）包装和窄条式包装两种形式，均将片剂单个包装，使每个药片均处于密封状态，提高对产品的保护作用，也可杜绝交叉污染。

单剂量包装均为机械化操作，包装效率较高。但尚有许多问题有待改进。首先在包装材料上应从防潮、密封、轻巧及美观方面着手，不仅有利于片剂质量稳定而且与产品的销售息息相关。其次加快包装速度、减轻劳动强度，要从机械化、自动化、联动化等方面入手。

二、贮存

片剂应密封贮存，防止受潮、发霉、变质。除另有规定外，一般应将包装好的片剂放在阴凉（20℃以下）、通风、干燥处贮藏。对光敏感的片剂，应避光保存（宜采用棕色瓶包装）。受潮后易分解变质的片剂，应在包装容器内放干燥剂（如干燥硅胶）。

片剂是一种较稳定的剂型，只要包装和贮存适宜，一般可贮存较长时间，但不同片剂的药物性质不同，片剂质量也不同。含挥发性药物的片剂久贮存易有含量的变化，糖衣片易有外观的变化，有些片剂久贮后片剂的硬度变大等，应给予注意。

【任务记录】

制备过程中按要求填写操作记录（表 4-21）。

表 4-21 阿司匹林片批生产记录

品名			规格			批号	
操作日期	年　月　日		房间编号		温度　　℃	相对湿度	％
操作步骤	操作要求		操作记录				操作时间
1. 操作前检查	设备是否完好正常		□是　　□否				时　分～ 时　分
	设备、容器、工具是否清洁		□是　　□否				
	计量器具仪表是否校验合格		□是　　□否				
2. 物料预处理	1. 按粉碎、筛分岗位标准操作规程进行操作。 2. 将阿司匹林进行粉碎、筛分,筛分目数为 80 目,并控制操作速度,将粉碎、筛分后的物料装入洁净塑料袋内,并密封,做好标识,备用		物料名称: 粉碎前重量: 粉碎机型号: 粉碎后重量: 筛分机型号:　　　　目数: 筛分后重量:				时　分～ 时　分
3. 配料	1. 按生产处方规定,称取各种物料,记录品名、用量。 2. 在称量过程中执行一人称量,一人复核制度。 3. 100 片生产处方如下: 阿司匹林　　　　30g 淀粉　　　　　　3g 柠檬酸　　　　　0.15g 10％淀粉浆　　　适量 滑石粉　　　　　1.5g		按生产处方规定,称取各种物料,记录如下: 阿司匹林 淀粉 柠檬酸 10％淀粉浆 滑石粉				时　分～ 时　分
4. 混合制颗粒	1. 10％淀粉浆的制备:将 0.15g 柠檬酸溶于约 100ml 纯化水中,再加淀粉约 10g 分散均匀,加热,制成 10％淀粉浆约 100ml。 2. 按处方量,取预处理好的阿司匹林,与淀粉混匀,加淀粉浆适量制成软材。过 16 目筛制粒		1. 混合机型号: 混合时间:　　分钟 2. 制粒机型号: 制粒筛网目数:　　　　目				时　分～ 时　分
5. 干燥	1. 按干燥岗位标准操作规程进行操作。 2. 将所制湿颗粒均匀摊盘,置干燥箱内,设定上限温度 50℃进行干燥。 3. 称量并记录干燥后物料重量		干燥箱型号: 开始加热时间: 物料干燥时间: 干燥后物料重量:				时　分～ 时　分
6. 整粒、总混	1. 将干燥后的颗粒用整粒机进行整粒。 2. 将整粒后的物料与滑石粉进行混合。 3. 称量并记录总混后物料的重量		整粒机型号:　　　筛网目数: 总混机型号: 总混后物料重量:				时　分～ 时　分
7. 压片	1. 根据总混后物料重量,计算应压片重。 2. 用旋转式压片机,Φ8mm 冲模进行压片,在压片的过程中进行片重差异的控制		压片机型号:　　　　冲模型号: 应压片重:　　　　　压片数量: 将压片片重填写在下表中:				时　分～ 时　分
	时间						
	重量						

操作步骤	操作要求	操作记录	操作时间
8. 内包装	1. 设定参数,使送瓶速度为 10 瓶/min,开启理瓶机,将空的药瓶送到数粒机出片嘴下。 2. 设定参数(调节数粒振动大小),使100 粒/瓶。 3. 铝箔封口,按 50 瓶/min 的要求设定操作参数后,正常运行。 4. 装上标签贴纸,开启贴标机	1. 包装规格:　　粒/瓶。 2. 送瓶速度:　　瓶/min。 3. 铝箔封口速度:　　瓶/min	时　分～ 时　分
9. 外包装	1. 装盒:1 瓶/盒、1 张说明书。 2. 包条。 3. 装箱	1. 包装规格:　　瓶/盒、　张说明书/盒。 2. 包装数量:　　箱,另　　小盒	时　分～ 时　分
10. 清场	1. 生产结束后将物料全部清理,并定置放置。 2. 撤除本批生产状态标志。 3. 使用过的设备、容器及工具应清洁无异物并实行定置管理。 4. 设备内外尤其是接触药品的部位要清洁,做到无油污,无异物。 5. 地面、墙壁应清洁,门窗及附属设备无积灰,无异物。 6. 不留本批产品的生产记录及本批生产指令书面文件	QA 检查确认: □合格 □不合格	时　分～ 时　分
备注			
操作人	复核人	QA	

【任务评价】

(一)职业素养与操作技能评价

阿司匹林片制备技能评价见表 4-22。

表 4-22　阿司匹林片制备技能评价表

评价项目		评价细则	小组评价	教师评价
职业素养	职业规范 (4 分)	1. 规范穿戴工作衣帽(2 分)		
		2. 无化妆及佩戴首饰(2 分)		
	团队协作 (4 分)	1. 组员之间沟通顺畅(2 分)		
		2. 相互配合默契(2 分)		
	安全生产 (2 分)	生产过程中不存在影响安全的行为(2 分)		
实训操作	物料预处理 (10 分)	1. 开启设备前检查设备(4 分)		
		2. 按照操作规程正确操作设备(4 分)		
		3. 操作结束将设备复位,并对设备进行常规维护保养(2 分)		

评价项目		评价细则	小组评价	教师评价
实训操作	配料 (10分)	1. 选择正确的称量设备,并检查校准(4分)		
		2. 按照操作规程正确操作设备(4分)		
		3. 操作结束将设备复位,并对设备进行常规维护保养(2分)		
	混合、制粒、干燥 (10分)	1. 对环境、设备检查到位(4分)		
		2. 按照操作规程正确操作设备(4分)		
		3. 操作结束将设备复位,并对设备进行常规维护保养(2分)		
	整粒与总混 (10分)	1. 对环境、设备检查到位,筛网选择合适(4分)		
		2. 按照操作规程正确操作设备(4分)		
		3. 操作结束将设备复位,并对设备进行常规维护保养(2分)		
	压片(10分)	1. 对环境、设备检查到位(4分)		
		2. 按照操作规程正确操作设备(4分)		
		3. 操作结束将设备复位,并对设备进行常规维护保养(2分)		
	包装 (10分)	1. 对环境、设备、包材检查到位(4分)		
		2. 按照操作规程正确操作设备(4分)		
		3. 操作结束将设备复位,并对设备进行常规维护保养(2分)		
	产品质量 (10分)	1. 片重、硬度符合要求(4分)		
		2. 收率、物料平衡符合要求(6分)		
	清 场 (10分)	1. 能够选择适宜的方法对设备、工具、容器、环境等进行清洗和消毒(6分)		
		2. 清场结果符合要求(4分)		
实训记录	完整性 (5分)	1. 完整记录操作参数(2分)		
		2. 完整记录操作过程(3分)		
	正确性 (5分)	1. 记录数据准确无误,无错填现象(3分)		
		2. 无涂改,记录表整洁、清晰(2分)		

(二)知识评价

1. 单项选择题

(1)进行片重差异检查时,所取片数为(　　　)。

A. 10 片　　　　　　B. 20 片　　　　　　C. 15 片　　　　　　D. 30 片

(2)片剂辅料中润滑剂不具备的作用是(　　　)。

A. 增加颗粒的流动性　　　　　　B. 促进片剂在胃中湿润

C. 防止颗粒黏冲　　　　　　D. 减少对冲头的磨损

(3)为增加片剂的体积和重量,应加入的附加剂是(　　　)。

A. 稀释剂　　　　B. 崩解剂　　　　C. 吸收剂　　　　D. 润滑剂

(4)压片时出现松片现象,下列做法错误的是(　　　)。

A. 选黏性较强的黏合剂　　　　　　B. 颗粒含水量控制适中

C. 减少压片机压力　　　　　　D. 调慢压片机压片时的速度

(5)某片剂平均片重为 0.5g,《中国药典》规定的重量差异限度为(　　　　)。

A. ±1%　　　　B. ±2.5%　　　C. ±5%　　　　D. ±7.5%

（6）下列可作为片剂的泡腾崩解剂的是（　　　）。

A. 枸橼酸与碳酸钠　　　　　　　　B. 淀粉

C. 羧甲基淀粉钠　　　　　　　　　D. 预胶化淀粉

（7）片重差异超限的原因不包括（　　　）。

A. 冲模表面粗糙　　　　　　　　　B. 颗粒流动性不好

C. 加料斗内的颗粒时多时少　　　　D. 颗粒内的细粉太多或颗粒的大小相差悬殊

（8）粉末直接压片时，既可作填充剂、又可作黏合剂，还兼有崩解作用的辅料是（　　　）。

A. 甲基纤维素　　　B. 乙基纤维素　　　C. 微晶纤维素　　　D. 羟丙基甲基纤维素

（9）单冲压片机调节片重的方法为（　　　）。

A. 调节下冲下降的位置　　　　　　B. 调节下冲上升的高度

C. 调节上冲下降的位置　　　　　　D. 调节上冲上升的高度

（10）单冲压片机通过调节（　　　）进行片厚调节。

A. 上冲　　　　　　B. 下冲　　　　　　C. 模圈　　　　　　D. 上冲与下冲

2. 简答题

（1）片剂的重量差异如何检查？

（2）片剂常用辅料有哪些？

（3）比较压片过程中产生松片与裂片问题原因的异同点。

3. 案例分析题

分析某药厂在压片工艺中颗粒含水量过高或过低易导致的问题，并提出相应的解决方法。

项目五
半固体制剂制备

通过完成红霉素软膏、醋酸氟轻松乳膏、对乙酰氨基酚栓、马来酸氯苯那敏滴丸的制备任务达到如下学习目标。

知识目标：

1. 掌握　软膏剂、乳膏剂、栓剂及滴丸剂的概念、分类及质量要求、生产制备工艺、生产处方组成及处方分析。

2. 了解　软膏剂、乳膏剂、栓剂、滴丸剂的质量评价方法；乳剂型基质；栓剂的作用及影响药物吸收的因素。

技能目标：

1. 会根据批生产指令要求，正确领取各岗位所需物料。

2. 会按照 GMP 要求进行洗手、更衣，进入半固体制备相应洁净室的操作岗位。

3. 会操作半固体制剂各制备工序的设备，完成半固体制剂各岗位的制备工作。

4. 会按 GMP 要求，完成各工序的清洁清场操作。

5. 会按 GMP 要求，正确填写各工序的操作记录。

素质目标：

1. 具备严格遵守《药品生产质量管理规范》的素质，对软膏剂关键质量指标进行严格控制，确保产品质量符合国家标准。

2. 具备关注栓剂制备领域的最新研究进展和技术动态的意识，不断学习新知识、新技能，提升自身的专业素养及创新思维。

 项目说明

半固体制剂是药剂学中的特有名词，半固体制剂以软为特征，在轻度的外力作用下或在体温下易于流动和变形，相比于液体制剂和固体制剂，在外用上有比较大的优势，因好涂抹、易分散、附着性好，常用于皮肤、体腔及黏膜等处，包括软膏剂、乳膏剂、糊剂、凝胶剂、眼用半固体制剂、鼻用半固体制剂等。这些剂型大都属于药物经皮肤或黏膜吸收的剂型，具有如下优点：

①直接作用于靶部位发挥药效；②避免肝脏的首关效应和胃肠因素的干扰；③避免药物对

胃肠道的副作用；④长时间维持恒定的血药浓度，避免峰谷现象，降低药物毒副作用；⑤减少给药次数，而且患者可以自主用药，特别适合于婴儿、老人及不宜口服给药的患者，提高患者的用药依从性；⑥发现副作用时可随时中断给药。如同其他给药途径一样，经皮肤或黏膜给药亦存在一些缺点：①不适合剂量大或对皮肤或黏膜产生刺激性的药物；②大多数起效较慢，不适合要求起效快的药物；③药物吸收的个体差异和给药部位的差异较大。

任务 5-1　软膏剂——红霉素软膏制备

【任务资讯】

认识软膏剂

1. 软膏剂的定义

系指原料药物与油脂性或水溶性基质混合制成的均匀的半固体外用制剂。

2. 软膏剂的分类

因药物在基质中的分散状态不同，所以有溶液型软膏剂和混悬型软膏剂之分。溶液型软膏剂为药物溶解（或共熔）于基质或基质组分中制成的软膏剂；混悬型软膏剂为药物细粉均匀分散于基质中制成的软膏剂。

3. 软膏剂的特点

软膏剂主要作用于体表，对皮肤、黏膜或创面起保护、润滑和局部治疗作用，某些药物经透皮吸收后，亦能产生全身治疗作用。

4. 软膏剂的基质

软膏剂基质可分为油脂性基质和水溶性基质。油脂性基质常用的有凡士林、石蜡、液状石蜡、硅油、蜂蜡、硬脂酸和羊毛脂等；水溶性基质主要有聚乙二醇和纤维素衍生物。

5. 软膏剂质量要求

按照《中国药典》（四部）通则对软膏剂质量检查的有关规定，需要进行以下检查：

（1）粒度　除另有规定外，混悬型软膏剂、含饮片细粉的软膏剂按照下述方法检查，应符合规定。

检查法　取供试品适量，置于载玻片上涂成薄层，薄层面积相当于盖玻片面积，共涂3片，按照粒度和粒度分布测定法测定，均不得检出大于 $180\mu m$ 的粒子。

（2）装量　按照最低装量检查法检查，应符合规定（表5-1）。

表 5-1　软膏剂、乳膏剂装量要求

标示装量	平均装量	每个容器装量
20g 以下	不少于标示装量	不少于标示装量的 93%
20～50g	不少于标示装量	不少于标示装量的 95%
50g 以上	不少于标示装量	不少于标示装量的 97%

（3）无菌　用于烧伤［除程度较轻的烧伤（Ⅰ°或浅Ⅱ°外）］、严重创伤或临床必须无菌的软膏剂与乳膏剂，照无菌检查法检查，应符合规定。

（4）微生物限度　除另有规定外，按照非无菌产品微生物限度检查、微生物计数法和控制菌检查法及非无菌药品微生物限度标准检查，应符合规定。

【任务说明】

本任务是以红霉素软膏（1%，10g/支）为例进行软膏剂制备学习，本药品收载于《中国药典》二部。

红霉素软膏为白色至黄色油脂性软膏，主药红霉素为大环内酯类抗生素，抗菌谱较广，对大多数革兰氏阳性菌、部分革兰阴性菌及一些非典型性致病菌（如衣原体、支原体）均有抗菌活性，通常用于化脓性皮肤感染及对青霉素耐药的葡萄球菌感染，在医疗救助中占有重要的地位，特别是在外科手术、伤口的痊愈和皮肤的溃烂方面应用较多，效果明显。

【任务准备】

一、接收操作指令

红霉素软膏批生产指令见表5-2。

表5-2　红霉素软膏批生产指令

品名	红霉素软膏	规格	1%,10g/支
批号		理论投料量	10支
采用的工艺规程名称			
原辅料的批号和理论用量			
序号	物料名称	批号	理论用量/g
1	红霉素		1
2	液状石蜡		2
3	黄凡士林		97
生产开始日期	年　月　日		
生产结束日期	年　月　日		
制表人		制表日期	年　月　日
审核人		审核日期	年　月　日

生产处方：

（每支处方）

红霉素	0.1g
液状石蜡	0.2g
黄凡士林	9.7g

二、查阅操作依据

为更好地完成本项任务，可查阅《红霉素软膏工艺规程》《中国药典》等与本项任务密切相关的文件资料。

三、制定操作计划

根据本品种的制备要求制定操作工序如下：

称量→配制→灌封（内包装）→外包装

每个工序由准备工作、生产过程、清洁清场等几部分组成。在操作过程中填写油脂性基质软膏剂制备操作记录（表5-3）。

【任务实施】

操作工序一　称　　量

一、准备工作

（一）生产人员

① 生产人员应当经过培训，培训的内容应当与本岗位的要求相适应。除进行 GMP 理论和实践的培训外，还应当有相关法规、岗位的职责、技能及卫生要求的培训。

② 避免体表有伤口、患有传染病或其他可能污染药品的疾病的人员从事直接接触药品的生产工作。

③ 生产人员均应当按照规定更衣。工作服的选材、式样及穿戴方式应当与所从事的工作和空气洁净度级别要求相适应。

④ 生产人员不得化妆和佩戴饰物。

⑤ 生产人员应当避免裸手直接接触药品、与药品直接接触的包装材料和设备表面。

⑥ 生产人员按 D 级洁净区生产人员进出标准程序进入生产操作区。

（二）生产环境

① 生产区的内表面（墙壁、地面、天棚）应当平整光滑、无裂缝、接口严密、无颗粒物脱落，避免积尘，便于有效清洁，必要时应当进行消毒。

② 各种管道、照明设施、风口和其他公用设施的设计和安装应当避免出现不易清洁的部位，应当尽可能在生产区外部对其进行维护。

③ 排水设施应当大小适宜，并安装防止倒灌的装置。应当尽可能避免明沟排水；不可避免时，明沟宜浅，以方便清洁和消毒。

④ 制剂的原辅料称量应当在专门设计的称量室内进行。

⑤ 生产过程中产生粉尘的操作间（如干燥物料或产品的取样、称量、混合、包装等操作间）应当保持相对负压或采取专门的措施，防止粉尘扩散、避免交叉污染并便于清洁。

⑥ 生产区应当有适度的照明，一般不能低于300lx，照明灯罩应密封完好。

⑦ 洁净区与非洁净区之间、不同级别洁净区之间的压差应当不低于 10Pa。

⑧ 本工序的生产区域应按 D 级洁净区的要求设置，根据产品的标准和特性对该区域采取适当的微生物监控措施。

（三）生产文件

1. 批生产指令单
2. 称量岗位标准操作规程
3. 电子台秤标准操作规程
4. 电子台秤清洁消毒标准操作规程
5. 称量岗位清场标准操作规程
6. 称量岗位生产前确认记录
7. 称量间配料记录

（四）生产用物料

本岗位所用物料为经质量检验部门检验合格的红霉素、液状石蜡、黄凡士林。

本岗位所用物料应经物料净化后进入称量间。

一般情况下，工艺上的物料净化包括脱外包、传递和传输。

脱外包包括采用吸尘器或清扫的方式清除物料外包装表面的尘粒，污染较大，故脱外包间应设在洁净室外侧。在脱外包间与洁净室（区）之间应设置传递窗（柜）或缓冲间，用于清洁后的原辅料、包装材料和其他物品的传递。传递窗（柜）两边的传递门，应有联锁装置防止同时被打开，密封性好并易于清洁。

传递窗（柜）的尺寸和结构，应满足传递物品的大小和重量需要。

原辅料进出 D 级洁净区，按物料进出 D 级洁净区清洁消毒操作规程操作。

（五）设施、设备

车间应在配料间安装捕、吸尘等设施。配料设备（如电子秤等）的技术参数应经验证确认。配料间进风口应有适宜的过滤装置，出风口应有防止空气倒流的装置。

① 进入称量间，检查是否有"清场合格证"，并且检查是否在清洁有效期内，并请现场 QA 检查。

② 检查称量间是否有与本批次产品无关的遗留物品。

③ 对台秤等计量器具进行检查，是否具有"完好"的标志卡及"已清洁"标志。检查设备是否正常，若有一般故障自己排除，自己不能排除的则通知维修人员，正常后方可运行。要求计量器具完好，性能与称量要求相符，有检定合格证，并在检定有效期内。正常后进行下一步操作。

④ 检查操作间的进风口与回风口是否在更换有效期内。

⑤ 检查记录台是否清洁干净，是否留有上批的生产记录表或与本批无关的文件。

⑥ 检查操作间的温度、相对湿度、压差是否与生产要求相符，并记录洁净区温度、相对湿度、压差。

⑦ 查看并填写"生产交接班记录"。

⑧ 接收到批生产指令单、生产操作记录、中间产品交接单等文件，要仔细阅读批生产指令单，明确产品名称、规格、批号、批量、工艺要求等指令。

⑨ 复核所有物料是否正确，容器外标签是否清楚，内容与标签是否相符，核重量、件数是否相符。

⑩ 检查使用的周转容器及生产用具是否清洁，有无破损。

⑪ 检查吸尘系统是否清洁。

⑫ 上述各项达到要求后，由 QA 验证合格，取得清场合格证附于本批生产记录内，将操作间的状态标识改为"生产运行"后方可进行下一步生产操作。

二、生产过程

（一）生产操作

根据批生产指令单填写领料单，从备料间领取红霉素、液状石蜡、黄凡士林，并核对品名、批号、规格、数量、质量无误后，进行下一步操作。

按批生产指令单、电子台秤标准操作规程进行称量。

完成称量工序后，按电子台秤标准操作规程关停电子秤。

将所称量物料装入洁净的盛装容器中，转入下一工序，并按批生产记录管理制度及时填写相关生产记录。

将配料所剩的尾料收集，标明状态，交中间站，并填写好生产记录。

有异常情况，应及时报告技术人员，并协商解决。

（二）质量控制要点

① 物料标识：符合 GMP 要求。

② 性状：符合药品标准规定。

③ 检验合格报告单：有检验合格报告单。

④ 数量：核对准确。

三、清洁清场

① 将物料用干净的不锈钢桶盛放，密封，容器内外均附上状态标志，备用。转入下道工序。

② 按 D 级洁净区清洁消毒程序清理工作现场、工具、容器具、设备，并请 QA 人员检查，合格后发给清场合格证，将清场合格证挂贴于操作室门上，作为后续产品开工凭证。

③ 撤掉运行状态标志，挂清场合格标志，按清洁程序清理现场。

④ 及时填写批生产记录、设备运行记录、交接班记录等，并复核、检查记录是否有漏记或错记现象，复核中间产品检验结果是否在规定范围内；检查记录中各项是否有偏差发生，如果发生偏差则按《生产过程偏差处理规程》操作。

⑤ 关好水、电开关及门，按进入程序的相反程序退出。

操作工序二　配　　制

一、准备工作

（一）生产人员

本工序生产人员应提前学习与本工序相关的技术文件，掌握本工序的操作要点。

生产人员的素质要求及进入洁净区的程序参见本任务操作工序一。

（二）生产环境

本工序生产环境的要求按 GMP 有关 D 级洁净区的规定执行，具体参见本任务操作工序一。

（三）生产文件

1. 批生产指令单

2. 配制岗位标准操作规程

3. 配制罐标准操作规程

4. 配制罐清洁消毒标准操作规程

5. 配制岗位清场标准操作规程

6. 配制岗位生产前确认记录

7. 配制工序操作记录

（四）生产用物料

本工序生产用物料为称量工序按生产指令要求称量后的红霉素、液状石蜡、黄凡士林，操作人员到中间站或称量工序领取，领取过程按规定办理物料交接手续。

（五）设施、设备

① 检查操作间、工具、容器、设备等是否有清场合格标志，并核对是否在有效期内。否则按清场标准程序进行清场并经 QA 人员检查合格后，填写清场合格证，方可进入下一步操作。

② 根据要求选择适宜软膏剂配制的设备——油相罐（图 5-1）。设备要有"合格"标牌、"已清洁"标牌，并对设备状况进行检查，确保设备正常，方可使用。

③ 检查水、电供应正常，开启纯化水阀放水 10 分钟。

④ 检查配制容器、用具是否清洁干燥，必要时用 75％乙醇溶液对油相罐、配制容器、用具进行消毒。

⑤ 根据批生产指令填写领料单，从备料称量间领取原、辅料，并核对品名、批号、规格、数量、质量无误后，进行下一步操作。

⑥ 操作前检查加热、搅拌、真空是否正常，关闭油相罐底部阀门，打开真空泵冷却水阀门。

⑦ 挂"运行"状态标志，进入配制操作。

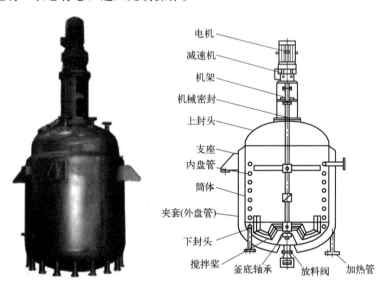

图 5-1　油相罐

二、生产过程

（一）生产操作

① 黄凡士林灭菌：将称量好的黄凡士林投入油相罐中，打开蒸汽阀门对油相罐进行加热，使黄凡士林达到 150℃，并保温 1 小时，同时开动搅拌；

② 降温：将油相罐的蒸汽阀门关闭，打开循环水阀门，对黄凡士林进行降温，使温度降至 80℃；

③ 将红霉素投入处方量的液状石蜡中搅拌，使溶解完全；

④ 混合：将上述溶解红霉素的液状石蜡通过带过滤网的管路压入油相罐中，启动搅拌器、真空泵、加热装置。溶合完全后，降温，停止搅拌，真空静置；

⑤ 静置：将软膏静置 2 小时后，称重，送至灌封工序；

⑥ 在操作过程中按规定填写生产操作记录。

（二）质量控制要点

① 外观：白色或至黄色软膏。

② 粒度：均匀、细腻，涂于皮肤或黏膜上应无刺激性。

③ 黏稠度：易涂布于皮肤或黏膜上，不融化。

三、清洁清场

按《操作间清洁标准操作规程》《油相罐清洁标准操作规程》对场地、设备、用具、容器进行清洁消毒，经 QA 检查合格后，发清场合格证。

操作工序三 灌封（内包装）

一、准备工作

（一）生产人员

本工序生产人员应提前学习与本工序相关的技术文件，掌握本工序的操作要点。

生产人员的素质要求及进入洁净区的程序参见本任务操作工序一。

（二）生产环境

本工序生产环境的要求按 GMP 有关 D 级洁净区的规定执行，具体参见本任务操作工序一。

（三）生产文件

1. 软膏剂灌封岗位操作法

2. 软膏剂灌封设备标准操作规程

3. 洁净区操作间清洁标准操作规程

4. 软膏剂灌封机清洁标准操作规程

5. 灌封生产前确认记录

6. 灌封生产操作记录

（四）生产用物料

按批生产指令单中所列的物料，从上一工序或物料间领取物料备用。

（五）设施、设备

① 检查操作间、工具、容器、设备等是否有清场合格标志，并核对是否在有效期内。否则按清场标准程序进行清场并经 QA 人员检查合格后，填写清场合格证，方可进入下一步操作；

② 根据要求选择适宜软膏剂灌封设备——自动灌装封尾机（图 5-2），设备要有"合格"标牌、"已清洁"标牌，并对设备状况进行检查，确证设备正常，方可使用；

图 5-2　自动灌装封尾机

③ 检查水、电、气供应正常；

④ 检查储油箱的液位不超过视镜的 2/3，润滑油涂抹阀杆和导轴；

⑤ 用 75% 乙醇溶液对贮料罐、喷头、活塞、连接管等进行消毒后按从下到上的顺序安装，安装计量泵时方向要准确、扭紧，紧固螺母时用力要适宜；

⑥ 检查抛管机械手是否安装到位；

⑦ 手动调试 2～3 圈，保证安装、调试到位；

⑧ 检查铝管，表面应平滑光洁，内容清晰完整，光标位置正确，铝管内无异物，管帽与管嘴配合；检查合格后装机；

⑨ 装上批号板，点动灌封机，观察灌封机运转是否正常；检查密封性、光标位置和批号；

⑩ 按批生产指令单称取物料，复核各物料的品名、规格、数量；

⑪ 挂本次运行状态标志，进入操作状态。

二、生产过程

（一）生产操作

① 操作人员戴好口罩和一次性手套；

② 加料：将料液加满贮料罐，盖上盖子，生产中当贮料罐内料液不足贮料罐总容积的 1/3 时，必须进行加料；

③ 灌封操作：开启灌封机总电源开关；设定每小时产量、是否注药等参数，按"送管"开始进空管，通过点动设定装量合格并确认设备无异常后，正常开机；每隔 10 分钟检查一次密封口、批号、装量。

（二）质量控制要点

① 密封性：随机取灌封后的产品，用手轻轻按压，应无漏气现象。

② 软管外观：随机取灌封后的产品，在灯检台下检视应均匀、光滑。

③ 装量：按最低装量检查法，取本工序产品 5 个，除去外盖，分别精密称定重量，除去内容物，再分别精密称定空容器的重量，求出每个容器内容物的装量与平均装量，均应符合表 5-1 的规定。如有 1 个装量不符合规定，则另取 5 个复试，应全部符合规定。

三、清洁清场

① 按清场程序和设备清洁规程清理工作现场、工具、容器具、设备，并请 QA 人员检查，合格后发给清场合格证。

② 撤掉运行状态标志，挂清场合格标志。

③ 暂停连续生产的同一品种时要将设备清理干净，按清洁程序清理现场。

④ 及时填写批生产记录、设备运行记录、交接班记录等。

⑤ 关好水、电开关及门，按进入程序的相反程序退出。

操作工序四　外　包　装

一、准备工作

（一）操作人员

本工序生产人员应提前学习与本工序相关的技术文件，掌握本工序的操作要点。

生产人员按一般生产区更衣标准操作规程进行更衣，进入外包装间。

（二）生产环境

1. 环境总体要求

应保持整洁，门窗玻璃、墙面和顶棚应洁净完好；设备、管道、管线排列整齐并包扎光洁，无跑、冒、滴、漏现象发生，且符合相关清洁要求。检查确认生产现场无上次生产遗留物。

2. 环境灯光

能看清管道标识和压力表以及房间、设备死角，灯罩应密封完好。

3. 电源

在操作间外，应有防漏电保护装置，确保安全生产。

4. 地面

应铺设防滑地砖或防滑地坪，无污物、无积水。

（三）任务文件

1. 批包装指令
2. 物料进出一般生产区洁净消毒规程
3. 外包装岗位标准操作规程
4. 打码机标准操作规程
5. 外包装生产记录
6. 外包装岗位清场标准操作规程
7. 外包装工序清场检查记录

（四）生产用物料

原辅料、包装材料及标签说明书。

（五）设施、设备

打码机（图 4-7）、打包机（图 4-8）等。

钢印打码机又可以称为压痕印字机，可以在纸张、薄纸板，及非吸收性材料如塑料薄膜、铝箔上钢印或墨轮打码。

高台自动打包机具有刚性和稳定性良好，造型美观大方，操作维修方便，安全节能，设备基础工程投资费用低等特点。

二、生产过程

按批生产指令单上的要求以 1 支/小盒、20 小盒/中盒、10 中盒/箱进行外包装。每小盒中放一张说明书，每箱内放一张合格证。上一批生产结余的零头可与下一批进行拼箱，拼箱外箱上应标明拼箱批号及数量。每批结余量和拼箱情况在批包装记录上显示。放入成品库待检入库。

（一）操作中的质量控制要点

① 现场质量监控员抽取外包材样品，交质检部门按成品质量标准的有关规定进行检测。

② 入库现场质量监控员抽取样品，交质检部门按《中国药典》软膏剂项下规定进行全项检测，并开具成品检验报告单，合格后方可入库。

（二）质量控制

① 外包装盒的标签、说明书。

② 外包装盒的批号及内装的袋数。

③ 附凭证：填写入库单及请验单。

三、清洁清场

① 生产结束时，将本工序生产出的合格产品的箱数计数，挂上标签，送到指定位置存放。

② 将生产记录按批生产记录管理制度填写完毕，并交予指定人员保管。

③ 按一般生产区洁净消毒规程对本生产区域进行清场，并有清场记录。

【任务记录】

制备过程中按要求填写操作记录（表 5-3）。

表 5-3　红霉素软膏制备操作记录

品名	红霉素软膏		规格	1%,10g/支	批号	
操作日期	年　月　日		房间编号		温度　　℃	相对湿度　　%
操作步骤	操作要求			操作记录		操作时间
1. 操作前检查	设备是否完好正常			□是　　□否		时　分～ 时　分
	设备、容器、工具是否清洁			□是　　□否		
	计量器具仪表是否校验合格			□是　　□否		
2. 称量	1. 按生产处方规定，称取各种物料，记录品名、用量。 2. 每支生产处方如下： 红霉素　0.1g　液状石蜡 0.2g　黄凡士林 9.7g			按生产处方规定，称取各种物料，记录如下： 　　红霉素　　　g 　　液状石蜡　　g 　　黄凡士林　　g		时　分～ 时　分
3. 配制	1. 黄凡士林灭菌：将称量好的黄凡士林投入油相罐中，打开蒸汽阀门对油相罐进行加热，使黄凡士林达到150℃，并保温1小时，同时开动搅拌； 2. 降温：将油相罐的蒸汽阀门关闭，打开循环水阀门，对黄凡士林进行降温，使温度降至80℃； 3. 将红霉素投入处方量的液状石蜡中搅拌，使溶解完全； 4. 混合：将上述溶解红霉素的液状石蜡通过带过滤网的管路压入油相罐中，启动搅拌器、真空泵、加热装置。溶合完全后，降温，停止搅拌，真空静置； 5. 静置：将软膏静置 2 小时后，称重，送至灌封工序			1. 黄凡士林灭菌： 温度：　℃， 保温时间：　小时； 2. 降温： 降至温度　℃； 3. 将红霉素　g 溶于　g 液状石蜡中搅拌，使溶解完全； 4. 混合： 混合时间：　分钟， 搅拌速度：　转/分钟； 5. 静置： 静置时间：　小时， 软膏重量：　g		时　分～ 时　分

操作步骤	操作要求	操作记录	操作时间
4. 灌封	1. 按灌封岗位操作 SOP 进行操作将上工序的物料进行灌封。 2. 工艺、设备参数： 空复合软管规格为 10g/支； 配套模具规格为 10g/支； 灌装速度：中速。 3. 在灌装过程中进行装量差异检查。 4. 灌装后进行物料平衡计算，物料平衡限度控制为 98%～100%	1. 工艺、设备参数： 空复合软管规格为 g/支； 配套模具规格为 g/支； 灌装速度： 。 2. 分装数量： 支。 3. 物料平衡：	时 分～ 时 分
5. 外包装	1. 装小盒：每小盒内装 1 支软膏，放 1 张产品说明书。 2. 装中盒：每 20 小盒为 1 中盒，封口。 3. 装箱：将封好的中盒装置于已封底的纸箱内，每 10 中盒为 1 箱，然后用封箱胶带封箱，打包带(2 条/箱)	1. 装小盒：每小盒内装 支软膏，放 张产品说明书。 2. 装中盒：每 小盒为 1 中盒，封口。 3. 装箱：将封好的中盒装置于已封底的纸箱内，每 中盒为 1 箱，然后用封箱胶带封箱，打包带(条/箱)	时 分～ 时 分
6. 清场	1. 生产结束后将物料全部清理，并定置放置。 2. 撤除本批生产状态标志。 3. 使用过的设备、容器及工具应清洁无异物并实行定置管理。 4. 设备内外尤其是接触药品的部位要清洁，做到无油污，无异物。 5. 地面、墙壁应清洁，门窗及附属设备无积灰，无异物。 6. 不留本批产品的生产记录及本批生产指令单书面文件	QA 检查确认： □合格 □不合格	时 分～ 时 分
备注			
操作人		复核人		QA	

【任务评价】

（一）职业素养与操作技能评价

红霉素软膏制备技能评价见表 5-4。

表 5-4　红霉素软膏制备技能评价表

评价项目		评价细则	小组评价	教师评价
职业素养	职业规范 （4 分）	1. 规范穿戴工作衣帽(2 分) 2. 无化妆及佩戴首饰(2 分)		
	团队协作 （4 分）	1. 组员之间沟通顺畅(2 分) 2. 相互配合默契(2 分)		
	安全生产 （2 分）	生产过程中不存在影响安全的行为(2 分)		

评价项目		评价细则	小组评价	教师评价
实训操作	物料预处理 (10分)	1. 开启设备前检查设备(4分)		
		2. 按操作规程正确操作设备(4分)		
		3. 操作结束将设备复位,并对设备进行常规维护保养(2分)		
	配料 (10分)	1. 选择正确的称量设备,并检查校准(4分)		
		2. 按操作规程正确操作设备(4分)		
		3. 操作结束将设备复位,并对设备进行常规维护保养(2分)		
	混合、分装 (20分)	1. 对环境、设备检查到位(8分)		
		2. 按操作规程正确操作设备(8分)		
		3. 操作结束将设备复位,并对设备进行常规维护保养(4分)		
	包装 (10分)	1. 对环境、设备、包材检查到位(4分)		
		2. 按操作规程正确操作设备(4分)		
		3. 操作结束将设备复位,并对设备进行常规维护保养(2分)		
	产品质量 (20分)	1. 外观均匀度、装量差异符合要求(8分)		
		2. 收率、物料平衡符合要求(12分)		
	清场 (10分)	1. 能够选择适宜的方法对设备、工具、容器、环境等进行清洗和消毒(6分)		
		2. 清场结果符合要求(4分)		
实训记录	完整性 (5分)	1. 完整记录操作参数(2分)		
		2. 完整记录操作过程(3分)		
	正确性 (5分)	1. 记录数据准确无误,无错填现象(3分)		
		2. 无涂改,记录表整洁、清晰(2分)		

(二)知识评价

1. 单项选择题

(1) 下列关于软膏剂的概念的正确叙述是 (　　)。

A. 软膏剂系指药物与适宜基质混合制成的固体外用制剂

B. 软膏剂系指药物与适宜基质混合制成的半固体外用制剂

C. 软膏剂系指药物与适宜基质混合制成的半固体内服和外用制剂

D. 软膏剂系指药物制成的半固体外用制剂

E. 软膏剂系指药物与适宜基质混合制成的半固体内服制剂

(2) 下列是软膏烃类基质的是 (　　)。

A. 羊毛脂　　　B. 蜂蜡　　　C. 硅酮　　　D. 凡士林　　　E. 聚乙二醇

(3) 下列是软膏烃类基质的是 (　　)。

A. 硅酮　　　B. 蜂蜡　　　C. 羊毛脂　　　D. 聚乙二醇　　　E. 固体石蜡

(4) 下列是软膏类脂类基质的是 (　　)。

A. 羊毛脂　　　B. 固体石蜡　　　C. 硅酮　　　D. 凡士林　　　E. 海藻酸钠

(5) 下类是软膏类脂类基质的是 (　　)。

A. 植物油　　　B. 固体石蜡　　　C. 鲸蜡　　　　D. 凡士林　　　　E. 甲基纤维素

（6）下列是软膏油脂类基质的是（　　）。

A. 甲基纤维素　B. 卡波姆　　　　C. 硅酮　　　　D. 甘油明胶　　　E. 海藻酸钠

（7）单独用作软膏基质的是（　　）。

A. 植物油　　　B. 液状石蜡　　　C. 固体石蜡　D. 蜂蜡　　　　　E. 凡士林

（8）下列物料可改善凡士林吸水性的是（　　）。

A. 植物油　　　B. 液状石蜡　　　C. 鲸蜡　　　D. 羊毛脂　　　　E. 海藻酸钠

（9）在乳剂型软膏基质中常加入羟苯酯类（羟苯类），其作用为（　　）。

A. 增稠剂　　　B. 稳定剂　　　　C. 防腐剂　D. 吸收促进剂　E. 乳化剂

（10）乳剂型软膏剂的制法是（　　）。

A. 研磨法　　　B. 熔合法　　　　C. 乳化法　　　D. 分散法　　　　E. 聚合法

2. 多项选择题

（1）软膏剂的制备方法有（　　）。

A. 乳化法　　　B. 溶解法　　　　C. 研和法　　　D. 熔合法　　　　E. 复凝聚法

（2）下列是软膏烃类基质的是（　　）。

A. 硅酮　　　　B. 蜂蜡　　　　　C. 羊毛脂　　　D. 凡士林　　　　E. 固体石蜡

（3）下列是软膏类脂类基质的是（　　）。

A. 羊毛脂　　　B. 固体石蜡　　　C. 蜂蜡　　　D. 凡士林　　　　E. 鲸蜡

（4）下列是软膏类脂类基质的是（　　）。

A. 植物油　　　B. 固体石蜡　　　C. 鲸蜡　　　D. 羊毛脂　　　　E. 甲基纤维素

（5）下列是软膏水溶性基质的是（　　）。

A. 植物油　　　　　　B. 甲基纤维素　　　C. 西黄蓍胶

D. 羧甲基纤维素钠　　E. 聚乙二醇

任务 5-2　乳膏剂——醋酸氟轻松乳膏制备

【任务资讯】

认识乳膏剂

1. 乳膏剂的定义

乳膏剂系指原料药物溶解或分散于乳状液型基质中形成的均匀半固体制剂。

2. 乳膏剂的分类

乳膏剂由于基质不同，可分为水包油型乳膏剂和油包水型乳膏剂。

3. 乳膏剂的特点

乳膏剂在常温下有一定的黏稠度、涂展性与稳定性，能均匀地涂布于皮肤、黏膜或创面上，对皮肤或黏膜具有杀菌、收敛、止痒、保护作用。

4. 乳膏剂的基质

乳膏剂基质可分为油包水型（W/O，俗称"冷霜"）与水包油型（O/W，俗称"雪花膏"）。水包油型乳化剂有钠皂、三乙醇胺皂类、脂肪醇硫酸（酯）钠类和聚山梨酯类等；油包水型乳化剂有钙皂、羊毛脂、单硬脂酸甘油酯、脂肪醇等。

5. 乳膏剂质量要求

乳膏剂基质应均匀、细腻，涂于皮肤或黏膜上应无刺激性。

乳膏剂应具有适当的黏稠度，应易涂布于皮肤或黏膜上，不融化，黏稠度随季节变化应很小。

乳膏剂应无酸败、异臭、变色、变硬等变质现象。

乳膏剂不得有油水分离及胀气现象。

按照《中国药典》（四部）通则对乳膏剂质量检查的有关规定，需要进行以下检查：

（1）装量　按照最低装量检查法检查，应符合规定（表 5-1）。

（2）无菌　用于烧伤［除程度较轻的烧伤（Ⅰ°或浅Ⅱ°外）］、严重创伤或临床必须无菌的乳膏剂，照无菌检查法检查，应符合规定。

（3）微生物限度　除另有规定外，按照非无菌产品微生物限度检查：微生物计数法和控制菌检查法及非无菌药品微生物限度标准检查，应符合规定。

【任务说明】

本任务以醋酸氟轻松乳膏（10g∶2.5mg）为例进行制备过程学习。本药品收载于《中国药典》二部。

醋酸氟轻松乳膏为白色乳膏，主药醋酸氟轻松为糖皮质激素类药物，外用适用于对糖皮质激素有效的皮肤病，如接触性皮炎、特应性皮炎、脂溢性皮炎、湿疹、皮肤瘙痒症、银屑病、神经性皮炎等瘙痒性及非感染性炎症性皮肤病。

【任务准备】

一、接收操作指令

醋酸氟轻松乳膏批生产指令见表 5-5。

表 5-5　醋酸氟轻松乳膏批生产指令表

品名	醋酸氟轻松乳膏		规格	10g∶2.5mg
批号			理论投料量	30 支
采用的工艺规程名称			醋酸氟轻松乳膏工艺规程	
原辅料的批号和理论用量				
序号	物料名称		批号	理论用量/g
1	醋酸氟轻松			0.075
2	二甲基亚砜			4.5
3	十八醇			27
4	白凡士林			30
5	十二烷基硫酸钠			3
6	液状石蜡			18
7	羟苯乙酯			0.3
8	甘油			15
9	纯化水			加至 300
生产开始日期	年 月 日		生产结束日期	年 月 日
制表人			制表日期	年 月 日
审核人			审核日期	年 月 日

生产处方：

（每支处方）

醋酸氟轻松	0.0025g
二甲基亚砜	0.15g
十八醇	0.9g
白凡士林	1g
十二烷基硫酸钠	0.1g
液状石蜡	0.6g
羟苯乙酯	0.01g
甘油	0.5g
纯化水加至	10g

二、查阅操作依据

为更好地完成本项任务，可查阅《醋酸氟轻松乳膏工艺规程》《中国药典》等与本项任务密切相关的文件资料。

三、制定操作计划

根据本品种的制备要求制定操作工序如下：

称量→配制（乳化）→灌封（内包装）→外包装

每个工序由准备工作、生产过程、清洁清场等几部分组成。在操作过程中填写乳膏剂的制备操作记录（表 5-7）。

【任务实施】

操作工序一 称 量

一、准备工作

本工序中按照生产指令要求准备醋酸氟轻松、二甲基亚砜、十八醇、白凡士林、十二烷基硫酸钠、液状石蜡、羟苯乙酯、甘油等物料，其他具体要求参见本项目中任务一的操作工序一。

二、生产过程

（一）生产操作

① 根据批生产指令单填写领料单，从备料间领取醋酸氟轻松、二甲基亚砜、十八醇、白凡士林、十二烷基硫酸钠、液状石蜡、羟苯乙酯、甘油等物料，并核对品名、批号、规格、数量、质量无误后，进行下一步操作。

② 按批生产指令单、电子台秤标准操作规程进行称量。

③ 完成称量任务后，按电子台秤标准操作规程关停电子秤。

④ 将所称量物料装入洁净的容器中，转入下一工序，并按批生产记录管理制度及时填写生产记录。

⑤ 将配料所剩的尾料收集，标明状态，交中间站，并填写好生产记录。

⑥ 有异常情况，应及时报告管理人员，并按规定程序进行处理。

（二）质量控制要点

① 物料标识：符合 GMP 要求。

② 性状：符合药品标准规定。

③ 检验合格报告单：有检验合格报告单。

④ 数量：核对准确。

三、清洁清场

① 将物料用干净的不锈钢桶盛放，密封，容器内外均附上状态标志，备用。转入下道工序。

② 按 D 级洁净区清洁消毒程序清理工作现场、工具、容器具、设备，并请 QA 人员检查，合格后发给清场合格证，将清场合格证挂贴于操作室门上，作为后续产品开工凭证。

③ 撤掉运行状态标志，挂清场合格标志，按清洁程序清理现场。

④ 及时填写批生产记录、设备运行记录、交接班记录等，并复核、检查记录是否有漏记或错记现象，复核中间产品检验结果是否在规定范围内；检查记录中各项是否有偏差发生，如果发生偏差则按《生产过程偏差处理规程》操作。

⑤ 关好水、电开关及门，按进入程序的相反程序退出。

操作工序二　配制（乳化）

一、准备工作

（一）生产人员

本工序生产人员应提前学习与本工序相关的技术文件，主要是掌握有关乳化方面的知识，掌握本工序的设备操作要领。

生产人员的素质要求及进入洁净区的程序参见本项目中任务一的操作工序一。

（二）生产环境

本工序生产环境的要求按 GMP 有关 D 级洁净区的规定执行，具体参见本项目中任务一操作工序一。

（三）生产文件

1. 批生产指令单

2. 乳化岗位标准操作规程

3. 乳化罐标准操作规程

4. 乳化罐清洁消毒标准操作规程

5. 乳化岗位清场标准操作规程

6. 乳化岗位生产前确认记录

7. 乳化工序操作记录

（四）生产用物料

本工序生产用物料为称量工序按生产指令要求称量后的醋酸氟轻松、二甲基亚砜、十八醇、白凡士林、十二烷基硫酸钠、液状石蜡、羟苯乙酯、甘油等物料，操作人员到中间站或称量工序领取，领取过程按规定办理物料交接手续。

（五）设施、设备

① 检查操作间、工具、容器、设备等是否有清场合格标志，并核对是否在有效期内。否则按清场标准程序进行清场并经 QA 人员检查合格后，填写清场合格证，方可进入下一步操作。

② 根据要求选择适宜软膏剂乳化设备，主要是真空乳化搅拌机（图 5-3），设备要有"合格"标牌、"已清洁"标牌，并对设备状况进行检查，确证设备正常，方可使用。

图 5-3　TZG 系列真空乳化搅拌机

真空乳化搅拌机主要由预处理锅、主锅、真空泵、液压、电器控制系统等组成。水锅与油锅的物料经充分溶解后被真空吸入主锅进行混合、均质乳化。

③ 检查水、电供应是否正常，开启纯化水阀放水 10 分钟。

④ 检查乳化容器、用具是否清洁干燥，必要时用 75％乙醇溶液对乳化罐、油相罐、乳化容器、用具进行消毒。

⑤ 根据批生产指令单填写领料单，从备料称量间领取原、辅料，并核对品名、批号、规格、数量、质量无误后，进行下一步操作。

⑥ 操作前检查加热、搅拌、真空是否正常，关闭油相罐、乳化罐底部阀门，打开真空泵冷却水阀门。

⑦ 挂本次运行状态标志，进入乳化操作。

二、生产过程

（一）生产操作

① 检查真空均质乳化机进料口上的过滤器的过滤网是否完好。

② 检查所有电机是否运转正常，并关闭所有阀门。

③ 将水相、油相物料经称量分别投入水相锅和油相锅，开始加热，待加热快完成时，启动搅拌器，使物料混合均匀。

④ 开动真空泵，待乳化锅内真空度达到－0.05MPa 时，开启水相阀门，待水相吸进一半时，关闭水相阀门。

⑤ 开启油相阀门，待油相吸进后关闭油相阀门。

⑥ 开启水相阀门直至水相吸完，关闭水相阀门，停止真空系统。

⑦ 开动乳化头 10 分钟后停止，开启刮板搅拌器及真空系统，当锅内真空度达－0.05MPa时，关闭真空系统。开启夹套阀门，在夹套内通冷却水冷却。

⑧ 待乳剂制备完毕后，停止刮板搅拌，开启阀门使锅内压力恢复正常，开启压缩空气

排出物料。

⑨ 将乳化锅夹套内的冷却水放掉。

（二）质量控制要点

① 性状：白色乳膏。

② 粒度：涂于皮肤，感觉细腻、无颗粒。

三、清洁清场

（一）油相罐的清洁

① 取下油相罐的盖子，送清洗间用纯化水刷洗干净；

② 往油相罐加入 1/3 罐容积的热水，搅拌 5 分钟，排出污水，冲洗干净，再加入适量的热水和洗洁精，用毛刷从上到下清洗罐壁及搅拌桨、温度探头等处（尤其注意罐底放料口的清洗），直至无可见残留物；

③ 将不锈钢连接管拆下，把两端带长绳子的小毛刷塞入管中，用水冲到另一端，两人分别在管的两端拉住绳子，加入热水和洗洁精，来回拉动绳子刷洗管内壁，然后倒出污水后再加入纯化水重复操作 2 次直至排水澄清、无异物；

④ 分别用纯化水淋洗油相罐、不锈钢连接管 2 次；

⑤ 用 75％乙醇溶液仔细擦拭油相罐内部和罐盖，消毒后将油相罐盖好；

⑥ 用毛巾将油相罐外部从上到下仔细擦洗，尤其注意阀门及相连电线套管、水管等处死角，毛巾应单向擦拭，并每擦约 $1m^2$ 清洗一次。

（二）乳化罐的清洁

① 将乳化罐顶部油相过滤器、真空过滤器打开取下，放工具车上送洗涤间，用热水清洗至无可见残留物。

② 将罐内加入足量热水（水面高出乳化头 10cm），放下罐顶，开动搅拌，乳化 5 分钟，排出污水，重复操作 1 次。罐内加入适量热水和洗洁精，用毛刷刷洗罐盖、罐壁、搅拌器、乳化头 2～3 遍，排出污水，再用纯化水冲洗约 10 分钟直至无可见异物。

③ 用纯化水淋洗油相过滤器、真空过滤器及乳化罐 2 次。

④ 用 75％乙醇溶液擦拭罐内表面、罐盖和搅拌器，进行消毒。

⑤ 用毛巾将乳化罐外部、底板及电控柜从上到下仔细擦洗干净，注意擦净罐底部的阀门及相连电线套管、水管等处死角。毛巾应单向擦拭，并每擦约 $1m^2$ 清洗一次。

⑥ 安装好乳化罐顶部的油相过滤器、真空过滤器。

⑦ 在连续生产时每周至少一次在生产间隔时用 5％甲酚皂或 0.2％新洁尔灭擦拭设备底部和电控柜。

⑧ 清洁后关好开关、各处进水的阀门。

⑨ 每批生产结束后按上述清洁方法进行清洁。

⑩ 清洁有效期为 7 天，如果超过有效期，需按上述清洁方法重新进行清洁。

（三）操作间的清洁

按《操作间清洁标准操作规程》对场地、设备、用具、容器进行清洁消毒，经 QA 人员检查合格，发清场合格证。

知识链接

乳剂型基质

乳剂型基质是将固体的油相加热熔化后与水相混合，在乳化剂的作用下进行乳化，最后在室温下成为半固体基质。遇水不稳定的药物不宜用乳剂型基质制备软膏。常用的油相固体：硬脂酸、石蜡、蜂蜡、高级醇（如十八醇）等。常用的稠度调节剂：液状石蜡、凡士林或植物油等。乳剂型基质的类型：水包油（O/W）型和油包水（W/O）型。常用的 O/W 型基质的保湿剂：甘油、丙二醇、山梨醇等，用量为 5%～20%。

乳剂型基质常用的乳化剂有如下类型：

1. 皂类

（1）一价皂　常为一价金属离子（钠、钾、铵）的氢氧化物、硼酸盐或三乙醇胺、三异丙胺等有机碱与脂肪酸（如硬脂酸或油酸）作用生成的新生皂，HLB15～18，降低水相的表面张力强于降低油相的表面张力，易形成 O/W 型基质，但油相过多时可转为 W/O 型基质。一价皂的乳化能力随脂肪酸中碳原子数 12 到 18 而递增，但在 18 以上乳化能力又降低。新生皂作乳化剂形成的基质应避免用于酸、碱类药物制备的软膏，特别是忌与含钙、镁离子的药物配方。

含有机胺皂的乳剂型基质：

［处方］

硬脂酸	100g
蓖麻油（调节稠度）	100g
液状石蜡（调节稠度）	100g
三乙醇胺	8g
甘油（保湿剂）	40g
羟苯乙酯（防腐剂）	0.8g
纯化水	452g

（2）多价皂　由二、三价金属离子钙、镁、铝的氧化物与脂肪酸作用生成的多价皂，HLB<6，形成 W/O 型基质。多价皂在水中解离度小，亲水基的亲水性小于一价皂，其亲油性强于亲水性。多价皂形成的 W/O 型基质比一价皂形成的 O/W 型基质稳定。

含有多价皂的乳剂型基质：

［处方］

硬脂酸	12.5g
单硬脂酸甘油酯	17g
蜂蜡	5g
地蜡	75g
液状石蜡（调节稠度）	410g
白凡士林	67g
双硬脂酸铝（乳化剂）	10g

氢氧化钙	1g
羟苯丙酯（防腐剂）	1g
纯化水	401.5g

2. 脂肪醇硫酸（酯）钠类

常用的有十二烷基硫酸（酯）钠，是阴离子型表面活性剂，常用量0.5%～2%。常与其他W/O型乳化剂（如十六醇或十八醇、硬脂酸甘油酯、脂肪酸山梨坦类等）合用。本品与阳离子型表面活性剂作用形成沉淀并失效，加入1.5%～2%氯化钠使之丧失乳化作用，适宜pH6～7，不应小于4或大于8。

含有十二烷基硫酸钠的乳剂型基质：

［处方］

硬脂醇（油相，辅助乳化）	220g
十二烷基硫酸钠（乳化剂）	15g
白凡士林（油相）	250g
羟苯甲酯（防腐剂）	0.25g
羟苯丙酯（防腐剂）	1g
丙二醇（保湿剂）	120g
纯化水加至	1000g

3. 高级脂肪酸及多元醇酯类

（1）十六醇及十八醇　十六醇，即鲸蜡醇，熔点45～50℃；十八醇即硬脂醇（stearylalcohol），熔点56～60℃，均不溶于水，但有一定的吸水能力，吸水后可形成W/O型乳剂型基质的油相，可增加乳剂的稳定性和稠度。新生皂为乳化剂的乳剂型基质，用十六醇和十八醇取代部分硬脂酸形成的基质则较细腻光亮。

（2）硬脂酸甘油酯　即单、双硬脂酸的混合物，不溶于水，溶于热乙醇及乳剂型基质的油相中。本品分子的甘油基上有羟基存在，有一定的亲水性，但十八碳链的亲油性强于羟基的亲水性，是一种较弱的W/O型乳化剂，与较强的O/W型乳化剂合用时，制得的乳剂型基质稳定，且产品细腻润滑，用量为15%左右。

含硬脂酸甘油酯的乳剂型基质：

［处方］

硬脂酸甘油酯（油相）	35g
硬脂酸	120g
白凡士林（油相）	10g
液状石蜡	120g
羊毛脂（油相）	50g
三乙醇胺	4ml
羟苯乙酯	1g
纯化水加至	1000g

［制法］　将油相成分（即硬脂酸甘油酯、硬脂酸、液状石蜡，白凡士林、羊毛脂）与水相成分（三乙醇胺、羟苯乙酯溶于纯化水中）分别加热至80℃，将熔融的油相加入水相中，

搅拌，制成 O/W 型乳剂基质。

（3）脂肪酸山梨坦与聚山梨酯类　非离子型表面活性剂，脂肪酸山梨坦，即司盘类，HLB 值在 4.3～8.6 之间，为 W/O 型乳化剂；聚山梨酯，即吐温类，HLB 值在 10.5～16.7 之间，为 O/W 型乳化剂。各种非离子型乳化剂均可单独制成乳剂型基质，但为调节 HLB 值而常与其他乳化剂合用。非离子型表面活性剂无毒性，中性，对热稳定，对黏膜与皮肤比离子型乳化剂刺激小，并能与酸性盐、电解质配伍，但与碱类、重金属盐、酚类及鞣质均有配伍变化。聚山梨酯类能严重抑制一些消毒剂、防腐剂的效能，如与羟苯酯类、季铵盐类、苯甲酸等络合而使之部分失活，但可适当增加防腐剂用量予以克服。以非离子型表面活性剂为乳化剂的基质中可用的防腐剂有：山梨酸、氯己定碘、氯甲酚等，用量约 0.2%。

含聚山梨酯类的乳剂型基质：

［处方］

硬脂酸	60g
聚山梨酯 80	44g
油酸山梨坦	16g
硬脂醇（增稠剂）	60g
液状石蜡	90g
白凡士林	60g
甘油	100g
山梨酸	2g
纯化水加至	1000g

［制法］　将油相成分（硬脂酸、油酸山梨坦、硬脂醇、液状石蜡及白凡士林）与水相成分（聚山梨酯 80、甘油、山梨酸及水）分别加热至 80℃，将油相加入水相中，边加边搅拌至冷凝成乳剂型基质。

［注解］　处方中聚山梨酯 80 为主要乳化剂（O/W 型），油酸山梨坦（司盘 80）为反型乳化剂（W/O 型），用以调节适宜的 HLB 值而形成稳定的乳剂基质。硬脂醇为增稠剂，制得的乳剂型基质光亮细腻，也可用单硬脂酸甘油酯代替得到同样效果。

以油酸山梨坦为主要乳化剂的乳剂型基质：

［处方］

单硬脂酸甘油酯	120g
蜂蜡	50g
石蜡	50g
白凡士林	50g
液状石蜡	250g
油酸山梨坦	20g
聚山梨酯 80	10g
羟苯乙酯	1g
纯化水加至	1000g

［制法］　将油相成分（单硬脂酸甘油酯、蜂蜡、石蜡、白凡士林、液状石蜡、油酸山梨

坦)与水相成分（聚山梨酯80、羟苯乙酯、纯化水）分别加热至80℃，将水相加入油相中，边加边搅拌至冷凝即得。

[注解] 处方中油酸山梨坦与硬脂酸甘油酯同为主要乳化剂，形成 W/O 型乳剂型基质，聚山梨酯80用以调节适宜的 HLB 值，起稳定作用。单硬脂酸甘油酯、蜂蜡、石蜡均为固体，有增稠作用，单硬脂酸甘油酯用量大，制得的乳膏光亮细腻且本身为 W/O 型乳化剂。蜂蜡中含有蜂蜡醇，也能起较弱的乳化作用。

4. 聚氧乙烯醚的衍生物类

(1) 平平加 O 即以十八（烯）醇聚乙二醇-800 醚为主要成分的混合物，为非离子型表面活性剂，其 HLB 值为 15.9，属 O/W 型乳化剂，但单用本品不能制成乳剂型基质，为提高其乳化效率，增加基质稳定性，可用不同辅助乳化剂，按不同配比制成乳剂型基质。

含平平加 O 的乳剂型基质：

[处方]

平平加 O	25～40g
十六醇	50～120g
凡士林	125g
液状石蜡	125g
甘油	50g
羟苯乙酯	1g
纯化水加至	1000g

[制法] 将油相成分（十六醇、液状石蜡及凡士林）与水相成分（平平加 O、甘油、羟苯乙酯及纯化水）分别加热至80℃，将油相加入水相中，边加边搅拌至冷，即得。

[注解] 其他平平加类乳化剂经适当配合也可制成优良的乳剂型基质，如平平加 A-20 及乳化剂 SE-10（聚氧乙烯10山梨醇）和柔软剂 SG（硬脂酸聚氧乙烯酯）等配合制得较好的乳剂型基质。

(2) 乳化剂 OP 即以聚氧乙烯（20）月桂醚为主的烷基聚氧乙烯醚的混合物，亦为非离子 O/W 型乳化剂，HLB 值为 14.5，可溶于水，1％水溶液的 pH 值为 5.7，对皮肤无刺激性，常与其他乳化剂合用。本品耐酸、碱、还原剂及氧化剂，性质稳定，用量一般为油相重量的 5％～10％。本品不宜与羟基类化合物，如苯酚、间苯二酚、麝香草酚、水杨酸等配伍，以免形成络合物，破坏乳剂型基质。

含乳化剂 OP 的乳剂型基质：

[处方]

硬脂酸	114g
蓖麻油	100g
液状石蜡	114g
三乙醇胺	8ml
乳化剂 OP	3ml
羟苯乙酯	1g
甘油	160ml
纯化水	500ml

[制法] 将油相成分（硬脂酸、蓖麻油、液状石蜡）与水相成分（甘油、羟苯乙酯、乳

化剂（OP、三乙醇胺及纯化水）分别加热至80℃，将油、水两相逐渐混合。搅拌至冷凝，即得O/W型乳剂型基质。

操作工序三　灌封（内包装）

本工序要求按灌封岗位操作SOP进行操作，将上工序生产的物料进行灌封，具体工艺参数设置如下：

① 空复合软管规格为10g/支；

② 配套模具规格为10g/支；

③ 灌装速度：中速；

④ 在灌装过程中进行装量差异检查；

⑤ 灌装后进行物料平衡计算，物料平衡限度控制为98%～100%。

其他要求可参见本项目中任务一的操作工序三。

操作工序四　外　包　装

本工序要求按如下工艺参数进行操作：

① 装小盒：每小盒内装1支软膏，放1张产品说明书。

② 装中盒：每20小盒为1中盒，封口。

③ 装箱：将封好的中盒装置于已封底的纸箱内，每10中盒为1箱，然后用封箱胶带封箱，打包带（2条/箱）。

其他要求可参见本项目中任务一的操作工序四。

【任务记录】

制备过程中按要求填写操作记录（表5-6）。

表5-6　乳膏剂制备操作记录

品名	醋酸氟轻松乳膏		规格		10g/支		批号		
操作日期	年　月　日		房间编号		温度	℃	相对湿度		%
操作步骤	操作要求			操作记录					操作时间
1. 操作前检查	设备是否完好正常			□是　　□否					时　分～ 时　分
	设备、容器、工具是否清洁			□是　　□否					
	计量器具仪表是否校验合格			□是　　□否					
2. 称量	1. 按生产处方规定,称取各种物料,记录品名、用量。 2. 每支生产处方如下： 　醋酸氟轻松　　　0.0025g 　二甲基亚砜　　　0.15g 　十八醇　　　　　0.9g 　白凡士林　　　　1g 　十二烷基硫酸钠　0.1g 　液状石蜡　　　　0.6g 　羟苯乙酯　　　　0.01g 　甘油　　　　　　0.5g 　纯化水加至　　　10g			按生产处方规定,称取各种物料,记录如下： 　醋酸氟轻松　　　　g 　二甲基亚砜　　　　g 　十八醇　　　　　　g 　白凡士林　　　　　g 　十二烷基硫酸钠　　g 　液状石蜡　　　　　g 　羟苯乙酯　　　　　g 　甘油　　　　　　　g 　纯化水加至　　　　g					时　分～ 时　分

操作步骤	操作要求	操作记录	操作时间
3. 配制	1. 油相:将称量好的油相物料投入油相罐中,打开蒸汽阀门对油相罐进行加热,使内容物达到80℃,同时开动搅拌; 2. 水相:将称量好的水相物料投入水相罐中,打开蒸汽阀门对水相罐进行加热,使内容物达到80℃,同时开动搅拌; 3. 开动真空泵,待乳化锅内真空度达到-0.05MPa时,开启水相阀门,待水相吸进一半时,关闭水相阀门; 4. 开启油相阀门,待油相吸进后关闭油相阀门; 5. 开启水相阀门直至水相吸完,关闭水相阀门,停止真空系统; 6. 开动乳化头10分钟后停止,开启刮板搅拌器及真空系统,当锅内真空度达-0.05MPa时,关闭真空系统。开启夹套阀门,在夹套内通冷却水冷却;冷却至50℃时将用DMSO溶解的醋酸氟轻松加入; 7. 待乳剂制备完毕后,停止刮板搅拌,开启阀门使锅内压力恢复正常,开启压缩空气,排出物料至灌装料斗中; 8. 将乳化锅夹套内的冷却水放掉	1. 油相加热温度: ℃; 2. 水相加热温度: ℃; 3. 乳化锅真空度: MPa; 4. 乳化时间: 分钟; 5. 冷却至 ℃;加入主药	时 分~ 时 分
4. 灌封	1. 按灌封岗位操作SOP进行操作,将上工序的物料进行灌封。 2. 工艺、设备参数: 空复合软管规格为10g/支; 配套模具规格为10g/支; 灌装速度:中速。 3. 在灌装过程中进行装量差异检查。 4. 灌装后进行物料平衡计算,物料平衡限度控制为98%~100%	1. 工艺、设备参数: 空复合软管规格为 g/支; 配套模具规格为 g/支; 灌装速度: 。 2. 分装数量: 袋。 3. 物料平衡:	时 分~ 时 分
5. 装量检查	空管平均重量: g;应填充量: g;实际重量: g<table><tr><td>称量时间</td><td></td><td></td><td></td><td></td><td></td><td></td><td></td><td></td></tr><tr><td>重量/g</td><td></td><td></td><td></td><td></td><td></td><td></td><td></td><td></td></tr><tr><td>称量时间</td><td></td><td></td><td></td><td></td><td></td><td></td><td></td><td></td></tr><tr><td>重量/g</td><td></td><td></td><td></td><td></td><td></td><td></td><td></td><td></td></tr><tr><td>称量时间</td><td></td><td></td><td></td><td></td><td></td><td></td><td></td><td></td></tr><tr><td>重量/g</td><td></td><td></td><td></td><td></td><td></td><td></td><td></td><td></td></tr><tr><td>称量时间</td><td></td><td></td><td></td><td></td><td></td><td></td><td></td><td></td></tr><tr><td>重量/g</td><td></td><td></td><td></td><td></td><td></td><td></td><td></td><td></td></tr></table>		时 分~ 时 分
6. 外包装	1. 装小盒:每小盒内装1支软膏,放1张产品说明书。 2. 装中盒:每20小盒为1中盒,封口。 3. 装箱:将封好的中盒装置于已封底的纸箱内,每10中盒为1箱,然后用封箱胶带封箱,打包带(2条/箱)	1. 装小盒:每小盒内装 支软膏,放 张产品说明书。 2. 装中盒:每 小盒为1中盒,封口。 3. 装箱:将封好的中盒装置于已封底的纸箱内,每 中盒为1箱,然后用封箱胶带封箱,打包带(条/箱)	时 分~ 时 分

续表

操作步骤	操作要求	操作记录	操作时间
7. 清场	1. 生产结束后将物料全部清理，并定置放置。 2. 撤除本批生产状态标志。 3. 使用过的设备、容器及工具应清洁无异物并实行定置管理。 4. 设备内外尤其是接触药品的部位要清洁，做到无油污，无异物。 5. 地面、墙壁应清洁，门窗及附属设备无积灰，无异物。 6. 不留本批产品的生产记录及本批生产指令单书面文件	QA 检查确认： □合格 □不合格	时　分～ 时　分
备注			
操作人		复核人		QA	

【任务评价】

（一）职业素养与操作技能评价

醋酸氟轻松乳膏制备技能评价见表 5-7。

表 5-7　醋酸氟轻松乳膏制备技能评价表

评价项目		评价细则	小组评价	教师评价
职业素养	职业规范 （4分）	1. 规范穿戴工作衣帽（2分） 2. 无化妆及佩戴首饰（2分）		
	团队协作 （4分）	1. 组员之间沟通顺畅（2分） 2. 相互配合默契（2分）		
	安全生产 （2分）	生产过程中不存在影响安全的行为（2分）		
实训操作	物料预处理 （10分）	1. 开启设备前检查设备（4分）		
		2. 按操作规程正确操作设备（4分）		
		3. 操作结束将设备复位，并对设备进行常规维护保养（2分）		
	配料、称量 （10分）	1. 选择正确的称量设备，并检查校准（4分）		
		2. 按操作规程正确操作设备（4分）		
		3. 操作结束将设备复位，并对设备进行常规维护保养（2分）		
	配制（10分）	1. 对环境、设备检查到位（4分）		
		2. 按操作规程正确操作设备（4分）		
		3. 操作结束将设备复位，并对设备进行常规维护保养（2分）		
	灌封 （10分）	1. 对环境、设备检查到位（4分）		
		2. 按操作规程正确操作设备（4分）		
		3. 操作结束将设备复位，并对设备进行常规维护保养（2分）		

续表

评价项目		评价细则	小组评价	教师评价
实训操作	外包装 (10分)	1. 对环境、设备检查到位,筛网选择合适(4分)		
		2. 按操作规程正确操作设备(4分)		
		3. 操作结束将设备复位,并对设备进行常规维护保养(2分)		
	包装 (10分)	1. 对环境、设备、包材检查到位(4分)		
		2. 按操作规程正确操作设备(4分)		
		3. 操作结束将设备复位,并对设备进行常规维护保养(2分)		
	产品质量 (10分)	1. 基质均匀、细腻,涂于皮肤或黏膜上无刺激性(4分)		
		2. 收率、物料平衡符合要求(6分)		
	清场 (10分)	1. 能够选择适宜的方法对设备、工具、容器、环境等进行清洗和消毒(6分)		
		2. 清场结果符合要求(4分)		
实训记录	完整性 (5分)	1. 完整记录操作参数(2分)		
		2. 完整记录操作过程(3分)		
	正确性 (5分)	1. 记录数据准确无误,无错填现象(3分)		
		2. 无涂改,记录表整洁、清晰(2分)		

(二)知识评价

1. 单项选择题

(1) 常用于 O/W 型乳剂型基质的乳化剂是 (   )。

A. 三乙醇胺皂　　B. 羊毛脂　　C. 硬脂酸钙　　D. 司盘类　　E. 胆固醇

(2) 常用于 O/W 型乳剂型基质的乳化剂是 (   )。

A. 硬脂酸钙　　B. 羊毛脂　　C. 月桂硫酸钠　　D. 十八醇　　E. 甘油单硬脂酸酯

(3) 常用于 W/O 型乳剂型基质的乳化剂是 (   )。

A. 司盘类　　B. 吐温类　　C. 月桂硫酸钠　　D. 卖泽类　　E. 泊洛沙姆

(4) 常用于 O/W 型乳剂基质的辅助乳化剂是 (   )。

A. 硬脂酸钙　　B. 羊毛脂　　C. 月桂硫酸钠　　D. 十八醇　　E. 吐温类

(5) 关于乳膏剂基质的叙述中错误的是 (   )。

A. 由水相、油相和乳化剂三者组成

B. O/W 型释药性强,易洗除

C. O/W 型易发霉,常需加保湿剂和防腐剂

D. W/O 型乳剂基质较不含水的油性基质易涂布,油腻性小

E. 系借助乳化剂的作用,将一种液相均匀分散于另一种液相中形成的液态分散系统

(6) 关于吐温 80 叙述错误的是 (   )。

A. 是非离子型表面活性剂　　　　B. 可作 O/W 型乳剂的乳化剂

C. 在碱性溶液中易发生水解　　　D. 能与抑菌剂羟苯酯类形成络合物

E. 溶血性较强

(7) 可作为 W/O 型乳化剂的是 (   )。

A. 一价皂　　　　B. 聚山梨酯类　　　C. 脂肪酸山梨坦

D. 阿拉伯胶　　　E. 氢氧化镁

（8）属于天然乳化剂的是（　　　）。

A. 钠皂　　　　　B. 磷脂　　　　　　C. 钙皂

D. 氢氧化钙　　　E. 聚山梨酯类

2. 处方分析题

下列处方为何种制剂的基质配方？请分析处方中各成分的作用。

［处方］

硬脂酸	120g
单硬脂酸甘油酯	35g
液体石蜡	60g
凡士林	10g
羊毛脂	50g
甘油	50g
羟苯乙酯	1g
三乙醇胺	4g
蒸馏水加至	1000g

任务 5-3　栓剂——对乙酰氨基酚栓制备

【任务资讯】

认识栓剂

1. 栓剂的定义

栓剂系指原料药物与适宜基质制成供腔道给药的固体制剂。

2. 栓剂的分类

栓剂因施用腔道的不同，分为直肠栓、阴道栓和尿道栓。直肠栓为鱼雷形、圆锥形或圆柱形等；阴道栓为鸭嘴形、球形或卵形等；尿道栓一般为棒状。根据释药方式的不同，栓剂还可分为普通栓和持续释药的缓释栓。

3. 栓剂的基质

栓剂的基质分为制造直肠栓剂和阴道栓剂的基质。常用栓剂基质包括油脂性基质（如可可豆脂、半合成椰油酯、半合成或全合成脂肪酸甘油酯等）和水溶性基质（如甘油明胶、聚乙二醇、泊洛沙姆等）。

（1）油脂性基质　高熔点亲脂性栓剂基质是半合成的长链脂肪酸甘油三酯的混合物，包括单甘油酯、双甘油酯，也可能存在乙氧化脂肪酸。根据基质的熔程、羟值、酸值、碘值、凝固点和皂化值，可将基质分为不同的类别。

（2）水溶性基质　亲水性栓剂基质通常是亲水性半固体材料的混合物，在室温条件下为固体，而使用时，药物会通过基质的熔融、溶蚀和溶出机理而释放出来。相对于高熔点栓剂基质，亲水性栓剂基质有更多羟基和其他亲水性基团。聚乙二醇为一种亲水性基质，具有合适的熔化和溶解行为。

栓剂基质最重要的物理性质便是它的熔程。一般来说，栓剂基质的熔程在 27～45℃。然而，单一栓剂基质的熔程较窄，通常在 2～3℃ 之间。基质熔程的选择应考虑其他处方成分对制剂终产品熔程的影响。

栓剂应在略低于体温（37℃）下熔化或溶解而释放药物，其释放机理为溶蚀或扩散分配。高熔点脂肪栓剂基质在体温条件下应熔化。水溶性基质应能够溶解或分散于水性介质中，药物释放机理是溶蚀和扩散机理。

4. 栓剂在生产与贮藏期间均应符合下列有关规定

① 栓剂常用基质为半合成脂肪酸甘油酯、可可豆脂、聚氧乙烯硬脂酸酯、聚氧乙烯山梨聚糖脂肪酸酯、氢化植物油、甘油明胶、泊洛沙姆、聚乙二醇类或其他适宜物质。

② 常用水溶性或与水能混溶的基质制备阴道栓。

③ 除另有规定外，供制栓剂用的固体药物，应预先用适宜方法制成细粉，并全部通过六号筛。根据施用腔道和使用目的的不同，制成各种适宜的形状。

④ 根据需要可加表面活性剂、稀释剂、吸收剂、润滑剂和防腐剂等。

⑤ 栓剂中的药物与基质应混合均匀，栓剂外形要完整光滑；塞入腔道后应无刺激性，应能融化、软化或溶化，并与分泌液混合，逐渐释放出药物，产生局部或全身作用；应有适宜的硬度，以免在包装或贮存时变形。

⑥ 缓释栓剂应进行释放度检查，不再进行融变时限检查。

⑦ 除另有规定外，应在 30℃ 以下密闭保存，防止因受热、受潮而变形、发霉、变质。

5. 栓剂的质量检查

除另有规定外，栓剂应进行以下相应检查。

（1）重量差异　照下述方法检查，应符合规定。

检查法：取供试品 10 粒，精密称定总重量，求得平均粒重后，再分别精密称定各粒的重量。每粒重量与平均粒重相比较，按表 5-8 中的规定，超出重量差异限度的药粒不得多于 1 粒，并不得超出限度 1 倍。

表 5-8　栓剂重量差异限度表

平均重量	重量差异限度
1.0g 以下至 1.0g	±10%
1.0g 以上至 3.0g	±7.5%
3.0g 以上	±5%

凡规定检查含量均匀度的栓剂，一般不再进行重量差异检查。

（2）融变时限　除另有规定外，照融变时限检查法检查，应符合规定。

（3）微生物限度　照微生物限度检查法检查，应符合规定。

【任务说明】

本任务在教学过程中，以对乙酰氨基酚栓（0.15g/枚）为例进行制备过程学习。本药品收载于《中国药典》二部。对乙酰氨基酚栓是由主要成分对乙酰氨基酚及辅料聚山梨酯 80 等制成的栓剂，能抑制前列腺素的合成，具有解热、镇痛作用，用于普通感冒或流行性感冒引起的发热，也用于缓解轻至中度疼痛如头痛、关节痛、牙痛、肌肉痛、神经痛、痛经。

【任务准备】

一、接收操作指令

对乙酰氨基酚栓批生产指令单见表5-9。

表5-9　对乙酰氨基酚栓批生产指令单

品名	对乙酰氨基酚栓	规格	0.15g/枚
批号		理论投料量	5 枚
采用的工艺规程名称		对乙酰氨基酚栓工艺规程	
原辅料的批号和理论用量			

序号	物料名称	批号	理论用量/g
1	对乙酰氨基酚		0.75
2	聚山梨酯80		1.0
3	冰片		0.5
4	乙醇		2.5
5	甘油		32.0
6	明胶		9.0
7	纯化水		加至50.0
生产开始日期	年　月　日	生产结束日期	年　月　日
制表人		制表日期	年　月　日
审核人		审核日期	年　月　日

生产处方：

（每枚处方）

对乙酰氨基酚	0.15g
聚山梨酯80	0.2g
冰片	0.1g
乙醇	0.5g
甘油	6.4g
明胶	1.8g
纯化水加至	10.0g

二、查阅操作依据

为更好地完成本项任务，可查阅《对乙酰氨基酚栓工艺规程》《中国药典》等与本项任务密切相关的文件资料。

三、制定操作计划

根据本品种的制备要求制定操作工序如下：

称量→配制→灌封（内包装）→外包装

每个工序由准备工作、生产过程、清洁清场等几部分组成。在操作过程中填写普通栓剂的制备操作记录（表5-11）。

【任务实施】

操作工序一 称 量

一、准备工作

（一）生产人员

① 生产人员应当经过培训，培训的内容应当与本岗位的要求相适应。除进行 GMP 理论和实践的培训外，还应当有相关法规、岗位的职责、技能及卫生要求的培训。

② 避免体表有伤口、患有传染病或其他可能污染药品的疾病的人员从事直接接触药品的生产工作。

③ 生产人员均应当按照规定更衣。工作服的选材、式样及穿戴方式应当与所从事的工作和空气洁净度级别要求相适应。

④ 生产人员不得化妆和佩戴饰物。

⑤ 生产人员应当避免裸手直接接触药品、与药品直接接触的包装材料和设备表面。

⑥ 生产人员按 D 级洁净区生产人员进出标准程序进入生产操作区。

（二）生产环境

① 生产区的内表面（墙壁、地面、天棚）应当平整光滑、无裂缝、接口严密、无颗粒物脱落，避免积尘，便于有效清洁，必要时应当进行消毒。

② 各种管道、照明设施、风口和其他公用设施的设计和安装应当避免出现不易清洁的部位，应当尽可能在生产区外部对其进行维护。

③ 排水设施应当大小适宜，并安装防止倒灌的装置。应当尽可能避免明沟排水；不可避免时，明沟宜浅，以方便清洁和消毒。

④ 制剂的原辅料称量应当在专门设计的称量室内进行。

⑤ 产尘操作间（如干燥物料或产品的取样、称量、混合、包装等操作间）应当保持相对负压或采取专门的措施，防止粉尘扩散、避免交叉污染并便于清洁。

⑥ 生产区应当有适度的照明，一般不能低于 300lx，照明灯罩应密封完好。

⑦ 洁净区与非洁净区之间、不同级别洁净区之间的压差应当不低于 10Pa。

⑧ 本工序的生产区域应按 D 级洁净区的要求设置，根据产品的标准和特性对该区域采取适当的微生物监控措施。

二、生产过程

（一）生产操作

① 原辅料应在称量室称量，其环境的空气洁净度级别应与配制间一致，并有捕尘和防止交叉污染的措施。

② 称量用的天平、磅秤应定期由计量部门专人校验，做好校验记录，并在已校验的衡器上贴上检定合格证，每次使用前应由操作人员进行校正。

③ 根据生产指令填写领料单，从备料间领取对乙酰氨基酚、聚山梨酯 80、冰片、乙醇、甘油、明胶、纯化水，并核对品名、批号、规格、数量、质量无误后，进行下一步操作。

④ 按批生产指令单、XK3190-A12E 台秤标准操作规程进行称量。

⑤ 完成称量任务后，按 XK3190-A12E 台秤标准操作规程关停电子秤。

⑥ 将所称量物料装入洁净的盛装容器中，转入下一任务，并按批生产记录管理制度及时填写相关生产记录。

⑦ 将配料所剩的尾料收集，标明状态，交中间站，并填写好生产记录。

⑧ 如有异常情况，应及时报告技术人员，并协商解决。

（二）质量控制要点

① 物料标识：符合 GMP 要求。

② 性状：符合药品标准规定。

③ 检验合格报告单：有检验合格报告单。

④ 数量：核对准确。

三、清洁清场

① 将物料用干净的容器盛放，密封，容器内外均附上状态标志，备用。转入下道工序。

② 按 D 级洁净区清洁消毒程序清理工作现场、工具、容器具、设备，并请 QA 人员检查，合格后发给清场合格证，将清场合格证挂贴于操作室门上，作为后续产品开工凭证。

③ 撤掉运行状态标志，挂清场合格标志，按清洁程序清理现场。

④ 及时填写批生产记录、设备运行记录、交接班记录等，并复核、检查记录是否有漏记或错记现象，复核中间产品检验结果是否在规定范围内；检查记录中各项是否有偏差发生，如果发生偏差则按《生产过程偏差处理规程》操作。

⑤ 关好水、电开关及门，按进入程序的相反程序退出。

操作工序二　配　　制

一、准备工作

（一）生产人员

本工序生产人员应提前学习与本工序相关的技术文件，掌握本工序的操作要点。

生产人员的素质要求及进入洁净区的程序参见本任务操作工序一。

（二）生产环境

本工序生产环境的要求按 GMP 有关 D 级洁净区的规定执行，具体参见本任务操作工序一。

（三）生产文件

1. 批生产指令单

2. 配制岗位标准操作规程

3. 化基质罐及配制罐标准操作规程

4. 化基质罐及配制罐清洁消毒标准操作规程

5. 配制岗位清场标准操作规程

6. 配制岗位生产前确认记录

7. 配制工序操作记录

（四）生产用物料

本工序生产用物料为称量工序按生产指令要求称量后的对乙酰氨基酚、聚山梨酯80、冰片、乙醇、甘油、明胶、纯化水，操作人员到中间站或称量工序领取，领取过程按规定办理物料交接手续。

（五）设施、设备

① 检查操作间、工具、容器、设备等是否有清场合格标志，并核对是否在有效期内。否则按清场标准程序进行清场并经QA人员检查合格后，填写清场合格证，方可进入下一步操作。

② 根据要求选择适宜栓剂配制设备——化基质罐（图5-4）和栓剂配制罐（图5-5）。设备要有"合格"标牌、"已清洁"标牌，并对设备状况进行检查，确证设备正常，方可使用。

③ 检查水、电供应正常，开启纯化水阀放水10分钟。

④ 检查配制容器、用具是否清洁干燥，必要时用75％乙醇溶液对化基质罐、配制罐及其他配制容器、配制用具进行消毒。

⑤ 根据生产指令填写领料单，从备料称量间领取原、辅料，并核对品名、批号、规格、数量、质量无误后，进行下一步操作。

⑥ 操作前检查加热、搅拌、真空是否正常，关闭油相罐底部阀门，打开真空泵冷却水阀门。

⑦ 挂本次运行状态标志，进入配制操作。

图5-4　化基质罐

图5-5　栓剂配制罐

二、生产过程

（一）生产操作

1. 制备基质

① 检查化基质罐内外有无异物，设备是否处于正常状态。

② 根据工艺要求向罐内投入聚山梨酯80、冰片、乙醇、甘油、明胶、纯化水等。开启搅拌，打开蒸汽阀门对化基质罐进行加热，使内容物温度达到60℃。

2. 加入药物

① 将化基质罐内处理好基质压缩空气压至栓剂配制罐中。

② 将称量好的对乙酰氨基酚加入配制罐中，与基质搅拌均匀。

③ 开启压缩空气排出物料至灌装机的料斗中。

（二）质量控制要点

① 外观：为乳白色至微黄色黏稠状液体。

② 粒度：分散均匀，无固体颗粒。

③ 黏稠度：均匀黏稠，色泽均匀。

三、清洁清场

按《操作间清洁标准操作规程》《油相罐清洁标准操作规程》，对场地、设备、用具、容器进行清洁消毒，经 QA 人员检查合格，发清场合格证。

知识链接1

栓剂的处方组成

栓剂的处方组成包括药物、基质和附加剂。

一、药物

栓剂中药物加入后可溶于基质中，也可混悬于基质中。供制栓剂用的固体药物，除另有规定外，应预先用适宜方法制成细粉，并全部通过六号筛。根据施用腔道和使用目的不同，制成各种适宜的形状。

二、基质

制备栓剂的基质应：①室温时具有适宜的硬度，当塞入腔道时不变形、不破碎。在体温下易软化、融化，能与体液混合和溶于体液。②具有润湿或乳化能力，水值较高。③不因晶形的软化而影响栓剂的成型。④基质的熔点与凝固点的间距不宜过大。⑤适用于冷压法及热熔法制备栓剂，且易于脱模。基质不仅赋予药物成型，且影响药物的作用。局部作用要求释放缓慢而持久，全身作用要求引入腔道后迅速释药。

1. 油脂性基质

油脂性基质的栓剂中，如药物为水溶性的，则药物能很快释放于体液中，作用较快。如药物为脂溶性的，则药物必须先从油相中转入水相体液中，才能发挥作用。

（1）可可豆脂　可可豆脂为白色或淡黄色、脆性蜡状固体。有 α、β、γ 晶型，其中以 β 型最稳定，熔点为 34℃。通常应缓缓升温加热待熔化至 2/3 时，停止加热，让余热使其全部熔化，以避免异物体的形成。

（2）半合成或全合成脂肪酸甘油酯　化学性质稳定，成形性能良好，具有保湿性和适宜的熔点，不易酸败，目前为取代天然油脂的较理想的栓剂基质。常用的有半合成椰油酯、半合成山苍油酯、半合成棕榈油酯。全合成脂肪酸甘油酯有硬脂酸丙二醇酯等。

2. 水溶性与亲水性基质

（1）甘油明胶　本品系用明胶、甘油与水制成，具有弹性，不易折断，在体温时不熔融，但可缓缓溶于分泌液中，药物溶出速度可随水、明胶、甘油三者的比例不同而改变，甘油与水的含量越高，越易溶解。

（2）聚乙二醇类　为一类由环氧乙烷聚合而成的杂链聚合物。易吸湿受潮变形。

三、附加剂

栓剂的处方中根据不同目的需加入一些附加剂有：

（1）吸收促进剂　如氮酮、聚山梨酯 80 等；

（2）吸收阻滞剂　如海藻酸、羟丙甲纤维素；

（3）增塑剂　聚山梨酯 80、甘油等；

（4）抗氧剂　如没食子酸、抗坏血酸等。

操作工序三　灌封（内包装）

一、准备工作

（一）生产人员

本工序生产人员应提前学习与本工序相关的技术文件，掌握本工序的操作要点。

生产人员的素质要求及进入洁净区的程序参见本任务的操作工序一。

（二）生产环境

本工序生产环境的要求按 GMP 有关 D 级洁净区的规定执行，具体参见本任务的操作工序一。

（三）任务文件

1. 栓剂灌封岗位操作法

2. 栓剂灌封设备标准操作规程

3. 洁净区操作间清洁标准操作规程

4. 栓剂灌封设备清洁标准操作规程

5. 灌封生产前确认记录

6. 灌封生产操作记录

（四）生产用物料

按批生产指令单中所列的物料，从上一工序或物料间领取本工序所需物料备用。

图 5-6　栓剂灌装封切机组

（五）设施、设备

本工序所用生产设备主要为栓剂灌装封切机组，如图 5-6 所示。

栓剂灌装封切机组主要由栓剂制带机、栓剂灌注机、栓剂冷冻机、栓剂封口机等四部分组成，能自动完成栓剂的制壳、灌注、整形、冷却、剪切全部工序。该机组由 PLC 程序控制，工业人机界面操作，自动化程度高，功能齐全，占地面积小。

栓剂灌装封切机组主要特点如下：

① 采用 PLC 可编程控制和人机界面操作，操作简便，自动化程度高。

② 适应性广，可灌注黏度较大的明胶基质和中药制品，可适应各种材料的卷材，如PVC、PVC/PE、PVC/PVDC/PE。

③ 采用专用温度传感器和微电脑控制系统，可实现对模具的高精度恒温控制。

④ 采用电机带动凸轮机构和气动相结合，每次送带制壳 3 粒。

⑤ 采用插入式直线灌注机构，定位准确，不滴药、不挂壁。

⑥ 储液桶容量大，设有恒温、搅拌装置。

⑦ 应用连续式冷却定型技术，采用了一端进一端出的八卦轨迹运动曲线，使灌注后的栓剂壳带得到充分的冷却定型，实现液固转化。

⑧ 封口部分采用三级预热，预热效果好。

⑨ 连续制带，连续封口，剪切粒数任意设置。

二、生产过程

（一）生产前准备

① 检查操作间、工具、容器、设备等是否有清场合格标志，并核对是否在有效期内。否则按清场标准程序进行清场并经 QA 人员检查合格后，填写清场合格证，方可进入下一步操作。

② 根据要求选择适宜栓剂灌封设备，设备要有"合格"标牌、"已清洁"标牌，并对设备状况进行检查，确证设备正常，方可使用。

③ 检查水、电、气供应正常。

④ 上好模具，检查机器设备、加温、制冷、水压等无异常后，调整铝箔。空铝箔应平整，压纹清晰，前、后片上下、左右不错位，空泡上下、左右对齐不错位。

⑤ 按照包装指令调整批号、有效期，需专人核对。

⑥ 取 5 条空铝箔，计算一板空铝箔的重量，再加上所生产品种的六粒重量，得出灌装时每板的重量，根据每板重量控制灌装过程中的装量。

⑦ 调整好药液温度，开始灌装，检查装量合格后，检查栓粒无断裂、花斑、气泡、外观等，符合要求后开始正式灌装。

（二）灌封操作

① 接通电源总开关，检查所有功能开关应处于正常生产状态。

② 打开搅拌开关，调整适当速度，调整循环水水温至工艺要求温度。

③ 调整四块铝箔和循环水加热仪表，设置横封温度 150～160℃，纵封温度 150～170℃。

④ 将铝箔轻轻放在机器供料盘上，锁紧。旋开偏心胶辊，将铝箔从两轮中间穿过。

⑤ 从左至右将前后两条铝箔分别穿过各工位（切口、冲压、灌注、封口、压纹）夹在卡具上，旋紧偏心胶辊。

⑥ 待升温结束后可开车调整铝带，放下冲压工作螺栓，启动运转按钮，点动若干工作循环，然后将冲压工作螺栓旋至工作位置。

⑦ 开车运转，检查铝箔带的外观、密闭性、批号、剪裁位置等情况，如有偏差，适当调整。

⑧ 装上注塞泵，紧定各螺栓、螺母，灌注针头，涂少量润滑基质后将其安装在灌注泵上，接通循环水。

⑨ 将料斗旋至灌封口相对应位置，用连接管加垫与灌注泵连接，并将料斗卡紧。

⑩ 空车运转确认无误后，打开落料阀门，开始灌装。

⑪ 检查药品灌注量，调节泵活塞。

⑫ 调整机器时必须停车，如有两人操作，必须协调好，避免事故发生。

⑬ 灌注完毕后关主机，继续运转冷却部分至全部药品输运完毕。

⑭ 关闭机器总开关，关闭水阀门。

⑮ 卸下针头，灌注泵，连接管、垫，用热水洗净待用，注意清洗，拆卸时轻拿放。严禁磕碰。

（三）质量控制要点

① 栓剂外观：无断裂、花斑、气泡及杂色点；

② 内包材：品名、规格、规定标志、包装带宽度差异等；

③ 装量：按照《中国药典》规定检测，应符合规定；

④ 封口：无空隙，产品批号清晰。

三、清洁清场

① 撤掉运行状态标志，关闭设备电源及水、汽阀门。

② 设备外表面及整个操作台面用含清洁剂的饮用水刷洗至无污迹后，用饮用水反复刷洗掉清洁剂，再用纯化水擦洗两遍，最后用75％乙醇擦洗。

③ 先拆下模具、出料管、灌装嘴，随后用清洁剂擦洗后，用饮用水反复冲洗掉清洁剂，再用纯化水冲洗两次，最后用75％乙醇擦洗消毒，晾干备用。

④ 拆下贮料管的管路，随后用清洁剂擦洗，用饮用水反复冲洗掉清洁剂，再用纯化水冲洗两次，最后用75％乙醇擦洗消毒，晾干备用。

⑤ 拆下贮药罐，随后用清洁剂擦洗，用饮用水反复冲洗掉清洁剂，再用纯化水冲洗两次，最后用75％乙醇擦洗消毒，晾干备用。

⑥ 清洁效果评价：目检设备表面光洁，无可见污迹，最后一遍的冲洗水应清澈无异物。

知识链接2

栓剂的制备

一、栓剂药物的加入方法

（1）不溶性药物　除特殊要求外，一般应粉碎成细粉，过六号筛，再与基质混匀。

（2）油溶性药物　可直接溶解于已熔化的油脂性基质中。若药物用量大而降低基质的熔点或使栓剂过软，可加适量鲸蜡调节。或以适量乙醇溶解加入水溶性基质中；或加乳化剂。

（3）水溶性药物　可直接与已熔化的水溶性基质混匀；或用适量羊毛脂吸收后，与油脂性基质混匀；或将提取浓缩液制成干浸膏粉，直接与已熔化的油脂性基质混匀。

二、置换价的含义与计算

栓剂制备中基质用量的确定：通常情况下栓剂模型的容量是固定的，但它会因基质或药物密度的不同可容纳不同的重量。而一般栓模容纳重量是指以可可豆脂为代表的基质重量。加入药物会占有一定体积，特别是不溶于基质的药物。为保持栓剂原有体积，就需要引入置换价（displacement value，DV）的概念。

药物的重量与同体积基质的重量之比值称为该药物对基质的置换值。不同栓剂的处方，用同一种模具所制得的栓剂体积是相同的，但其重量则随基质与药物密度的不同而变化。根据置换价可以对药物置换基质的重量进行计算，置换价的计算公式如下：

$$DV = \frac{W}{G-(M-W)}$$

式中，G 为纯基质平均栓重；M 为含药栓的平均重量；W 为每个栓剂的平均含药重量。$M-W$ 即为含药栓中基质的重量；$G-(M-W)$ 为纯基质与含药栓中基质重量之差，也就是药物同体积的基质的重量。

制备每粒栓剂所需基质的理论用量：

$$X = G-W/f$$

式中，G 为空白栓重；W 为每个栓中主药重；f 为置换价。

例如，制备鞣酸栓剂，已知每粒含鞣酸 0.2g，空白栓重 2g，鞣酸的置换价为 1.6，则每粒鞣酸栓剂所需的可可豆脂理论用量：$X = 2-0.2/1.6 = 1.875g$

实际操作中还应增补操作过程中的损耗。

三、栓剂的制备方法

一般有冷压法、热熔法及搓捏法三种，可按基质的不同而选择。

（1）冷压法　主要用于油脂性基质栓剂。方法是先将基质磨碎或挫成粉末，再与主药混合均匀，装于压栓机中，在配有栓剂模型的圆桶内，通过水压机或手动螺旋活塞挤压成型。冷压法避免了加热对主药或基质稳定性的影响，不溶性药物也不会在基质中沉降，但生产效率不高，成品中往往夹带空气而不易控制栓重。

（2）热熔法　热熔法应用较广泛，现均已采用自动化操作来完成。将计算称量的基质在水浴上加热熔化，然后将药物粉末与少重已熔融的基质研磨混合均匀，最后再将全部基质加入并混匀，倾入涂有润滑剂的模孔中至稍溢出模口为度，冷却，待完全凝固后，用刀片切去溢出部分。开启模具，将栓剂推出包装即得。为避免过热，一般在基质熔融达 2/3 时即停止加热，适当搅拌。熔融的混合物在注模时应迅速，并一次注完，以免发生小高层凝固。小量生产采用手工灌模方法，大量生产用自动化机械操作。

热熔法制备栓剂过程中药物的处理与混合应注意的问题有：①难溶性固体药物，一般应先粉碎成细粉（过六号筛），混悬于基质中；②油溶性药物，可直接溶解于已熔化的油脂性基质中；③水溶性药物，可直接与已熔化的水溶性基质混匀；或用适量羊毛脂吸收后，与油脂性基质混匀；④能使基质熔点降低或使栓剂过软的药物在制备时，可酌加熔点较高的物质如蜂蜡，予以调整。

栓剂模孔需用润滑剂润滑，以便于冷凝后取出栓剂。常用的有两类：①油脂性基质的栓剂常用肥皂、甘油各一份与 90% 乙醇五份制成的醇溶液。②水溶性或亲水性基质的栓剂常用油性润滑剂，如液状石蜡、植物油等。有的基质不黏模，如可可豆脂或聚乙二醇类，可不用润滑剂。

（3）搓捏法　取药物置乳钵中（如为干燥品须先研成细粉；如为浸膏粉应先用少量适宜的液体使之软化），加入等量的基质研匀后，缓缓加入剩余的基质，随加随研，使成均匀的可塑团块。必要时可加适量的植物油或羊毛脂以增加可塑性。然后置于瓷板上，用手隔纸揉搓，轻轻加压转动，转成圆柱体，再按需要量分割成若干等分，搓捏成适当的形状。此法适用于小量临时制备，所得制品的外形往往不一致、不美观。

操作工序四　外　包　装

本工序要求按如下工艺参数进行操作：

① 装小盒：每小盒内装 2 板栓剂，放 1 张产品说明书。

② 装中盒：每 10 小盒为 1 中盒，封口。

③ 装箱：将封好的中盒装置于已封底的纸箱内，每 10 中盒为 1 箱，然后用封箱胶带封箱，打包带（2 条/箱）。

其他要求可参见本项目中任务 5-1 操作工序四。

💡 知识链接3

栓剂的作用及影响药物吸收的因素

一、栓剂的作用及其特点

（1）局部作用　通常将润滑剂、收敛剂、局部麻醉剂、甾体、激素以及抗菌药物制成栓剂，可在局部起通便、止痛、止痒、抗菌消炎等作用。例如，用于通便的甘油栓和用于治疗阴道炎的氯己定栓等均为局部作用的栓剂。

（2）全身作用　栓剂的全身作用主要是通过直肠给药。栓剂引入直肠的深度愈小（距肛门处约 2cm），药物在吸收时不经过肝脏的量愈多，一般为总给药量的 $50\%\sim75\%$。此外直肠淋巴系统对药物有很好的吸收。

栓剂作全身治疗与口服制剂比较，有如下特点：

① 药物不受胃肠 pH 或酶的破坏而失去活性；

② 对胃黏膜有刺激性的药物可用直肠给药，可免受刺激；

③ 药物直肠吸收，不像口服药物受肝脏首过作用破坏；

④ 直肠吸收比口服干扰因素少；

⑤ 栓剂的作用时间比一般口服片剂长；

⑥ 对不能或者不愿吞服片、丸及胶囊的患者，尤其是婴儿和儿童可用此法给药；

⑦ 对伴有呕吐的患者的治疗为一有效途径。

栓剂给药的主要缺点是使用不如口服方便；栓剂生产成本比片剂、胶囊剂高；生产效率低。

以速释为目的的栓剂有：中空栓剂、泡腾栓剂。

以缓释为目的的栓剂有：渗透泵栓剂、微囊栓剂、凝胶栓剂。

既有速释又有缓释部分的有双层栓剂。

二、影响栓剂中药物吸收的因素

1. 生理因素

① 用药部位不同，影响药物的吸收与分布。距肛门约 2cm 处，则 $50\%\sim75\%$ 的药物不

经门肝系统，可避免首过作用。

② 直肠液的 pH 值为 7.4，且无缓冲能力，直肠液的 pH 是由进入直肠的药物决定的。

③ 直肠内无粪便存在有利于药物的吸收。药物在直肠保留时间越长，吸收越完全。

2. 药物的理化性质

（1）溶解度　水溶性大的药物吸收较多，难溶性的药物可用其溶解度大的盐类或衍生物制成油溶性基质的栓剂。

（2）粒径　混悬型栓剂，药物的粒径越小越有利于吸收，因此应将药物微粉化。

（3）脂溶性与解离度　脂溶性好、不解离的药物最易吸收；弱酸性药物 $pK_a > 4.3$、弱碱性药物 $pK_a < 8.5$ 吸收均较快，但弱酸性药物 $pK_a < 3$、弱碱性药物 $pK_a > 10$ 吸收则慢；而药物的解离度与溶液的 pH 有关，故降低酸性药物的 pH 或升高碱性药物的 pH 均可增加吸收。

3. 基质与附加剂

全身作用栓剂，要求药物在腔道内能从基质中迅速释放、扩散、吸收，实验证明，基质的溶解特性与药物相反时，有利于药物的释放，增加吸收。即水溶性药物选择油溶性基质，脂类或脂溶性药物选择水溶性基质，释药快，则吸收快。

另外加入表面活性剂可促进吸收，不同的表面活性剂促进吸收的程度是不同的，如以阿司匹林为模型药，以半合成的脂肪酸酯为基质，分别加入几种表面活性剂制成栓剂，由动物体内生物利用度数据证明，促进吸收的顺序为十二烷基硫酸钠（0.5%）＞聚山梨酯80＞十二烷基硫酸钠（0.1%）＞司盘80＞烟酸乙酯。

【任务记录】

制备过程中按要求填写操作记录（表 5-10）。

表 5-10　对乙酰氨基酚栓批生产记录

品名	对乙酰氨基酚栓		规格	0.15克/枚		批号		
生产日期	年　月　日		房间编号			温度　　℃		相对湿度　　%
操作步骤	操作要求			操作记录			操作时间	
1. 生产准备	设备是否完好正常			□是　　□否			时　分～时　分	
	设备、容器、工具是否清洁			□是　　□否				
	计量器具仪表是否校验合格			□是　　□否				
2. 称量	1. 生产处方规定，称取各种物料，记录品名、用量。 2. 称量过程中执行一人称量，一人复核制度。 3. 处方如下： ［处方］ 　对乙酰氨基酚　　0.15g 　聚山梨酯80　　0.2g 　冰片　　0.1g 　乙醇　　0.5g 　甘油　　6.4g 　明胶　　1.8g 　纯化水加至　　10.0g			按生产处方规定，称取各种物料，记录如下： <table><tr><td>物料名称</td><td>用量/g</td></tr><tr><td>对乙酰氨基酚</td><td></td></tr><tr><td>聚山梨酯80</td><td></td></tr><tr><td>冰片</td><td></td></tr><tr><td>乙醇</td><td></td></tr><tr><td>甘油</td><td></td></tr><tr><td>明胶</td><td></td></tr><tr><td>纯化水</td><td></td></tr></table>			时　分～时　分	

操作步骤	操作要求	操作记录	操作时间
3. 制备	1. 取处方量的明胶,置称重的蒸发皿中(连同使用的玻棒一起称重),加入约20g的纯化水浸泡,使明胶溶胀,于水浴上加热得明胶溶液。 2. 加入处方量的甘油,轻搅使之混匀,继续加热搅拌,使水分蒸至处方量为止。(称重) 3. 另取对乙酰氨基酚与聚山梨酯80混匀,将冰片溶于乙醇中,在搅拌下与醋酸氯己定混合均匀。将醋酸氯己定混合液加入甘油明胶溶液中,混匀。 4. 趁热灌入涂好润滑剂(液体石蜡)的模型中,放入冰箱内冷却成型。脱模即得	1. 取明胶___g,加入纯化水___g浸泡。 2. 加入甘油___g,蒸发至___g。 3. 取对乙酰氨基酚___g,与聚山梨酯80___g混匀,冰片___g,溶于___g乙醇中,在搅拌下与醋酸氯己定冰片___g混合均匀。 4. 趁热灌入涂好润滑剂(液体石蜡)的模型中,放入冰箱内冷却成型。脱模	时 分~ 时 分
4. 装量检查	应填充量:___g;实际重量:___g。 | 称量时间 | | | | | | | | 重量/g | | | | | | | | 称量时间 | | | | | | | | 重量/g | | | | | | |		时 分~ 时 分
5. 外包装	1. 装小盒:每小盒内装2板栓剂,放1张产品说明书。 2. 装中盒:每10小盒为1中盒,封口。 3. 装箱:将封好的中盒装置于已封底的纸箱内,每10中盒为1箱,然后用封箱胶带封箱,打包带(2条/箱)	1. 装小盒:每小盒内装___板栓剂,放___张产品说明书。 2. 装中盒:每___小盒为1中盒,封口。 3. 装箱:将封好的中盒装置于已封底的纸箱内,每___中盒为1箱,然后用封箱胶带封箱,打包带(___条/箱)	时 分~ 时 分
6. 清场	1. 生产结束后将物料全部清理,并定置放置。 2. 撤除本批生产状态标志。 3. 使用过的设备、容器及工具应清洁无异物并实行定置管理。 4. 设备内外尤其是接触药品的部位要清洁,做到无油污,无异物。 5. 地面、墙壁应清洁,门窗及附属设备无积灰,无异物。 6. 不留本批产品的生产记录及本批生产指令书面文件	QA检查确认: □合格 □不合格	时 分~ 时 分
备注			
操作人	复核人	QA	

【任务评价】

(一)职业素养与操作技能评价

对乙酰氨基酚栓制备技能评价见表5-11。

表 5-11 对乙酰氨基酚栓制备技能评价表

评价项目		评价细则	小组评价	教师评价
职业素养	职业规范 （4分）	1. 规范穿戴工作衣帽（2分） 2. 无化妆及佩戴首饰（2分）		
	团队协作 （4分）	1. 组员之间沟通顺畅（2分） 2. 相互配合默契（2分）		
	安全生产 （2分）	生产过程中不存在影响安全的行为（2分）		
实训操作	物料预处理 （10分）	1. 开启设备前检查设备（4分）		
		2. 按操作规程正确操作设备（4分）		
		3. 操作结束将设备复位，并对设备进行常规维护保养（2分）		
	配料 （10分）	1. 选择正确的称量设备，并检查校准（4分）		
		2. 按操作规程正确操作设备（4分）		
		3. 操作结束将设备复位，并对设备进行常规维护保养（2分）		
	灌装 （10分）	1. 对环境、设备检查到位（4分）		
		2. 按操作规程正确操作设备（4分）		
		3. 操作结束将设备复位，并对设备进行常规维护保养（2分）		
	外包装 （10分）	1. 对环境、设备检查到位（4分）		
		2. 按操作规程正确操作设备（4分）		
		3. 操作结束将设备复位，并对设备进行常规维护保养（2分）		
	产品质量 （30分）	1. 重量差异、融变时限符合要求（20分）		
		2. 收率、物料平衡符合要求（10分）		
	清场 （10分）	1. 能够选择适宜的方法对设备、工具、容器、环境等进行清洗和消毒（6分）		
		2. 清场结果符合要求（4分）		
实训记录	完整性 （5分）	1. 完整记录操作参数（2分）		
		2. 完整记录操作过程（3分）		
	正确性 （5分）	1. 记录数据准确无误，无错填现象（3分）		
		2. 无涂改，记录表整洁、清晰（2分）		

（二）知识评价

1. 单项选择题

（1）下列（　　）不是对栓剂基质的要求。

A. 在体温下保持一定的硬度

B. 不影响主药的作用

C. 不影响主药的含量测量

D. 与制备方法相适宜

E. 水值较高，能混入较多的水

（2）将脂溶性药物制成起效迅速的栓剂应选用的基质为（　　）。

A. 可可豆脂　　　B. 半合成山苍子油脂　　　C. 半合成椰子油脂

D. 聚乙二醇　　　E. 半合成棕榈油脂

（3）甘油明胶作为水溶性亲水基质正确的是（　　　）。

A. 在体温时熔融

B. 药物的溶出与基质的比例无关

C. 基质的一般用量明胶与甘油等量

D. 甘油与水的含量越高成品质量越好

E. 常作为肛门栓的基质

（4）制成栓剂后，夏天不软化，但易吸潮的基质是（　　　）。

A. 甘油明胶　　　B. 聚乙二醇　　　　　C. 半合成山苍子油脂

D. 香果脂　　　　E. 吐温 61

（5）油脂性基质的栓剂的润滑剂是（　　　）。

A. 液状石蜡　　　B. 植物油　　　　　　C. 甘油、乙醇

D. 肥皂　　　　　E. 软肥皂、甘油、乙醇

（6）水溶性基质栓全部溶解的时间应在（　　　）。

A. 20min　　　　B. 30min　　　　　　C. 40min

D. 50min　　　　E. 60min

（7）油脂性基质栓全部融化、软化，或触无硬心的时间应在（　　　）。

A. 20min　　　　B. 30min　　　　　　C. 40min

D. 50min　　　　E. 60min

（8）下列关于栓剂基质的要求叙述错误的是（　　　）。

A. 具有适宜的稠度、黏着性、涂展性

B. 无毒、无刺激性、无过敏性

C. 水值较高，能混入较多的水

D. 与主药无配伍禁忌

E. 在室温下应有适宜的硬度，塞入腔道时不变形亦不破裂，在体温下易软化、熔化或溶解

（9）鞣酸栓剂，每粒含鞣酸 0.2g，空白栓重 2g，已知鞣酸置换价为 1.6，则每粒鞣酸栓剂所需可可豆脂理论用量为（　　　）。

A. 1.355g　　　　B. 1.475g　　　　　　C. 1.700g

D. 1.875g　　　　E. 2.000g

（10）以聚乙二醇为基质的栓剂选用的润滑剂（　　　）。

A. 肥皂　　　　　B. 甘油　　　　　　　C. 水

D. 液状石蜡　　　E. 乙醇

（11）下列关于栓剂的描述错误的是（　　　）。

A. 可发挥局部与全身治疗作用

B. 制备栓剂可用冷压法

C. 栓剂应无刺激，并有适宜的硬度

D. 可以使全部药物避免肝的首过效应

E. 吐温 61 为其基质

（12）聚乙二醇作为栓剂的基质叙述错误的是（　　）。

A. 多以两种或两种以上不同分子量的聚乙二醇合用

B. 用热熔法制备

C. 遇体温熔化

D. 对直肠黏膜有刺激

E. 易吸潮变型

2. 多项选择题

（1）影响栓剂中药物吸收的因素有（　　）。

A. 塞入直肠的深度　　B. 直肠液的酸碱性　　　　C. 药物的溶解度

D. 药物的粒径大小　　E. 药物的脂溶性

（2）栓剂基质的要求有（　　）。

A. 有适当的硬度

B. 熔点与凝固点应相差很大

C. 具润湿与乳化能力

D. 水值较高，能混入较多的水

E. 不影响主药的含量测定

（3）栓剂具有（　　）特点。

A. 常温下为固体，纳入腔道迅速熔融或溶解

B. 可产生局部和全身治疗作用

C. 不受胃肠道 pH 或酶的破坏

D. 不受肝脏首过效应的影响

E. 适用于不能或者不愿口服给药的患者

（4）可可豆脂在使用时应（　　）。

A. 加热至 36℃后再凝固

B. 缓缓升温加热熔化 2/3 后停止加热

C. 在熔化的可可豆脂中加入少量稳定晶型

D. 熔化凝固时，将温度控制在 28～32℃几小时或几天

E. 与药物的水溶液混合时，可加适量亲水性乳化剂制成 W/O 乳剂型基质

（5）栓剂中油溶性药物加入的方法有（　　）。

A. 直接加入熔化的油脂性基质中

B. 以适量的乙醇溶解加入水溶性基质中

C. 加乳化剂

D. 若用量过大，可加适量蜂蜡、鲸蜡调节

E. 用适量羊毛脂混合后，再与基质混匀

（6）用热熔法制备栓剂的过程包括（　　）。

A. 涂润滑剂　　　　　B. 熔化基质　　　　　　　C. 加入药物

D. 涂布　　　　　　　E. 冷却、脱模

（7）下列（　　）为栓剂的主要吸收途径 。

A. 直肠下静脉和肛门静脉—肝脏—大循环

B. 直肠上静脉—门静脉—肝脏—大循环

C. 直肠淋巴系统

D. 直肠上静脉—髂内静脉—大循环

E. 直肠下静脉和肛门静脉—髂内静脉—下腔静脉—大循环

（8）下列（　　　）能作为栓剂的基质。

A. 羧甲基纤维素　　　　B. 石蜡　　　　　　　　C. 可可豆脂

D. 聚乙二醇类　　　　　E. 半合成脂肪酸甘油酯类

（9）下列关于栓剂制备的叙述正确的为（　　　）。

A. 水溶性药物，可用适量羊毛脂吸收后，与油脂性基质混匀

B. 水溶性提取液，可制成干浸膏粉后再与熔化的油脂性基质混匀

C. 油脂性基质的栓剂常用植物油为润滑剂

D. 水溶性基质的栓剂常用肥皂、甘油、乙醇的混合液为润滑剂

E. 不溶性药物一般应粉碎成细粉，过五号筛，再与基质混匀

（10）栓剂的制备方法有（　　　）。

A. 研和法　　　　　　　B. 搓捏法　　　　　　　C. 冷压法

D. 热熔法　　　　　　　E. 乳化法

（11）栓剂的质量要求包括（　　　）。

A. 外观检查　　　　　　B. 重量差异　　　　　　C. 融变时限

D. 耐热试验　　　　　　E. 耐寒试验

（12）聚乙二醇作为栓剂的基质，其特点有（　　　）。

A. 相对分子量 1000 者熔点 38～42℃

B. 多为两种或两种以上不同分子量的聚乙二醇合用

C. 对直肠有刺激

D. 制成的栓剂夏天易软化

E. 制成的栓剂易吸湿受潮变形

任务 5-4　滴丸剂——马来酸氯苯那敏滴丸制备

【任务资讯】

一、认识滴丸剂

1. 滴丸剂的定义

滴丸剂系指原料药物与适宜的基质加热熔融混匀，滴入不相混溶、互不作用的冷凝介质中制成的球形或类球形制剂，包括中药滴丸与化学药滴丸，主要供舌下含服、内服或外用。

2. 滴丸剂的特点

滴丸剂在我国是一个发展较快的剂型。滴丸剂因增加了药物的分散度、溶出度和溶解度而具有速效和高效两个显著优势，适用于临床上发病较急的病症。它主要具有如下特点：

（1）药物的生物利用度较高　滴丸多为舌下含服，药物通过舌下黏膜直接吸收进入血液

循环，避免了吞服时引起的肝脏首过效应，减少了药物在胃内的降解损失，使药物高浓度到达靶器官，迅速起效。

（2）可增加药物稳定性 滴丸的制备条件易于控制，药物受热时间短，由于基质对药物的包埋作用，使易水解、易氧化分解和易挥发药物稳定性增强。

（3）可发挥速效或缓释作用 用固体分散技术制备的滴丸由于药物呈高度分散状态，可起到速效作用；而选择脂溶性好的基质制备滴丸由于药物在体内缓慢释放，则可起到缓释作用。滴丸中加入缓释剂，可明显延长药物的释放速度，达到长效的目的。

（4）可用于局部用药 滴丸可克服化学药滴剂的易流失、易被稀释，以及中药散剂妨碍引流、不易清洗、易被脓液冲出等缺点，从而可广泛用于耳、鼻、眼、牙科的局部用药。

（5）滴制设备简单、操作简便 滴丸生产工序少、自动化程度高。

另外，对胃肠道有较大刺激的药物通过制备缓释滴丸可以克服这个局限；难溶性药物或不溶性药物制备滴丸后可提高生物利用度。但滴丸剂也存在缺点，如滴丸载药量低、服用粒数多、可供选用的滴丸基质和冷凝液品种较少等。通常中药粗提物体积大、活性低，选择滴丸剂会使服用剂量很大，只有中药提取物具有较高的活性和纯度才适用于制备滴丸剂。

二、滴丸剂的质量要求

根据《中国药典》，滴丸剂在生产和贮藏期间应符合下列有关规定：
① 外观应圆整，大小、色泽应均匀，无粘连现象。
② 重量差异小，丸重差异检查应符合规定。
③ 溶散时限、微生物限度检查应符合规定。

三、滴丸剂的基质与冷凝液

1. 滴丸剂的基质

作为滴丸基质应具备以下条件：①性质稳定，不与主药发生反应，不影响主药的疗效与质量检测；②对人体无害；③熔点较低或在 60～100℃时能熔化成液体，而遇骤冷又能凝结成固体，在室温下保持固体状态，同时在与主药混合后仍能保持以上物理状态。

根据溶解性不同，滴丸的基质可分为水溶性及非水溶性两大类。①水溶性基质：如聚乙二醇类（如 PEG6000、PEG4000 等）、聚氧乙烯单硬脂酸酯、硬脂酸钠、甘油明胶等。②脂溶性基质：如硬脂酸、单硬脂酸甘油酯、虫蜡、十八醇（硬脂醇）、十六醇（鲸蜡醇）、氢化植物油等。

2. 滴丸的冷凝液

用于冷却滴出的液滴，使之冷凝成固体丸粒的液体称为冷凝液。在实际应用中，常根据基质的性质选择冷凝液。作为滴丸冷凝液应具备以下条件：①安全无害，不与基质、药物起化学反应，也不与基质、药物相混溶；②具有适宜的相对密度，要求略高或略低于液滴的密度，能使滴丸（液滴）在冷凝液中缓缓下沉或上浮而充分凝固；③具有适当的黏度。此外冷凝液还要有适宜的表面张力，使液滴在冷凝过程中能顺利形成滴丸。

冷凝液可分为以下两类。①水溶性冷凝液：如水、不同浓度的乙醇等，适用于非水溶性基质的滴丸。②脂溶性冷凝液：如液状石蜡、二甲硅油、植物油等，适用于水溶性基质的滴丸。

基质的溶解性对滴丸剂起效快慢会产生一定影响，用脂溶性好的基质制成的滴丸，在体内缓慢释放药物；用水溶性好的基质制成的滴丸，可经口腔黏膜迅速吸收，减少在消化道与肝脏中的灭活作用，同时减少某些药物对胃肠道的刺激，使滴丸药物起效迅速。故通过滴丸基质的调节可以使药物根据疾病治疗的需要发挥速效或缓释的作用，如治疗急症（如心绞痛）发作的药物，可选择水溶性的基质制备滴丸，使其在口腔内迅速溶解，经黏膜吸收后迅速进入血液发挥疗效；而需要持续药效的如治疗高血压类药物，则可用脂溶性基质制备滴丸，起到缓释效果，平稳控制血压。

四、滴丸剂的质量控制

按照《中国药典》对滴丸剂的质量检查的有关规定，滴丸剂需要进行如下方面的质量检查：

（1）外观　滴丸应圆整，大小、色泽应均匀，无粘连现象。表面的冷凝液应除去。

（2）重量差异　取供试品 20 丸，精密称定总重量，求得平均丸重后，再分别精密称定每丸的重量。每丸重量与标示丸重相比较（无标示丸重的，与平均丸重比较），按表 5-12 中的规定，超出重量差异限度的不得多于 2 丸，并不得有 1 丸超出限度 1 倍。

包糖衣的滴丸应在包衣前检查丸芯的重量差异，符合表 5-12 中的规定后，方可包衣，包衣后不再检查重量差异。

表 5-12　滴丸剂的重量差异限度

平均重量	重量差异限度
0.03g 以下或 0.03g	±15%
0.03g 以上至 0.3g	±10%
0.3g 以上	±7.5%

（3）溶散时限　按照崩解时限检查法，不加挡板检查，应在 30 分钟内全部溶散，包衣滴丸应在 1 小时内全部溶散。

（4）微生物限度　按照非无菌产品微生物限度检查：微生物计数法和控制菌检查法及非无菌药品微生物限度标准检查，应符合规定。

【任务说明】

本任务是制备马来酸氯苯那敏滴丸（4mg/丸），马来酸氯苯那敏滴丸为白色或类白色的丸。马来酸氯苯那敏为组胺 H_1 受体拮抗剂，本品能对抗过敏反应所致的毛细血管扩张，降低毛细血管的通透性，缓解支气管平滑肌收缩所致的喘息。本品抗组胺作用较持久，也具有明显的中枢抑制作用，能增加麻醉药、镇痛药、催眠药和局麻药的作用。本品主要在肝脏代谢。

本品适用于皮肤过敏症：荨麻疹、湿疹、皮炎、药疹、皮肤瘙痒症、神经性皮炎、虫咬症、日光性皮炎。也可用于过敏性鼻炎、血管舒缩性鼻炎、药物及食物过敏。

【任务准备】

一、接收操作指令

马来酸氯苯那敏滴丸批生产指令见表 5-13。

表 5-13 马来酸氯苯那敏滴丸批生产指令

品名	马来酸氯苯那敏滴丸	规格	4mg/丸
批号		理论投料量	1000 丸
采用的工艺规程名称		马来酸氯苯那敏滴丸工艺规程	
原辅料的批号和理论用量			
序号	物料名称	批号	理论用量/g
1	马来酸氯苯那敏		4
2	聚乙二醇 6000		15.5
生产开始日期		年 月 日	
生产结束日期		年 月 日	
制表人		制表日期	年 月 日
审核人		审核日期	年 月 日

生产处方：

（1000 丸处方）

马来酸氯苯那敏	4g
聚乙二醇 6000	15.5g

处方分析：

马来酸氯苯那敏为主药；聚乙二醇 6000 为水溶性基质。

二、查阅操作依据

为更好地完成本项任务，可查阅《马来酸氯苯那敏滴丸工艺规程》《中国药典》等与本项任务密切相关的文件资料。

三、制定操作计划

根据本品种的制备要求制定操作工序如下：

称量→配制→滴制→装瓶→外包装

每个工序由准备工作、生产过程、清洁清场等几部分组成。在操作过程中填写化学药滴丸剂制备操作记录（表 5-15）。

【任务实施】

操作工序一 称 量

一、准备工作

（一）生产人员

① 生产人员应当经过培训，培训的内容应当与本岗位的要求相适应。除进行 GMP 理论和实践的培训外，还应当有相关法规、岗位的职责、技能及卫生要求的培训。

② 避免体表有伤口、患有传染病或其他可能污染药品的疾病的人员从事直接接触药品的生产工作。

③ 生产人员均应当按照规定更衣。工作服的选材、式样及穿戴方式应当与所从事的工作和空气洁净度级别要求相适应。

④ 生产人员不得化妆和佩戴饰物。

⑤ 生产人员应当避免裸手直接接触药品、与药品直接接触的包装材料和设备表面。

⑥ 生产人员按 D 级洁净区生产人员进出标准程序进入生产操作区。

（二）生产环境

① 生产区的内表面（墙壁、地面、天棚）应当平整光滑、无裂缝、接口严密、无颗粒物脱落，避免积尘，便于有效清洁，必要时应当进行消毒。

② 各种管道、照明设施、风口和其他公用设施的设计和安装应当避免出现不易清洁的部位，应当尽可能在生产区外部对其进行维护。

③ 排水设施应当大小适宜，并安装防止倒灌的装置。应当尽可能避免明沟排水；不可避免时，明沟宜浅，以方便清洁和消毒。

④ 制剂的原辅料称量应当在专门设计的称量室内进行。

⑤ 产尘操作间（如干燥物料或产品的取样、称量、混合、包装等操作间）应当保持相对负压或采取专门的措施，防止粉尘扩散、避免交叉污染并便于清洁。

⑥ 生产区应当有适度的照明，一般不能低于 300lx，照明灯罩应密封完好。

⑦ 洁净区与非洁净区之间、不同级别洁净区之间的压差应当不低于 10Pa。

⑧ 本工序的生产区域应按 D 级洁净区的要求设置，根据产品的标准和特性对该区域采取适当的微生物监控措施。

（三）生产文件

1. 批生产指令单

2. 称量岗位标准操作规程

3. XK3190-A12E 台秤标准操作规程

4. XK3190-A12E 台秤清洁消毒标准操作规程

5. 称量岗位清场标准操作规程

6. 称量岗位生产前确认记录

7. 称量间配料记录

（四）生产用物料

本岗位所用物料为经质量检验部门检验合格的马来酸氯苯那敏、聚乙二醇 6000。

本岗位所用物料应经物料净化后进入称量间。

一般情况下，工艺上的物料净化包括脱外包、传递和传输。

脱外包包括采用吸尘器或清扫的方式清除物料外包装表面的尘粒，污染较大，故脱外包间应设在洁净室外侧。在脱外包间与洁净室（区）之间应设置传递窗（柜）或缓冲间，用于清洁后的原辅料、包装材料和其他物品的传递。传递窗（柜）两边的传递门，应有联锁装置防止同时被打开，密封性好并易于清洁。

传递窗（柜）的尺寸和结构，应满足传递物品的大小和重量需要。

原辅料进出 D 级洁净区，按物料进出 D 级洁净区清洁消毒操作规程操作。

（五）设施、设备

车间应在配料间安装捕、吸尘等设施。配料设备（如电子秤等）的技术参数应经验证确认。配料间进风口应有适宜的过滤装置，出风口应有防止空气倒流的装置。

① 进入称量间，检查是否有"清场合格证"，并且检查是否在清洁有效期内，并请现场 QA 检查。

② 检查配称量是否有与本批次产品无关的遗留物品。

③ 对台秤等计量器具进行检查，是否具有"完好"的标志卡及"已清洁"标志。检查设备是否正常，若有一般故障自己排除，自己不能排除的则通知维修人员，正常后方可运行。要求计量器具完好，性能与称量要求相符，有检定合格证，并在检定有效期内。正常后进行下一步操作。

④ 检查操作间的进风口与回风口是否在更换有效期内。

⑤ 检查记录台是否清洁干净，是否留有上批的生产记录表或与本批无关的文件。

⑥ 检查操作间的温度、相对湿度、压差是否与生产要求相符，并记录洁净区温度、相对湿度、压差。

⑦ 查看并填写生产交接班记录。

⑧ 接收到批生产指令单、生产操作记录、中间产品交接单等文件，要仔细阅读批生产指令单，明确产品名称、规格、批号、批量、工艺要求等指令。

⑨ 复核所有物料是否正确，容器外标签是否清楚，内容与标签是否相符，核重量、件数是否相符。

⑩ 检查使用的周转容器及生产用具是否清洁，有无破损。

⑪ 检查吸尘系统是否清洁。

⑫ 上述各项达到要求后，由 QA 验证合格，取得清场合格证附于本批生产记录内，将操作间的状态标识改为"生产运行"后方可进行下一步生产操作。

二、生产过程

（一）生产操作

根据批生产指令单填写领料单，从备料间领取马来酸氯苯那敏、聚乙二醇 6000，并核对品名、批号、规格、数量、质量无误后，进行下一步操作。

按批生产指令单、XK3190-A12E 台秤标准操作规程进行称量。

完成称量工序后，按 XK3190-A12E 台秤标准操作规程关停电子秤。

将所称量物料装入洁净的盛装容器中，转入下一工序，并按批生产记录管理制度及时填写相关生产记录。

将配料所剩的尾料收集，标明状态，交中间站，并填写好生产记录。

有异常情况，应及时报告技术人员，并协商解决。

（二）质量控制要点

① 物料标识：标明品名、批号、质量状况、包装规格等，标识格式要符合 GMP 要求；

② 性状：符合内控标准规定；

③ 检验合格报告单：有检验合格报告单；

④ 数量：核对准确。

三、清洁清场

① 将物料用干净的不锈钢桶盛放，密封，容器内外均附上状态标志，备用。转入下道

工序。

② 按 D 级洁净区清洁消毒程序清理工作现场、工具、容器具、设备，并请 QA 人员检查，合格后发给清场合格证，将清场合格证挂贴于操作室门上，作为后续产品开工凭证。

③ 撤掉运行状态标志，挂清场合格标志，按清洁程序清理现场。

④ 及时填写批生产记录、设备运行记录、交接班记录等，并复核、检查记录是否有漏记或错记现象，复核中间产品检验结果是否在规定范围内；检查记录中各项是否有偏差发生，如果发生偏差则按《生产过程偏差处理规程》操作。

⑤ 关好水、电开关及门，按进入程序的相反程序退出。

操作工序二　配　　制

一、准备工作

（一）生产人员

本工序生产人员应提前学习与本工序相关的技术文件，掌握本工序的操作要点。

生产人员的素质要求及进入洁净区的程序参见本任务操作工序一。

（二）生产环境

本工序生产环境的要求按 GMP 有关 D 级洁净区的规定执行，具体参见本任务操作工序一。

（三）生产文件

1. 批生产指令单
2. 配制岗位标准操作规程
3. 配制罐标准操作规程
4. 配制罐清洁消毒标准操作规程
5. 配制岗位清场标准操作规程
6. 配制岗位生产前确认记录
7. 配制工序操作记录

（四）生产用物料

本工序生产用物料为称量工序按生产指令要求称量后的马来酸氯苯那敏、聚乙二醇6000，操作人员到中间站或称量工序领取，领取过程按规定办理物料交接手续。

（五）场地、设施设备

① 检查操作间、工具、容器、设备等是否有清场合格标志，并核对是否在有效期内。否则按清场标准程序进行清场并经 QA 人员检查合格后，填写清场合格证，方可进入下一步操作。

② 根据要求选择适宜滴丸剂的配制设备——滴丸剂配制罐，此罐与软膏剂配制罐结构相同。设备要有"合格"标牌、"已清洁"标牌，并对设备状况进行检查，确证设备正常，方可使用。

③ 检查水、电供应正常，开启纯化水阀放水 10 分钟。

④ 检查配制容器、用具是否清洁干燥，必要时用 75％乙醇溶液对配制罐、配制容器、

配制用具进行消毒。

⑤ 根据生产指令填写领料单，从备料称量间领取原、辅料，并核对品名、批号、规格、数量、质量无误后，进行下一步操作。

⑥ 操作前检查加热、搅拌、真空是否正常，关闭罐底部阀门，打开真空泵冷却水阀门。

⑦ 挂本次运行状态标志，进入配制操作。

二、生产过程

（一）生产操作

① 检查配制罐内外有无异物，设备是否处于正常状态。

② 根据工艺要求向罐内投入聚乙二醇 6000。打开蒸汽阀门对配制罐进行加热，使内容物温度达到 60℃左右，待聚乙二醇 6000 熔化时，开启搅拌。

③ 将称量好的马来酸氯苯那敏加入配制罐中，与基质搅拌均匀。

④ 开启压缩空气，排出物料至滴丸滴制机的料斗中。

（二）质量控制要点

① 外观：为白色或类白色的黏稠液体；

② 黏稠度：均匀黏稠，色泽均匀。

三、清洁清场

① 撤掉运行状态标志，挂清场合格标志。

② 生产结束后，启用在线清洁（CIP）系统，用饮用水冲洗 30～60 分钟，要求配制罐内壁、搅拌桨叶等不得有残留药液，必要时用高压水枪冲洗。再用纯化水冲洗 10 分钟。

③ 更换品种或超过有效期时启用 CIP 系统用纯化水将配制罐内壁、搅拌桨叶等冲洗干净，要求配制罐内壁、搅拌桨叶等不得有残留药液，必要时用高压水枪冲洗。再用 2% NaOH 溶液（约 300L）加入配制罐，启动用快接管连接的专用不锈钢泵从配制罐下口沿配制罐喷淋球循环 30 分钟以上，放掉 NaOH 溶液，启用 CIP 系统，用饮用水冲洗至中性，然后用纯化水冲洗 10 分钟。

④ 及时填写批生产记录、设备运行记录、交接班记录等。

⑤ 关好水、电开关及门，按进入程序的相反程序退出。

操作工序三 滴 制

一、准备工作

（一）生产人员

本工序生产人员应提前学习与本工序相关的技术文件，掌握本工序的操作要点。

生产人员的素质要求及进入洁净区的程序参见本任务操作工序一。

（二）生产环境

本工序生产环境的要求按 GMP 有关 D 级洁净区的规定执行，具体参见本任务操作工序一。

（三）任务文件

1. 滴制岗位操作法

2. 滴制设备标准操作规程

3. 洁净区操作间清洁标准操作规程

4. 滴丸机清洁标准操作规程

5. 滴制生产前确认记录

6. 滴制生产操作记录

（四）生产用物料

按批生产指令单中所列的物料，从配制工序领取物料备用。

（五）设施、设备

① 检查是否有上次生产的"清场合格证"，是否有 QA 人员的签名。

② 检查生产场地是否洁净，是否有与本次生产无关的遗留物品。

③ 检查设备是否洁净完好，是否挂有"已清洁"标志。

④ 检查操作间的进风口与出风口是否有异常。

⑤ 检查计量器具与称量的范围是否相符，是否洁净完好，是否有检查合格证，并在使用有效期内。

⑥ 检查记录台是否清洁干净，是否留有上批的生产记录、与本批无关的文件。

⑦ 检查操作间的温度、相对湿度、压差是否与要求相符，并记录在相应的记录表格上。

⑧ 接收批生产指令、生产记录、中间产品交接单等文件后，要仔细阅读，明确产品名称、规格、批号、数量、工艺要求等指令。

⑨ 复核所用物料是否准确，容器外标签是否清楚，内容与所用的指令是否相符，复核质量、件数是否相符。

⑩ 检查使用的周转容器、生产用具及主要设备——自动化双单元大型滴丸机（图 5-7）是否洁净，有无破损。

⑪ 上述各项检查合格后，在操作间的状态标识上写上"生产中"方可进行生产操作。

图 5-7　自动化双单元大型滴丸机

二、生产过程

（一）生产前准备

1. 复核清场情况

① 检查生产场地是否无上一批生产遗留的软胶囊、物料、生产用具、状态标志等。

② 检查滴丸操作间的门窗、天花板、墙壁、地面、地漏、灯罩、开关外箱、出风口是否已清洁、无浮尘、无油污。

③ 检查是否无上一批生产记录及与本批生产无关文件等。

④ 检查是否有上一次生产的"清场合格证"，且是否在有效期内，证上所填写的内容齐全，有 QA 人员签字。

2. 接收生产指令

① 工艺员发滴丸生产记录、物料标志、"运行中"标志。

② 仔细阅读"批生产指令"的要求和内容。

③ 填写"运行中"标志的各项内容。

3. 设备、生产用具准备

① 准备所需接丸盘、合适规格的筛丸筛、装丸胶袋、装丸胶桶、脱油用布袋等。

② 检查滴丸机、离心机、接丸盘等生产用具是否已清洁、完好。

③ 按《滴丸机操作规程》检查设备是否运作正常。

④ 检查滴头开关是否关闭。

⑤ 检查油箱内的液体石蜡是否足够。

⑥ 检查电子秤、电子天平是否计量范围符合要求，清洁完好，有计量检查合格证，在规定的使用期内，并在使用前进行校正。

⑦ 接入压缩空气管道。

（二）滴制操作

① 按《滴丸机操作规程》设定制冷温度为−3℃、油浴温度为90℃、滴盘温度为80℃，启动制冷、油泵、滴罐加热、滴盘加热。

② 投料：打开滴罐的加料口，投入已配制好的物料，关闭加料口。

③ 打开压缩空气阀门，调整压力为0.7MPa。

④ 当药液温度达到设定温度时，将滴头用开水加热浸泡5分钟，戴手套拧入滴罐下的滴头螺纹上。

⑤ 启动"搅拌"开关，调节调速旋钮，使搅拌器在要求的转速下进行工作。

⑥ 待制冷温度、药液温度和滴盘温度显示达设定值后，缓慢扭动滴缸上的滴头开关，打开滴头开关，使药液以约1滴/秒的速度下滴。

⑦ 试滴30秒，取样检查滴丸外观是否圆整，去除表面的冷却油后，称量丸重，根据实际情况及时对冷却温度、滴头与冷却液面的距离和滴速作出调整，必要时调节面板上的"气压"或"真空"旋钮，直至符合工艺规程为止。

⑧ 正式滴丸后，每小时取丸10粒，用罩绸毛巾抹去表面冷却油，逐粒称量丸重，根据丸重调整滴速。

⑨ 收集的滴丸在接丸盘中滤油15分钟，然后装进干净的脱油用布袋，放入离心机内脱油，启动离心机2～3次，待离心机完全停止转动后取出布袋。

⑩ 滴丸脱油后，利用合适规格的大、小筛丸筛，分离出不合格的大丸和小丸、碎丸，中间粒径的滴丸为正品，倒入内有干净胶袋的胶桶中，胶桶上挂有物料标志，标明品名、批号、日期、数量、填写人。

⑪ 连续生产时，当滴罐内药液滴制完毕时，关闭滴头开关，将"气压"和"真空"旋钮调整到最小位置，然后按②～⑩项进行下一循环操作。

（三）生产结束

① 关闭滴头开关。

② 将"气压"和"真空"旋钮调整到最小位置，关闭面板上的"制冷""油泵"开关。

③ 将盛装合格滴丸的胶桶放于暂存间。

④ 收集产生的废丸，如工艺允许，可循环再用于生产；否则用胶袋盛装，称重并记录数量，放于指定地点，作废弃物处理。

（四）质量控制要点

① 滴丸外形：要求圆整、无粘连、无拖尾。

② 重量差异：应符合规定。

③ 溶散时限：应符合规定。

三、清洁清场

① 按清场程序和设备清洁规程清理工作现场、工具、容器、设备，并请 QA 人员检查，合格后发给清场合格证。

② 撤掉运行状态标志，挂清场合格标志。

③ 暂停连续生产的同一品种时要将设备清理干净，按清洁程序清理现场。

④ 及时填写批生产记录、设备运行记录、交接班记录等。

⑤ 关好水、电开关及门，按进入程序的相反程序退出。

知识链接

滴丸剂的制备

一、药物在基质中的状态

滴丸的制备原理是基于固体分散法。

1. 固体药物分散在基质中的状态

（1）形成固体溶液　固体溶剂（基质）溶解固体溶质（药物）而成。药物颗粒被分散到最低程度，即分子或胶体大小，有的呈均匀透明体，故称玻璃液。

（2）形成微细晶粒　某些难溶性药物与水溶性基质组成溶液，但在冷却时，由于温度下降，溶解度减小，药物会部分或全部析出；由于骤冷条件，基质黏滞度迅速增大，药物来不及集聚成完整的晶体，只能以胶态或微细状的晶体析出。

（3）形成亚稳定型结晶或无定型粉末　晶型药物在制成滴丸过程中，通过熔融、骤冷等处理，可增大药物的溶解度。

2. 液体药物分散在基质中的状态

（1）使液体固化　即形成固态凝胶（基质与药物相互溶解）。

（2）形成固态乳剂　在熔融基质中加入不溶的液体药物，再加入表面活性剂，搅拌，使形成均匀的乳剂，其外相是基质，内相是液体药物，在冷凝成丸后，液体药物即形成细滴，分散在固体的滴丸中。

（3）由基质吸收容纳液体药物　如聚乙二醇 6000 可容纳 5％～10％ 的液体。对于剂量较小、难溶于水的药物，可选用适当溶剂，溶解后加入基质中，滴制成丸。

二、滴丸制备及影响其质量的因素

（一）滴丸的制备

1. 工艺流程

滴丸剂的生产工艺流程见图 5-8。

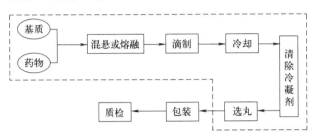

图 5-8　滴丸剂生产工艺流程图

将主药溶解、混悬或乳化于适宜的熔融的基质中，并保持恒定的温度（80～100℃），经过大小管径的滴头等速滴入冷凝液中，凝固形成的丸粒徐徐沉入器底，或浮于冷凝液的表面，取出，洗去冷凝液，干燥，即成滴丸。

2. 生产设备

滴丸的生产多由机械生产，制备滴丸的设备主要由滴瓶、冷凝柱、恒温箱三个部分组成，如图 5-9 所示。根据滴头的多少，产量不同，如 20 个滴头的滴丸机相当于 33 冲压片机的产量。

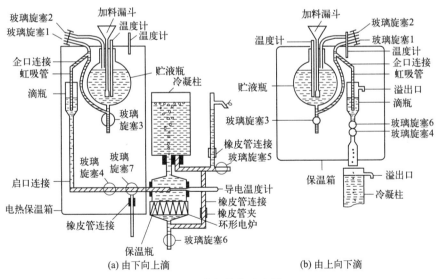

(a) 由下向上滴　　　　　　　(b) 由上向下滴

图 5-9　滴丸设备示意图

（二）影响滴丸质量的因素

1. 影响滴丸丸重的因素

（1）滴管口径　滴丸的重量与滴管口径有关，在一定范围内管径大则滴制的丸也大，反之则小。

（2）温度　温度上升，表面张力下降，丸重减小；反之亦然。因此，操作中要保持恒温。

（3）滴管口与冷却剂液面的距离　两者之间距离过大时，液滴会因重力作用被跌散而产生细粒，因此两者距离不宜超过5cm。

（4）滴速　未滴下的残留药量与滴速有关，速度越快，残留的药量越少。

2.影响滴丸圆整度的因素

（1）液滴在冷却液中移动速率　液滴与冷却液的密度相差大、冷却液的黏滞度小都能增加移动速率。移动速率愈快，受力愈大，其形愈扁。

（2）液滴的大小　液滴小，液滴收缩成球体的力大，因而小丸的圆整度比大丸好。

（3）冷凝剂性质　适当增加冷凝剂和液滴亲和力，使液滴中空气尽早排出，保护凝固时丸的圆整度。

（4）冷凝剂温度　最好是梯度冷却，有利于滴丸充分成型冷却，但使用甲基硅油作冷却剂不必分步冷却，只需控制滴丸出口温度（40℃左右）。

操作工序四　装　　瓶

一、准备工作

（一）生产人员

本工序生产人员应提前学习与本工序相关的技术文件，掌握本工序的操作要点。

生产人员的素质要求及进入洁净区的程序参见本任务操作工序一。

（二）生产环境

本工序生产环境的要求按GMP有关D级洁净区的规定执行，具体参见本任务操作工序一。

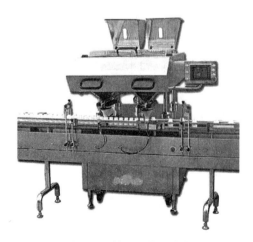

图 5-10　数粒瓶装联动线

（三）生产文件

1.滴丸剂装瓶岗位操作法

2.数粒瓶装联动线标准操作程序

3.装瓶生产前确认记录

4.装瓶生产操作记录

5.装瓶工序清场记录

（四）生产用物料

按批生产指令单中所列的物料，从上一工序或物料间领取物料（滴丸及塑料瓶）备用。

（五）设施、设备

本工序主要使用设备为数粒瓶装联动线（图5-10）。

二、生产过程

（一）生产操作

① 打开总电源开关。

② 设定参数，使送瓶速度 10 瓶/min，开启理瓶机，将空的药瓶送到数粒机出粒嘴下。

③ 按数粒瓶装联动线标准操作规程开动电子数粒机数粒，设定参数（调节数粒振动大小），使 100 粒/瓶。

④ 刚开始几瓶可能不准，应倒入数粒盘中重数。

⑤ 按数粒瓶装联动线标准操作规程开启旋盖机，开启电磁感应铝箔封口机，按 10 瓶/min 的要求设定操作参数后，正常运行。

⑥ 装上标签贴纸，开启贴标机，对每瓶进行贴签。

（二）质量控制要点

① 外观：抽检 20 个包装单位，要求标签牢固、洁净、字迹清楚。瓶盖倾斜度大于 3mm，不超过 1 瓶。注意核对标签上品名、批号，有效期打印须准确无误。

② 每瓶的装量数：瓶装装量小于 100 粒装，抽 10 个包装单位，误差不得超过 1 个包装单位，范围不超过 ±1 粒。100 粒装，抽 10 个包装单位，误差不得超过 1 个包装单位，范围不超过 ±2 粒。100～500 粒装，抽 10 个包装单位，误差不得超过 1 个包装单位，范围不超过 ±3 粒。大于 500 粒装，抽 5 个包装单位，误差不得超过 1 个包装单位，范围不超过 ±5 粒。

三、清洁清场

① 按清场程序和设备清洁规程清理工作现场、工具、容器、设备，并请 QA 人员检查，合格后发给清场合格证。

② 撤掉运行状态标志，挂清场合格标志。

③ 暂停连续生产的同一品种时要将设备清理干净，按清洁程序清理现场。

④ 及时填写批生产记录、设备运行记录、交接班记录等。

⑤ 关好水、电开关及门，按进入程序的相反程序退出。

操作工序五　外　包　装

本工序要求按如下工艺参数进行操作：

① 装小盒：每小盒内装 1 瓶滴丸，放 1 份产品说明书。

② 装中盒：每 10 小盒为 1 中盒，封口。

③ 装箱：将封好的中盒装置于已封底的纸箱内，每 10 中盒为 1 箱，然后用封箱胶带封箱，打包带（2 条/箱）。

其他要求可参见本项目任务 5-1 操作工序四外包装。

【任务记录】

生产过程中按要求填写操作记录（表 5-14）。

表 5-14 马来酸氯苯那敏滴丸批生产记录

品名	马来酸氯苯那敏滴丸	规格	4mg/丸	批号	
生产日期	年 月 日	房间编号		温度 ℃	相对湿度 %

工艺步骤	工艺参数	操作记录	操作时间
1. 生产准备	设备是否完好正常 设备、容器、工具是否清洁 计量器具仪表是否校验合格	□是 □否 □是 □否 □是 □否	时 分～ 时 分
2. 称量	1. 按生产处方规定,称取各种物料,记录品名、用量。 2. 称量过程中执行一人称量,一人复核制度。 3. 处方如下: 马来酸氯苯那敏　　　4g 聚乙二醇 6000　　　15.5g 制成 1000 丸	按生产处方规定,称取各种物料,记录如下: <table><tr><td>物料名称</td><td>用量/g</td></tr><tr><td>马来酸氯苯那敏</td><td></td></tr><tr><td>聚乙二醇 6000</td><td></td></tr></table>	时 分～ 时 分
3. 配制	1. 检查配制罐内外有无异物,设备是否处于正常状态。 2. 根据工艺要求向罐内投入聚乙二醇(分子量 6000)。打开蒸汽阀门对化基质罐进行加热,使内容物温度达到 60℃左右,待聚乙二醇(分子量 6000)熔化时,开启搅拌。 3. 将称量好的马来酸氯苯那敏加入配制罐中,与基质搅拌均匀。 4. 开启压缩空气,排出物料至滴丸滴制机的料斗中	1. 配制罐型号: 2. 基质温度: ℃。 3. 药物与基质混合时间: 分钟	时 分～ 时 分
4. 滴制	1. 滴制岗位操作 SOP 进行操作。 2. 设定制冷温度为 -3℃、油浴温度为 90℃、滴盘温度为 80℃,启动制冷、油泵、滴罐加热、滴盘加热。 3. 待制冷温度、药液温度和滴盘温度显示达设定值后,缓慢扭动滴缸上的滴头开关,打开滴头开关,使药液以约 1 滴/秒的速度下滴。 4. 操作过程中经常取样控制丸重,根据丸重调整滴速。 5. 收集的滴丸在接丸盘中滤油 15 分钟,然后装进干净的脱油用布袋,放入离心机内脱油,启动离心机 2～3 次,待离心机完全停止转动后取出布袋	1. 滴丸机型号: 离心机型号: 2. 制冷温度: ℃。 油浴温度: ℃ 滴盘温度: ℃ 3. 滤油时间: 分钟。 4. 离心次数: 次	时 分～ 时 分
5. 丸重检查	<table><tr><td>称量时间</td><td></td><td></td><td></td><td></td><td></td><td></td></tr><tr><td>重量/g</td><td></td><td></td><td></td><td></td><td></td><td></td></tr><tr><td>称量时间</td><td></td><td></td><td></td><td></td><td></td><td></td></tr><tr><td>重量/g</td><td></td><td></td><td></td><td></td><td></td><td></td></tr></table>		时 分～ 时 分

工艺步骤	工艺参数	操作记录	操作时间
6. 装瓶	1. 按装瓶岗位操作 SOP 进行操作。 2. 设定参数,使送瓶速度 10 瓶/min,开启理瓶机,将空的药瓶送到数粒机出粒嘴下。 3. 按数粒瓶装联动线标准操作规程开动电子数粒机数粒,设定参数(调节数粒振动大小),使 100 粒/瓶。 4. 按数粒瓶装联动线标准操作规程开启旋盖机,开启电磁感应铝箔封口机,按 10 瓶/min 的要求设定操作参数后,正常运行。 5. 装上标签贴纸,开启贴标机,对每瓶进行贴签	1. 数粒瓶装联动线型号: 2. 送瓶速度　　瓶/min。 3. 装瓶规格　　粒/瓶。 4. 旋盖速度　　瓶/min。 5. 贴签:　　个标签/瓶	时　分~ 时　分
7. 外包装	1. 装小盒:每小盒内装 1 瓶滴丸,放 1 份产品说明书。 2. 装中盒:每 10 小盒为 1 中盒,封口。 3. 装箱:将封好的中盒装置于已封底的纸箱内,每 10 中盒为 1 箱,然后用封箱胶带封箱,打包带(2 条/箱)	1. 装小盒:每小盒内装　　瓶滴丸,放　　张产品说明书。 2. 装中盒:每　　小盒为 1 中盒,封口。 3. 装箱:将封好的中盒装置于已封底的纸箱内,每　　中盒为 1 箱,然后用封箱胶带封箱,打包带(　　条/箱)	
8. 清场	1. 生产结束后将物料全部清理,并定置放置。 2. 撤除本批生产状态标志。 3. 使用过的设备、容器及工具应清洁无异物并实行定置管理。 4. 设备内外尤其是接触药品的部位要清洁,做到无油污,无异物。 5. 地面、墙壁应清洁,门窗及附属设备无积灰,无异物。 6. 不留本批产品的生产记录及本批生产指令书面文件	QA 检查确认: □合格 □不合格	
备注			
操作人		复核人	QA	

【任务评价】

（一）职业素养与操作技能评价

马来酸氯苯那敏滴丸制备技能评价见表 5-15。

表 5-15　马来酸氯苯那敏滴丸制备技能评价表

评价项目		评价细则	小组评价	教师评价
职业素养	职业规范 (4分)	1. 规范穿戴工作衣帽(2分) 2. 无化妆及佩戴首饰(2分)		
	团队协作 (4分)	1. 组员之间沟通顺畅(2分) 2. 相互配合默契(2分)		
	安全生产 (2分)	生产过程中不存在影响安全的行为(2分)		

评价项目		评价细则	小组评价	教师评价
实训操作	生产准备 （20分）	1. 开启设备前检查设备（8分）		
		2. 按照操作规程正确操作设备（8分）		
		3. 操作结束将设备复位，并对设备进行常规维护保养（4分）		
	操作过程 （30分）	1. 选择正确的称量设备，并检查校准（10分）		
		2. 按照操作规程正确操作设备（10分）		
		3. 操作结束将设备复位，并对设备进行常规维护保养（10分）		
	产品质量 （10分）	1. 性状、澄明度、含量符合要求（6分）		
		2. 收率、物料平衡符合要求（4分）		
	清场 （10分）	1. 能够选择适宜的方法对设备、工具、容器、环境等进行清洗和消毒（6分）		
		2. 清场结果符合要求（4分）		
实训记录	完整性 （10分）	1. 完整记录操作参数（4分）		
		2. 完整记录操作过程（6分）		
	正确性 （10分）	1. 记录数据准确无误，无错填现象（6分）		
		2. 无涂改，记录表整洁、清晰（4分）		

（二）知识评价

1. 单项选择题

（1）下列关于滴丸剂概念正确的叙述是（　　）。

A. 系指固体或液体药物与适当物质加热熔化混匀后，滴入不相混溶的冷凝液中、收缩冷凝而制成的小丸状制剂

B. 系指液体药物与适当物质溶解混匀后，滴入不相混溶的冷凝液中、收缩冷凝而制成的小丸状制剂

C. 系指固体或液体药物与适当物质加热熔化混匀后，混溶于冷凝液中、收缩冷凝而制成的小丸状制剂

D. 系指固体或液体药物与适当物质加热熔化混匀后，滴入溶剂中、收缩而制成的小丸状制剂

E. 系指固体药物与适当物质加热熔化混匀后，滴入不相混溶的冷凝液中、收缩冷凝而制成的小丸状制剂

（2）从滴丸剂组成、制法看，它不具有的优缺点为（　　）。

A. 工艺条件不易控制

B. 基质容纳液态药物量大，故可使液态药物固化

C. 用固体分散技术制备的滴丸具有吸收迅速、生物利用度高的特点

D. 发展了耳、眼科用药新剂型

（3）滴丸剂的制备工艺流程一般为（　　）。

A. 药物＋基质→混悬或熔融→滴制→洗丸→冷却→干燥→选丸→质检→分装

B. 药物＋基质→混悬或熔融→滴制→冷却→干燥→洗丸→选丸→质检→分装

C. 药物＋基质→混悬或熔融→滴制→冷却→洗丸→选丸→干燥→质检→分装

D. 药物＋基质→混悬或熔融→滴制→冷却→洗丸→干燥→选丸→质检→分装

（4）以水溶性基质制备滴丸时应选用的冷凝液为（　　　）。

A. 水与醇的混合液　　　　　　　B. 液体石蜡

C. 乙醇与甘油的混合液　　　　　D. 液体石蜡与乙醇的混合液

（5）将灰黄霉素制成滴丸剂的目的在于（　　　）。

A. 增加溶出速度　　　　　　　　B. 增加亲水性

C. 减少对胃的刺激　　　　　　　D. 增加崩解

2. 多项选择题

（1）从滴丸剂组成、制法看，它具有（　　　）的特点。

A. 设备简单、操作方便、利于劳动保护，工艺周期短、生产效率高

B. 工艺条件易于控制

C. 基质容纳液态药物量大，故可使液态药物固化

D. 用固体分散技术制备的滴丸具有吸收速度快、生物利用度高的特点

E. 发展了耳、眼科用药的新机型

（2）（　　　）是滴丸剂的常用基质。

A. PEG 类　　　　　B. 肥皂类　　　　　C. 甘油明胶

D. 硬脂酸　　　　　E. 硬脂酸钠

（3）水溶性基质制备的滴丸应选用的冷凝液是（　　　）。

A. 水与乙醇的混合物　　　　　　B. 乙醇与甘油的混合物

C. 二甲硅油　　　　　　　　　　D. 煤油和乙醇的混合物

E. 液状石蜡

（4）保证滴丸圆整成型、丸重差异合格的关键是（　　　）。

A. 适宜基质　　　　　　　　　　B. 适合的滴管内外口径

C. 及时冷却　　　　　　　　　　D. 滴制过程保持恒温

E. 滴管口与冷却液面的距离

（5）滴丸剂的质量要求有（　　　）。

A. 外观　　　　　B. 水分　　　　　C. 重量差异

D. 崩解时限　　　　　E. 融散时限

（6）滴丸基质应具备的条件是（　　　）。

A. 熔点较低或加热（60～100℃）时能熔成液体，而遇骤冷又能凝固

B. 在室温下保持固态

C. 有适当的黏度

D. 对人体无毒副作用

E. 不与主药发生作用，不影响主药的疗效

（7）固体药物在滴丸的基质中分散的状态可以是（　　　）。

A. 形成固体溶液　　B. 形成固态凝胶　　C. 形成微细结晶

D. 形成无定型状态　E. 形成固态乳剂

（8）关于滴丸丸重的叙述正确的是（　　）。

A. 滴丸滴速越快丸重越大

B. 温度高则丸重小

C. 温度高则丸重大

D. 滴管口与冷却剂之间的距离应大于 5cm

E. 滴管口径大丸重也大，但不宜太大

（9）为改善滴丸的圆整度，可采取的措施是（　　）。

A. 液滴不宜过大

B. 液滴与冷却液的密度差应相近

C. 液滴与冷却剂间的亲和力要小

D. 液滴与冷却剂间的亲和力要大

E. 冷却剂要保持恒温，温度要低

项目六

注射剂制备

学习目标

通过完成不同类型注射剂的制备任务达到如下学习目标：

知识目标：

1. 掌握　注射剂的概念、特点、分类、质量要求和处方组成；注射剂的附加剂和溶剂；热原的概念、性质、污染途径和去除方法；小容量注射剂、大容量注射剂和注射用无菌粉末的工艺过程和制备要点。

2. 了解　安瓿的清洗灭菌方法；胶塞的处理过程；大容量注射剂容器的分类；注射剂的质量评价方法。

技能目标：

1. 会正确熟练更衣、换鞋，进入相应洁净级别的注射剂制备操作岗位。

2. 会根据批生产指令计算、领取各岗位所需物料。

3. 会使用配液系统设备、超声波安瓿洗瓶机、隧道式灭菌烘箱、安瓿拉丝灌封机、非 PVC 软袋大输液生产联动线、灭菌检漏柜、洗瓶机、灌装机、冷冻干燥机、轧盖机、灯检仪等各制备工序的设备，完成注射剂各岗位的制备操作。

4. 会按 GMP 要求，完成各工序的清洁清场操作。

5. 会按 GMP 要求，正确填写各工序的操作记录。

素质目标：

1. 具备强烈的无菌观念，严格遵守无菌操作规程，确保生产环境、设备、原料及产品全程无菌。

2. 具备严格的质量控制意识，学习识别、评估并控制无菌制剂生产过程中的潜在风险，确保产品符合质量标准及法规要求。

项目说明

注射剂是一类无菌制剂，无菌制剂系指法定药品标准中列有无菌检查项目的制剂。它包括注射剂、眼用制剂、植入剂、冲洗剂及其他无菌制剂如无菌软膏剂与乳膏剂、吸入液体制剂和吸入喷雾剂、无菌气雾剂和粉雾剂、无菌散剂、无菌耳用制剂、无菌鼻用制剂、无菌涂剂与涂膜剂、无菌凝胶剂等。

267

早在 19 世纪 60 年代，第一个注射剂吗啡注射液就开始使用了，到目前已经有 100 多年的历史，现在注射剂已成为临床应用最为广泛的剂型之一，在临床治疗中占有重要的地位，尤其在抢救用药方面是一种不可缺少的临床给药剂型。另外，对一些蛋白质、多肽等现代生物技术药物，注射剂是最主要的剂型。《中国药典》收载了 400 余种注射剂，其中大部分是化学药品注射剂，也有少量中药注射剂，如注射用双黄连（冻干）、注射用灯盏花素等，还包括一些生物药物如重组细胞因子类、酶类、单克隆抗体等注射剂。

本项目包括：小容量注射剂——维生素 C 注射液制备、输液——葡萄糖注射液制备、注射用无菌粉末——注射用法莫替丁制备共 3 个任务。主要学习注射剂的特点、制备工艺、处方分析、设备的使用、产品质量控制等内容。

任务 6-1 小容量注射剂——维生素 C 注射液制备

【任务资讯】

一、认识注射剂

1. 注射剂的定义

注射剂系指原料药物或与适宜的辅料制成的供注入人体内的无菌制剂。

2. 注射剂的分类

注射剂可分为注射液、注射用无菌粉末与注射用浓溶液。

（1）注射液　系指原料药物或适宜的辅料制成的供注入人体内的无菌液体制剂，包括溶液型、乳状液型和混悬型注射液，可用于皮下注射、皮内注射、肌内注射、静脉注射等，其中供静脉滴注用的大容量注射液（一般不小于 100ml，生物制品不小于 50ml）也称输液。中药注射剂一般不宜制成混悬型注射液。

① 溶液型注射液：含有药物或其溶液的液体制剂，包括水溶液、油溶液和胶体溶液。易溶于水且在水中稳定的药物，或溶于注射用油性溶剂的药物均可制备成溶液型注射液。如盐酸普鲁卡因注射液、盐酸克林霉素注射液等。

② 乳状液型注射液：药物溶解或分散在适当的乳剂介质中的液体制剂。如将水不溶性的药物溶解在油性溶剂中，再分散于水相，制成乳状液型注射液。如鸦胆子油乳注射液、依托咪酯脂肪乳注射液等。

③ 混悬型注射液：固体药物混悬在适当的液体介质中的液体制剂。水难溶性或注射后要求延长药效的药物可制成水或油混悬液，如醋酸可地松注射液、鱼精蛋白胰岛素注射液等。这类注射剂一般仅供肌内注射。

（2）注射用无菌粉末　系指原料药物或与适宜的辅料制成的供临用前用无菌溶液配制成注射液的无菌粉末或无菌块状物，亦称粉针剂。一般采用无菌分装或冷冻干燥法制得，可用适宜的注射用溶剂配制后注射，也可用静脉输液配制后静脉滴注。以冷冻干燥法制备的生物制品注射用无菌粉末也可称为注射用冻干制剂。遇水不稳定的药物如青霉素、蛋白质、多肽类药物宜制成注射用无菌粉末。

（3）注射用浓溶液　系指原料药物与适宜的辅料制成的供临用前稀释后静脉滴注用的无菌浓溶液。

3. 注射剂的优点

注射剂是常用的无菌制剂之一，具有如下优点。

（1）药效迅速、剂量准确、作用可靠　注射剂以液体状态直接注入人体组织、血管或器官内，所以药物吸收快、作用迅速。特别是静脉注射，药物无须吸收直接进入血液循环，常用于抢救危重患者。注射给药属于非胃肠道给药途径，药物吸收不受胃肠道诸因素的影响，故剂量准确、作用可靠、易于控制。

（2）适用于不宜口服的药物　对于一些不适宜口服给药的药物，如胃肠道不能有效吸收或易被消化液降解破坏或刺激性较强的药物，口服给药的生物利用度低或变异性大的药物可制成注射剂注射给药。

（3）适合于不能口服给药的患者　对于术后禁食、昏迷等状态的患者，或有吞咽困难、肠梗阻等消化系统疾病的患者不能口服给药，宜采用注射剂注射给药。

（4）具有局部定位给药作用　如盐酸普鲁卡因注射液用于局部麻醉；当归注射液可以穴位注射发挥特有疗效；脂质体、静脉乳剂等微粒注射给药后，在肝、肺、脾等器官药物分布较多，有定向作用。

（5）可产生长效作用　一些长效注射剂可在注射部位形成药物储库缓慢释放药物达数天数周或数月之久。如注射用醋酸亮丙瑞林微球为每 4 周注射 1 次的缓释注射剂。

4. 注射剂的不足

注射剂的主要不足之处如下。

（1）依从性较差　用药不便，注射剂一般需专业人员使用相应的注射器和设备给药而且存在注射疼痛问题。另外使用不当易造成交叉污染。

（2）生产成本高　生产过程复杂，对生产环境及设备要求高，导致注射剂较其他剂型价格高。

（3）质量要求严格　在所有给药途径中，注射给药是风险最高的给药途径，因此对产品的质量要求最为严格。

随着现代科技的发展，以上不足之处也正在得到改善，如无针注射剂和无痛注射技术的应用缓解了注射疼痛。

5. 注射剂的给药途径

注射剂的常见给药途径有静脉注射、肌内注射、皮下或皮内注射等，见图 6-1。注射剂的给药途径不同，质量要求也不同。

（1）静脉注射　分为静脉推注和静脉滴注。静脉推注常用于需要立即发挥作用的治疗，注射量一般为 5～50ml；静脉滴注常用于常规性治疗，其注射量可多达几千毫升，因此又称为"大输液"。与其他给药途径相比，静脉注射将药液直接注入静脉，发挥药效快，常用于急救、补充体液和提供营养。

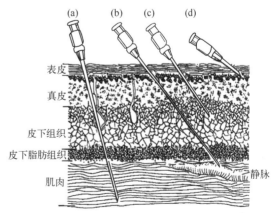

图 6-1　注射剂的常见给药途径

（a）肌内注射；（b）静脉注射；

（c）皮下注射；（d）皮内注射

（2）肌内注射　注射于肌肉组织中，注射剂量一般为 1～5ml。与静脉注射相比，肌内注射产生的药物作用较缓慢，但持续时间较长。水溶液、油溶液、混悬液及乳浊液均可供肌内注射，可起到延效作用。

（3）皮下注射　注射于真皮与肌肉之间的松软组织内，一般剂量为 1～2ml。皮下注射主要是水溶液，也有混悬液。

（4）皮内注射　注射于表皮和真皮之间，一般注射部位在前臂，一次剂量在 0.2ml 以下，常用于过敏性试验或疾病诊断，如青霉素皮试、白喉诊断毒素等。

（5）脊椎腔内注射　注入脊椎间蛛网膜下腔内。由于神经组织比较敏感，且脊髓液循环较慢，故脊椎腔内注射用的注射液必须等渗，且不得加入抑菌剂，pH 应为 5.0～8.0，一次注入的剂量不得超过 10ml，注入时应缓慢。

（6）动脉内注射　注入靶区动脉末端，如诊断用动脉造影剂、肝动脉栓塞剂等。

（7）其他　包括关节内注射、心内注射、穴位注射、滑膜腔内注射等。

6. 注射剂的质量要求

注射剂的质量要求主要包括无菌、无热原，可见异物与不溶性微粒符合要求，pH、装量、渗透压（大容量注射剂）和药物含量等应符合要求，在贮存期内应稳定有效。注射液的 pH 应接近体液，一般控制在 4～9 范围内；凡大量静脉注射或滴注的输液，应调节其渗透压与血浆渗透压相等或接近。有些品种尚需进行有关物质检查、降压物质检查、异常毒性检查、刺激性和过敏试验等。

二、热原

系指能引起恒温动物体温异常升高的致热物质，包括细菌性热原、内源性高分子热原、内源性低分子热原及化学热原等。药品生产中所指的"热原"，主要是指细菌性热原，是某些细菌的代谢产物，存在于细菌的细胞膜和固体膜之间，是微生物的一种内毒素。内毒素注射后能引起人体致热反应。大多数细菌都能产生热原反应，致热能力最强的是革兰阴性杆菌。霉菌与病毒也能产生热原。内毒素是由磷脂、脂多糖和蛋白质所组成的复合物。其中脂多糖是内毒素的主要成分，具有特别强的致热活性，因而可大致认为热原＝内毒素＝脂多糖。脂多糖的组成因菌种不同而不同。热原的分子量一般为 $1×10^6$ 左右。

含有热原的注射剂注入体内后，大约半小时就能使人体产生发冷、寒战、体温升高、恶心呕吐等不良反应，严重者出现昏迷、虚脱，甚至有生命危险，临床上称为"热原反应"。

1. 热原的性质

（1）耐热性　热原在 60℃加热 1 小时不受影响，100℃加热也不降解，但在 180℃ 3～4 小时、250℃ 30～45 分钟或 650℃1 分钟加热可使热原彻底破坏。

（2）过滤性　热原体积小，为 1～5nm，可通过一般的滤器（包括微孔滤膜）而进入滤液，但可被活性炭吸附。

（3）水溶性　由于磷脂结构上连接有多糖，所以热原能溶于水。

（4）不挥发性　热原本身不挥发，但在蒸馏时，可随水蒸气中的雾滴进入蒸馏水中，因此制备注射用水时在蒸馏水器的蒸发室上部应设隔沫装置，以分离蒸汽和雾滴。

（5）其他　热原能被强酸、强碱破坏，也能被强氧化剂（如高锰酸钾或过氧化氢等）破坏，超声波及某些表面活性剂（如去氧胆酸钠）也能使之失活。

2. 热原的主要污染途径

（1）溶剂 如注射用水，是热原污染的主要来源。蒸馏设备结构不合理、操作与接收容器不当或贮藏时间过长等均易发生热原污染。故注射用水应新鲜使用，蒸馏器质量要好，环境应洁净。

（2）原辅料 特别是用生物方法制备的药物和辅料易滋生微生物，如右旋糖酐、水解蛋白等药物；葡萄糖、乳糖等辅料在贮藏过程中可因包装损坏等而污染。

（3）容器、用具、管道与设备等 注射剂生产中对容器、用具、管道与设备等，应按GMP要求认真清洗处理，否则常易导致热原污染。

（4）制备过程与生产环境 注射剂制备过程中室内卫生差、操作时间过长、产品灭菌不及时或灭菌不合格，均能增加细菌污染的机会，从而可能产生热原。

（5）使用过程的输液器具和调配环境 有时输液本身不含热原，但往往也有可能由于输液器具污染而引起热原反应，输液配制使用应符合静脉用药集中调配中心管理规范。

3. 热原的去除方法

（1）高温法 凡能经受高温加热处理的容器与用具，如针头、针筒或其他玻璃器皿，在洗净后，于250℃加热30分钟以上，可破坏热原。

（2）酸碱法 玻璃容器、用具可用重铬酸钾硫酸清洗液或稀氢氧化钠溶液处理来破坏热原。热原亦能被强氧化剂破坏。

（3）吸附法 注射剂常用活性炭处理，用量为 $0.05\% \sim 0.5\%$（m/V）。此外，可将 0.2% 活性炭与 0.2% 硅藻土合用于处理 20% 甘露醇注射液，除热原效果较好。

（4）离子交换法 国内用♯301弱碱性阴离子交换树脂 10% 与♯122弱酸性阳离子交换树脂 8%，成功地除去丙种胎盘球蛋白注射液中的热原。

（5）凝胶过滤法 如用二乙氨基乙基葡聚糖凝胶（分子筛）制备无热原去离子水。

（6）反渗透法 用反渗透法通过三醋酸纤维膜除去热原，这是近几年发展起来的有实用价值的新方法。

（7）超滤法 一般用 $3.0 \sim 15nm$ 孔径的超滤膜除去热原。如用超滤膜过滤可除去 $10\% \sim 15\%$ 葡萄糖注射液的热原。

（8）其他方法 采用两次以上湿热灭菌法或适当提高灭菌温度和时间可除去热原，如葡萄糖或甘露醇注射液中含有的热原亦可采用上述方法处理。微波也能破坏热原。

三、注射剂的处方组成

注射剂的处方由原料药物、溶剂与附加剂组成。其中处方中的所有组分都应选择注射用规格，应符合药典等国家药品质量标准的要求。

1. 原料药物

用于制备注射剂的原料药物应符合注射用要求。相比于口服用原料药物，注射用原料药物的质量要求更高，如对杂质和重金属的限量更加严格、对微生物及热原需要限量控制等。

2. 溶剂

溶剂是注射剂中重要的组成部分，在处方中作为药物的溶剂或分散介质等。注射剂所用溶剂应安全无害，并与处方中的其他物料兼容性良好，不得影响活性成分的疗效和质量。一般分为水性溶剂和非水性溶剂。根据药物的溶解性、稳定性、给药途径、临床用途等不同需求，注射剂可选择不同种类的溶剂。

（1）注射用水　系注射剂中最常用的溶剂，注射剂配制时一般优先选用注射用水作为溶剂。

根据《中国药典》规定，注射用水是通过纯化水经蒸馏法制得的水，制备出的注射用水收集后应在 24 小时内使用。注射用水虽不要求灭菌，但须无热原。《中国药典》规定，注射用水每毫升中的细菌内毒素含量应小于 0.25EU；微生物学要求每 100ml 中，细菌、真菌和酵母菌总数不得超过 10 个。

（2）非水溶剂　当药物在水中的溶解度有限，或因药物易水解等一些物理或化学因素影响不能单独使用水性溶剂时，设计这些药物制剂处方常常需要添加一种或多种非水溶剂。注射用非水溶剂应无刺激性、无毒、无致敏作用，且本身应无药理活性，并不能影响药物的活性。

① 注射用油。对于难溶性药物可采用注射用油为溶剂，有时为了达到使药物长效的目的，也可选择注射用油为溶剂通过肌内注射给药，实现药物缓慢吸收，从而产生长效作用。

常用的注射用油主要有大豆油、麻油、茶油等植物油，其他植物油如玉米油、花生油、棉籽油、橄榄油、蓖麻油等经精制后也可用于注射。

《中国药典》规定注射用大豆油应无异味，为淡黄色澄明液体，相对密度 0.916～0.922，碘值为 126～140，皂化值为 188～195，酸值不得大于 0.1。碘值、皂化值、酸值是评价注射用油质量的重要指标。碘值反映油脂中不饱和键的多寡，碘值过高，则含不饱和键多，油易氧化酸败。皂化值表示游离脂肪酸和结合成酯的脂肪酸总量，过低表明油脂中的脂肪酸分子较大或含不皂化物（如胆固醇等），杂质较多；过高表明脂肪酸分子量较小，亲水性较强，失去油的性质。酸值高表明油脂酸败严重，不仅影响药物的稳定性，且有刺激作用。

② 乙醇。本品可与水、甘油、挥发油等任意混溶，调节溶剂的极性，增大难溶性药物的溶解度，可供静脉或肌内注射用，但应注意乙醇浓度超过 10％时，注射给药可能会有溶血作用或疼痛感。含有一定量乙醇的注射液有氢化可的松注射液、多西他赛注射液、尼莫地平注射液等。

③ 丙二醇。即 1,2-丙二醇，其与水、乙醇、甘油可混溶，能溶解多种水不溶性药物，可供肌内静脉注射。混合溶剂中的常用浓度为 10％～60％，用作皮下或肌内注射时有局部刺激性。如苯妥英钠注射液中含 40％丙二醇。

④ 聚乙二醇。相对分子质量低的液体 PEC300、PEC400 均可用作注射用溶剂，其可与水、乙醇相混溶，化学性质稳定，不水解，常用浓度为 1％～50％。由于 PEC300 的降解产物可能会导致肾病变，因此 PEG400 更为常用，如噻替派注射液以 PEC400 为注射溶剂。

⑤ 甘油。本品与水或乙醇可任意混溶，在脂肪油中不溶。甘油的黏度和刺激性较大，不能单独用于注射溶剂，常与乙醇、丙二醇、水等组成复合溶剂，常用浓度为 1％～50％。如普鲁卡因注射液的溶剂由 95％乙醇（20％）甘油（20％）与注射用水（60％）组成，但本品大剂量注射时会引起惊厥、麻痹、溶血。

⑥ 二甲基乙酰胺。本品为澄明的中性溶液，与水、乙醇可任意混溶，对药物的溶解范围广，常用浓度为 0.01％。本品的毒性小于二甲基甲酰胺，但连续使用时应注意其慢性毒性。如氯霉素常用 50％的二甲基乙酰胺作溶剂。

3. 附加剂

注射剂中除原料药物外，还可根据制备及医疗的需要添加其他物质，以增加注射剂的有效性、安全性与稳定性，这类物质统称为注射剂附加剂。注射剂中的附加剂需符合以下要求：①对药物的疗效无影响；②在有效浓度内对机体安全、无毒、无刺激性；③与主药无配伍禁忌；④不干扰产品的含量测定。各国药典对附加剂的种类和用量往往有明确的规定，且不尽一致。

注射剂中附加剂的作用主要包括：①增加药物的溶解度；②提高药物的稳定性；③抑菌；④调节渗透压；⑤调节 pH；⑥减轻疼痛或刺激等。因此，根据作用不同，附加剂可分为增溶剂、助溶剂、抗氧剂、缓冲剂、局麻剂、等渗调节、抑菌剂等。

常用的抗氧剂有亚硫酸钠、亚硫酸氢钠和焦亚硫酸钠等，一般浓度为 0.1%～0.2%。多剂量包装的注射液可加适宜的抑菌剂，抑菌剂的用量应能抑制注射液中微生物的生长，除另有规定外，在制剂确定处方时，该处方的抑菌效力应符合抑菌效力检查法的规定。加有抑菌剂的注射液，仍应采用适宜的方法灭菌。静脉给药与脑池内、硬膜外、椎管内用的注射液均不得加抑菌剂。常用的抑菌剂为 0.5% 苯酚、0.3% 甲酚、0.5% 三氯叔丁醇、0.01% 硫柳汞等。

【任务说明】

本任务是制备维生素 C 注射液（2ml：0.1g），维生素 C 注射液为无色或微黄色的澄明液体，主要成分为维生素 C，用于治疗坏血病，也可用于各种急慢性传染疾病及紫癜等的辅助治疗。维生素 C 注射液收载于《中国药典》二部。

【任务准备】

一、接收操作指令

维生素 C 注射液批生产指令见表 6-1。

表 6-1　维生素 C 注射液批生产指令

品名	维生素 C 注射液	规格	2ml：0.1g
批号		理论投料量	100 支
采用的工艺规程名称		维生素 C 注射液工艺规程	
原辅料的批号和理论用量			
序号	物料名称	批号	理论用量
1	维生素 C		10g
2	碳酸氢钠		4.66g
3	亚硫酸氢钠		0.4g
4	依地酸二钠		0.1g
5	注射用水		加至 200ml
生产开始日期		年　月　日	
生产结束日期		年　月　日	
制表人		制表日期	年　月　日
审核人		审核日期	年　月　日

生产处方：

（100 支处方）

维生素 C　　　　　　　10g

碳酸氢钠　　　　　　　4.66g

亚硫酸氢钠	0.4g
依地酸二钠	0.1g
注射用水加至	200ml

处方分析：

维生素 C 为主药；依地酸二钠为金属离子络合剂；碳酸氢钠可使维生素 C 部分中和成钠盐，既可调节 pH 值，又可避免由于酸性太强，在注射时产生疼痛；亚硫酸氢钠为抗氧剂；注射用水为溶剂。

二、查阅操作依据

为更好地完成本项任务，可查阅《维生素 C 注射液工艺规程》《中国药典》等与本项任务密切相关的文件资料。

三、制定操作计划

根据本品种的制备要求制定操作工序如下：

配液→洗瓶干燥灭菌、灌封→灭菌检漏→灯检→印字→包装

每个工序由准备工作、生产过程、清洁清场等几部分组成。在操作过程中填写化学药注射剂制备操作记录（表 6-3）。

【任务实施】

操作工序一　配　液

一、准备工作

参见"项目三　任务 3-1 操作工序一配料的准备工作"要求执行，本工序要求在 D 级洁净区操作。

二、生产过程

（一）制备操作

① 打开罐顶注射用水阀，加注射用水至罐内溶液体积占计划配制体积全量的 80％左右。

② 加入处方量的原、辅料，搅拌溶解，继续搅拌使均匀。

③ 加注射用水近全量，搅拌均匀，取样进行药液含量、pH 值等项目检测，并根据测定结果补水或补料。

④ 过滤至澄明、可见异物符合要求。

⑤ 通知灌封工序，切换阀门至灌封，将药液送至灌封工序。

（二）质量控制要点

① 配制液溶液颜色：无色至微黄色的澄明液体。

② 配制液 pH 值：应为 5.0～7.0，按照药典规定检验。

③ 药液含量：符合要求，未出现异常情况。

三、清洁清场

① 打开排污阀，排出贮罐中的存留药液。

② 用纯化水冲洗配液罐及管道 3 次，每次应排净水。

③ 用 1%～2%（w/v）的 NaOH 溶液清洗后，打开排污阀，排出贮罐中的残留 NaOH 溶液。

④ 用纯化水冲洗管道和贮罐，分次冲洗和排水，直到出水口和配液罐贮水符合要求。

⑤ 按本区域清洁程序对设备、管道、作业场地，室内空气进行清洗、灭菌。

⑥ 清场后及时填写清场记录，清场自检合格后，请 QA 检查。

⑦ 通过 QA 检查后取得"清场合格证"并更换操作室的状态标识。

⑧ 完成"生产记录"填写，并复核，检查记录是否有漏记或错记现象，复核中间产品检查结果是否在规定范围内。检查记录中各项是否有偏差发生。如果发生偏差则按《生产过程偏差处理规程》操作。

⑨ 清场合格证放在记录台规定位置，作为后续产品开工凭证。

知识链接1

小容量注射剂的配液与过滤

（一）配液

1. 投料

用于制备注射剂的原辅料需使用注射用规格，必要时需经精制处理。配制前，应正确计算原料的用量。投料量可按下式计算：

$$原料（附加剂）用量＝实际配液量×成品含量$$
$$实际配液量＝实际灌注量＋实际灌注时损耗量$$

对于一些易降解的药物，在注射剂灭菌后含量有所下降时，应酌情增加投料量。在计算、称量时，含结晶水的药物应注意换算。

2. 配制用具的选择与处理

配制容器一般选择带有搅拌器的夹层配液罐（图 6-2），既可以通蒸汽加热也可通冷水冷却。配制用具的材质有玻璃、不锈钢、耐酸耐碱陶瓷及耐热的无毒聚氯乙烯、聚乙烯或聚丙烯塑料等。配液中使用的输送管道、阀门与泵应采用不锈钢或中空玻璃制成。

图 6-2　配液罐

图 6-3　微孔滤膜滤器外形及滤芯

配液用具在使用前应彻底清洗，一般可用清洁剂刷洗，常水冲洗，最后用注射用水冲洗。玻璃与瓷质用具刷洗后可用清洁液处理，随即用常水、注射用水冲洗。塑料管道可用较稀的清洁液处理，橡皮管可置蒸馏水内蒸煮搓洗，最后用注射用水反复搓洗，临用前用新鲜注射用水荡洗或灭菌后备用。每次配液后一定要立即刷洗干净，玻璃容器可加少量硫酸清洁液或75%乙醇后放置，以免长菌，临用前再依法洗净。供配制油性注射剂的用具必须洗净后烘干使用。

3. 配制方法

注射液的配制有浓配法和稀配法两种。浓配法系指将全部药物加入部分处方量的溶剂中配成浓溶液，加热或冷藏后过滤，然后稀释至所需的浓度。此法适用于质量较差的原料药，优点是可滤除溶解度小的一些杂质。稀配法系指将药物加入处方量的全部溶剂中直接配成所需的浓度，然后过滤。此法操作简便，一般用于质量优良的原料药。

配制药液时应注意以下几点：①配制注射液时应在洁净的环境中进行，应尽可能缩短配制时间，所用的器具、原料和附加剂尽可能无菌，以减少污染；②配制不稳定药物的注射液时，应采取适宜的调配顺序，可先加稳定剂或通惰性气体等，同时应注意控制温度和pH，采用避光操作等措施；③对于不易滤清的药液可加0.1%～0.3%的活性炭处理，但要注意其对药物的吸附作用，小量注射液可用纸浆混炭处理；④配制所用的注射用水的贮藏时间一般不能超过12小时，注射用油应在150℃干热灭菌1～2小时，冷却至适宜温度（一般在主药熔点以下20℃），趁热加药配制，待溶液温度降至60℃以下时趁热过滤。

药液配好后，要进行半成品的检查，一般主要包括pH、含量等项目，检查合格后才能过滤并灌封。

（二）过滤

注射液过滤一般采用二级过滤，即先将药液进行预滤，常用滤器为钛滤器；预滤后的药液再进行精滤，常用微孔滤膜（孔径为0.22～0.45μm）滤器（图6-3），药液经含量、pH检验合格后方可精滤。为确保过滤质量，很多药品生产企业将精滤后的药液灌装前再进行终端过滤，所用滤器为孔径0.22μm微孔滤膜的滤器。

（1）钛滤器　钛棒以工业纯钛粉（纯度≥99.68%）为主要原料经高温烧结而成。主要特性有：①化学稳定性好，能耐酸、耐碱，可在较大pH范围内使用；②机械强度大、精度高、易再生、使用寿命长；③孔径分布窄，分离效率高；④抗微生物能力强，不与微生物发生作用；⑤耐高温，一般可在300℃以下正常使用；⑥无微粒脱落，不对药液形成二次污染。该滤器常用于浓配环节中的脱炭过滤以及稀配环节中终端过滤前的保护过滤。

（2）微孔滤膜滤器　微孔滤膜是一种高分子滤膜材料，具有很多均匀微孔，孔径从0.025～14μm不等，其过滤机制主要是物理过筛作用。微孔滤膜的种类很多，常用的有醋酸纤维滤膜、聚丙烯滤膜、聚四氟乙烯滤膜等。微孔滤膜的优点是孔隙率高、过滤速度快、吸附作用小、不滞留药液、不影响药物含量、设备简单且拆除方便等；缺点是耐酸、耐碱性能差，对某些有机溶剂如丙二醇适应性也差。截留的微粒易使滤膜阻塞，影响滤速等，故应用其他滤器预滤后，再使用该滤器过滤。

操作工序二　洗瓶干燥灭菌、灌封

一、准备工作

参照本任务操作工序一配料的准备工作。

二、生产过程

（一）制备操作

以 KSZ420/20B-AGF4 型安瓿洗烘灌封联动机操作为例学习洗瓶干燥灭菌、灌封操作过程。

① 打开电控柜，将断路器全部合上，关上柜门，将电源置于"ON"。

② 先启动层流电机，检查层流系统是否符合要求。

③ 在操作画面上按主机启动按钮，再旋转调速旋钮，开动主机，由慢速逐渐调向高速，检查是否正常，然后关闭主机。

④ 检查已烘干瓶是否已将机器网带部分排好，并将倒瓶扶正或用镊子夹走。

⑤ 手动操作将灌装管路充满药液，排空罐内空气。

⑥ 开动主机运行，在设定速度试灌装，检测装量，调节装量调节装置，使装量在标准范围之内，然后停机。

⑦ 在操作画面按抽风（燃气）启动按钮。

⑧ 在操作画面上按氧气启动按钮。

⑨ 点燃各火嘴，根据经验调节流量计开关，使火焰达到设定状态。

⑩ 按下转瓶电机按钮。

⑪ 开动主机至设定速度，按绞龙制动按钮，进几组瓶后再次按绞龙制动按钮，停止进瓶，看灌装、拉丝效果，将火焰调至最佳，尽量减少药液及包材浪费，按绞龙制动按钮进瓶开始生产。

⑫ 拉丝完后用推板把瓶赶入接瓶盘中，同时可用镊子夹走明显不合格产品。

⑬ 中途停机时先按绞龙制动按钮，待瓶走完后方可停机，以免浪费药液及包材。

⑭ 总停机时先按氧气停止按钮，火焰变色后再按抽风（燃气）停止按钮、转瓶停止按钮，之后按层流停止按钮，最后关断总电源。

⑮ 如总停间隔时间不长，可让层流风机一直处于开启状态，以保护未灌装完的瓶与药液。

⑯ 操作完成后关闭氧气、燃气、保护气体、压缩空气总阀门，通常情况下应先关闭氧气后再关闭燃气。

⑰ 拆卸灌装泵及管路，移往指定清洁位置清洁、消毒。注意泵体与活塞应配对做好标志以免混装。

（二）质量控制要点

① 洗安瓿的注射用水的压力：≥0.25MPa；压缩空气的压力：≥0.25MPa。

② 隧道烘箱的温度：≥250℃。

③ 灌封后药液颜色：无色至微黄色的澄明液体。

④ 配制液 pH 值：应为 5.0～7.0，按照药典规定检验。

⑤ 灌封后产品外观：无色至微黄色的澄明液体。

⑥ 灌封后产品装量：符合要求，未出现异常情况。

⑦ 灌封后产品澄明度：符合要求，未出现异常情况。

三、清洁清场

① 更换生产状态标识和设备状态标识。

② 对设备进行清洁。

③ 清理生产环境，将容器具送清洁间清洗，将废料收集，清出岗位。

④ 填写清场记录，通知 QA 人员进行检查。

⑤ 关闭玻璃门，用纯化水擦拭玻璃门及出瓶口。

⑥ 通过 QA 检查后取得"清场合格证"并更换操作室的状态标识。

⑦ 完成"生产记录"填写，并复核，检查记录是否有漏记或错记现象，复核中间产品检查结果是否在规定范围内。检查记录中各项是否有偏差发生。如果发生偏差则按《生产过程偏差处理规程》操作。

⑧ 清场合格证放在记录台规定位置，作为后续产品开工凭证。

知识链接2

小容量注射剂的包装容器与灌封

一、小容量注射剂的包装容器

小容量注射剂的包装容器，我国目前以玻璃安瓿应用较多。为避免折断安瓿瓶颈时，产生玻璃屑、微粒进入安瓿内污染药液，我国强制推行曲颈易折安瓿。易折安瓿在外观上分两种，色环易折安瓿和点刻痕易折安瓿。他们均可平整折断，不易产生玻璃碎屑。安瓿多为无色，也可采用棕色玻璃安瓿。无色安瓿有利于检查药液的可见异物；棕色安瓿可遮光，滤除紫外线，适用于光敏性药物，但棕色安瓿含氧化铁，痕量的氧化铁有可能被药液溶解而进入产品中，如果产品中含有的成分能被铁离子催化，则不能使用棕色安瓿。安瓿常用的规格通常有1ml、2ml、10ml、20ml等几种。

随着塑料工业的发展，塑料安瓿也有应用，塑料安瓿材质为聚乙烯，不会产生碎屑，采用扭力开瓶，旋转即可开瓶，操作方便，且断口不锐利，不会划伤护理人员；还能防撞击，便于运输和携带。

（一）安瓿的质量要求及检查

1. 安瓿的质量要求

安瓿的质量与注射剂的稳定性关系密切，安瓿用来灌装各种性质不同的注射液，不仅在制造过程中需经高温灭菌，而且应适合在不同环境下长期储藏。因此，注射剂玻璃容器应达到以下质量要求：①应无色透明，以利于检查药液的可见异物、杂质以及变质情况；②应具有低的膨胀系数、优良的耐热性，使之不易冷爆破裂；③熔点低，易于熔封；④不得有气泡、麻点及砂粒；⑤应有足够的物理强度，能耐受湿热灭菌时产生的较大压力差，并能避免在生产、运输和储存过程中可能造成的破损；⑥应具有高度的化学稳定性，不与注射液发生物质交换。

2. 安瓿的检查

为了保证注射剂的质量，安瓿必须按药典要求进行一系列的检查，主要包括物理和化学项目检查。物理检查项目主要有安瓿外观、尺寸、应力、清洁度、热稳定性等；化学检查项目主要有容器的耐酸碱性和中性检查等。理化性能合格后，尚需做装药试验，装药试验主要是检查安瓿与药液的相容性，证明无影响方能使用。

（二）安瓿的洗涤

1. 安瓿的洗涤技术

安瓿在制造和运输过程中难免受到污染，必须经过洗涤方可使用。安瓿的洗涤方法一般有以下几种。①甩水洗涤法：将安瓿经喷淋水机灌满纯化水或注射用水，再用甩水机将水甩出，如此反复3次。此法由于洗涤质量不高，生产中已基本不用。②汽水喷射洗涤法：指用过滤的纯化水或注射用水与过滤的压缩空气由针头喷至安瓿内交替喷射冲洗，冲洗顺序一般为气→水→气→水→气。最后一次洗涤用水应是经过微孔滤膜精滤的注射用水。③超声波洗涤法：利用超声技术清洗安瓿是近二十年来新发展起来的一项新技术。在液体中传播的超声波能对物体表面的污物进行清洗。它具有清洗洁净度高、清洗速度快等特点。特别是对有盲孔和不同几何形状的物品，洗涤效果很好。

2. 安瓿的洗涤设备

药品生产企业一般将安瓿洗瓶机安装在安瓿干燥灭菌与灌封工序前，组成洗烘、灌、封联动生产线。

安瓿洗涤一般采用超声波与汽水喷射洗涤法相结合。①汽水喷射式安瓿洗瓶机组：主要由供水系统、压缩空气及其过滤系统、洗瓶机三大部分组成，汽水冲洗程序自动完成；②超声波安瓿洗瓶机：利用超声波清除瓶内、外黏附较牢固的物质，与汽水喷射联用，可自动完成进瓶、超声波清洗、外洗、内洗到出瓶的全套过程，清洗效果好。

（三）安瓿干燥灭菌技术与设备

清洗后的安瓿需要干燥和灭菌，一般采用干热灭菌方法，干燥和灭菌一次完成。安瓿的干燥与灭菌常用的设备有两大类：一类是间歇式干热灭菌设备，即烘箱；另一类是连续式干热灭菌设备，即隧道式烘箱。大生产中采用隧道式烘箱，隧道式烘箱也有两种形式，一种是电热层流干热灭菌烘箱；另一类是远红外线加热灭菌烘箱。

两种隧道式烘箱都是整个输送隧道在密封系统内，有层流净化空气保护不受污染。隧道烘箱内分为三个区，分别完成预热、高温灭菌和冷却过程，冷却后的安瓿温度接近室温，以便下道工序进行灌装封口。隧道式烘箱前端可与洗瓶机相连，后端可设在C级洁净区与灌封机相连，组成联动生产线。

二、小容量注射剂的灌封

滤液经检查合格应立即进行灌封，以免污染。灌封包括灌装和封口两个步骤。灌封是注射剂制备的关键步骤，对环境要求极高，应严格控制物料的进出和人员的流动，采用尽可能高的洁净度，一般最终灭菌工艺产品的生产操作为C级背景下的局部A级，非最终灭菌产品的无菌生产操作为B级背景下的A级。

灌装药液时应注意：①剂量准确。灌装时注射液可分别按易流动液和黏稠液，根据《中国药典》现行版要求（见表6-2）适当增加装量，以保证注射用量不少于标示量。②药液不沾瓶。为防止灌注器针头"挂水"，活塞中心常有毛细孔，可使针头挂的水滴缩回并调节灌装速度，过快时药液易溅至瓶壁而沾瓶。③易氧化的药物灌装时应通惰性气体，通惰性气体应既不使药液减至瓶颈，又使安瓿空间空气除尽，一般采用空安瓿先充一次惰性气体，灌装药液后再充一次效果较好。

表 6-2　注射剂装量增加量

标示装量/ml	增加量/ml	
	易流动液	黏稠液
0.5	0.10	0.12
1	0.10	0.15
2	0.15	0.25
5	0.30	0.50
10	0.50	0.70
20	0.60	0.90
50	1.0	1.5

注射剂灌封常用的技术与设备如下。

安瓿封口目前都采用旋转拉丝封口，该方法封口严密，不易出现毛细孔，对药液的影响小。灌封过程中可能出现的问题主要有剂量不准，封口不严，出现泡头、平头、焦头等。焦头是经常遇到的问题，产生的原因有：灌药时给药太急，溅起药液挂在安瓿壁上，封口时形成炭化点；针头往安瓿里注药后，针头不能立即回药，尖端还带有药液水珠；针头安装不正，尤其是安瓿往往粗细不匀，给药时药液沾瓶；压药与针头打药的行程配合不好，造成针头刚进瓶口就注药或针头临出瓶时才注完药液；针头升降轴不够润滑，针头起落迟缓等。应分析原因加以解决。

灌封常用设备为自动安瓿灌封机，可自动完成进瓶→理瓶→送瓶→前充氮→灌装→后充氮→预热→拉丝封口→出瓶等工序。灌封机可与超声波洗瓶机、隧道灭菌烘箱联动组成洗涤、烘干灭菌以及药液灌封三个步骤联合起来的生产线。其主要特点是生产全过程是在密闭或层流条件下工作，符合 GMP 要求，采用先进的电子技术和微机控制，实现机电一体化，使整个生产过程达到自动平衡、监控保护、自动控温、自动记录、自动报警和故障显示。减轻了劳动强度，减少了操作人员。

操作工序三　灭 菌 检 漏

一、准备工作

参照本任务操作工序一配料的准备工作。

二、生产过程

（一）制备操作

1. 操作步骤

① 首先将推车中的待灭菌的中间产品放入灭菌柜，在控制面板中点击"前门关"。

② 打开真空阀，将灭菌柜内空气抽出，空气抽尽后，关闭真空阀。

③ 打开色水注入开关，向灭菌柜内注入色水，水量足够后关闭色水注入开关，开始检

漏操作。

④ 维持一段时间后打开色水循环开关，将色水循环至储罐内，色水排尽后关闭色水循环开关。

⑤ 打开纯化水注入开关，向灭菌柜内通入洁净的纯化水，水量足够后关闭纯化水注入开关，开始对安瓿外壁进行清洗。

⑥ 清洗结束后，打开排放阀，将纯化水自柜内排出，排尽后关闭排放阀。

⑦ 打开蒸汽阀，向灭菌柜内通入洁净的纯蒸汽，之后再次打开排放阀，将蒸汽通入夹层内。温度及压力恒定后关闭排放阀，设备自动进行灭菌操作。

⑧ 灭菌结束后关闭蒸汽阀，并打开真空阀，将箱体及夹层中的蒸气排出。蒸气排尽后关闭真空阀。

⑨ 打开灭菌柜后门，人员进入灭菌后室，将灭菌后的中间产品移出置于推车上。

2. 联系 QA 人员对生产进行检查，确认无误后，贴上物料标签，并正确填写生产记录。

3. 生产结束后将灭菌后的中间产品周转至指定位置，并对产品数量及物料标签进行复核。

（二）质量控制要点

① 灭菌柜：F_0 值、温度、时间、真空度、压力各项参数符合产品工艺要求。

② 灭菌后的中间产品：外观、药液颜色符合要求。

③ 灯检后的中间产品：外观、药液颜色、澄明度符合要求。

三、清洁清场

① 人员回到灭菌前室，首先更换生产状态标识及设备状态标识。

② 对灭菌柜进行清洁：首先用纯化水喷灭菌柜内部，之后用酒精对设备进行消毒。

③ 将废料收集清理出操作间。

④ 将容器具送至洁具间进行清洗。

⑤ 对生产环境进行清洁。

⑥ 通过 QA 检查后取得"清场合格证"并更换操作室的状态标识。

⑦ 完成"生产记录"填写，并复核，检查记录是否有漏记或错记现象，复核中间产品检查结果是否在规定范围内。检查记录中各项是否有偏差发生。如果发生偏差则按《生产过程偏差处理规程》操作。

⑧ 清场合格证放在记录台规定位置，作为后续生产开工凭证。

知识链接3

小容量注射剂的检漏与灭菌

一般注射液灌封后必须尽快进行灭菌（应在 4 小时内灭菌），以保证产品的无菌。注射液的灭菌要求是在杀灭所有微生物的前提下，避免药物的降解。灭菌与保持药物稳定性是矛盾的两个方面，灭菌温度高、时间长，容易把微生物杀灭，但却不利于药液的稳定，因此选择适宜的灭菌法对保障产品质量甚为重要。药品生产一般采用湿热灭菌法，要求按灭菌效果 F_0 大于8进行验证。

灭菌后的安瓿应立即进行漏气检查。若安瓿未严密熔封，有毛细孔或微小裂缝存在时，则药液易被污染或引起药物泄漏，因此必须剔除漏气产品。安瓿灭菌、检漏常用的设备即安瓿检漏灭菌柜，多通过高温高压灭菌、真空加色水检漏，最后用清水进行清洗处理，保证瓶外壁干净无污染。根据加热介质不同，安瓿检漏灭菌柜主要有两种类型，即蒸汽式安瓿检漏灭菌柜和水浴安瓿检漏灭菌柜。

操作工序四　灯检、印字、包装

一、准备工作

参照本任务操作工序一配料的准备工作。

二、生产过程

（一）制备操作

1. 灯检

① 灯检操作工右手拿瓶颈，在灯检台下倒立，光照度为1000～3000lx，离眼20～25cm处，沿顺时针方向轻轻倒立旋转玻瓶，自下向上目视检查3～4s。

② 外观检查：检查塑瓶瓶颈、瓶身及瓶底，将有裂纹、气泡、结石、装量不合格的药瓶剔出，将塑盖崩起、缺失、花边、切边、松盖等轧盖不合格的产品剔出放入不合格品筐中，每批分类记录数量。

③ 可见异物检查：剔除药液中有异物（白点、白块、纤维、玻屑、色点、色块、黑点、黑渣等）的不合格品，将铝塑组合盖上的塑件去掉，放入不合格品筐中，每批分类记录数量。

④ 用彩色铅笔在灯检合格品瓶颈上做好个人标记号，将灯检合格的产品放在传送带上输送至包装间。

⑤ 质监员抽检灯检操作工可见异物检查质量，查看产品上的标记号，应清晰可辨。

2. 印字

① 将安瓿放入料斗中。

② 打开电源，向蘸油轮上面涂上适量的油墨。

③ 先用手止住安瓿，按"单机"按钮，使油墨轮上油墨蘸匀。

④ 按"联动"按钮，印字机开始工作，按字模印出所需字样，落入皮带。

⑤ 将符合标准的安瓿检入瓶托，字体向上，放在适当位置晾干。

⑥ 印完字后关闭电源，清理现场，用丙酮将油滚、字模、印轮擦拭干净，以待后用。

3. 包装

① 包装人员将领回的待包装品放置于操作台上，按包装规程进行包装。

② 装塑托：塑托应整洁无破损，如有破损及时更换，待包装品装塑托应牢固、整齐，印字向上，排列一致。

③ 装盒：按工艺要求将装塑托的药品附上说明书后装盒，说明书要求四角相对一折，再对折一次，品名露在外面，最后小盒上贴上封口证。

④ 做到每盒装药数量准确，无缺支少药，并放置填写好的合格证。

⑤ 将外包装糟打开，倒放，箱底先用透明胶带封好，然后转为正放，根据工艺要求将已装好产品的小盒放入大箱内，保证数量准确，装拿方向一致。每箱放一张产品合格证，压盖，再用胶带封好，纸箱应扎紧，包装应整齐、统一，将打包好的箱子放到指定的位置。

（二）质量控制要点

① 印字或贴签：批号、内容、数量、使用记录符合要求。

② 装盒：数量、说明书、标签、印刷内容符合要求。

③ 封箱：数量、装箱单、印刷内容符合要求。

三、清洁清场

① 更换生产状态标识及设备状态标识。

② 清理所使用的机器、设备、工具。

③ 将废料收集清理出操作间。

④ 将容器具送至洁具间进行清洗。

⑤ 对生产环境进行清洁。

⑥ 通过 QA 检查后取得"清场合格证"并更换操作室的状态标识。

⑦ 完成"生产记录"填写，并复核，检查记录是否有漏记或错记现象，复核中间产品检查结果是否在规定范围内。检查记录中各项是否有偏差发生。如果发生偏差则按《生产过程偏差处理规程》操作。

⑧ 清场合格证放在记录台规定位置，作为后续生产开工凭证。

【任务记录】

制备过程中按要求填写操作记录（表 6-3）。

表 6-3　维生素 C 注射液批生产记录

品名	维生素 C 注射液		规格		2ml:0.1g		批号	
生产日期	年　月　日		房间编号		温度	℃	相对湿度	%
操作步骤	操作要求			操作记录				操作时间
1. 操作前检查	设备是否完好正常			□是　　□否				时　分～ 时　分
	设备、容器、工具是否清洁			□是　　□否				
	计量器具仪表是否校验合格			□是　　□否				
2. 物料称量	1. 按生产处方规定,称取各种物料,记录品名、用量。 　2. 在称量过程中执行一人称量,一人复核制度。 　3. 生产处方如下: 维生素 C　10g　碳酸氢钠　4.66g 亚硫酸氢钠　0.4g　依地酸二钠 0.1g 注射用水　加至200ml			按生产处方规定,称取各种物料,记录如下: 维生素 C　　　　　g 碳酸氢钠　　　　　g 亚硫酸氢钠　　　　g 依地酸二钠　　　　g 注射用水　　　　　ml				时　分～ 时　分

操作步骤	操作要求	操作记录	操作时间
3. 配液	1. 量取处方量 80% 的注射用水,通二氧化碳至饱和。 2. 加依地酸二钠 0.1g、维生素 C 10g 使溶解,分次缓缓加入碳酸氢钠 4.66g,搅拌使完全溶解,加亚硫酸氢钠溶解,搅拌均匀。 3. 调节药液 pH5.8～6.2,添加二氧化碳饱和的注射用水至足量	1. 量取注射用水　　ml,通二氧化碳至饱和。 2. 加依地酸二钠　　g、维生素 C　　g 使溶解,分次缓缓加入碳酸氢钠　　g,搅拌使完全溶解,加亚硫酸氢钠溶解,搅拌均匀。 3. 调节药液 pH　　,添加二氧化碳饱和的注射用水　　ml 至足量	时　分～ 时　分
4. 过滤	1. 用 G3 垂熔漏斗预漏。 2. 再用 0.65mm 的微孔滤膜精滤	1. 用　　垂熔漏斗预漏。 2. 再用　　mm 的微孔滤膜精滤	时　分～ 时　分
5. 检查澄明度	按照滤液澄明度检查要求进行滤液澄明度检查	1. 澄明度检查仪型号: 2. 检查结果:	时　分～ 时　分
6. 洗瓶干燥灭菌、灌封	1. 设置洗瓶流程:安瓿上机>超声波清洗>水气冲洗>入灭菌柜。 2. 洗瓶机注射用水压力设置为≥0.25MPa;压缩空气压力设置为≥0.25MPa。 3. 隧道烘箱温度设置:预热区温度为 250℃,高温区温度为 350℃,冷却区温度为 200℃;前层流频率为 55.0、后层流频率为 25.0;网带速度≤0.2m/min。 4. 灌封规格:2ml/支;充惰性气体:氮气。增加装量:0.15ml,每 20min 检查一次装量	1. 安瓿洗烘灌封联动机型号: 设置洗瓶流程:安瓿上机→超声波清洗→水气冲洗→入灭菌柜。 2. 注射用水压力设置为　　MPa;压缩空气压力设置为　　MPa。 3. 预热区温度为　　℃、高温区温度为　　℃、冷却区温度为　　℃;前层流频率为　　、后层流频率为　　;网带速度　　m/min。 4. 灌封规格:　　ml/支;充惰性气体:　　;增加装量:　　ml,每　　min 检查一次装量,装量检查结果:	时　分～ 时　分
7. 灭菌检漏	1. 设置灭菌温度:100℃;灭菌时间:15 分钟。 2. 抽气至真空度 85.3～90.6kPa; 3. 有色溶液的颜色:红色; 4. 记录灭菌检漏总数量,不合格数量; 5. 计算合格率:合格率＝(不合格数量/总数量)×100%	1. 安瓿检漏灭菌器名称与型号: 2. 设置灭菌温度:　　℃;灭菌时间:　　分钟; 3. 抽气至真空度　　kPa; 4. 有色溶液的颜色:　　色; 5. 灭菌检漏总数量　　支,不合格数量　　支;合格率＝(不合格数量/总数量)×100%＝	时　分～ 时　分
8. 灯检	1. 在明视距离 25cm 黑色背景下,手持供试品颈部,利用直立、平视、倒立三步旋转法,轻轻检视,检查时间 4～15s/瓶。 2. 记录灯检合格品与不合格品数量,计算合格率	1. 灯检设备名称及型号: 2. 检视方法: 3. 检查时间:　　s/瓶。 4. 灯检合格品数量　　支,不合格品数量:　　支, 合格率＝(合格品数量/灯检总数量)×100%＝	时　分～ 时　分
9. 印字、包装	1. 按批包装指令要求调整印字板;准确调出品名、批号。 2. 开始印字操作:随时挑出印字不清晰的,擦洗后重新印字,印字后的安瓿顺序码入盒中,并同时进行贴盒签,粘胶密封,按照规定数量和要求码入箱内,满后封箱。 3. 纸箱上准确印制"产品批号、生产日期、有效期至"等内容。 4. 按批包装指令要求在合格证上准确印制产品批号,印制包装人、检查人代码。 5. 按装盒、箱数量要求装盒、箱,每盒放 1 张说明书,每箱放 1 张合格证	1. 印字机型号: 2. 印字内容: 3. 盒签打印内容: 4. 包装箱打印内容: 5. 包装规格: 6. 每盒　　张说明书; 每箱放　　张合格证	时　分～ 时　分

操作步骤	操作要求	操作记录	操作时间
10. 清场	1. 生产结束后将物料全部清理,并定置放置。 2. 撤除本批生产状态标志。 3. 使用过的设备、容器及工具应清洁无异物并实行定置管理。 4. 设备内外尤其是接触药品的部位要清洁,做到无油污,无异物。 5. 地面、墙壁应清洁,门窗及附属设备无积灰,无异物	清场结果: 1. □ 2. □ 3. □ 4. □ 5. □	时 分～ 时 分
备注			
操作人		复核人		QA	

【任务评价】

（一）职业素养与操作技能评价

维生素 C 注射液制备技能评价见表 6-4。

表 6-4　维生素 C 注射液制备技能评价表

评价项目		评价细则	小组评价	教师评价
职业素养	职业规范 （4 分）	1. 规范穿戴工作衣帽(2 分) 2. 无化妆及佩戴首饰(2 分)		
	团队协作 （4 分）	1. 组员之间沟通顺畅(2 分) 2. 相互配合默契(2 分)		
	安全生产 （2 分）	生产过程中不存在影响安全的行为(2 分)		
实训操作	生产准备 （20 分）	1. 开启设备前检查设备(8 分)		
		2. 按照操作规程正确操作设备(8 分)		
		3. 操作结束将设备复位,并对设备进行常规维护保养(4 分)		
	配液、洗瓶干燥灭菌、灌封、灭菌检漏、灯检、印字、包装 （30 分）	1. 选择正确的称量设备,并检查校准(10 分)		
		2. 按照操作规程正确操作设备(10 分)		
		3. 操作结束将设备复位,并对设备进行常规维护保养(10 分)		
	产品质量 （10 分）	1. 性状、澄明度、含量符合要求(6 分)		
		2. 收率、物料平衡符合要求(4 分)		
	清场 （10 分）	1. 能够选择适宜的方法对设备、工具、容器、环境等进行清洗和消毒(6 分)		
		2. 清场结果符合要求(4 分)		
实训记录	完整性 （10 分）	1. 完整记录操作参数(4 分)		
		2. 完整记录操作过程(6 分)		
	正确性 （10 分）	1. 记录数据准确无误,无错填现象(6 分)		
		2. 无涂改,记录表整洁、清晰(4 分)		

（二）知识评价

1. 单项选择题

（1）对热原性质的叙述正确的是（　　）。

A. 溶于水，不耐热　　　　　　　　　B. 溶于水，有挥发性

C. 耐热、不挥发　　　　　　　　　　D. 可耐受强酸、强碱

（2）维生素 C 注射液中可应用的抗氧化剂是（　　）。

A. 焦亚硫酸钠或亚硫酸钠　　　　　　B. 焦亚硫酸钠或亚硫酸氢钠

C. 亚硫酸氢钠或硫代硫酸钠　　　　　D. 硫代硫酸钠或维生素 E

（3）配制注射剂的环境区域划分正确的是（　　）。

A. 配液、精滤、灌装、封口为洁净区

B. 配液、粗滤、灭菌、灯检为洁净区

C. 清洗、灭菌、灯检、包装为一般生产区

D. 精滤、灌装、封口、灭菌为洁净区

（4）下列属于金属离子络合剂的是（　　）。

A. 硝酸钠　　　　　B. 亚硫酸钠　　　　C. 亚硫酸氢钠　　　　D. 依地酸二钠

（5）下列关于注射剂的叙述错误的是（　　）。

A. 注射剂系指经皮肤或黏膜注入体内的药物无菌制剂

B. 注射剂车间设计应符合 GMP 要求

C. 注射剂按分散系统可分为溶液型、混悬型、乳浊液和注射用无菌粉末。

D. 配制注射剂用的水应是蒸馏水，符合药典蒸馏水的质量标准

（6）注射用水的制备通常采用多效蒸馏法，能够有效除去水中的热原，这种方法是利用了热原的（　　）。

A. 可滤过性　　　　B. 可溶性　　　　C. 可吸附性　　　　D. 不挥发性

（7）配制注射剂时常加入优质针剂用活性炭，其主要目的是除去热原，这种方法是利用了热原的（　　）。

A. 可滤过性　　　　B. 可溶性　　　　C. 可吸附性　　　　D. 不挥发性

（8）配液结束后需要对药液进行精滤，此时可用的过滤器为（　　）。

A. 微孔滤膜过滤器　　B. 钛过滤器　　　C. 陶瓷过滤器　　　D. 活性炭过滤器

（9）注射剂的灌封应在（　　）洁净度环境下进行。

A. D 级　　　　　　B. C 级　　　　　　C. B 级　　　　　　D. A 级或局部 A 级

（10）小容量注射剂常用的灭菌方法为（　　）。

A. 紫外线灭菌法　　B. 热压灭菌法　　　C. 流通蒸汽灭菌法　D. 低温间歇灭菌法

2. 多项选择题

（1）下列属于物理灭菌法的是（　　）。

A. 紫外线灭菌　　　　B. 辐射灭菌　　　　C. 环氧乙烷灭菌

D. 干热空气灭菌　　　E. 热压灭菌

（2）生产注射剂时常加入适量的活性炭，其作用是（　　）。

A. 吸附热原　　　　　B. 脱色　　　　　　C. 助滤

D. 增加主药的稳定性　E. 提高澄明度

（3）为了防止氧化，可以采取的措施有（　　）。

A. 加入金属离子络合剂　　　　B. 加入抗氧化剂　　　　C. 改变浓度

D. 通入惰性气体　　　　E. 加入氯化钠

（4）关于注射剂质量要求正确的是（　　　）。

A. 注射剂成品不应含有任何活的微生物

B. 注射剂需进行热原检查

C. 注射剂一般应具有与血液相等或相近的 pH 值

D. 注射剂必须等渗

E. 注射剂必须等张

（5）下列制剂中不得加入抑菌剂的为（　　　）。

A. 供静脉输注的注射剂

B. 滴眼剂　　　　C. 滤过除菌的注射剂

D. 供脊椎腔注射的注射剂　　　　E. 供肌内注射的注射剂

（6）下列灭菌方法中属于化学灭菌法的有（　　　）。

A. 用紫外线对操作间进行照射

B. 用 75% 乙醇擦拭设备内部

C. 用 1% 聚维酮碘擦拭操作人员手部

D. 用环氧乙烷气体对环境进行灭菌

E. 用甲醛蒸气对环境进行熏蒸

（7）以下成分属于注射剂常用抑菌剂的是（　　　）。

A. 0.5% 苯酚　　　　B. 0.3% 甲酚　　　　C. 0.5% 三氯叔丁醇

D. 苯甲醇　　　　E. 硫柳汞

（8）以下操作中需要在 C 级洁净区完成的有（　　　）。

A. 安瓿精洗　　　　B. 安瓿干燥灭菌　　　　C. 浓配液

D. 稀配液　　　　E. 灌封

（9）以下内容是灯检过程中应检出的是（　　　）。

A. 安瓿漏气　　　　B. 装量不合格　　　　C. 存在多个黑点

D. 安瓿封口处带尖　　　　E. 安瓿封口处成泡头

（10）以下属于注射剂质量检查项目的有（　　　）。

A. 装量差异　　　　B. 渗透压摩尔浓度　　　　C. 可见异物

D. 不溶性微粒　　　　E. 细菌内毒素或热原

任务 6-2　输液——葡萄糖注射液制备

【任务资讯】

认识大容量注射剂

大容量注射剂简称输液，指供静脉滴注输入体内的大剂量（除另有规定外，一般不小于 100ml）注射液。通常包装在玻璃或塑料的输液瓶或袋中，不含抑菌剂。使用时通过输液器调整滴速，持续而稳定地进入静脉，以补充体液、电解质或提供营养物质等。由于其用量大而且直接进入人体血液，应在生产全过程中采取各种措施防止微粒、微生物、内毒素污染，确保安全。生产工艺等亦与小容量注射剂有一定差异。

1. 大容量注射剂的分类

① 电解质输液，用以补充体内水分、电解质，纠正体内酸碱平衡等。如氯化钠注射液、复方氯化钠注射液、乳酸钠注射液等。

② 营养输液，主要用于不能口服吸收营养的患者。营养输液有糖类输液、氨基酸输液、脂肪乳输液等。糖类输液中最常见的为葡萄糖注射液。

③ 胶体输液，用于调节体内渗透压。胶体输液有多糖类、明胶类、高分子聚合物类等，如右旋糖酐、淀粉衍生物、明胶、聚乙烯吡咯烷酮（PVP）等。

④ 含药输液，含有药物的输液，可用于临床治疗，如替硝唑、苦参碱等输液。

2. 大容量注射剂的质量要求

输液的质量要求与注射剂基本一致，但由于注射剂量较大，特别强调的是：

① 对无菌、无热原及澄明度的检查，应更加注意；

② 含量、色泽、pH 也应符合要求，pH 应在保证疗效和制品稳定的基础上，力求接近人体血液的 pH，过高或过低都会引起酸碱中毒；

③ 渗透压应调为等渗或偏高渗，不能引起血常规的任何异常变化；

④ 不得含有引起过敏反应的异种蛋白及降压物质，输入人体后不会引起血常规的异常变化，不损害肝、肾等；

⑤ 不得添加任何抑菌剂，在贮存过程中应质量稳定。

3. 大容量注射剂的包装容器

大容量注射剂所用的包装容器主要有瓶型和袋型两种。

瓶型输液容器主要包括玻璃瓶和塑料瓶，玻璃瓶由硬质中性玻璃制成，具有透明度好、热稳定性优良、耐压、瓶体不变形、气密性好等优点；缺点为重量大、易破损、生产时能耗大、成本高等。塑料瓶一般采用聚丙烯（PP）、聚乙烯（PE）材料，优点是重量轻、不易破碎、耐碰撞、运输便利、化学性质稳定、生产自动化程度高、一次成型、制造成本低；缺点是瓶体透明性不如玻璃瓶，有一定的变形性、透气性等。另外，瓶型输液容器在使用过程中需形成空气回路，外界空气进入瓶体形成内压以使药液滴出，增加了输液过程中的二次污染。

袋型输液容器的主要优点是在使用过程中可依靠自身张力压迫药液滴出，无须形成空气回路，降低二次污染的概率。且生产自动化程度较高，其制袋、印字、灌装、封品可在同一生产线上完成。非 PVC 多层共挤输液袋由多层聚烯烃材料同时熔融交联共挤制得，不使用黏合剂和增塑剂。共挤膜袋具有机械强度高、表面光滑、惰性好、能够阻止水汽渗透，对热稳定、可在 121℃高温蒸汽灭菌、不影响透明度等特点，是当今输液体系中主要的输液软袋包装形式。

输液瓶清洗一般采用超声波与汽水喷射联用技术，常用的设备有滚筒式洗瓶机和厢式洗瓶机等。胶塞分为天然橡胶塞和合成橡胶塞等，由于天然橡胶塞组成比较复杂，与注射液接触后，其中一些物质能进入药液，使药液出现混浊或产生异物，有些药物还可与胶塞发生化学反应，现已停止使用。目前生产中主要应用丁基橡胶塞，丁基橡胶塞具有气密性好、耐热性、耐酸碱性好，内在洁净度高，有较强的回弹性等特点。胶塞外轧铝盖确保瓶口密封。

【任务说明】

本任务是制备5%葡萄糖注射液50ml，并进行外观检查，应符合《中国药典》二部规定。葡萄糖是人体主要的热量来源之一，每1克葡萄糖可产生4大卡（16.7kJ）热能，故被用来补充热量。治疗低血糖症。当葡萄糖和胰岛素一起静脉滴注，糖原的合成需要钾离子参与，从而钾离子进入细胞内，血钾浓度下降，故被用来治疗高钾血症。高渗葡萄糖注射液快速静脉推注有组织脱水作用，可用作组织脱水剂。另外，葡萄糖是维持和调节腹膜透析液渗透压的主要物质。

【任务准备】

一、接收操作指令

葡萄糖注射液批生产指令见表6-5。

表6-5　葡萄糖注射液批生产指令

品名	葡萄糖注射液	规格	200ml：10g
批号		理论投料量	
采用的工艺规程名称			
原辅料的批号和理论用量			
序号	物料名称	批号	理论用量
1	注射用葡萄糖		2.5g
2	盐酸		适量
3	针用活性炭		适量
4	注射用水		加至50ml
生产开始日期		年　月　日	
生产结束日期		年　月　日	
制表人		制表日期	年　月　日
审核人		审核日期	年　月　日

生产处方：

注射用葡萄糖　　　2.5g

盐酸　　　　　　　适量

针用活性炭　　　　适量

注射用水加至　　　50ml

处方分析：

注射用葡萄糖为主药，盐酸为pH调节剂，注射用水为溶剂，活性炭起吸附杂质、热原和色素的作用。

二、查阅操作依据

为更好地完成本项任务，可查阅《葡萄糖注射液工艺规程》《中国药典》等与本项任务密切相关的文件资料。

三、制定操作计划

根据本品种的制备要求制定操作工序如下：

配液→洗瓶→灌封→灭菌→灯检→贴签包装

每个工序由准备工作、生产过程、清洁清场等几部分组成。在操作过程中填写葡萄糖注射液制备操作记录（表6-6）。

【任务实施】

操作工序一　配　　液

一、准备工作

（一）生产人员

生产人员按照《洁净区生产人员进出标准规程》要求进入生产操作区。

（二）生产环境

（1）环境总体要求　应保持整洁，门窗玻璃、墙面和顶棚应洁净完好；设备、管道、管线排列整齐并包扎光洁，无跑、冒、滴、漏现象发生，且符合相关清洁要求。检查确认生产现场无残留物料。

（2）环境温度　一般应控制在18～26℃。

（3）环境相对湿度　一般应控制在45％～65％。

（4）环境灯光　不能低于300lx，灯罩应密封完好。

（5）电源　应设置在操作间外面并有相应的保护措施，确保安全生产。

（三）任务文件

1. 批生产指令单

2. 岗位标准操作规程

（四）生产用物料

一般情况下，工艺流程上的物料净化包括脱外包、传递和传输。

① 脱外包，包括采用吸尘器或清扫的方式清除物料外包装表面的尘粒，污染较大，故脱外包操作间应设置在洁净室（区）外侧。在脱外包操作间与洁净室（区）之间应设置洁净传递窗（柜）或缓冲间，用于清洁后的原料、辅料、包装材料和其他物品的传递。洁净传递窗（柜）两边的传递门，应有联锁装置，防止被同时打开，密封性好并易于清洁。

② 洁净传递窗（柜）的尺寸和结构，应满足传递物品的大小和重量的需要。

③ 原、辅料进出D级洁净区，按《物料进出D级洁净区清洁消毒操作规程》要求操作。

（五）场地、设施设备

制剂车间应在配料间安装捕尘、吸尘等设施。配料设备（如电子秤等）的技术参数应经验证确认。配料间进风口应有适宜的过滤装置，出风口应有防止空气倒流的装置。

① 进入配料间，检查是否有"清场合格证"，还需检查是否在清洁有效期内，并请现场

QA 人员检查。

② 检查配料间中是否存有与本批次产品无关的遗留物品。

③ 对台秤等计量器具进行检查，注意是否具有"完好"的标识卡及"已清洁"标识。检查设备是否正常；若有一般故障可以自己排除，自己不能排除的则通知维修人员，设备检查正常后方可运行。要求计量器具完好，性能与称量要求相符，有检定合格证，并在检定有效期内。设备检查正常后进行下一步操作。

④ 检查配料间的进风口和回风口是否在更换有效期内。

⑤ 检查记录台是否清洁干净，是否留有上批次的生产记录表或与本批次生产无关的文件。

⑥ 检查配料间的温度、相对湿度、压差是否与生产要求相符，并记录洁净区温度、相对湿度和压差。

⑦ 查看并填写生产交接班记录。

⑧ 接收到批生产指令单、生产记录、中间产品交接记录等文件，要仔细阅读批生产指令。

二、生产过程

（一）制备操作

① 打开罐顶注射用水阀，加注射用水至罐内溶液体积占计划配制体积全量的 50% 左右。

② 将处方量葡萄糖投入煮沸的注射用水中，使其成 50%～70% 浓溶液，用盐酸调节 pH3.8 至 4.0，同时加 0.1%（m/V）的活性炭混匀，煮沸 20 分钟，趁热过滤脱炭，滤液加注射用水至所需量。

③ 取样进行药液含量、pH 值等项目检测，并根据测定结果补水或补料。

④ 过滤至澄明、质量符合要求。

⑤ 通知灌封工序，切换阀门至灌封，将药液送至灌封工序。

（二）质量控制要点

① 配制液溶液颜色：无色或几乎无色的澄明液体；味甜。

② 配制液 pH 值：应为 3.2～6.5，按药典规定检验。

③ 药液含量：符合要求，未出现异常情况。

三、清洁清场

① 打开排污阀，排出贮罐中的存留药液。

② 用纯化水冲洗配液罐及管道 3 次，每次应排净水。

③ 用 1%～2%（w/v）的 NaOH 溶液清洗后，打开排污阀，排出贮罐中的残留 NaOH 溶液。

④ 用纯化水冲洗管道和贮罐，分次冲洗和排水，直到出水口和配液罐贮水符合要求。

⑤ 按本区域清洁程序对设备、管道、作业场地、室内空气进行清洗、灭菌。

⑥ 清场后及时填写清场记录，清场自检合格后，请 QA 检查。

⑦ 通过 QA 检查后取得"清场合格证"并更换操作室的状态标识。

⑧ 完成"生产记录"填写，并复核，检查记录是否有漏记或错记现象，复核中间产品

检查结果是否在规定范围内。检查记录中各项是否有偏差发生。如果发生偏差则按《生产过程偏差处理规程》操作。

⑨ 清场合格证，放在记录台规定位置，作为后续产品开工凭证。

操作工序二　洗　　瓶

一、准备工作

① 检查生产场地、设备是否清洁，复核前班清场清洁情况。

② 根据车间下发的生产指令，填写悬挂区域状态标识。

③ 生产前检查电器线路是否良好，管线阀门水泵有无泄漏现象。

④ 检查各工艺用水阀门是否良好，检查超声波水池温度是否适当，若不符合要求，调整至合格。

⑤ 启动洗瓶机、传送带，检查运行情况是否良好。符合要求后，方可生产操作。

二、生产过程

① 将各工艺用水进水阀门打开至一定压力，将排水阀打开至最大。

② 启动洗瓶机电源开关。

③ 分别打开"粗洗""精洗""超声波"旋钮，使其开始工作。

④ 启动主机及传送带。

⑤ 洗瓶过程中随时检查洗瓶质量，不合格时调整至合格。

⑥ 生产结束后，按变频器"STOP"开关→按"主机停止"按钮→关闭超声波、精洗、粗洗开关→关闭电源开关。

⑦ 关闭进水阀门，关闭排水阀门。

三、清洁清场

① 放净各工艺用水。

② 清除掉输送带与洗瓶机内的碎玻璃屑。

③ 超声波洗瓶槽内的洗涤水排放干净，并用纯化水反复冲洗洗涤槽 3 次。

④ 擦洗洗瓶机至洁净。

⑤ 用苯扎溴铵消毒液擦拭洗瓶机消毒。

⑥ 过滤器拆卸后使用纯化水清洗滤芯，清洗后安装复位。

⑦ 为了保证清场工作质量，清场时应遵循先上后下、先里后外，一道工序完成后方可行下道工序作业。

⑧ 清场后，填写清场记录，上报 QA，经 QA 检查合格后挂清场合格证。

　　知识链接1

大容量注射剂的理、洗瓶设备

大容量注射剂（玻璃瓶）生产线包括配液系统、大输液联动机组（主要由理瓶机、外洗瓶机、洗瓶机、灌装机、塞胶塞机、轧盖机等单机组成）、灭菌柜、灯检设备、贴签机等设备。

1. 理瓶机

理瓶机是将拆包取出的输液瓶按顺序排列起来，并逐个输送给洗瓶机。常用的是圆盘式理瓶机和等差式理瓶机。

（1）圆盘式理瓶机　圆盘式理瓶机见图6-4，其原理为当低速旋转的圆盘上装置待洗的输液瓶时，圆盘中的固定拨杆将运动着的瓶子拨向转盘周边，使其沿圆盘壁进入输送带至洗瓶机上，即靠离心力进行理瓶送瓶。

（2）等差式理瓶机　等差式理瓶机由等速和差速两台单机组成，见图6-5。其原理为7条平行等速传送带由同一动力的链轮带动，将输液瓶随着向前的传送带送至与其相垂直的差速机输送带上。差速机的5条输送带是利用不同齿数的链轮变速达到不同速度要求：第1、2条以较低等速运行；第3条速度加快；第4条速度更快，并且输液瓶在各输送带和挡板的作用下，呈单列顺序输出；第5条速度较慢且方向相反，其目的是将卡在出瓶口的瓶子迅速带走。差速即是为了在输液瓶传送时，不形成堆积而保持逐个输送。

图6-4　圆盘式理瓶机

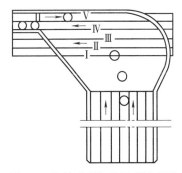

图6-5　等差式理瓶机原理示意图

2. 外洗瓶机

外洗瓶机是清洗输液瓶表面的设备。清洗方法为：毛刷固定两边，瓶子在输送带的带动下从毛刷中间通过，达到清洗目的。也有毛刷做旋转运动，瓶子通过时产生相对运动，使毛刷能全部洗净瓶子表面，毛刷上部安有喷淋水管，及时冲走洗刷的污物。

3. 洗瓶机

（1）滚筒式洗瓶机　滚筒式洗瓶机见图6-6，其主要特点是结构简单、易于操作、维修方便、占地面积小；粗洗、精洗在不同洁净区，无交叉污染；并带有毛刷可清洗输液瓶内腔，达到洗瓶要求。该洗瓶机有一组粗洗滚筒和一组精洗滚筒，每组均由前滚筒与后滚筒组成；两组中间用2m的输送带连接。

图6-6　滚筒式洗瓶机

滚筒式洗瓶机的工作过程：当设置在滚筒前端的拨瓶轮（拨瓶轮的齿数不同，进瓶数不同）使输液瓶进入粗洗滚筒中的前滚筒，并转动到设定的工位1时，碱液注入瓶中；带有碱液的输液瓶转到水平位置时，毛刷进入瓶内，带液刷洗瓶内壁约3s之后毛刷推出；继续转到下两个工位逐一由喷射管对刷洗后的输液瓶内腔冲碱液。当滚筒载着输液瓶处于进瓶通道停歇位置时，同时拨瓶轮送入的空瓶将冲洗后的瓶子推入后滚筒，继续进行加热的常水外淋、内刷、冲洗。粗洗后的输液瓶由输送带送入精洗滚筒。精洗滚筒取消了毛刷，在滚筒下部设置了回收注射用水装置和注射用水的喷嘴；前滚筒利用回收的注射用水作外淋和内冲，后滚筒利用新鲜注射用水作内冲并沥水，从而保证了洗瓶质量。精洗滚筒设置在洁净区，洗净的输液瓶经检查合格后，直接进入灌装工序。

（2）箱式超声波洗瓶机　箱式超声波洗瓶机即履带行列式洗瓶机。该机的特点是变频调速、程序控制、自动停车报警；且洗瓶量大，冲刷准确可靠；输液瓶是倒置进入各洗涤工位，洗后瓶内不挂水；箱体密闭，无交叉污染。为保证瓶套清洁，箱体内安置的隔板能使洗瓶的残液回收或引入地沟。

箱式超声波洗瓶机的工作过程见图 6-7。经外洗的输液瓶单列输入洗瓶装置，分瓶螺杆将输液瓶等距分成 10 个一排，由进瓶凸轮准确地送入瓶套；瓶套随履带间歇运动到各冲刷工位，即输送瓶→进瓶套→碱液冲洗 2 次→热水冲洗内外各 3 次→毛刷带水内刷 2 次→回收注射用水冲洗内外各 2 次→注射用水内冲 3 次，外淋 1 次→连续 5 个工位倒立滴水 38～60s→翻瓶送往水平输送带→送入灌装工序。

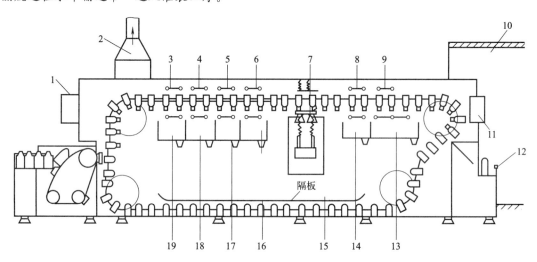

图 6-7　箱式超声波洗瓶机

1，11—控制箱；2—排风管；3，5—热水喷淋；4—碱水喷淋；6，8—冷水喷淋；7—喷水毛刷清洗；
9—蒸馏水喷淋；10—出瓶净化室；12—手动操纵杆；13—蒸馏水收集槽；14，16—冷水收集槽；
15—残液收集槽；17，19—热水收集槽；18—碱水收集槽

操作工序三　灌　　封

一、准备工作

参照本任务操作工序一配料的准备工作。

二、生产过程

（一）制备操作

① 接通电源，启动主机，空运转 15min，检查机器运转是否正常。

② 启动输瓶机，利用空瓶试车，检查各拨轮及栏栅、绞龙、灌装定位装置的相对位置是否正确，并做相应的调整。

③ 打开放料阀，调节灌装量，至装量达到工艺要求后开始生产。

④ 生产过程中如发生异常情况，应立即按下"紧急停车"按钮，停止工作，同时关闭灌装阀门，排除故障后，恢复工作。

⑤ 生产结束后，关闭灌装阀门，应先按下变频器"STOP"按钮，再按下"主机停止"按钮，再按下"输瓶停止"按钮，最后切断整机电源。

（二）质量控制要点

1. 性状

本品为无色或几乎无色的澄明液体。

2. 鉴别

取本品，缓缓滴入微温的碱性酒石酸铜试液中，即生成氧化亚铜的红色沉淀。

3. 检查

（1）pH 值　取本品适量，用水稀释制成含葡萄糖为 5％的溶液，每 100ml 加饱和氯化钾溶液 0.3ml，依法检查（通则 0631），pH 值应 3.2～6.5。

（2）5-羟甲基糠醛　精密量取本品适量（约相当于葡萄糖 1.0g），置 100ml 量瓶中，用水稀释至刻度，摇匀，照紫外-可见分光光度法（通则 0401），在 284nm 的波长处测定，吸光度不得大于 0.32。

（3）重金属　取本品适量（约相当于葡萄糖 3g），必要时，蒸发至约 20ml，放冷，加醋酸盐缓冲液（pH3.5）2ml 与水适量使成 25ml，依法检查（通则 0821 第一法），按葡萄糖含量计算，含重金属不得过百万分之五。

（4）细菌内毒素　取本品，依细菌内毒素检查法检查，每 1ml 中含内毒素的量应小于 0.50EU。

（5）无菌　取本品，经薄膜过滤法，以金黄色葡萄球菌为阳性对照菌，依无菌检查法检查，应符合规定。

（6）其他　应符合注射剂项下有关的各项规定（药典通则）。

（7）含量测定　精密量取本品适量（约相当于葡萄糖 10g），置 100ml 量瓶中，加氨试液 0.2ml（10％或 10％以下规格的本品可直接取样测定），用水稀释至刻度，摇匀，静置 10 分钟，在 25℃时，依法测定旋光度（通则 0621），与 2.0852 相乘，即得供试品中含有葡萄糖的重量（g）。

三、清洁清场

① 灌装结束，用规定温度的注射用水冲洗药液管路，用 2％NaOH 溶液消毒。

② 拆卸分液装置及漏斗，冲洗干净，用 pH 试纸检测最终清洗液与注射用水一致。

③ 用清洁布、消毒剂消毒灌装外表面至洁净。

④ 清场后，填写清场记录，上报 QA，经 QA 检查合格后挂清场合格证。

知识链接2

大容量注射剂的灌装设备

灌装机是将经含量测定、澄明度检查合格的药液灌入洁净的输液瓶中至规定容量的设备。制药企业常用的有计量泵注射式灌装机和量杯式负压灌装机等。

1. 计量泵注射式灌装机

计量泵注射式灌装机（图 6-8）是通过计量泵对药液进行计量，并在活塞的压力下将药液灌装到容器中。其计量原理是以容积计量，常压下靠活塞的往复运动进行灌装；计量调节是先粗调活塞行程达灌装量，再微调螺母控制装量精度。

2. 量杯式负压灌装机

量杯式负压灌装机（图 6-9）由药液计量杯、托瓶装置及无级变速装置三部分组成。

量杯计量是采用计量杯以容积定量，药液超过量杯缺口，则药液自动从缺口流入盛料桶内，即为计量粗定位；精确的调节是通过计量调节块在计量杯中所占的体积而定，旋动调节螺母使计量调节块上升或下降，而达到装量准确。吸液管与真空管路接通，使计量杯的药液负压流入输液瓶中。计量杯下部的凹坑使药液吸净。

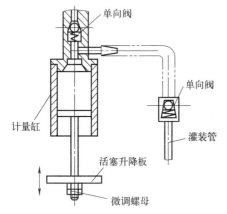 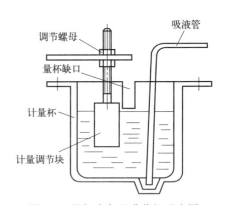

图 6-8　计量泵注射式灌装机计量原理示意图　　　图 6-9　量杯式负压灌装机示意图

操作工序四　灭　　菌

一、准备工作

参照本任务操作工序一配料的准备工作。

二、生产过程

（一）制备操作

1. 操作步骤

① 首先将推车中的待灭菌的中间产品放入灭菌柜，在控制面板上点击"前门关"。

② 打开真空阀，将灭菌柜内空气抽出，空气抽尽后，关闭真空阀。

③ 打开色水注入开关，向灭菌柜内注入色水，水量足够后关闭色水注入开关，开始检漏操作。

④ 维持一段时间后打开色水循环开关，将色水循环至储罐内，色水排尽后关闭色水循环开关。

⑤ 打开纯化水注入开关，向灭菌柜内通入洁净的纯化水，水量足够后关闭纯化水注入开关，开始对外壁进行清洗。

⑥ 清洗结束后，打开排放阀，将纯化水自柜内排出，排尽后关闭排放阀。

⑦ 打开蒸汽阀，向灭菌柜内通入洁净的纯蒸汽，之后再次打开排放阀，将蒸汽通入夹层内。温度及压力恒定后关闭排放阀，设备自动进行灭菌操作。

⑧ 灭菌结束后关闭蒸汽阀，并打开真空阀，将箱体及夹层中的蒸汽排出。蒸汽排尽关闭真空阀。

⑨ 打开灭菌柜后门，人员进入灭菌后室，将灭菌后的中间产品移出置于推车上。

2. 联系 QA 对生产进行检查，确认无误后，贴上物料标签，并正确填写生产记录。

3. 生产结束后将灭菌后的中间产品周转至指定位置，并对产品数量及物料标签进行复核。

（二）质量控制要点

① 灭菌柜：F_0 值、温度、时间、真空度、压力各项参数符合产品工艺要求。

② 灭菌后的中间产品：外观、药液颜色符合要求。

③ 灯检后的中间产品：外观、药液颜色、澄明度符合要求。

三、清洁清场

① 人员回到灭菌前室，首先更换生产状态标识及设备状态标识。

② 对灭菌柜进行清洁：首先用纯化水喷灭菌柜内部，之后用酒精对设备进行消毒。

③ 将废料收集清理出操作间。

④ 将容器具送至洁具间进行清洗。

⑤ 对生产环境进行清洁。

⑥ 通过 QA 检查后取得清场合格证并更换操作室的状态标识。

⑦ 完成"生产记录"填写，并复核，检查记录是否有漏记或错记现象，复核中间产品检查结果是否在规定范围内。检查记录中各项是否有偏差发生。如果发生偏差则按《生产过程偏差处理规程》操作。

⑧ 清场合格证放在记录台规定位置，作为后续生产开工凭证。

操作工序五　灯检、贴签包装

一、准备工作

参照本任务操作工序一配料的准备工作。

二、生产过程

（一）制备操作

1. 灯检

① 灯检操作工右手拿瓶颈，在灯检台下倒立，光照度为 1000～3000lx，离眼 20～25cm 处，沿顺时针方向轻轻倒立旋转玻瓶，自下向上目视检查 3～4s。

② 外观检查：检查塑瓶瓶颈、瓶身及瓶底，将有裂纹、气泡、结石、装量不合格的药瓶剔出，将塑盖崩起、缺失、花边、切边、松盖等轧盖不合格的产品剔出放入不合格品筐中，每批分类记录数量。

③ 可见异物检查：剔除药液中有异物（白点、白块、纤维、玻屑、色点、色块、黑点、黑渣等）的不合格品，将铝塑组合盖上的塑件去掉，放入不合格品筐中，每批分类记录数量。

④ 用彩色铅笔在灯检合格品瓶颈上做好个人标记号，将灯检合格的产品放在传送带上输送至包装间。

⑤ 质检员抽检灯检操作工可见异物检查质量，查看产品上的标记号，应清晰可辨。

2. 贴签

① 将瓶签放入标签盒中，胶水倒入浆缸，调整批号机到需打印的批号。

② 打开贴签机电源。

③ 启动传送带将药品排满传送带。

④ 打开真空泵，缓慢打开变频调速器，使其开始自动吸签和贴签。

⑤ 随时检查贴签质量，标签位置适中，不得有斜签（±3mm）、重签、折角、翘角等。

⑥ 随时抽查贴签质量，校对品名、规格、批号是否相符，批号不清晰的标签不得使用。

⑦ 关闭电源，清理现场，贴签机擦拭干净，以待后用。

3. 包装

① 包装人员将领回的待包装品放置于操作台上，按包装规程进行包装。

② 装塑托：塑托应整洁无破损，如有破损及时更换，待包装品装塑托应牢固、整齐，印字向上，排列一致。

③ 装盒：按工艺要求将装塑托的药品附上说明书后装盒，说明书要求四角相对一折，再对折一次，品名露在外面，最后小盒上贴上封口证。

④ 做到每盒装药数量准确，无缺支少药，并放置填写好的合格证。

⑤ 将外包装糟打开，倒放，箱底先用透明胶带封好，然后转为正放，根据工艺要求将已装好产品的小盒放入大箱内，保证数量准确，装拿方向一致。每箱放一张产品合格证，压盖，再用胶带封好，纸箱应扎紧，包装应整齐、统一，将打包好的箱子放到指定的位置。

（二）质量控制要点

① 印字或贴签：批号、内容、数量、使用记录符合要求。

② 装盒：数量、说明书、标签、印刷内容符合要求。

③ 封箱：数量、装箱单、印刷内容符合要求。

三、清洁清场

① 更换生产状态标识及设备状态标识。

② 清理所使用的机器、设备、工具。

③ 将废料收集清理出操作间。

④ 将容器具送至洁具间进行清洗。

⑤ 对生产环境进行清洁。

⑥ 通过 QA 检查后取得"清场合格证"并更换操作室的状态标识。

⑦ 完成"生产记录"填写，并复核，检查记录是否有漏记或错记现象，复核中间产品检查结果是否在规定范围内。检查记录中各项是否有偏差发生。如果发生偏差则按《生产过程偏差处理规程》操作。

⑧ 清场合格证放在记录台规定位置，作为后续生产开工凭证。

【任务记录】

制备过程中按要求填写操作记录（表6-6）。

表6-6　葡萄糖注射液批生产记录

品名	葡萄糖注射液		规格	200ml:10g		批号	
生产日期	年　月　日		房间编号		温度　　℃	相对湿度	％
操作步骤	操作要求		操作记录			操作时间	
1. 操作前检查	设备是否完好正常		□是　　□否			时　分～时　分	
	设备、容器、工具是否清洁		□是　　□否				
	计量器具仪表是否校验合格		□是　　□否				
2. 物料称量	1. 按生产处方规定，称取各种物料，记录品名、用量。 2. 在称量过程中执行一人称量，一人复核制度。 3. 生产处方如下： 注射用葡萄糖　　　10g 盐酸　　　　　　　适量 注射用水加至　　　200ml		按生产处方规定，称取各种物料，记录如下： 注射用葡萄糖　　　　g 盐酸 注射用水加至　　　　ml			时　分～时　分	
3. 配液	1. 量取处方量80％的注射用水，通二氧化碳饱和。 2. 取处方量葡萄糖投入煮沸的注射用水中，使其成50％～70％浓溶液，用盐酸调节pH3.8至4.0，同时加0.1％(m/V)的活性炭混匀，煮沸20分钟，趁热过滤脱炭，滤液加注射用水至所需量。测pH及含量，合格后滤至澄明，即可		1. 取葡萄糖　　g投入煮沸的注射用水中，使其成　　浓溶液。 2. 盐酸调节pH　　至　　，同时加0.1％(m/V)的活性炭匀。 3. 煮沸　　分钟，趁热过滤脱碳，滤液加注射用水至所需量			时　分～时　分	
4. 过滤	1. 用G3垂熔漏斗预漏。 2. 再用0.65mm的微孔滤膜精滤		1. 用　　垂熔漏斗预漏。 2. 再用　　mm的微孔滤膜精滤			时　分～时　分	
5. 检查澄明度	按照滤液澄明度检查要求进行滤液澄明度检查		1. 澄明度检查仪型号： 2. 检查结果：			时　分～时　分	
6. 洗瓶干燥灭菌、灌封	1. 设置洗瓶流程：上机→超声波清洗→水汽冲洗→入灭菌柜。 2. 洗瓶机注射用水压力设置为≥0.25MPa；压缩空气压力设置为≥0.25MPa。 3. 隧道烘箱温度设置：预热区温度为250℃，高温区温度为350℃，冷却区温度为200℃；前层流频率为55.0，后层流频率为25.0；网带速度≤0.2m/min。 4. 灌封规格：200ml/瓶；每20min检查一次装量		1. 洗烘灌封联动机型号： 设置洗瓶流程：上机→超声波清洗→水汽冲洗→入灭菌柜。 2. 注射用水压力设置为　　MPa；压缩空气压力设置为　　MPa。 3. 预热区温度为　　℃，高温区温度为　　℃；冷却区温度为　　℃；前层流频率为　　后层流频率为　　；网带速度　　m/min。 4. 灌封规格：　　ml/瓶；每　　min检查一次装量，装量检查结果：			时　分～时　分	

操作步骤	操作要求	操作记录	操作时间
7. 灭菌检漏	1. 设置灭菌温度：100℃；灭菌时间：15分钟； 2. 抽气至真空度85.3~90.6kPa； 3. 有色溶液的颜色：红色； 4. 记录灭菌检漏总数量，不合格数量； 5. 计算合格率：合格率＝(不合格数量/总数量)×100%	1. 检漏灭菌器名称与型号： 2. 设置灭菌温度：　℃；灭菌时间：　分钟； 3. 抽气至真空度　kPa； 4. 有色溶液的颜色：　色； 5. 灭菌检漏总数量　　支，不合格数量　支；合格率＝(不合格数量/总数量)×100%＝	时　分~ 时　分
8. 灯检	1. 在明视距离25cm黑色背景下，手持供试品颈部，利用直立、平视、倒立三步旋转法，轻轻检视，检查时间4~15s/瓶。 2. 记录灯检合格品与不合格品数量，计算合格率	1. 灯检设备名称及型号： 2. 检视方法： 3. 检查时间：　　s/瓶 4. 灯检合格品数量　　支，不合格品数量：支， 合格率＝(合格品数量/灯检总数量)×100%＝	时　分~ 时　分
9. 贴签、包装	1. 将瓶签放入标签盒中，胶水倒入浆缸，调整批号机到需打印的批号。 2. 打开贴签机电源。 3. 启动传送带将药品排满传送带。 4. 打开真空泵，缓慢打开变频调速器，使其开始自动吸签和贴签。 5. 随时检查贴签质量，标签位置适中，不得有斜签(±3mm)、重签、折角、翘角等。 6. 随时抽查贴签质量，校对品名、规格、批号是否相符，批号不清晰的标签不得使用。 7. 关闭电源，清理现场，贴签机擦拭干净，以待后用	1. 贴签机型号： 2. 贴签内容： 3. 盒签打印内容： 4. 包装箱打印内容： 5. 包装规格： 6. 每盒数　　张说明书； 每箱放　张合格证	时　分~ 时　分
10. 清场	1. 生产结束后将物料全部清理，并定置放置。 2. 撤除本批生产状态标志。 3. 使用过的设备、容器及工具应清洁无异物并实行定置管理。 4. 设备内外尤其是接触药品的部位要清洁，做到无油污，无异物。 5. 地面、墙壁应清洁，门窗及附属设备无积灰，无异物	清场结果： 1. □ 2. □ 3. □ 4. □ 5. □	时　分~ 时　分
备注			
操作人		复核人		QA	

【任务评价】

（一）职业素养与操作技能评价

葡萄糖注射液制备技能评价见表6-7。

表 6-7　葡萄糖注射液制备技能评价表

评价项目		评价细则	小组评价	教师评价
职业素养	职业规范 （4分）	1. 规范穿戴工作衣帽（2分） 2. 无化妆及佩戴首饰（2分）		
	团队协作 （4分）	1. 组员之间沟通顺畅（2分） 2. 相互配合默契（2分）		
	安全生产 （2分）	生产过程中不存在影响安全的行为（2分）		
实训操作	生产准备 （20分）	1. 开启设备前检查设备（8分）		
		2. 按照操作规程正确操作设备（8分）		
		3. 操作结束将设备复位，并对设备进行常规维护保养（4分）		
	配液、洗瓶干燥 灭菌、灌封、灭 菌、灯检、贴签、 包装 （30分）	1. 选择正确的称量设备，并检查校准（10分）		
		2. 按照操作规程正确操作设备（10分）		
		3. 操作结束将设备复位，并对设备进行常规维护保养（10分）		
	产品质量 （10分）	1. 性状、澄明度、含量符合要求（6分）		
		2. 收率、物料平衡符合要求（4分）		
	清场 （10分）	1. 能够选择适宜的方法对设备、工具、容器、环境等进行清洗和消毒（6分）		
		2. 清场结果符合要求（4分）		
实训记录	完整性 （10分）	1. 完整记录操作参数（4分）		
		2. 完整记录操作过程（6分）		
	正确性 （10分）	1. 记录数据准确无误，无错填现象（6分）		
		2. 无涂改，记录表整洁、清晰（4分）		

（二）知识评价

1. 单项选择题

（1）复方氯化钠注射液属于（　　　）。

A. 电解质输液　　　　B. 营养输液　　　　C. 胶体类输液　　　　D. 含药输液

（2）输液在配制过程中，常加入活性炭，其目的下列说法错误的（　　　）。

A. 吸附热原　　　　B. 吸附杂质　　　　C. 助滤剂　　　　D. 提高稳定性

（3）灭菌要及时，达到灭菌所需条件，以保证灭菌效果。输液从配制到灭菌的时间，一般不超过（　　　）小时。

A. 1　　　　B. 2　　　　C. 3　　　　D. 4

（4）大容量注射剂的滤过中，下列说法错误的是（　　　）。

A. 滤过装置常采用加压三级滤过

B. 板框式过滤器起预滤或初滤作用

C. 垂熔玻璃滤器和微孔滤膜起精滤作用

D. 精滤目前多采用微孔滤膜，常用滤膜孔径为 $0.7\mu m$ 或 $0.8\mu m$

（5）大容量注射剂的灌封室的洁净度应为（　　　）。

A. A级　　　　B. A级或局部A级　　　　C. B级　　　　D. C级

（6）大容量注射剂系指静脉滴注输入体内的大剂量注射液，要求一次性给药在（　　）以上。

A. 10ml　　　　　B. 50ml　　　　　C. 100ml　　　　　D. 250ml

（7）5％葡萄糖注射液属于（　　）。

A. 电解质输液　　B. 营养输液　　　C. 胶体类输液　　D. 混悬型输液

（8）大容量注射剂的给药途径为（　　）注射。

A. 静脉　　　　　B. 皮内　　　　　C. 皮下　　　　　D. 肌内

（9）用于补充营养，调节体液酸碱平衡的是（　　）。

A. 小容量注射剂　B. 大容量注射剂　C. 眼用溶液剂　　D. 注射用无菌粉末

（10）静脉注射时容易造成溶血现象的是（　　）。

A. 低渗溶液　　　B. 高渗溶液　　　C. 等渗溶液　　　D. 等张溶液

2. 简答题

（1）简述大容量注射剂的分类及质量要求。

（2）阐述大容量注射剂（玻璃瓶）生产工艺流程。

（3）以大输液联动机组为例，阐述其各单元操作流程及各设备的操作规程。

3. 案例分析题

某制药企业生产5％葡萄糖注射液，该产品灭菌后，出现颜色变黄、pH下降的问题，请尝试分析一下可能的原因及解决办法。

任务6-3　注射用无菌粉末——注射用法莫替丁制备

【任务资讯】

一、认识粉针剂

注射用无菌粉末亦称粉针剂，是指药物制成的供临用前用适宜的无菌溶液配制成注射液的无菌粉末或无菌的块状物。可用适宜的注射用溶剂配制后注射，也可用静脉输液配制后静脉滴注。注射用无菌粉末在标签中应标明所用溶剂。

在水溶液中不稳定的药物，特别是一些对湿热十分敏感的抗生素类药物及酶或血浆等生物制品，如青霉素G的钾盐和钠盐、头孢菌素类及一些酶制剂（胰蛋白酶、辅酶A等），均须制成注射用无菌粉末。

1. 注射用无菌粉末的分类

根据生产工艺条件和药物性质不同，注射用无菌粉末分为两种：一种是将原料药物制成无菌粉末直接进行无菌分装制得，称为注射用无菌分装制品；另一种是将原料药物配制成无菌溶液或混悬液，无菌分装后，再进行冷冻干燥制成粉末，称为注射用冷冻干燥制品。

2. 注射用无菌粉末的质量要求

粉针剂是注射剂的一种，其质量要求与普通注射液基本一致，可见异物、不溶性微粒、无菌和热原也是其质量的重点控制指标。

二、注射用无菌分装制品

注射用无菌分装制品是将符合注射用要求的粉末在无菌操作条件下直接分装于洁净灭菌

的小瓶或安瓿中，密封而成。该制品不耐热、不能采用成品灭菌工艺，必须强调生产过程的无菌操作，并要防止异物混入。

1. 药物理化性质对无菌分装工艺的影响

（1）临界相对湿度　注射用无菌分装制品吸湿性强，在生产过程中特别注意无菌室的相对湿度、胶塞和瓶子的水分、工具的干燥和成品包装的严密性。通过测定药物临界相对湿度，一方面可以了解药物的吸湿性能，另一方面可为生产环境相对湿度的控制提供依据。

（2）粉末的晶形与堆密度　通过喷雾干燥法制备的粉末多为球形，溶剂结晶法制备的有针形、片形或各种形状的多面体等，其中针形粉末流动性最差。粉末的堆密度也与流动性有关，堆密度太小时流动性相对较差。

（3）物料的热稳定性　测定物料的热稳定性，是为了确定产品能否耐受加热灭菌操作。

2. 无菌分装工艺中存在的问题及处理方法

（1）无菌问题　注射用无菌分装制品是通过无菌工艺操作法制备的，为保证产品的无菌性质，须严格监测洁净室的空气洁净度，监测空调净化系统的运行。生产作业的无菌操作与非无菌操作分开，凡进入无菌操作区的物料及器具必须经过灭菌或消毒，人员须遵循无菌作业的标准操作规程。

（2）澄明度问题　注射用无菌分装制品药物原料要经过粉碎、过筛、分装等工艺，污染的机会较多，有时会出现澄明度不符合要求的情况。因此要严格控制环境及设备的洁净度，严格防止污染的发生。

（3）吸潮变质问题　由于药物粉末吸湿性强，环境的湿度控制不当等，可能造成吸潮变质。因此，生产过程中控制环境的相对湿度，选择性能好的橡胶塞，必要时铝盖压紧后瓶口烫蜡，以防止水汽的透入。

（4）装量差异问题　影响装量差异的因素较多，如药物的流动性、药粉的物理性质、机械设备的性能等。药粉因吸潮发黏，导致流动性下降，也可影响装量的准确度，应根据具体情况采取相应的措施。

3. 注射用无菌分装制品的制备

注射用无菌分装制品是将符合要求的药物粉末在无菌条件下直接分装于洁净灭菌的容器中，然后密封的制品。无菌粉末的分装是非最终灭菌的注射剂，具有无菌、无热原和高纯度等特性，相对其他剂型而言，对产品的质量要求最高，产品的无菌保证水平很大程度上依赖于原、辅料的无菌保证水平，需要在经过定期监测的 A 级环境下进行。

【任务说明】

本任务是制备法莫替丁的无菌冻干品 100 支，并进行外观检查，应符合《中国药典》二部规定。按平均装量计算，含法莫替丁应为标示量的 90.0%～110.0%。本品为白色疏松块状物或粉末，适用于消化性溃疡所致上消化道出血，除肿瘤及食管、胃底静脉曲张以外的各种原因所致的胃及十二指肠黏膜糜烂出血者。

【任务准备】

一、接收操作指令

注射用法莫替丁批生产指令见表 6-8。

表 6-8　注射用法莫替丁批生产指令

品名	注射用法莫替丁	规格	
批号		理论投料量	
采用的工艺规程名称			
原辅料的批号和理论用量			
序号	物料名称	批号	理论用量
1	法莫替丁		2g
2	甘露醇		1g
3	L-门冬氨酸		0.8g
4	注射用水		100ml
生产开始日期		年　月　日	
生产结束日期		年　月　日	
制表人		制表日期	年　月　日
审核人		审核日期	年　月　日

生产处方：

法莫替丁　　　　　　2g

甘露醇　　　　　　　1g

L-门冬氨酸　　　　　0.8g

注射用水　　　　　　100ml

处方分析：

法莫替丁为主药，甘露醇为填充剂，L-门冬氨酸为助溶剂，注射用水为溶剂。

二、查阅操作依据

为更好地完成本项任务，可查阅《注射用法莫替丁工艺规程》《中国药典》等与本项任务密切相关的文件资料。

三、制定操作计划

根据本品种的制备要求制定操作工序如下：

配料→配液与过滤→洗瓶→西林瓶灭菌→胶塞处理→分装→冷冻干燥→封口及轧盖→灯检→贴签→包装

每个工序由准备工作、生产过程、清洁清场等几部分组成。在操作过程中填写注射用法莫替丁制备操作记录（表 6-9）。

【任务实施】

操作工序一　配　　料

一、准备工作

（一）生产人员

生产人员按照《洁净区生产人员进出标准规程》要求进入生产操作区。

（二）生产环境

（1）环境总体要求　应保持整洁，门窗玻璃、墙面和顶棚应洁净完好；设备、管道、管线排列整齐并包扎光洁，无跑、冒、滴、漏现象发生，且符合相关清洁要求。检查确认生产现场无残留物料。

（2）环境温度　一般应控制在 18～26℃。

（3）环境相对湿度　一般应控制在 45％～65％。

（4）环境灯光　不能低于 300lx，灯罩应密封完好。

（5）电源　应设置在操作间外面并有相应的保护措施，确保安全生产。

（三）任务文件

1. 批生产指令单

2. 岗位标准操作规程

（四）生产用物料

一般情况下，工艺流程上的物料净化包括脱外包、传递和传输。

① 脱外包，包括采用吸尘器或清扫的方式清除物料外包装表面的尘粒，污染较大，故脱外包操作间应设置在洁净室（区）外侧。在脱外包操作间与洁净室（区）之间应设置洁净传递窗（柜）或缓冲间，用于清洁后的原料、辅料、包装材料和其他物品的传递。洁净传递窗（柜）两边的传递门，应有联锁装置，防止被同时打开，密封性好并易于清洁。

② 洁净传递窗（柜）的尺寸和结构，应满足传递物品的大小和重量的需要。

③ 原、辅料进出 D 级洁净区，按《物料进出 D 级洁净区清洁消毒操作规程》要求操作。

（五）场地、设施设备

制剂车间应在配料间安装捕尘、吸尘等设施。配料设备（如电子秤等）的技术参数应经验证确认。配料间进风口应有适宜的过滤装置，出风口应有防止空气倒流的装置。

① 进入配料间，检查是否有"清场合格证"，还需检查是否在清洁有效期内，并请 QA 人员检查。

② 检查配料间中是否存有与本批次产品无关的遗留物品。

③ 对台秤等计量器具进行检查，注意是否具有"完好"的标识卡及"已清洁"标识。检查设备是否正常；若有一般故障可以自己排除，自己不能排除的则通知维修人员，设备检查正常后方可运行。要求计量器具完好，性能与称量要求相符，有检定合格证，并在检定有效期内。设备检查正常后进行下一步操作。

④ 检查配料间的进风口和回风口是否在更换有效期内。

⑤ 检查记录台是否清洁干净，是否留有上批次生产记录表或与本批次生产无关的文件。

⑥ 检查配料间的温度、相对湿度、压差是否与生产要求相符，并记录洁净区温度、相对湿度和压差。

⑦ 查看并填写生产交接班记录。

⑧ 接收批生产指令单、生产记录、中间产品交接记录等文件，要仔细阅读批生产指令。

二、生产过程

① 按生产处方规定，称取各种物料，记录品名、用量。

② 在称量过程中执行一人称量，一人复核制度。

操作工序二　配液与过滤

一、准备工作

参见"项目三　任务 3-1 操作工序一配料的准备工作"要求执行。

二、生产过程

（一）制备操作

① 打开罐顶注射用水阀，加注射用水至罐内溶液体积占计划配制体积全量的 80％左右。

② 加入处方量的原、辅料，搅拌溶解，继续搅拌使均匀。

③ 加注射用水近全量，搅拌均匀，取样进行药液含量、pH 值等项目检测，并根据测定结果补水或补料。

④ 过滤至澄明、可见异物符合要求。

⑤ 通知分装工序，切换阀门至分装，将药液送至分装工序。

（二）质量控制要点

① 配制液溶液颜色：无色的澄明液体。

② 配制液 pH 值：按照药典规定检验。

③ 药液含量：符合要求，未出现异常情况。

三、清洁清场

① 打开排污阀，排出贮罐中的存留药液。

② 用纯化水冲洗配液罐及管道 3 次，每次应排净水。

③ 用 1％～2％（w/v）的 NaOH 溶液清洗后，打开排污阀，排出贮罐中的残留 NaOH 溶液。

④ 用纯化水冲洗管道和贮罐，分次冲洗和排水，直到出水口和配液罐贮水符合要求。

⑤ 按本区域清洁程序对设备、管道、作业场地、室内空气进行清洗、灭菌。

⑥ 清场后及时填写清场记录，清场自检合格后，请 QA 检查。

⑦ 通过 QA 检查后取得"清场合格证"并更换操作室的状态标识。

⑧ 完成"生产记录"填写，并复核，检查记录是否有漏记或错记现象，复核中间产品检查结果是否在规定范围内。检查记录中各项是否有偏差发生。如果发生偏差则按《生产过程偏差处理规程》操作。

⑨ 清场合格证放在记录台规定位置，作为后续产品开工凭证。

操作工序三　洗　　瓶

以 QCK 型超声波玻瓶洗瓶机操作为例学习洗瓶操作过程。

一、准备工作

① 检查操作间是否有清场合格标识，并在有效期内，否则按清场标准操作规程进行清

场并经 QA 人员检查合格后，填写清场合格证，才能进行下一步操作。

② 检查是否有生产状态牌。

③ 检查操作间的温湿度，是否符合要求。

④ 检查设备是否有"合格""已清洁"标识牌，并对设备进行检查，确认设备正常，方可使用。

⑤ 检查水、电、压缩空气是否符合要求。

⑥ 给水箱注满纯化水（关闭水箱排水阀，加水注入至溢流口下边缘）。

⑦ 检查水泵是否正常（打开水阀，打开水泵开关，水箱中的水可注入洗瓶的水槽中至溢流口）。

⑧ 分别开启纯化水、注射用水的阀门，检查喷水孔是否畅通，水压、水温是否符合要求。

⑨ 挂运行状态标识，进入操作状态。

二、生产过程

① 接通控制箱的主开关，绿色信号灯亮。

② 相继打开压缩空气和注射用水控制阀调整压力。

③ 相继打开水泵阀、喷淋阀和超声波旋钮，检查洗瓶水澄明度，应符合要求。

④ 合格西林瓶陆续放入进瓶网带上。

⑤ 西林瓶浸入超声波洗瓶机清洗，清洗后推入隧道式烘箱中。

⑥ 运行过程中，发生故障时，主机会自动停机，应及时检修，注意安全。

⑦ 关闭主机停机按钮，停止运行。

⑧ 关闭水泵、喷淋、超声波、压缩空气和注射用水等按钮和阀门。

三、清洁清场

① 将电器的主开关断开，电源信号熄灭。

② 将水槽内循环水和注射用水过滤器下的余水放尽。

③ 将水槽内玻璃渣清除。

④ 整机内、外部分别进行清洁、整理，应符合要求。

⑤ 清场后，填写清场记录，上报 QA，经 QA 检查合格后挂清场合格证。

> 💡 知识链接1

超声波洗瓶机

1. 结构

超声波洗瓶机主要是由送瓶机构、冲洗机构、出瓶机构、水-气系统、主传动系统、清洗装置、电气控制系统等组成。

2. 工作原理

全自动超声波西林瓶清洗机见图 6-10，其工作原理主要是将超声波电能产生的高频振荡电能转化成机械能，发射至槽内的清洗介质中，产生空化效应，气泡迅速剥离瓶体表面的杂物，从而达到对瓶体彻底清洗的目的。清洗程序第一步所用的超声（容器被灌装后浸入水浴），目的是利用"气穴"效应对杂质进行机械分离（超声在水中形成空穴）。清洗机的操作一般分为以下几个步骤：使用纯化水或注射用水进行冲淋，之后使用注射用水冲洗，然后进行去热原操作。

图 6-10　全自动超声波西林瓶清洗机

操作工序四　西林瓶灭菌

以远红外隧道式烘箱操作为例学习洗瓶操作过程。

一、准备工作

① 检查设备电器及各转动部位是否正常，若有故障应排除，并经常在传动部位添加润滑油。

② 检查烘箱内部、不锈钢传送带、外部及仪表部位是否清洁，并符合规定要求。

③ 确定烘箱内烘干灭菌温度与停机温度，调整到位（到时自动停机）。

④ 挂运行状态标识，进入操作状态。

二、生产过程

① 接通控制箱的主开关。

② 开动烘箱的各部位仪表控制按钮，并将烘箱进出口的升降板调整到合适位置。

③ 本机开始运行，连接清洗机上已洗净的西林瓶，进行干燥灭菌。烘箱传送带运行的速度，应符合干燥、灭菌要求。

④ 运行过程中，发生故障时，应及时调整或停机检修。

三、清洁清场

① 灭菌结束，关闭电源和仪表各部位有关按钮。

② 待隧道烘箱冷却后，按规定清洁烘箱内部和不锈钢传送带，并取尽西林瓶碎渣。同时将设备外部打扫干净，并应符合要求。

③ 清场后，填写清场记录，上报 QA，经 QA 检查合格后挂清场合格证。

操作工序五　胶 塞 处 理

以 KJCS-4A 全自动湿法超声波胶塞清洗机操作为例学习胶塞处理操作过程。

一、准备工作

① 从进盘传递窗中取出理塞人员理好的胶塞，对所领物料的规格、型号、数量进行核对，然后将篮筐中的胶塞倒入不锈钢周转桶内，将篮筐从出盘传递窗中传出，交由理塞者。

② 按《进入生产区物料清洁管理规程》将外包装去除。

③ 及时填写并悬挂生产状态标识。

二、生产过程

（1）加料 打开进料口，连接进料附件（吸料软管），真空系统开启进料，吸完料后，关好清洗桶上的拉门并锁紧，锁紧进料口盖。

（2）洗涤 用过滤的纯化水喷淋粗洗，使胶塞里的脏物从放水口排出，喷淋 5min，然后加注射用水循环喷淋 30min，取最后漂洗水，检查澄明度，合格后进行硅化处理（500ml 硅油可硅化 4 万支胶塞），温度 80℃，时间 30min，硅化结束自动进行排水冲洗。

（3）灭菌干燥 灭菌控制 121℃，15min，设备自动按设定程序进行蒸汽灭菌—真空干燥—热风干燥—真空干燥—常压化—出料。

（4）使用时间 灭菌后的胶塞及无菌生产工具应在 24h 内使用。

三、清洁清场

① 对设备、容器、用具按照相应清洁规程进行清洁。

② 清场后，填写清场记录，上报 QA，经 QA 检查合格后挂清场合格证。

操作工序六 分 装

以 KBG-120 型西林瓶液体灌装机操作为例学习分装操作过程。

一、准备工作

① 检查设备"已清洁"且"正常"。

② 检查设备是否已连接完好，且运转正常。

③ 检查灌装针头安装正常，调节灌装剂量调节阀，使剂量准确。

④ 检查压塞装置，调节压塞气压，使压塞状况良好。

⑤ 检查理瓶转轮，要求运行良好。

二、生产过程

① 将胶塞从传递窗取出，倒入西林瓶灌装加塞机中。

② 进行空运转：依次检查输瓶按钮、理塞、主机启动、走空瓶、不灌装、理塞振荡是否正常。

③ 打开进液阀，开始生产（每 30min 需检查灌封情况，装量差异应符合标准）。

④ 生产结束后按"停止生产"按钮，并关闭进液阀。

三、清洁清场

① 关闭设备电源，将灌装半加塞后的产品放入冻干机的干燥箱进行下一道工序的冷冻干燥。

② 对灌装机及其部件进行清洁。

③ 对生产区域进行清洁。

④ 清场后，填写清场记录，上报 QA，经 QA 检查合格后挂清场合格证。

操作工序七　冷 冻 干 燥

以 LYO-30 型冷冻干燥机操作为例学习冷冻干燥操作过程。

一、准备工作

① 检查设备"已清洁"且正常。

② 检查设备是否已连接完好，且运转正常。

二、生产过程

① 按标准操作规程正确开机。

② 按"自动进瓶"按键，将灌封好的西林瓶逐层推入冷冻干燥机内。

③ 点击"预冻结"按键，对产品进行预冻，时间 1h。

④ 预冻结结束后，点击"冷凝器降温"按键，将冷凝器温度降至−40℃。

⑤ 冷凝器达到设定温度后点击"抽真空"按键，对整个系统进行抽真空，使真空度达到 13～26Pa。

⑥ 真空度达到预设值后点击"升华干燥"按键，对产品进行第一阶段干燥。

⑦ 升华干燥程序结束后点击"解析干燥"按键，对产品进行第二阶段干燥。

⑧ 当全部干燥程序都结束后点击"全加塞"按键，对西林瓶进行全加塞。

⑨ 冻干结束后点击"开关复位"按键，将设备恢复初始状态，并解除真空。

⑩ 点击"自动出瓶"按键，将产品移出干燥箱。

⑪ 正确关机。

三、清洁清场

① 关闭设备电源，更换生产状态标识及设备状态标识，将冻干后的产品传递至下一工序进行轧盖。

② 在冻干机控制面板上点击"自动在线清洗"，设备启动自动清洗程序，并对设备进行在线灭菌。

③ 对生产区域进行清洁清场。

④ 清场后，填写清场记录，上报 QA，经 QA 检查合格后挂清场合格证。

知识链接2

冷 冻 干 燥

（一）冷冻干燥制品的特点

冷冻干燥制品的优点主要有：

① 不耐热的药物可避免因高热而分解变质；

② 所得产品质地疏松，加水后迅速溶解，恢复药液原有的特性；

③ 含水量低，一般在 1%～3% 范围内，同时干燥在真空中进行，故不易氧化，有利于产品长期贮存；

④ 产品中的微粒物质比用其他方法生产者少，因为污染机会相对减少；

⑤ 产品剂量准确，外观优良。

冷冻干燥制品的缺点是溶剂不能随意选择，需特殊设备，成本较高。

（二）冷冻干燥的原理

冷冻干燥的原理可用水的三相图（图 6-11）说明，图中 O 点为冰、水、汽三相的平衡点，当压力低于 O 点压力，在三相平衡点以下的条件下，水的物理状态只有固态和气态，不存在液态的水，降低压力或升高温度都可以打破气固两相平衡，使固态的冰直接升华变为水蒸气。冷冻干燥常用的设备为冷冻干燥机组，简称冻干机，通常由制冷系统、真空系统、加热系统和电器仪表控制系统等组成。

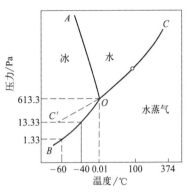

图 6-11 水的三相图

（三）冷冻干燥添加剂

冷冻干燥添加剂在冷冻干燥过程中，除了少数药物含有较多的成分可以直接冷冻干燥外，大多数药物都需添加合适的添加剂。

添加剂的种类很多，如加入填充剂（如明胶、甘露醇、乳糖、右旋糖酐、山梨醇等）可使产品具有一定的体积；冻干后产生倒塌，则可加甘氨酸或甘露醇等；牛血清白蛋白是一种结晶保护剂，可使过分干燥而引起的产品结构损坏减至最小，也可用蔗糖。另外，还可加入防冻剂如甘油、二甲基亚砜、PVP 等；抗氧化剂如维生素 E、维生素 C 等；改善崩解温度添加剂如葡聚糖、PVP 等。此外，也可以添加 pH 调整剂、缓冲剂等。

（四）冷冻干燥的工艺过程

冷冻干燥的工艺条件对保证产品质量极为重要，对于新产品应首先测定产品的低共熔点，然后控制冻结温度在低共熔点以下，以保证冷冻干燥的顺利进行。低共熔点是指在水溶液冷却过程中，冰和溶质同时析出结晶混合物时的温度。冷冻干燥的工艺过程一般分三步进行，即冻结、升华干燥、再干燥。

（1）冻结（预冻） 制品必须进行预冻后才能升华干燥，冻结温度通常应低于产品低共熔点 10～20℃，如预冻温度不在低共熔点以下，抽真空时则有少量液体"沸腾"而使制品表面凹凸不平。预冻方法有速冻法与慢冻法两种，慢冻法是每分钟降温 1℃，形成结晶数量少，晶粒粗，但冻干效率高；速冻法是将冻干箱先降温至 -45℃ 以下，再将制品放入，因急速冷冻而析出细晶，形成结晶数量多，晶粒细，制得产品疏松易溶，引起蛋白质变性的概率小，对酶类、活菌活病毒的保存有利。药液在冷冻干燥过程的变化见图 6-12。

（2）升华干燥 在维持冻结状态的条件下，用抽真空的方法降低制品周围的压力，当压力低于该温度下水的饱和蒸气压时，冰晶直接升华，水分不断被抽走，产品不断干燥。升华干燥的方法有两种，一种是一次升华法，另一种是反复预冻升华法。一次升华法指制品一次冻结，一次升华即可完成，适用于共熔点为 -20～-10℃ 的制品，而且溶液的浓度、黏度不

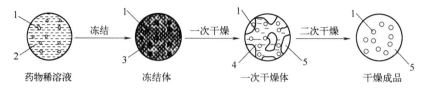

图 6-12　药液冷冻干燥过程的变化示意图

1—溶质；2—溶剂；3—冰晶；4—吸附水；5—枝状气隙

大，装量在 10～15mm 厚的情况。反复预冻升华法适用于共熔点较低，或结构比较复杂而黏稠难以冻干的制品，如蜂蜜、蜂王浆等。如某制品共熔点为 −25℃，预冻至 −45℃ 左右，然后将制品升温到共熔点附近，维持 30～40 分钟，再将温度降至 −40℃ 左右，如此反复处理，使制品结构改变，表层外壳由致密变为疏松，有利于水分升华，可缩短冻干周期。

（3）再干燥　制品经升华干燥后，水分通常并未完全除去，为尽可能除去残余的水，需要进一步干燥。二次干燥的温度，根据制品性质确定，制品在保温干燥一段时间后，整个冻干过程即结束。

操作工序八　封口及轧盖

以 KGL150D 型多功能滚压式抗生素玻璃瓶轧盖机操作为例学习轧盖操作过程。

一、准备工作

① 做好设备卫生，用 75％乙醇擦拭分装转盘、轨道、铝盖选择器的内表面。

② 温度、相对湿度应符合工艺要求。

③ 批生产记录完整、准确。

④ 设备、器具有"正常已清洁""清洁待用"状态标识。

⑤ 轧盖间生产环境应符合要求，有上一班次清场合格证副本（将其贴于批生产记录上），方可生产。

⑥ 填写本岗位本批次生产状态标识卡，并将其悬挂于门上及相应设备上。

⑦ 在各传动部位加好润滑油。

⑧ 接到铝盖灭菌岗位通知后取出铝盖，复核铝盖规格、批号、数量、质量及盛装容器状况，将铝盖加入振荡器中。

二、生产过程

① 接通总电源。

② 调节锁盖器转数，打开振荡器使铝盖充满轨道。

③ 取 20 个无药扣好胶塞的小瓶，在轧盖机上轧盖，三指拧不动，为合格。

④ 启动轧盖机进瓶传送带，使制品充满轧盖分瓶盘，按启动键开始轧盖。

⑤ 轧好盖的半成品，经出盘传递窗传至目检岗位。

⑥ 操作过程中出现碎瓶时，应及时停机清理。

⑦ 及时处理运行轨道不良品，掉胶塞的不良品不得重新轧盖。及时用镊子扶正倒瓶。

⑧ 当最后一只制品进入轧盖分瓶盘后，关闭网带。

⑨ 当全部制品轧完盖后，关闭铝盖振荡器，将制品收入出料盘中后关闭主机。

三、清洁清场

① 剩余的铝盖按《生产过程剩余物料处理规程》进行处理。

② 将轧盖产生的碎西林瓶、坏铝盖及轧盖不合格药品装袋后传出，按规定处理。

③ 对设备、容器、用具按照相应清场规程进行清洁。

④ 清场后，填写清场记录，上报 QA，经 QA 检查合格后挂清场合格证。

操作工序九　灯检、贴签、包装

一、准备工作

参照本任务操作工序一配料的准备工作。

二、生产过程

（一）制备操作

1. 灯检

① 灯检操作工右手拿瓶颈，在灯检台下倒立，光照度为 1000～3000lx，离眼 20～25cm 处，沿顺时针方向轻轻倒立旋转玻瓶，自下向上目视检查 3～4s。

② 外观检查：检查塑瓶瓶颈、瓶身及瓶底，将有裂纹、气泡、结石、装量不合格的药瓶剔出，将塑盖崩起、缺失、花边、切边、松盖等轧盖不合格的产品剔出放入不合格品筐中，每批分类记录数量。

③ 可见异物检查：剔除药液中有异物（白点、白块、纤维、玻屑、色点、色块、黑点、黑渣等）的不合格品，将铝塑组合盖上的塑件去掉，放入不合格品筐中，每批分类记录数量。

④ 用彩色铅笔在灯检合格品瓶颈上做好个人标记号，将灯检合格的产品放在传送带上输送至包装间。

⑤ 质检员抽检灯检操作工可见异物检查质量，查看产品上的标记号，应清晰可辨。

2. 贴签

① 将瓶签放入标签盒中，胶水倒入浆缸，调整批号机到需打印的批号。

② 打开贴签机电源。

③ 启动传送带将药品排满传送带。

④ 打开真空泵，缓慢打开变频调速器，使其开始自动吸签和贴签。

⑤ 随时检查贴签质量，标签位置适中，不得有斜签（±3mm）、重签、折角、翘角等。

⑥ 随时抽查贴签质量，校对品名、规格、批号是否相符，批号不清晰的标签不得使用。

⑦ 关闭电源，清理现场，贴签机擦拭干净，以待后用。

3. 包装

① 包装人员将领回的待包装品放置于操作台上，按包装规程进行包装。

② 装塑托：塑托应整洁无破损，如有破损及时更换，待包装品装塑托应牢固、整齐，印字向上，排列一致。

③ 装盒：按工艺要求将装塑托的药品附上说明书后装盒，说明书要求四角相对一折，再对折一次，品名露在外面，最后小盒上贴上封口证。

④ 做到每盒装药数量准确，无缺支少药，并放置填写好的合格证。

⑤ 将外包装糟打开，倒放，箱底先用透明胶带封好，然后转为正放，根据工艺要求将装好产品的小盒放入大箱内，保证数量准确，装拿方向一致。每箱放一张产品合格证，压盖，再用胶带封好，纸箱应扎紧，包装应整齐、统一，将打包好的箱子放到指定的位置。

（二）质量控制要点

① 印字或贴签：批号、内容、数量、使用记录符合要求。

② 装盒：数量、说明书、标签、印刷内容符合要求。

③ 封箱：数量、装箱单、印刷内容符合要求。

三、清洁清场

① 更换生产状态标识及设备状态标识。

② 清理所使用的机器、设备、工具。

③ 将废料收集清理出操作间。

④ 将容器具送至洁具间进行清洗。

⑤ 对生产环境进行清洁。

⑥ 通过 QA 检查后取得"清场合格证"并更换操作室的状态标识。

⑦ 完成"生产记录"填写，并复核，检查记录是否有漏记或错记现象，复核中间产品检查结果是否在规定范围内。检查记录中各项是否有偏差发生。如果发生偏差则按《生产过程偏差处理规程》操作。

⑧ 清场合格证放在记录台规定位置，作为后续生产开工凭证。

【任务记录】

生产过程中按要求填写操作记录（表6-9）。

表6-9 注射用法莫替丁批生产记录

品名	注射用法莫替丁		规格				批号	
操作日期	年 月 日		房间编号		温度	℃	相对湿度	％
操作步骤	操作要求			操作记录				操作时间
1. 操作前检查	设备是否完好正常			□是　　□否				时 分～ 时 分
	设备、容器、工具是否清洁			□是　　□否				
	计量器具仪表是否校验合格			□是　　□否				
2. 配料	1. 按生产处方规定，称取各种物料，记录品名、用量。 2. 在称量过程中执行一人称量，一人复核制度。 3. 生产处方见本任务的任务实施			按生产处方规定，称取各种物料，记录如下： 法莫替丁　　　　g 甘露醇　　　　g L-门冬氨酸　　　　g 注射用水　　　　ml 针用活性炭　　　g				时 分～ 时 分

续表

操作步骤	操作要求	操作记录	操作时间
3. 制法	取注射用水 500ml,依次加入法莫替丁及 L-门冬氨酸,加热到 50℃,搅拌约 30 分钟至全溶,加甘露醇搅拌溶解,加入溶液量 0.1% 的活性炭,保温搅拌 15 分钟,过滤除炭,补加注射用水至全量,以 0.22μm 微孔滤膜过滤,灌装,每支 1ml,冷冻干燥,真空压塞,轧盖,半成品质量检查合格后,印字包装	1. 取注射用水　　　ml; 2. 依次加入法莫替丁　　　g,及 L-门冬氨酸　　　g; 3. 加热到　　　℃; 4. 搅拌　　　分钟至全溶; 5. 加甘露醇　　　g,搅拌溶解; 6. 加入活性炭　　　g; 7. 保温搅拌　　　分钟,过滤除炭,补加注射用水至全量,以　　　μm 微孔滤膜过滤,灌装,每支 1ml,冷冻干燥,真空压塞,轧盖,半成品质量检查合格后,印字包装	时　分~ 时　分
4. 清场	1. 生产结束后将物料全部清理,并定置放置。 　　2. 撤除本批生产状态标志。 　　3. 使用过的设备、容器及工具应清洁无异物并实行定置管理。 　　4. 设备内外尤其是接触药品的部位要清洁,做到无油污,无异物。 　　5. 地面、墙壁应清洁,门窗及附属设备无积灰,无异物。 　　6. 不留本批产品的生产记录及本批生产指令书面文件	QA 检查确认: □合格 □不合格	
备注			
操作人		复核人		QA	

【任务评价】

（一）职业素养与操作技能评价

注射用法莫替丁制备技能评价见表 6-10。

表 6-10　注射用法莫替丁制备技能评价表

评价项目		评价细则	小组评价	教师评价
职业素养	职业规范 （4 分）	1. 规范穿戴工作衣帽(2 分) 2. 无化妆及佩戴首饰(2 分)		
	团队协作 （4 分）	1. 组员之间沟通顺畅(2 分) 2. 相互配合默契(2 分)		
	安全生产 （2 分）	生产过程中不存在影响安全的行为(2 分)		
实训操作	生产准备(20 分)	1. 开启设备前检查设备(8 分)		
		2. 按照操作规程正确操作设备(8 分)		
		3. 操作结束将设备复位,并对设备进行常规维护保养(4 分)		
	配液与过滤、洗瓶、西林瓶灭菌、胶塞处理、分装、冷冻干燥、封口及轧盖、灯检、贴签、包装 （30 分）	1. 选择正确的称量设备,并检查校准(10 分)		
		2. 按照操作规程正确操作设备(10 分)		
		3. 操作结束将设备复位,并对设备进行常规维护保养(10 分)		

评价项目		评价细则	小组评价	教师评价
实训操作	产品质量 （10分）	1. 性状、澄明度、含量符合要求（6分）		
		2. 收率、物料平衡符合要求（4分）		
	清场 （10分）	1. 能够选择适宜的方法对设备、工具、容器、环境等进行清洗和消毒（6分）		
		2. 清场结果符合要求（4分）		
实训记录	完整性 （10分）	1. 完整记录操作参数（4分）		
		2. 完整记录操作过程（6分）		
	正确性 （10分）	1. 记录数据准确无误，无错填现象（6分）		
		2. 无涂改，记录表整洁、清晰（4分）		

（二）知识评价

1. 单项选择题

（1）在生产注射用冻干制品时，不常出现的异常现象是（　　）。

A. 成品含水量偏高　　　B. 冻干物萎缩成团　　　C. 冻干物不饱满　　　D. 絮凝

（2）冷冻干燥的原理正确的是（　　）。

A. 使体系的压力控制在三相点的压力之下，升高温度或降低压力都可使固态的冰不经液相直接升华为水蒸气，而低压力下水蒸气可迅速地从系统中去除

B. 使体系的压力控制在三相点的压力之上，升高温度或降低压力都可使固态的冰不经液相直接升华为水蒸气，而低压力下水蒸气可迅速地从系统中去除

C. 使体系的压力控制在三相点的压力之下，升高温度或降低压力都可使固态的冰不经液相直接升华为水蒸气，而高压力下水蒸气可迅速地从系统中去除

D. 使体系的压力控制在三相点的压力之上，升高温度或降低压力都可使固态的冰不经液相直接升华为水蒸气，而高压力下水蒸气可迅速地从系统中去除

（3）冷冻干燥机的基本结构一般包括（　　）。

A. 干燥箱、制冷系统、真空系统、热交换系统和控制系统五个主要部分

B. 制冷系统、真空系统、热交换系统和控制系统四个主要部分

C. 干燥箱、空调系统、真空系统、热交换系统和控制系统五个主要部分

D. 干燥箱、制冷系统、循环系统、热交换系统和控制系统五个主要部分

（4）必须做成粉针剂注射使用的药物是（　　）。

A. 硫酸庆大霉素　　　B. 盐酸普鲁卡因　　　C. 注射用阿糖胞苷　　D. 维生素 C

（5）冷冻干燥生产过程不包括（　　）。

A. 样品预冻结　　　B. 再干燥　　　C. 升华干燥　　　D. 解析干燥

（6）以下不属于注射用冷冻干燥制品特点的是（　　）。

A. 冷冻干燥在高温下进行，因此对于许多热敏性的物质不适用

B. 干燥后的物质疏松多孔，呈海绵状，加水后溶解迅速且完全

C. 在真空下进行，可以防止药物的氧化

D. 能排除 $95\%\sim99\%$ 以上的水分，干燥后产品能长期保存

（7）注射用冷冻干燥制品的生产过程为（　　）。

A. 药物溶解→灌装半加塞→冷冻干燥→除菌过滤→全加塞→轧盖

B. 药物溶解→除菌过滤→冷冻干燥→灌装半加塞→全加塞→轧盖

C. 药物溶解→灌装半加塞→除菌过滤→冷冻干燥→轧盖→全加塞

D. 药物溶解→除菌过滤→灌装半加塞→冷冻干燥→全加塞→轧盖

（8）以下关于冷冻干燥工艺的技术要点叙述正确的是（　　）。

A. 预冻时，产品冷冻温度应高于共晶点温度

B. 升华干燥时，加热温度应在共晶点温度以上

C. 为了确保较低的残留水分，冷凝器的终点温度必须较低

D. 溶液的浓度不影响冻干的时间和产品的质量

（9）相同药物，若分别采用冷冻干燥工艺及无菌分装工艺进行生产，两者的装量差异（　　）。

A. 无菌分装工艺更小　　　　　　　　　　B. 冷冻干燥工艺更小

C. 不一定　　　　　　　　　　　　　　　D. 无法比较

（10）注射用冷冻干燥制品生产过程中各工序洁净区划分正确的是（　　）。

A. 西林瓶清洗灭菌为 A 级　　　　　　　B. 灌装半加塞为 D 级

C. 冷冻干燥为 A 级　　　　　　　　　　D. 灯检为 C 级

2. 简答题

（1）简述非最终灭菌无菌冻干粉注射剂特点。

（2）简述非最终灭菌无菌冻干粉注射剂工艺流程。

（3）简述注射用冷冻干燥制品生产工艺一般步骤。

3. 案例分析题

分析可能造成冻干粉针剂产品产生可见异物的因素，从内包装材料、料液输送系统、洁净环境控制、人员、设备等方面提出能解决冻干粉针剂产品异物问题的相应措施，以保证冻干粉针剂产品质量。

项目七

中药制剂制备

学习目标

通过完成中药制剂的各项制备任务达到如下学习目标。

知识目标：

1. 掌握 中药合剂、中药散剂、中药颗粒剂、中药丸剂的概念、性质及特点、处方组成与处方分析、生产制备工艺、中药提取方法。

2. 了解 中药制剂的质量评价方法；塑制法制蜜丸常见问题与解决措施。

技能目标：

1. 会正确熟练更衣、换鞋，进入相应洁净级别的注射剂制备操作岗位。

2. 会根据批生产指令计算、领取各岗位所需物料。

3. 会使用真空中药提取浓缩机组、口服液体自动灌装轧盖机、粉碎机、振动筛分机、摇摆式颗粒机、Ｖ型混合筒或三维运动混合机、热风循环烘箱、炼蜜罐、制丸机等各制备工序的设备，完成中药制剂各岗位的制备操作。

4. 会按 GMP 要求，完成各工序的清洁清场操作。

5. 会按 GMP 要求，正确填写各工序的操作记录。

素质目标：

1. 具备质量控制与安全意识，能够确保生产过程中的每个环节都符合相关法规与标准，保障产品安全与有效。

2. 具备科研精神与创新能力，能够在现代科学技术改进传统制备工艺的生产中学习创新思维。

3. 具备环境保护与可持续发展意识，在中药制剂制备过程中，注重环境保护，合理利用中药资源，减少浪费与污染，推动中药产业的可持续发展。

项目说明

中药制剂是指根据《中华人民共和国药典》《中华人民共和国卫生部药品标准中药成方制剂》《制剂规范》等规定的处方，将中药加工或提取后制成的具有一定规格，可以直接用于预防和治疗疾病的药品。中药制剂一般以中药饮片为原料。中药是指在中医药理论指导下，用于预防、治疗疾病以及保健的药物，包括植物药、动物药和矿物药。中药饮片是指中药材经过按中医药理论和中药炮制方法加工炮制后，可直接用于中医临床的中药。中成药是指以中药饮片为原料，在中医药理论指导下，按照法定处方大批量生产的具有特有名称、标明功能主治、用法用量和规格的药品。天然药物是经过现代医药理论体系证明的自然界中存在的具有药理活性的天然物质。

中药制剂技术是以中医药理论为指导，运用现代科学技术，研究中药剂型、配制理论、生产技术、质量控制和临床应用技术的学科。其内容不仅与本专业的专业课程及基础课程有联系，而且与临床医疗用药实践和工业化生产实践密切相关，是与医药工业及临床用药最接近的一门课程。中药制剂的发展已有几千年的历史，最初是放在口中咀嚼吞咽作为服药方法，再到丸、散、膏、丹、汤剂等传统剂型逐步出现，而现在，中药制剂向着现代化迈进，新工艺、新技术、新设备、新辅料不断涌现。学好中药制剂技术，最大限度地开发并利用现代剂型，保留药物的有效成分，才能发挥药物的最佳疗效，保证最低的毒副作用，从而满足人们日益提高的生活水平。

中药制剂有如下特点：

（1）疗效多为复方成分综合作用的结果　中药制剂往往含有多种活性成分，具有各种成分的综合作用，如以阿片为原料制成的阿片酊具有镇痛和止泻功能，但从阿片粉中提取的吗啡具有强烈的镇痛作用，却无明显的止泻功效。

（2）药效缓和、持久，毒性较低　如以洋地黄叶为原料制成的制剂，有效成分强心苷以与鞣酸结合成盐的形式存在，作用缓和；而经提取纯化得到的单体化合物洋地黄毒苷，因不再与鞣酸结合成盐，其作用较强烈、毒性大，且维持药效时间较短。

（3）在治疗某些疾病方面具有独特优势　如治疗疑难杂症、骨科疾病等。

（4）中药的多成分也给中药制剂带来许多问题　①药效物质基础不完全明确，给制剂生产过程和成品的质量控制带来很大困难；②质量标准相对较低，仅测定几种有效成分的含量不能整体控制制剂质量；③中药制剂通常剂量较大，导致辅料的选择以及现代制剂工艺的应用受限，制剂技术相对滞后；④由于药材的品种、规格、产地、采收季节、加工方法等存在差异，较难确保质量的统一和稳定，从而影响中药制剂的质量和疗效。

本项目包括：合剂（口服液）——健儿清解液制备、中药散剂——冰硼散制备、中药颗粒剂——益母草颗粒制备和中药丸剂——六味地黄丸制备共 4 个任务。主要学习合剂（口服液）、中药散剂、中药颗粒剂、中药丸剂的剂型特点、制备工艺、制备所需辅料与设备、制剂质量控制等内容。

任务 7-1　合剂（口服液）——健儿清解液制备

【任务资讯】

认识合剂

1. 合剂的定义

合剂系指饮片用水或其他溶剂，采用适宜的方法提取制成的口服液体制剂（单剂量灌装者也可称"口服液"）。合剂是在汤剂基础上改进发展起来的中药剂型。

2. 合剂的特点

合剂可发挥制剂的综合疗效，易吸收，奏效迅速；能大量生产，可省去汤剂临时煎服的麻烦，应用方便；口感好，加入矫味剂，可改良口感；便于携带和贮存，质量相对稳定，适合工业生产。缺点是组方固定，不能随症加减，不能完全代替汤剂；成品生产和贮存不当时易产生沉淀和霉变。

3. 合剂的质量要求

按照《中国药典》2020 年版（四部）通则对合剂质量检查的有关规定，需要进行以下检查：

（1）装量　单剂量灌装的合剂，按照下述方法检查，应符合规定。

检查法：取供试品 5 支，将内容物分别倒入经标化的量入式量筒内，在室温下检视，每支装量与标示装量相比较，少于标示装量的不得多于 1 支，并不得少于标示装量的 95%。多剂量灌装的合剂，按照最低装量检查法检查，应符合规定。

（2）微生物限度　除另有规定外，按照非无菌产品微生物限度检查：微生物计数法和控制菌检查法及非无菌药品微生物限度标准检查，应符合规定。

【任务说明】

本任务是制备健儿清解液（100ml/瓶），系合剂，应符合《中国药典》四部合剂通则规定。该药收载于《卫生部药品标准中药成方制剂》第十册。本品具有清热解毒、祛痰止咳、消滞和中的作用。用于小儿外感风热兼夹食滞所致的感冒发热、口腔糜烂、咳嗽咽痛、食欲不振、脘腹胀满。

【任务准备】

一、接收操作指令

健儿清解液批生产指令见表 7-1。

表 7-1　健儿清解液批生产指令

品名	健儿清解液	规格	100ml/瓶
批号		理论投料量	1000ml
采用的工艺规程名称		健儿清解液工艺规程	
原辅料的批号和理论用量			
序号	物料名称	批号	理论用量
1	金银花		110g
2	菊花		100g
3	连翘		65g
4	山楂		50g
5	苦杏仁		50g
6	陈皮		2.5g
7	枸橼酸		0.05g
8	单糖浆		300ml
9	苯甲酸		2g
生产开始日期	年　月　日		
生产结束日期	年　月　日		
制表人		制表日期	年　月　日
审核人		审核日期	年　月　日

生产处方：

（1000ml 处方）

金银花	110g
菊 花	100g
连 翘	65g
山 楂	50g
苦杏仁	50g
陈 皮	2.5g
枸橼酸	0.05g
单糖浆	300ml
苯甲酸	2g

处方分析：

处方中六味中药饮片为主药；枸橼酸为 pH 值调节剂，单糖浆为矫味剂，苯甲酸为防腐剂。

二、查阅操作依据

为更好地完成本项任务，可查阅《健儿清解液工艺规程》《中国药典》等与本项任务密切相关的文件资料。

三、制定操作计划

根据本品种的制备要求制定主要操作工序如下：

中药提取→配制→灌装→灯检→包装

每个工序由准备工作、生产过程、清洁清场等几部分组成。在操作过程中填写岗位操作记录。

【任务实施】

操作工序一 中 药 提 取

一、准备工作

（一）操作人员

操作人员按照《D 级洁净区生产人员进出标准规程》要求进入生产操作区。

（二）生产环境

参见"项目三 任务 3-1 操作工序一中生产环境"要求执行。

（三）任务文件

1. 批生产指令单

2. 配液岗位操作法

3. 配料罐标准操作规程

4. 配料罐清洁消毒标准操作规程

5. 生产记录及状态标识

（四）物料要求

按批生产指令单所列的物料，从物料间领取上一工序制备的药材提取物备用。

（五）场地、设施设备

对配液罐进行检查，注意是否具有"完好"的标识卡及"已清洁"标识。检查设备是否正常；若有一般故障可以自己排除，自己不能排除的则通知维修人员，设备检查正常后方可运行。

其他参见"项目三　任务 3-1 操作工序二中场地、设施设备"要求执行。

二、生产过程

（一）制备操作

处方中六味中药饮片，金银花、菊花、连翘、苦杏仁分别蒸馏提取芳香水，山楂用80％乙醇加热提取两次，每次 2 小时，滤过，合并滤液，滤液回收乙醇，浓缩成浸膏，加适量的水溶解；陈皮照流浸膏剂与浸膏剂项下的渗漉法，用 60％乙醇作溶剂进行渗漉，收集渗漉液，回收乙醇，用适量的水稀释，滤过。

（二）质量控制要点

1. 山楂浸膏

① 检查提取时的乙醇浓度、乙醇用量、时间和次数应符合工艺要求。

② 性状：取山楂浸膏进行性状检查，应符合工艺规定要求。

③ 相对密度的检查：应符合工艺规定要求。

④ 山楂浸膏装入洁净的圆桶，密封低温贮存，待检验合格后方可转入下工序。

2. 金菊连翘芳香水

① 检查蒸馏时浸润时间、加水量、蒸馏速度及收集蒸馏液量应符合工艺要求。

② 性状：取金菊连翘芳香水性状检验应符合工艺要求。

③ 金菊连翘芳香水装入洁净的圆桶，密封低温贮存，待检验合格后方可转入下工序。

三、清洁清场

① 将物料用干净的不锈钢桶盛放、密封，容器内外均附上状态标识，备用。转入下道工序。

② 按清场顺序和设备清洁规程清理工作现场、工具、容器具、设备，并请 QA 人员检查，合格后发给清场合格证，将清场合格证挂贴于操作室门上，作为后续产品的开工凭证。

③ 撤掉运行状态标识，挂清场合格标识。

④ 及时填写批生产记录、设备运行记录、交接班记录等，并复核、检查记录是否有漏记或错记项目，复核中间产品检验结果是否在规定范围内；检查记录中的各项是否有偏差发生，如果发生了偏差则按《生产过程偏差处理规程》操作。

⑤ 关好水、电开关及门，按进入程序的相反程序退出。

 知识链接

中药提取方法

一、浸渍法

是简便而常用的一种提取方法。用一定量的溶剂，在一定温度下，将药材浸泡一定时间，提取有效成分。本法的操作如下。

取药材粗粉或碎块，置有盖容器中，加入定量的溶剂，密盖，间歇振摇，在常温暗处浸渍3～5日或规定时间，使有效成分充分浸出；也可在适当温度下浸渍以缩短时间。倾取上清液，滤过，压榨残渣，收集压榨液和滤液合并，静置24小时滤过即得。

浸渍法的特点是浸出溶剂用量多，方法简便。适用于黏性无组织的药材（如安息香、没药等），新鲜易膨胀的药材（如大蒜、鲜橙皮等），以及价格便宜药材的浸出。本法缺点是浸出效率低，不适用于贵重或有效成分含量低的药材的浸出。

另外，药渣对浸出液的吸附引起的成分损失也是本法的一个缺点，但压榨药渣又容易使药材组织细胞破裂，大量不溶性成分进入浸出液中，给后续工序带来不便，因此，在实际生产中常采用多次浸渍法，也称重浸渍法，即将定量的浸出溶剂分次加入，既有利于提高浸出时浓度梯度，也可减少药渣对浸出液的吸附，而且不压榨，可避免大量杂质混入浸出液使浸出液不易澄清。

现代浸渍容器多选用不锈钢缸、搪瓷缸等，在浸渍器上装搅拌器以加速浸出；为防止药渣堵塞，浸渍器下端出口的假底上放滤布。

二、煎煮法

煎煮法是古老的提取方法，但至今仍是制备浸出制剂有效的方法之一。浸出溶剂多为水，也用乙醇。其一般的操作过程如下。

取药材，切碎或粉碎成粗粉，置适宜容器中，加水浸没药材，浸泡适宜时间后加热至沸，保持微沸一定时间，分离煎出液，药渣依法煎煮1～2次至煎出液味淡薄为止，合并煎出液，分离异物或沉淀物即得。以乙醇为溶剂时，应采用回流法，以免挥发损失，同时也有利于安全生产。

煎煮法适用于有效成分溶于水，且对热稳定的药材。本法的特点是方法简便易行，能煎出大部分有效成分，但是，煎出液中杂质较多，易霉变，某些不耐热或易挥发成分易被破坏，挥发损失。

传统的煎煮器有砂锅、陶瓷罐等。目前生产中通常采用敞口倾斜式夹层锅，较新式的设备是多能提取罐（如图7-1所示）。

多能提取罐是一种可调节温度、压力的密闭间歇式提取器，可以进行常温常压提取，也可以在高温高压或低温减压条件下提取，如常压、微压水煎，温浸，加热回流，强制循环渗漉，挥发油提取及有机溶剂回收等多种操作。

多能提取罐是由主体罐、热交换器、冷凝器、油水分离器、过滤器、泡沫捕集器六个部件组成。提取时一般可用蒸汽直接加热，也可间接（夹层）加热。在进行水提或醇提时，通

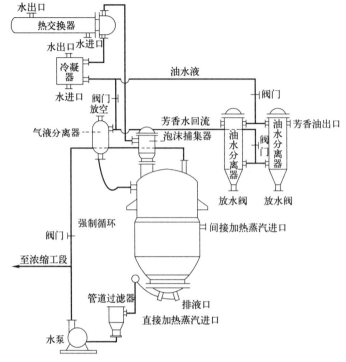

图 7-1　多能提取罐示意图

向油水分离器的阀门是关闭的。当进行提取挥发油时，才打开油水分离器阀门。

三、渗漉法

渗漉法是在药粉上不断添加浸出溶剂使其渗过药粉，从下端出口流出浸出液的一种浸出方法。渗漉时，溶剂渗入药材细胞中溶解其可溶性成分扩散至渗漉液中，使渗漉液浓度增高，相对密度增大而向下移动，上层溶剂或稀浸出液置换其位置，产生浓度差，利于扩散进行。故浸出效果优于浸渍法，提取比较完全，且省去了浸出液与药渣分离的操作。特别适用于剧毒药材、有效成分含量低的药材及贵重药材的浸出。但对新鲜易膨胀的药材、无组织结构的药材不宜应用渗漉法。

渗漉器有圆柱形或圆锥形。以水为溶剂，药材吸水膨胀性大，宜用圆锥形渗漉器，而膨胀性不大的药材可用圆柱形。

四、回流法

回流法是指将药材与具有挥发性的有机溶剂共置蒸馏器中，通过加热将挥发性溶剂蒸发后冷凝，重复流回到蒸馏器重新浸提药材的操作方法。回流法适用于有效成分易溶于浸出溶剂且受热不易破坏，以及质地坚硬不易浸出的药材。常用的挥发性溶剂有乙醇、乙醚等。小量生产常用玻璃制的蒸馏设备，大生产多采用不锈钢材质制备的多功能提取罐或回流装置，也有参照索氏提取器原理制备的大型连续循环回流冷浸装置，但目前普及率低。

五、水蒸气蒸馏法

水蒸气蒸馏是指将含有挥发性成分的药材与水共同蒸馏，使挥发性成分随水蒸气共同馏出，经冷凝分离获得挥发性成分的浸提方法。此法适用于具有挥发性，能随水蒸气蒸馏而不被破坏，与水不发生反应，又难溶于水或不溶于水的有效成分的提取、分离，如挥发油的提取。按照加热方式不同，又可分为共水蒸馏法、通水蒸气蒸馏法和水上蒸馏法。

六、超临界流体萃取法

超临界流体萃取法是用超临界流体作溶剂对药材中所含成分进行萃取和分离的技术。与传统的提取分离法相比，超临界流体萃取法提取温度低、效率高、有效成分提取纯度高，而且操作简单节能、无有机溶剂残留、无环境污染，适合提取分离挥发性成分、热敏性成分及含量低的成分。

超临界流体是介于气体和液体之间的一种状态，其渗透力极强，溶解性类似液体，能使药物成分在低温条件下被浸出。可作为超临界流体的气体有二氧化碳、氧化二氮、三氟甲烷、氮气等。最常用作超临界流体的气体是二氧化碳，其性质稳定，不易燃、不易爆，无毒害，价廉易得。

七、超声波提取法

超声波提取法是利用超声波的空化作用、机械作用、热效应等增大物质分子运动频率和速度，增加溶剂穿透力，从而提高药材有效成分浸出率的方法。与传统的煎煮法、浸渍法、渗漉法比较，具有省时、节能、提取效率高等优点。但目前尚未大规模应用，其作用机制及适用大生产的设备等问题有待于进一步研究。

操作工序二　配　　制

一、准备工作

（一）操作人员

操作人员按照《D 级洁净区生产人员进出标准规程》要求进入生产操作区。

（二）生产环境

参见"项目三　任务 3-1 操作工序一中生产环境"要求执行。

（三）任务文件

1. 批生产指令单
2. 配液岗位操作法
3. 配料罐标准操作规程
4. 配料罐清洁消毒标准操作规程
5. 生产记录及状态标识

（四）物料要求

按批生产指令单所列的物料，从物料间领取上一工序制备的药材提取物备用。

（五）场地、设施设备

对配液罐进行检查，注意是否具有"完好"的标识卡及"已清洁"标识。检查设备是否正常；若有一般故障可以自己排除，自己不能排除的则通知维修人员，设备检查正常后方可运行。

其他参见"项目三　任务 3-1 操作工序二中场地、设施设备"要求执行。

二、生产过程

（一）制备操作

合并"操作工序一 中药提取"生产的药液及芳香水，加入枸橼酸 0.05g、单糖浆 300ml 及苯甲酸 2g，加水使成 1000ml，搅匀，滤过，即得。

（二）质量控制要点

① 性状检查：从贮罐底部出液管口取药液（取前端约 5L 药液应加至待过滤药液中）加入洁净的比色管中，于自然光下观察药液性状，应为淡黄色澄清液体，气香，味甜、微酸。

② pH 值：取药液 30ml 于洁净的 50ml 烧杯中，测定 pH 值，如两个数值误差大于 0.03，应重新取样测定，如药液 pH 值不符合规定，应重新调整，药液 pH 值为 2.5～3.5。

③ 糖度：取药液约 10ml，测定药液的糖度，由另一位操作者复核。控制糖度为 23.0％～24.0％。

④ 配制操作过程和过滤过程中应随时注意观察和检查药液的质量状况，如有异常应立即停止该项操作，待查明原因，确认不对下步操作和产品质量产生影响后，方可继续操作。

三、清洁清场

① 将物料用干净的不锈钢桶盛放、密封，容器内外均附上状态标识，备用。转入下道工序。

② 按清场顺序和设备清洁规程清理工作现场、工具、容器具、设备，并请 QA 人员检查，合格后发给清场合格证，将清场合格证挂贴于操作室门上，作为后续产品的开工凭证。

③ 撤掉运行状态标识，挂清场合格标识。

④ 及时填写批生产记录、设备运行记录、交接班记录等，并复核、检查记录是否有漏记或错记项目，复核中间产品检验结果是否在规定范围内；检查记录中的各项是否有偏差发生，如果发生了偏差则按《生产过程偏差处理规程》操作。

⑤ 关好水、电开关及门，按进入程序的相反程序退出。

操作工序三　灌　　装

一、准备工作

（一）操作人员

参见 D 级洁净区生产人员进出标准规程。

（二）操作环境

参见"项目三　任务 3-1 操作工序一中生产环境"要求。

（三）工序文件

1. 批生产指令单
2. 灌装机操作规程
3. 灌装机清洁消毒标准操作规程

4. 剩余物料管理规程

5. 生产记录及状态标识

（四）物料要求

上一工序配制的药液、口服液瓶等。

（五）场地、设施设备

参见"项目三　任务 3-1 操作工序三中场地、设施设备的要求"

二、生产过程

（一）生产操作

药液经检验合格后，以灌装机进行灌装，控制装量为≥10.0ml，待灌装药液从过滤后到灌装结束不得超过工艺时限。

① 按照《灌装机操作规程》打开灌装机，开启灌装阀门。由输瓶机传过来的空瓶，通过传送带输送至灌装头下方时受挡于拨盘停止向前，此时灌装头经过凸轮同步下压至瓶子内部进行灌装，由定量活塞泵来完成灌装。灌装计量由灌装计量泵控制，调节计量泵的流量使其达到容量，灌有液体的瓶子再由输送带送出。

② 灌装是合剂质量控制的又一关键环节。操作时动作要敏捷，避免污染瓶口、瓶颈和药液。灌装时尽量减少室内人员的走动，尽量减少停灌次数，每 30 分钟每个灌装头抽检一瓶，如果装量不合格应立即停止灌装，查找原因及时调整。

③ 灌装时应经常检查装量，做好记录。

④ 将灌装好的合剂传送到下道工序，或装入塑料筐中，贴好物料标签，填写内容，存放在指定区域。

⑤ 按《剩余物料管理规程》的要求回收药液。灌装后将灌封尾料（灌装机存留药液）与不合格中间产品（调机和检查装量的药液）收集起来，放入洁净桶中，称重，低温密封贮存，在下次配制中加入；如生产时间间隔超过规定时限，药液不再回收，作为废液弃去。

（二）质量控制

① 灌封装量

a. 灌装机在灌装药液封盖前应检查装量是否符合标准，待装量稳定后再进行封盖操作。

b. 灌装过程中，如发现有连续装量不稳定的情况出现，应及时停机进行检查，并对已灌封的药品进行检查至确认没有连续不合格品出现。

② 封盖质量

a. 灌装过程应及时检查封盖的质量，待封盖平整、紧密、到位后再正常开机运行。

b. 灌装过程中应随时注意观察检查封盖的质量，如有连续不合格品出现应立即停机进行检查，待排除故障后，再开机运行。

c. 灌封过程中，应对可见异物进行检查，如发现有异常应立即停机进行检查，待查明原因确认不对产品质量产生影响后，再继续灌装。

③ 装量差异、澄明度应符合企业内控标准与药典的要求。

三、清洁清场

① 将物料用干净的不锈钢桶盛放、密封，容器内外均附上状态标识，备用。转入下道

工序。

② 按清场顺序和设备清洁规程清理工作现场、工具、容器具、设备，并请 QA 人员检查，合格后发给清场合格证，将清场合格证挂贴于操作室门上，作为后续产品的开工凭证。

③ 撤掉运行状态标识，挂清场合格标识。

④ 及时填写批生产记录、设备运行记录、交接班记录等，并复核、检查记录是否有漏记或错记项目，复核中间产品检验结果是否在规定范围内；检查记录中的各项是否有偏差发生，如果发生了偏差则按《生产过程偏差处理规程》操作。

⑤ 关好水、电开关及门，按进入程序的相反程序退出。

操作工序四　灯　检

参见"项目六　任务 6-1 操作工序四 灯检、印字、包装中灯检的相关要求"。

检查：灌封品置于灯检机上，检除坏盖、松盖、纤维、色点等不良品。灌封品经灯检合格后，方可包装。

操作工序五　包　装

参见"项目六　任务 6-1 操作工序四 灯检、印字、包装中包装的相关要求"

【任务记录】

生产过程按要求填写操作记录（表 7-2）。

表 7-2　健儿清解液生产操作记录

品名	健儿清解液		规格				批号		
操作日期	年　月　日		房间编号		温度	℃	相对湿度		％
操作步骤	操作要求			操作记录					操作时间
1. 操作前检查	设备是否完好正常			□是　　□否					时　分～ 时　分
	设备、容器、工具是否清洁			□是　　□否					
	计量器具仪表是否校验合格			□是　　□否					
2. 物料预处理	1. 按领料岗位操作 SOP 进行操作。 2. 按处方量称取检验合格的山楂，按中药材前处理 SOP 进行操作，去除杂质及非药用部分，炮制，切片，适当粉碎，清洗。备用。			按岗位操作规程，进行预处理操作，记录如下：					时　分～ 时　分
3. 配料	1. 按生产处方规定，称取各种物料，记录品名、用量。 2. 在称量过程中执行一人称量，一人复核制度。 3. 100 瓶生产处方如下： 金银花　110g　菊花　100g 连翘　65g　山楂　50g 苦杏仁　50g　陈皮　2.5g 枸橼酸　0.05g　单糖浆　300ml 苯甲酸　2g			按生产处方规定，称取各种物料，记录如下： 金银花　g　菊花　g 连翘　g　山楂　g 苦杏仁　g　陈皮　g 枸橼酸　g　单糖浆　ml 苯甲酸　g					时　分～ 时　分

续表

操作步骤	操作要求	操作记录	操作时间
4. 制备山楂浸膏	1. 山楂用 80% 乙醇加热提取两次,每次 2 小时,滤过,合并滤液,滤液回收乙醇按照回收乙醇的操作工艺流程,进行浓缩回收乙醇的操作。 2. 滤液浓缩成浸膏,加适量的水溶解	1. 取山楂　g,用　%乙醇加热提取　次,第一次加乙醇　ml 回流提取　小时;第二次加乙醇　ml 回流提取　小时。 滤过,合并滤液　ml,滤液按照回收乙醇的操作工艺流程,进行浓缩回收乙醇的操作,回收乙醇　ml。 2. 滤液浓缩成浸膏,加水　ml 溶解	时　分~ 时　分
5. 制备陈皮渗漉液	1. 陈皮照流浸膏剂与浸膏剂项下的渗漉法,用 60% 乙醇作溶剂进行渗漉,收集渗漉液,回收乙醇。 2. 渗漉液用适量的水稀释,滤过	1. 陈皮照流浸膏剂与浸膏剂项下的渗漉法,用　%乙醇作溶剂进行渗漉,收集渗漉液　ml,渗漉液按照回收乙醇的操作工艺流程,进行浓缩回收乙醇的操作,回收乙醇　ml。 2. 渗漉液用　ml 水稀释,滤过	时　分~ 时　分
6. 制备金银花、菊花、连翘、苦杏仁芳香水	按照生产工艺流程,进行水蒸气提取操作。金银花、菊花、连翘、苦杏仁分别蒸馏提取芳香水 100ml	取金银花　g,蒸馏提取芳香水　ml;菊花　g,蒸馏提取　min;提取芳香水　ml;连翘　g,蒸馏提取　min;提取芳香水　ml;苦杏仁　g,蒸馏提取　min,提取芳香水　ml	时　分~ 时　分
7. 配液	上述药液及芳香水,加入枸橼酸 0.05g、单糖浆 300ml 及苯甲酸 2g,加水使成 1000ml,搅匀,滤过	1. 药液及芳香水　ml。 2. 加入枸橼酸　g、　300ml 及　2g,加水　ml 使成 1000ml,搅匀,滤过,即得	时　分~ 时　分
8. 灌装	1. 按灌装岗位操作 SOP 进行操作。 2. 记录灌装数量	1. 口服液体自动灌装机型号: 2. 灌装数量:	时　分~ 时　分
9. 贴标	1. 将灌装好的健儿清解液溶液按贴标岗位操作 SOP 进行贴标操作。 2. 记录所领取的标签数量	1. 灌装合格的健儿清解液数量: 2. 领用标签数量: 3. 废弃标签数量:	时　分~ 时　分
10. 外包装	用手工或包装机进行包装。 包装规格为 10 瓶/小盒、10 小盒/箱每小盒中放一张说明书,每箱内放一张合格证	1. 包装方式: 2. 包装规格: 3. 每小盒中放＿＿＿＿张说明书,每箱内放＿＿＿＿张合格证	时　分~ 时　分
11. 清场	1. 生产结束后将物料全部清理,并定置放置。 2. 撤除本批生产状态标志。 3. 使用过的设备、容器及工具应清洁无异物并实行定置管理。 4. 设备内外尤其是接触药品的部位要清洁,做到无油污,无异物。 5. 地面、墙壁应清洁,门窗及附属设备无积灰,无异物。 6. 不留本批产品的生产记录及本批生产指令书面文件	QA 检查确认: □合格 □不合格	时　分~ 时　分
备注			
操作人	复核人	QA	

【任务评价】

（一）职业素养与操作技能评价

健儿清解液制备技能评价见表 7-3。

表 7-3　健儿清解液制备技能评价表

评价项目		评价细则	小组评价	教师评价
职业素养	职业规范 (4分)	1. 规范穿戴工作衣帽(2分)		
		2. 无化妆及佩戴首饰(2分)		
	团队协作 (4分)	1. 组员之间沟通顺畅(2分)		
		2. 相互配合默契(2分)		
	安全生产 (2分)	生产过程中不存在影响安全的行为和因素(2分)		
	配料 (10分)	1. 选择正确的称量设备,并检查校准(4分)		
		2. 按照操作规程正确操作设备(4分)		
		3. 操作结束将设备复位,并对设备进行常规维护保养(2分)		
	中药提取 (30分)	1. 对环境、设备检查到位(10分)		
		2. 按照操作规程正确操作设备(10分)		
		3. 操作结束将设备复位,并对设备进行常规维护保养(10分)		
	配液 (10分)	1. 对环境、设备检查到位(4分)		
		2. 按照操作规程正确操作设备(4分)		
		3. 操作结束将设备复位,并对设备进行常规维护保养(2分)		
	灌装 (10分)	1. 对环境、设备检查到位,筛网选择合适(4分)		
		2. 按照操作规程正确操作设备(4分)		
		3. 操作结束将设备复位,并对设备进行常规维护保养(2分)		
	包装 (10分)	1. 对环境、设备、包材检查到位(4分)		
		2. 按照操作规程正确操作设备(4分)		
		3. 操作结束将设备复位,并对设备进行常规维护保养(2分)		
	产品质量 (5分)	1. 外观、装量符合要求(2分)		
		2. 收率、物料平衡符合要求(3分)		
	清场 (5分)	1. 能够选择适宜的方法对设备、工具、容器、环境等进行清洗和消毒(3分)		
		2. 清场结果符合要求(2分)		
实训记录	完整性 (5分)	1. 完整记录操作参数(2分)		
		2. 完整记录操作过程(3分)		
	正确性 (5分)	1. 记录数据准确无误,无错填现象(3分)		
		2. 无涂改,记录表整洁、清晰(2分)		

(二)知识评价

1. 单项选择题

(1)合剂的质量检查不包括(　　)。

A. pH 值　　　　　　　　B. 相对密度　　　　　C. 酸度　　　　　D. 装量

(2)合剂储存期间不得出现(　　)现象。

A. 少量摇之易散沉淀　　　B. 酸败　　　　　　　C. 异物　　　　　D. 产生气体

(3)不属于合剂优点的是(　　)。

A. 吸收快   B. 服用量少   C. 质量稳定   D. 可完全代替汤剂

（4）不属于合剂工艺流程的是（   ）。

A. 浓缩   B. 灭菌   C. 分装   D. 干燥

（5）合剂可加入矫味剂调整口味，一般加糖应不高于（   ）。

A. 10％   B. 20％   C. 30％   D. 40％

（6）从来源出处角度，中药合剂是最靠近（   ）的剂型。

A. 丸剂   B. 片剂   C. 汤剂   D. 散剂

2. 多项选择题

（1）合剂（口服液）的下列说法中，（   ）是正确的。

A. 合剂不需要灭菌

B. 口服液不需要浓缩

C. 口服液和合剂成品中均加入适宜的防腐剂

D. 合剂为单剂量包装

E. 口服液应标明"服时摇匀"

（2）关于合剂与口服液的包装和储存，（   ）是正确的。

A. 合剂应密封，置阴凉处贮存

B. 口服液在贮存期间允许有微量轻摇易散的沉淀

C. 合剂无须密封保存

D. 口服液应标明生产日期和有效期

E. 合剂在储存期间必须冷藏

3. 案例分析

口服液作为一种常用的药物剂型，以健儿清解液的制备为例，探讨其制备过程中的关键技术点和质量控制。

任务 7-2   中药散剂——冰硼散制备

【任务资讯】

认识中药散剂

1. 中药散剂的定义

中药散剂系指饮片或提取物经粉碎、均匀混合制成的粉末状制剂，分为内服散剂和外用散剂。

2. 中药散剂的分类

中药散剂按给药途径可分为口服散剂（如益元散）和局部用散剂（如皮肤外用生肌散；点、吹喉用冰硼散）；按饮片组成可分为单散剂（如川贝粉）和复方散剂（如云南白药散）；按剂量分为单剂量散剂（如足光散）和多剂量散剂（如痱子粉）；按饮片性质可分为普通散剂（如六一散）和特殊散剂（包括含毒性药散剂、含液体成分散剂、含低共熔组分散剂）。

3. 中药散剂的优、缺点及质量要求

与化学药散剂相同，可参考任务 4-1 散剂-口服补液盐散（Ⅰ）制备。

【任务说明】

本任务是制备冰硼散（0.6g/瓶），本药品收载于《中国药典》一部。冰硼散的主要成分为冰片、朱砂、硼砂（煅）、玄明粉。本品为粉红色的粉末，气芳香，味辛凉。冰硼散的功能与主治是清热解毒，消肿止痛。用于热毒蕴结所致的咽喉疼痛，牙龈肿痛，口舌生疮。主喉癣，喉痹，乳蛾，重舌，木舌，紫舌，口舌生疮，兼治牙痛。现用于口腔、咽；清毒化腐。主口疮舌肿，咽喉糜烂，牙痛齿䘌，舌干唇裂。

【任务准备】

一、接收操作指令

冰硼散批生产指令见表7-4。

表7-4　冰硼散批生产指令

品名	冰硼散	规格	0.6g/瓶
批号		理论投料量	1850 瓶
采用的工艺规程名称		冰硼散工艺规程	
原辅料的批号和理论用量			
序号	物料名称	批号	理论用量/g
1	冰片		50
2	硼砂(煅)		500
3	朱砂		60
4	玄明粉		500
生产开始日期		年　月　日	
生产结束日期		年　月　日	
制表人		制表日期	年　月　日
审核人		审核日期	年　月　日

生产处方：

（1850 瓶处方）

冰片	50g
硼砂（煅）	500g
朱砂	60g
玄明粉	500g

处方分析：

冰片辛散苦泄，芳香走窜，性偏寒凉，外用清热泻火、消肿止痛、生肌敛疮，故为君药。煅硼砂清热解毒、防腐生肌，加强君药功效，为臣药。朱砂消疮毒肿痛，玄明粉清热消肿，二药合用清热利咽、散结消肿，共为佐药。诸药合用，共奏清热解毒、消肿止痛之功。善治热毒蕴结所致的咽喉疼痛、牙龈肿痛、口舌生疮。

二、查阅操作依据

为更好地完成本项任务，可查阅《冰硼散工艺规程》《中国药典》等与本项任务密切相关的文件资料。

三、制定操作计划

根据本品种的制备要求制定操作工序如下：

物料预处理（粉碎与过筛）→配料→混合→分剂量包装（内包装）

在操作过程中填写中药散剂制备操作记录（表 7-5）。

【任务实施】

（1）物料预处理：将朱砂水飞成细粉，硼砂粉碎、筛分成细粉，将冰片研细；将粉碎、筛分后的物料装入洁净的塑料袋内，并密封，做好标识，备用。

（2）配料：按生产处方规定，称取各种物料，记录品名、用量。在称量过程中执行一人称量，一人复核的制度。

（3）混合：将称量后的物料混合，然后过六号筛。

（4）分剂量包装（内包装）：用散剂分装机进行分装，包装为 0.6g/瓶。

（5）在操作过程中，参照"任务 4-1 散剂-口服补液盐散（Ⅰ）制备"中的各操作工序的要求执行。

（6）注意事项：①朱砂主含硫化汞，属矿物药，为暗红色粒状固体，具光泽，易于观察混合的均匀性，质重而脆，获得极细粉可采用水飞法。②用等量递加法易于得到均匀的混合物。③本品需严格控制各味药的粒度，以保证在吹粉时，混合物均匀涂布在患处。一般而言，吹散剂的粒度应比一般散剂的粒度小。④冰片系挥发性药物，故在最后加入。该散剂应密封贮藏以防冰片挥发损失。

💡 知识链接

水 飞 法

水飞法系利用粗细粉末在水中悬浮性的不同，将不溶于水的矿物、贝壳类药物经反复研磨制备成极细粉末的方法，又称为加液研磨法。其目的是去除杂质，洁净药物；获得质地细腻的粉末，便于内服和外用；防止药物在研磨过程中的粉尘飞扬，污染环境；除去药物中可溶于水的毒性物质，如砷、汞等。

具体操作方法是：将药物适当破碎，置乳钵或其他容器内，加入适量清水，研磨成糊状，再加入多量清水搅拌，粗粉即下沉，细粉悬浮在溶液中。倾出混悬液，将下沉的粗粉再行研磨，如此反复多次，直至研细为止。最后，将不能混悬的杂质弃去，将前后倾出的混悬液合并静置，待沉淀后倾去上面的清水，将沉淀的物料粉末干燥，研磨成细粉。

【任务记录】

制备过程中按要求填写操作记录（表 7-5）。

表 7-5　冰硼散批生产记录

品名	冰硼散		规格	0.6g/瓶		批号		
操作日期	年　月　日		房间编号		温度	℃	相对湿度	％
操作步骤	操作要求			操作记录			操作时间	

操作步骤	操作要求	操作记录	操作时间
1. 操作前检查	设备是否完好正常　□是　□否 设备、容器、工具是否清洁　□是　□否 计量器具仪表是否校验合格　□是　□否		时　分～ 时　分
2. 物料预处理	1. 按粉碎、筛分岗位操作 SOP 进行操作； 2. 将朱砂水飞成细粉，硼砂粉碎、筛分成细粉，将冰片研细；将粉碎、筛分后的物料装入洁净的塑料袋内，并密封，做好标识，备用； 3. 粉碎、筛分后的物料进行物料平衡计算，物料平衡限度控制为 98％～100％	物料名称： 粉碎前重量： 粉碎机型号： 粉碎后重量： 筛分机型号：　　　筛网目数： 筛分后重量： 物料平衡计算 领取物料总重(A)： 实收重量(B)： 可回收利用物料重量(C)： 不可用物料重量(D)： 物料平衡 $=\dfrac{B+C+D}{A}\times100\%$	时　分～ 时　分
3. 配料	1. 按生产处方规定，称取各种物料，记录品名、用量； 2. 在称量过程中执行一人称量，一人复核制度； 3. 1850 瓶生产处方如下： 　冰片　　　50g 　硼砂(煅)　500g 　朱砂　　　60g 　玄明粉　　500g	按生产处方规定，称取各种物料，记录如下： 冰片 硼砂(煅) 朱砂 玄明粉	时　分～ 时　分
4. 混合、分装	1. 按混合岗位 SOP 进行操作，将上一道工序的物料进行混合； 2. 混合后的物料过六号筛； 3. 用散剂分装机进行分装，为 0.6g/瓶； 4. 分装后进行物料平衡计算，物料平衡限度控制为 98％～100％	1. 混合机型号： 2. 筛分机型号： 3. 分装机型号： 4. 分装数量：　瓶 5. 物料平衡：	时　分～ 时　分
5. 质量检查	1. 外观均匀度：取供试品适量置光滑纸上，平铺约 $5cm^2$，将其表面压平，在亮处观察，应呈现均匀的色泽，无花纹、色斑。 2. 装量差异：取供试品 10 瓶，分别称定每瓶内容物重量，每瓶的重量与标示装量相比较，超出标示装量的不得多于 2 瓶，并不得有 1 瓶超出标示装量 1 倍	1. 外观均匀度： 2. 装量差异：	时　分～ 时　分
6. 清场	1. 生产结束后将物料全部清理，并定置放置。 2. 撤除本批次生产状态标识。 3. 使用过的设备、容器及工具应清洁无异物并实行定置管理。 4. 设备内外，尤其是接触药品的部位要清洁，做到无油污，无异物。 5. 地面、墙壁应清洁，门窗及附属设备无积灰，无异物。 6. 不留本批产品的生产记录及本批生产指令书面文件	QA 检查确认： □合格 □不合格	时　分～ 时　分
备注			
操作人		复核人　　　　　　　　QA	

【任务评价】

（一）职业素养与操作技能评价

冰硼散制备技能评价见表 7-6。

表 7-6　冰硼散制备技能评价表

评价项目		评价细则	小组评价	教师评价
职业素养	职业规范 （4分）	1. 规范穿戴工作衣帽（2分） 2. 无化妆及佩戴首饰（2分）		
	团队协作 （4分）	1. 组员之间沟通顺畅（2分） 2. 相互配合默契（2分）		
	安全生产 （2分）	生产过程中不存在影响安全的行为（2分）		
实训操作	物料预处理 （10分）	1. 开启设备前检查设备（4分）		
		2. 按操作规程正确操作设备（4分）		
		3. 操作结束将设备复位，并对设备进行常规维护保养（2分）		
	配料 （15分）	1. 选择正确的称量设备，并检查校准（6分）		
		2. 按操作规程正确操作设备（6分）		
		3. 操作结束将设备复位，并对设备进行常规维护保养（3分）		
	混合 （15分）	1. 对环境、设备检查到位，筛网选择合适（6分）		
		2. 按操作规程正确操作设备（6分）		
		3. 操作结束将设备复位，并对设备进行常规维护保养（3分）		
	包装 （15分）	1. 对环境、设备、包材检查到位（6分）		
		2. 按操作规程正确操作设备（6分）		
		3. 操作结束将设备复位，并对设备进行常规维护保养（3分）		
	产品质量 （15分）	1. 外观均匀度符合要求（4分）		
		2. 装量差异符合要求（5分）		
		3. 收率、物料平衡符合要求（6分）		
	清场 （10分）	1. 能够选择适宜的方法对设备、工具、容器、环境等进行清洗和消毒（6分）		
		2. 清场结果符合要求（4分）		
实训记录	完整性 （5分）	1. 完整记录操作参数（2分）		
		2. 完整记录操作过程（3分）		
	正确性 （5分）	1. 记录数据准确无误，无错填现象（3分）		
		2. 无涂改，记录表整洁、清晰（2分）		

（二）知识评价

1. 单项选择题

（1）除另有规定外，散剂的含水量不得超过（　　　）。

A. 8.0%　　　　B. 9.0%　　　　C. 10.0%　　　　D. 11.0%

（2）关于散剂分类和质量要求的说法，错误的是（　　　）。

A. 口服散剂可以直接用水送服

B. 口服散剂一般溶于或分散于水或其他液体中服用

C. 专供治疗、预防和润滑皮肤的散剂也可以称为撒布剂

D. 除另有规定外，中药局部用散剂通过六号筛粉末的重量不得少于90%

（3）宜制成散剂的药物有（　　　）。

A. 易吸湿的药物　　　　　　　　B. 易氧化变质的药物

C. 刺激性大的药物　　　　　　　D. 含毒性成分的药物

（4）蛇胆川贝散是（　　　）。

A. 倍散　　　　　　　　　　　　B. 含液体成分散剂

C. 含低共熔成分散剂　　　　　　D. 含毒性成分散剂

（5）以下适合于贵重药物的粉碎设备为（　　　）。

A. 振动磨　　　　　　　　　　　B. 球磨机

C. 气流粉碎机　　　　　　　　　D. 胶体磨

（6）散剂按用途可分为（　　　）。

A. 单散剂和复散剂　　　　　　　B. 倍散与普通散剂

C. 内服散剂和外用散剂　　　　　D. 分剂量散剂和不分剂量散剂

（7）《中国药典》规定，局部外用散剂应为（　　　）。

A. 中粉　　　　　B. 细粉　　　　　C. 最细粉　　　　　D. 极细粉

（8）处方中含有薄荷脑与樟脑、冰片的散剂属于（　　　）。

A. 含毒性药物的散剂　　　　　B. 含化学药品的散剂

C. 含液体药物的散剂　　　　　D. 含低共熔混合物的散剂

（9）八宝眼药属于（　）。

A. 含毒性成分的散剂　　　　　B. 含低共熔成分的散剂

C. 眼用散剂　　　　　　　　　D. 多剂量型散剂

（10）通常说的百倍散是指1份毒性药物中，添加稀释剂的量为（　　　）。

A. 100份　　　　　B．99份　　　　　C. 10份　　　　　D. 9份

2. 简答题

（1）《中国药典》对药筛规定了多少种筛号？制备普通散剂应使用几号筛？

（2）简述散剂的质量检查项目。

（3）散剂处方在配制过程中，混合时可能遇到哪些问题？如何应对？

3. 案例分析题

在制备某中药散剂混合工序时，当混合容器由槽型混合机换成V型混合机后，虽然其他工艺条件不变，但物料的混合效果却下降了，请根据所学内容分析其原因。

任务 7-3　中药颗粒剂——益母草颗粒制备

【任务资讯】

认识中药颗粒剂

中药颗粒剂系指提取物与适宜的辅料或饮片细粉制成具有一定粒度的颗粒状制剂，分为

可溶颗粒、混悬颗粒和泡腾颗粒。

中药颗粒剂是在汤剂和糖浆剂基础上发展起来的剂型。资料表明，我国最早开始出现于20世纪70年代，由于辅料中蔗糖占有相当比例，被称为干糖浆。由于和颗粒剂一样可冲服，故又称为冲剂。1995年版《中国药典》将1990年版"冲剂"重新定义为"颗粒剂"，我们平时所熟知的"板蓝根冲剂"就属于这个范畴。

中药配方颗粒是传统中药饮片的替代品，但传统中药饮片是合煎，而中药配方颗粒则是单煎。中药配方颗粒是对传统汤剂的创新，在体现中医药理论内涵的同时，具有易于保存、携带及服用方便等优点，更易被国际市场接受。

中药颗粒剂的分类、优缺点、质量要求、装量差异、处方组成等参考任务4-2颗粒剂-维生素C颗粒制备。

【任务说明】

本任务是制备益母草颗粒（15g/袋），本药品收载于《中国药典》一部。本品系由益母草经提取、浓缩后制备而成的颗粒剂，为棕黄色至棕褐色的颗粒；味甜、微苦。本品为月经不调类非处方药。本品的功能与主治为活血调经。用于血瘀所致的月经不调、产后恶露不绝，症见经水量少、淋漓不净、产后出血时间过长；产后子宫复旧不全见上述证候者。

【任务准备】

一、接收操作指令

益母草颗粒批生产指令见表7-7。

表7-7　益母草颗粒批生产指令

品名	益母草颗粒	规格	15g/袋
批号		理论投料量	100g
采用的工艺规程名称		益母草颗粒工艺规程	
原辅料的批号和理论用量			
序号	物料名称	批号	理论用量
1	益母草		1350g
2	糊精		约40g
3	蔗糖		60g
生产开始日期		年　月　日	
生产结束日期		年　月　日	
制表人		制表日期	年　月　日
审核人		审核日期	年　月　日

生产处方：

（100g生产处方）

益母草　　1350g

蔗糖　　60g

糊精　　约40g

制成　　　100g

处方分析：

益母草为主药；蔗糖为填充剂，并有黏合及矫味作用；糊精为干燥黏合剂，其与蔗糖经常配合使用。

二、查阅操作依据

为更好地完成本项任务，可查阅《益母草颗粒工艺规程》《中国药典》等与本项任务密切相关的文件资料。

三、制定操作计划

根据本品种的制备要求制定操作工序如下：

中药材的提取和浓缩→配料→粉碎与过筛→制粒→整粒分级混合

→分剂量包装（内包装）→外包装

每个工序由准备工作、生产过程、清洁清场等几部分组成。在操作过程中填写中药颗粒剂制备操作记录（表7-8）。

【任务实施】

操作工序一　中药材的提取和浓缩

一、准备工作

（一）操作人员

操作人员参见《一般生产区生产人员进出标准程序》要求进入生产操作区。

（二）生产环境

（1）环境总体要求　应保持整洁，门窗玻璃、墙面和顶棚应洁净完好；设备、管道、管线排列整齐并包扎光洁，无跑、冒、滴、漏现象发生，且符合相关清洁要求。检查确认生产现场无残留物料。

（2）环境温度　应控制在10～30℃。

（3）环境相对湿度　35％～85％。

（4）环境灯光　不能低于300lx，灯罩应密封完好，并有防爆功能。

（5）电源　应在操作间外并有相应的保护措施，确保安全生产。

（三）工序文件

1. 批生产指令单

2. 中药材的提取和浓缩岗位标准操作程序

3. 中药材的提取和浓缩生产记录

（四）原材料

中药材等。

（五）场地、设施设备

用于中药材提取和浓缩的场地，应在配料间安装捕尘、吸尘等设施。配料设备（如电子秤等）的技术参数应经验证确认。配料间进风口应有适宜的过滤装置，出风口应有防止空气倒流的装置。

① 进入配料间，检查是否有"清场合格证"，还需检查是否在清洁有效期内，并请现场质量保证人员检查。

② 检查配料间中是否存有与本批次产品无关的遗留物品。

③ 对台秤等计量器具进行检查，注意是否具有"完好"的标识卡及"已清洁"标识。检查设备是否正常；若有一般故障可以自己排除，自己不能排除的则通知维修人员，设备检查正常后方可运行。要求计量器具完好，性能与称量要求相符，有检定合格证，并在检定有效期内。设备检查正常后进行下一步操作。

④ 检查配料间的进风口和回风口是否在更换有效期内。

⑤ 检查记录台是否清洁干净，是否留有上批次的生产记录表或与本批次生产无关的文件。

⑥ 检查配料间的温度、相对湿度、压差是否与生产要求相符，并记录洁净区温度、相对湿度和压差。

⑦ 查看并填写生产交接班记录。

⑧ 接收到批生产指令单、生产记录、中间产品交接记录等文件，要仔细阅读批生产指令单，明确产品名称、规格、批号、批量、工艺要求等指令。

⑨ 复核所有物料是否正确，容器外标签是否清楚，内容与标签是否相符，核查重量、件数是否相符。

⑩ 检查所使用的周转容器及生产用具是否清洁，有无破损。

⑪ 检查吸尘系统是否清洁。

⑫ 上述各项达到要求后，由 QA 人员验证合格，取得清场合格证附于本批次生产记录内，将操作间的状态标识改为"生产运行"后，方可进行下一步生产的操作。

二、生产过程

① 按照待提药材、待浓缩药液工艺要求选用设备，并按照相应设备的操作规程进行操作。

② 根据不同产品的生产工艺要求，制备合格的提取液；浓缩时操作人员按照规定穿戴本岗位工作服，操作人员按照工作任务的要求先检查设备运行状态，生产品种的名称、数量和相对密度等具体工作内容。

③ 操作完毕，将提取得到的提取液、浓缩液装入洁净的盛装容器内，贴上标签，注明品名、规格、批号、数量、日期和操作者姓名，交中间站或下一工序，填写请验单。

④ 将生产所剩的尾料收集、标明状态，交中间站，并填写好记录。

⑤ 有异常情况，应报告技术人员，并协商解决。

三、清洁清场

① 停机。

② 将操作间的状态标识改写为"清洁中"。

③ 将整批的数量重新复核一遍，检查标签确认无误后，交下一工序生产或送到中间站。

④ 清退剩余物料、废料，按车间生产过程剩余产品的处理标准操作规程进行处理。

⑤ 按清洁标准操作规程清洁所用过的设备、生产场地、用具、容器（清洁设备时，要断开电源）。

⑥ 清场后，及时填写清场记录，清场自检合格后，请质检员或检查员检查。

⑦ 通过质检员或检查员检查后，取得"清场合格证"，并更换操作室的状态标识。

⑧ 完成"生产记录"的填写，并复核。检查记录是否有漏记或错记现象，复核中间产品检验结果是否在规定范围内。检查记录中各项是否有偏差发生，如果发生偏差则按《生产过程偏差处理规程》操作。

⑨ 清场合格证放在记录台规定位置，作为后续产品开工凭证。

其他工序的操作可参见"任务 4-2 颗粒剂-维生素 C 颗粒制备"中的各操作工序的要求执行。

【任务记录】

（一）益母草颗粒粒度检查

1. 标准规定

粒度：除另有规定外，照粒度和粒度分布测定法（通则双筛分法）测定，不能通过一号筛与能通过五号筛的总和不得超过 15％。

2. 检查方法

双筛分法：取本品 5 袋，称定重量，置该剂型项下规定的上层一号药筛中（下层五号药筛下配有密合的接收容器），保持水平状态过筛，左右往返，边筛动边拍打 3 分钟。取不能通过一号筛和能通过五号筛的颗粒及粉末，称定重量，计算其所占比例（％）。

（二）益母草颗粒生产操作记录

制备过程中按要求填写操作记录（表 7-8）。

表 7-8 益母草颗粒制备批生产记录表

品名	益母草颗粒		规格	15g/袋		批号	
操作日期	年 月 日		房间编号		温度	℃	相对湿度	％
操作步骤	操作要求			操作记录			操作时间
1. 操作前检查	设备是否完好正常			□是 □否			时 分～ 时 分
	设备、容器、工具是否清洁			□是 □否			
	计量器具仪表是否校验合格			□是 □否			
2. 提取、浓缩	将益母草切碎，加 5 倍水，回流提取 3 小时，过滤，滤液浓缩至相对密度为 1.04（90～95℃），静置，取上清液，浓缩至相对密度为 1.36～1.38(83℃)			领取药材重量： 切药机型号： 提取加水量： 提取设备型号： 滤液浓缩至相对密度为 （90～95℃），上清液浓缩至相对密度为　　（83℃）			时 分～ 时 分

操作步骤	操作要求	操作记录	操作时间
3. 物料预处理	1. 按粉碎、筛分岗位操作SOP进行操作。 2. 将蔗糖进行粉碎、筛分,筛分目数为100目,并控制操作速度,将粉碎、筛分后的物料装入洁净塑料袋内,并密封,做好标识,备用	物料名称: 粉碎前重量: 粉碎机型号: 粉碎后重量: 筛分机型号: 筛网目数: 筛分后重量:	时　分～ 时　分
4. 配料	1. 按生产处方规定,称取各种物料,记录品名、用量。 2. 在称量过程中执行一人称量,一人复核制度。 3. 100g生产处方如下: 药材清膏　全量 蔗糖　　　60g 糊精　　　约40g	按生产处方规定,称取各种物料,记录如下: 药材清膏 蔗糖 糊精	时　分～ 时　分
5. 混合制颗粒	1. 混合:将糊精、蔗糖混匀。 2. 制颗粒:将清膏加入上述的混合物中,混匀,制软材,视情况决定是否再加纯化水。将制好的软材用14目筛制粒	1. 混合机型号: 混合时间:　分钟 2. 制粒机型号: 制粒筛网目数:　　　目	时　分～ 时　分
6. 干燥	1. 按干燥岗位操作SOP进行操作。 2. 将所制湿颗粒均匀摊盘,置干燥箱内,设定上限温度60℃进行干燥。 3. 称量并记录干燥后物料重量	1. 干燥箱型号: 2. 开始加热时间: 3. 物料干燥时间: 4. 干燥后物料重量:	时　分～ 时　分
7. 整粒	1. 将干燥后的颗粒用一号筛与五号筛进行整粒。 2. 收集能通过一号筛与不能通过五号筛的颗粒为合格颗粒。 3. 称量并记录整粒后物料重量	1. 筛号: 2. 不合格颗粒重量: 3. 整粒后物料重量:	时　分～ 时　分
8. 分装	1. 用颗粒剂分装机进行分装,使成15g/袋。 2. 分装后进行物料平衡计算,物料平衡限度控制为98%～100%	1. 分装机型号: 2. 分装数量:　包 3. 物料平衡:	时　分～ 时　分
9. 清场	1. 生产结束后将物料全部清理,并定置放置。 2. 撤除本批次生产状态标识。 3. 使用过的设备、容器及工具应清洁无异物并实行定置管理。 4. 设备内外,尤其是接触药品的部位要清洁,做到无油污,无异物。 5. 地面、墙壁应清洁,门窗及附属设备无积灰,无异物。 6. 不留本批产品的生产记录及本批生产指令书面文件	QA检查确认: □合格 □不合格	时　分～ 时　分
备注			
操作人		复核人	QA

【任务评价】

（一）职业素养与操作技能评价

益母草颗粒制备技能评价见表7-9。

表 7-9 益母草颗粒制备技能评价表

评价项目		评价细则	小组评价	教师评价
职业素养	职业规范 （4分）	1. 规范穿戴工作衣帽（2分）		
		2. 无化妆及佩戴首饰（2分）		
	团队协作 （4分）	1. 组员之间沟通顺畅（2分）		
		2. 相互配合默契（2分）		
	安全生产 （2分）	生产过程中不存在影响安全的行为（2分）		
实训操作	提取、浓缩 （10分）	1. 领取药材量、提取加水量、滤液和浓缩液密度符合要求（4分）		
		2. 按操作规程正确操作设备（4分）		
		3. 操作结束将设备复位，并对设备进行常规维护保养（2分）		
	物料预处理 （10分）	1. 开启设备前检查设备（4分）		
		2. 按操作规程正确操作设备（4分）		
		3. 操作结束将设备复位，并对设备进行常规维护保养（2分）		
	配料 （10分）	1. 选择正确的称量设备，并检查校准（4分）		
		2. 按操作规程正确操作设备（4分）		
		3. 操作结束将设备复位，并对设备进行常规维护保养（2分）		
	制粒 （10分）	1. 对环境、设备检查到位（4分）		
		2. 按操作规程正确操作设备（4分）		
		3. 操作结束将设备复位，并对设备进行常规维护保养（2分）		
	干燥 （5分）	1. 对环境、设备检查到位（2分）		
		2. 按操作规程正确操作设备（2分）		
		3. 操作结束将设备复位，并对设备进行常规维护保养（1分）		
	整粒 （10分）	1. 对环境、设备检查到位，筛网选择合适（4分）		
		2. 按操作规程正确操作设备（4分）		
		3. 操作结束将设备复位，并对设备进行常规维护保养（2分）		
	包装 （5分）	1. 对环境、设备、包材检查到位（2分）		
		2. 按操作规程正确操作设备（2分）		
		3. 操作结束将设备复位，并对设备进行常规维护保养（1分）		
	产品质量 （10分）	1. 提取物外观符合要求（4分）		
		2. 产品相对密度符合要求（6分）		
	清场 （10分）	1. 能够选择适宜的方法对设备、工具、容器、环境等进行清洗和消毒（6分）		
		2. 清场结果符合要求（4分）		
实训记录	完整性 （5分）	1. 完整记录操作参数（2分）		
		2. 完整记录操作过程（3分）		
	正确性 （5分）	1. 记录数据准确无误，无错填现象（3分）		
		2. 无涂改，记录表整洁、清晰（2分）		

（二）知识评价

1. 单项选择题

（1）板蓝根颗粒属于（　　）。

A. 水溶性颗粒剂　　　B. 泡腾颗粒剂　　　C. 块状冲剂　　　D. 混悬颗粒剂

（2）颗粒剂"软材"质量的经验判断标准是（　　）。

A. 含水量充足　　　　　　　　　B. 含水量在12％以下

C. 握之成团，触之即散　　　　　D. 黏度适宜，握之成型

（3）适宜糖尿病患者服用的是（　　）。

A. 水溶性颗粒剂　　　B. 无糖颗粒剂　　　C. 块状冲剂　　　D. 泡腾颗粒剂

（4）颗粒剂制备中若软材过黏而形成团块不易通过筛网，可采取（　　）措施解决。

A. 加药材细粉　　　　　　　　　B. 加适量高浓度的乙醇

C. 加适量黏合剂　　　　　　　　D. 加大投料量

（5）在酒溶性颗粒剂制备过程中，提取用的乙醇浓度应是（　　）。

A. 50％左右　　　B. 60％左右　　　C. 70％左右　　　D. 80％左右

（6）将处方中部分药材提取制成稠膏，其余药材粉碎成细粉加入，冲服时呈均匀混悬状而制成的颗粒是（　　）。

A. 水溶性颗粒剂　　　B. 酒溶性颗粒剂　　　C. 混悬颗粒剂　　　D. 泡腾颗粒剂

（7）将处方中药材提取，精制得稠膏或干膏粉，分成两份，一份中加入有机酸及其他适量辅料制成酸性颗粒，干燥备用；另一份加入弱碱及其他适量辅料制成碱性颗粒，干燥备用，再将两种颗粒混合均匀，整粒，包装即得（　　）。

A. 水溶性颗粒剂　　　B. 酒溶性颗粒剂　　　C. 混悬颗粒剂　　　D. 泡腾颗粒剂

（8）现行版药典规定，颗粒剂的水分含量不得超过（　　）。

A. 1％　　　B. 2％　　　C. 15％　　　D. 3％

（9）可溶性颗粒剂常用的赋形剂是（　　）。

A. 糖粉　　　B. 食用色素　　　C. 淀粉　　　D. 药材细粉

（10）水溶性颗粒剂制备工艺流程为（　　）。

A. 药材提取→提取液浓缩→加入辅料后制颗粒→干燥→整粒→质量检查→包装

B. 药材提取→提取液精制→浓缩→加入辅料后制颗粒→整粒→干燥→质量检查→包装

C. 药材提取→提取液精制→浓缩→加入辅料后制颗粒→干燥→整粒→质量检查→包装

D. 药材提取→提取液精制→加入辅料后制颗粒→干燥→整粒→质量检查→包装

2. 简答题

（1）制备颗粒剂应注意哪些问题？

（2）颗粒剂处方中含挥发性成分如何处理？

（3）简述水溶性颗粒剂的制备工艺流程。

3. 案例分析题

小明最近感冒了，到药店买了双黄连颗粒服用，小明加水冲泡时发现浑浊明显有不溶性物质存在，小明疑心这还能服用吗？是什么原因造成的？带着这个问题小明咨询了药店的执业药师。执业药师回复小明说，这是颗粒剂溶化性检查不合格的现象，服用没有大的危害。试分析引起颗粒剂溶化性差的主要原因及解决措施。

任务 7-4　中药丸剂——六味地黄丸制备

【任务资讯】

一、认识丸剂

1. 丸剂的定义

丸剂系指原料药物与适宜的辅料制成的球形或类球形固体制剂。

2. 丸剂的分类

（1）根据赋形剂分类　可分为蜜丸、水丸、水蜜丸、浓缩丸、糊丸、蜡丸等。

（2）根据制法分类　　可分为泛制丸、塑制丸、滴制丸等。

3. 丸剂的优点

（1）传统丸剂药效起效缓慢，作用持久，多用作治疗慢性病药、滋补药的剂型。

（2）新型丸剂可起速效作用，可用于急救。如：速效救心丸、苏冰滴丸等丸剂，溶化快，奏效迅速。

（3）可缓和某些药物的毒副作用。如：有些毒性、刺激性药物，通过选用米粉、米糊或面糊、蜂蜡等作为赋形剂，制成糊丸、蜡丸等，可延缓这些药物的吸收，达到减弱毒性和不良反应的目的。

（4）减缓药物成分挥发或掩盖异味。如：用泛制法制备丸剂时，可将芳香性或有特殊不良气味的药物泛制在丸心层，减缓其挥散或掩盖其不良气味。

4. 丸剂的缺点

（1）除滴丸外，中药丸剂多以原粉入药，服用剂量偏大，小儿服用困难。

（2）生产过程中控制不严时，易导致制剂微生物超标。

5. 丸剂质量要求

按照《中国药典》2020年版（四部）通则对丸剂质量检查的有关规定，需要进行以下检查：

（1）水分　照水分测定法［《中国药典》2020年版（四部）通则0832］测定。除另有规定外，蜜丸和浓缩蜜丸中所含水分不得过15.0%；水蜜丸和浓缩水蜜丸不得过12.0%；水丸、糊丸、浓缩水丸不得过9.0%。蜡丸不检查水分。

（2）重量差异

① 除另有规定外，滴丸照下述方法检查，应符合规定。

检查法　取供试品20丸，精密称定总重量，求得平均丸重后，再分别精密称定每丸的重量。每丸重量与标示丸重相比较（无标示丸重的，与平均丸重比较），按表7-10中的规定，超出重量差异限度的不得多于2丸，并不得有1丸超出限度1倍。

表 7-10　滴丸剂重量差异要求

标示丸重或平均丸重	装量差异限度/%	平均装量或标示装量	装量差异限度/%
0.03g 及 0.03g 以下	±15.0	0.1g 以上至 0.3g	±10.0
0.03g 以上至 0.1g	±12.0	0.3g 以上	±7.5

② 除另有规定外，糖丸照下述方法检查，应符合规定。

检查法　取供试品 20 丸，精密称定总重量，求得平均丸重后，再分别精密称定每丸的重量。每丸重量与标示丸重相比较（无标示丸重的，与平均丸重比较），按下表（表 7-11）中的规定，超出重量差异限度的不得多于 2 丸，并不得有 1 丸超出限度 1 倍。

表 7-11　糖丸剂重量差异要求

标示丸重或平均丸重	装量差异限度/%	标示丸重或平均丸重	装量差异限度/%
0.03g 及 0.03g 以下	±15.0	0.03g 以上至 0.3g	±10.0
0.3g 以上	±7.5		

③ 除另有规定外，其他丸剂照下述方法检查，应符合规定。

检查法　以 10 丸为 1 份（丸重 1.5g 及 1.5g 以上的以 1 丸为 1 份），取供试品 10 份，分别称定重量，再与每份标示重量（每丸标示量×称取丸数）相比较（无标示重量的丸剂，与平均重量比较），按下表（表 7-12）规定，超出重量差异限度的不得多于 2 份，并不得有 1 份超出限度 1 倍。

表 7-12　其他丸剂重量差异要求

标示丸重或平均丸重	装量差异限度/%	标示丸重或平均丸重	装量差异限度/%
0.05g 及 0.05g 以下	±12	1.5g 以上至 3g	±8
0.05g 以上至 0.1g	±11	3g 以上至 6g	±7
0.1g 以上至 0.3g	±10	6g 以上至 9g	±6
0.3g 以上至 1.5g	±9	9g 以上	±5

包糖衣丸剂应检查丸芯的重量差异并符合规定，包糖衣后不再检查重量差异，其他包衣丸剂应在包衣后检查重量差异并符合规定；凡进行装量差异检查的单剂量包装丸剂及进行含量均匀度检查的丸剂，一般不再进行重量差异检查。

（3）装量差异　除糖丸外，单剂量包装的丸剂，按照下述方法检查应符合规定。

检查法　取供试品 10 袋（瓶），分别称定每袋（瓶）内容物的重量，每袋（瓶）装量与标示装量相比较，按下表（表 7-13）规定，超出装量差异限度的不得多于 2 袋（瓶），并不得有 1 袋（瓶）超出限度 1 倍。

表 7-13　单剂量包装（除糖丸外）丸剂装量差异要求

标示丸重或平均丸重	装量差异限度/%	标示丸重或平均丸重	装量差异限度/%
0.5g 及 0.5g 以下	±12	3g 以上至 6g	±6
0.5g 以上至 1g	±11	6g 以上至 9g	±5
1g 以上至 2g	±10	9g 以上	±4
2g 以上至 3g	±8		

（4）装量　装量以重量标示的多剂量包装丸剂，按照最低装量检查法［《中国药典》2020 年版（四部）通则 0942］检查，应符合规定。

以丸数标示的多剂量包装丸剂，不检查装量。

（5）溶散时限　除另有规定外，取供试品 6 丸，选择适当孔径筛网的吊篮（丸剂直径在 2.5mm 以下的用孔径约 0.42mm 的筛网；在 2.5～3.5mm 之间的用孔径约 1.0mm 的筛网；

在 3.5mm 以上的用孔径约 2.0mm 的筛网），照崩解时限检查法［《中国药典》2020 年版（四部）通则 0921］片剂项下的方法加挡板进行检查。除另有规定外，小蜜丸、水蜜丸和水丸应在 1 小时内全部溶散；浓缩水丸、浓缩蜜丸、浓缩水蜜丸和糊丸应在 2 小时内全部溶散。滴丸不加挡板检查，应在 30 分钟内全部溶散，包衣滴丸应在 1 小时内全部溶散。操作过程中如供试品黏附挡板妨碍检查时，应另取供试品 6 丸，以不加挡板进行检查。上述检查，应在规定时间内全部通过筛网。如有细小颗粒状物未通过筛网，但已软化且无硬心者可按符合规定论。

蜡丸照崩解时限检查法［《中国药典》2020 年版（四部）通则 0921］片剂项下的肠溶衣片检查法检查，应符合规定。

除另有规定外，大蜜丸及研碎、嚼碎后用开水、黄酒等分散后服用的丸剂不检查溶散时限。

（6）微生物限度　以动物、植物、矿物质来源的非单体成分制成的丸剂，生物制品丸剂，按照非无菌产品微生物限度检查：微生物计数法［《中国药典》2020 年版（四部）通则 1105］和控制菌检查法［《中国药典》2020 年版（四部）通则 1106］及非无菌药品微生物限度标准［《中国药典》2020 年版（四部）通则 1107］检查，应符合规定。生物制品规定检查杂菌的，可不进行微生物限度检查。

二、丸剂的辅料

丸剂的辅料依丸剂种类可归结为：

1. 水丸赋形剂

（1）水　常用纯化水或冷沸水。水本身无黏性，但可诱导中药某些成分，如黏液质、胶质、多糖、淀粉，使之产生黏性，进而制成丸剂。

（2）酒　常用白酒和黄酒。酒性大热，味甘、辛，有引药上行、祛风散寒、活血通络、矫腥除臭等作用。酒中含有乙醇，能溶解树脂、油脂，使药材细粉产生黏性，但乙醇过高则不溶解蛋白质、多糖等成分，故酒诱导药材细粉产生的黏性较水小，应根据药粉中的成分酌情选用。如：制备六神丸时，以水为润湿剂，其黏合力太强不利于制丸，可用酒代替水。

（3）醋　常用米醋，含乙酸 3%～5%。醋性温，味酸苦，有引药入肝、理气止痛、行水消肿、解毒杀虫、矫味矫臭等作用。另外，醋还可使药粉中的生物碱成盐，增加其溶解度，利于吸收，提高药效。

（4）药汁　丸剂处方中含有一些不易制粉的药材时，可根据这些药材的性质用提取、压榨等方式制成药汁，用作赋形剂。这样操作既减少服用量又保存了药性。例如，富含纤维的药材、质地坚硬的药材、黏性大难以制粉的药材等可煎汁；树脂类、浸膏类、可溶性盐类，以及液体药物（如乳汁、牛胆汁）可加水溶化后泛丸；新鲜药材捣碎压榨。

其他还有用糖汁、低浓度蜂蜜水溶液作为赋形剂制丸。如牛黄上清丸、牛黄清心丸（局方）和舒肝丸的泛制，使用的是含 4% 以下炼蜜的水溶液。

2. 蜜丸赋形剂

蜂蜜为蜜丸剂的主要赋形剂，其主要成分是葡萄糖和果糖，另含有有机酸、挥发油、维生素、无机盐等营养成分。

蜂蜜具有补中、润燥、止痛、解毒、缓和药性、矫味矫臭等作用。因此，蜜丸临床上多用于制备有镇咳祛痰、补中益气等功用的丸剂。

蜂蜜对药材细粉的黏合力强，与药粉混合后丸剂不易硬化，有较大的可塑性，制成的丸粒光洁、滋润。

另，蜜丸在胃肠道中缓缓溶散释药，作用缓慢持久。

3. 浓缩丸赋形剂

水、炼蜜或炼蜜和水混合物，功能同上。

4. 水蜜丸赋形剂

炼蜜和水混合物，功能同上。

5. 糊丸赋形剂

以米糊、面糊为黏合剂，干燥后丸粒坚硬，在胃内溶散迟缓，释药缓慢，可延长药效，减少药物对胃肠道的刺激，适宜于含有毒性或刺激性较强的中药制丸。

6. 蜡丸赋形剂

蜂蜡主要含脂肪酸、游离脂肪醇等成分，极性小，不溶于水。蜂蜡在体内不溶散，药物通过微孔、蜂蜡逐步溶蚀等方式缓慢持久地释放，可延长药效，并能防止药物中毒或防止对胃肠道的刺激。

7. 滴丸的辅料

（1）滴丸基质 滴丸中主药以外的附加剂称为基质。基质应具备以下性质：①与主药不发生化学反应，不影响药物的疗效与检测；②熔点较低，受热可熔化成液体，遇骤冷能凝固，室温下保持固体状态；③对人体无害。

基质分水溶性与非水溶性两大类。水溶性基质常用的有聚乙二醇（PEG）类、硬脂酸钠、甘油明胶、聚氧乙烯硬脂酸酯（S-40）、聚醚（polyether）等；非水溶性基质常用的有硬脂酸、单硬脂酸甘油酯、蜂蜡、虫蜡等。

（2）滴丸冷凝剂 用于冷却滴出的液滴，使之冷凝成固体丸剂的液体称为冷凝介质。应符合以下要求：①安全无害，不溶解主药和基质，不与主药和基质发生化学反应；②密度与液滴密度相近，使滴丸在冷凝介质中，缓缓下沉或上浮，以使其能充分凝固、丸形圆整。

水溶性基质的冷凝介质主要有液状石蜡、甲基硅油、植物油等；非水溶性基质的冷凝介质可用水、不同浓度乙醇、无机盐溶液等。

8. 丸剂包衣

丸剂的包衣主要有药物衣、保护衣、肠溶衣三类。

（1）药物衣 包衣材料是丸剂处方的组成部分，用于包衣既可首先发挥药效，又可保护丸粒、增加美观。中药丸剂包衣多属此类。常见的有：朱砂衣、甘草衣、黄柏衣、雄黄衣、青黛衣、百草霜衣、滑石衣、礞石衣等。

（2）保护衣 选取处方以外不具明显药理作用且性质稳定的物质作为包衣材料，使主药与外界隔绝而起保护作用。这一类包衣材料常有：糖衣、薄膜衣。

（3）肠溶衣 选取肠溶材料将丸剂包衣后使之在胃液中不溶散而在肠液中溶散。

【任务说明】

本任务是制备六味地黄丸，依药典要求可制成水丸、水蜜丸或蜜丸。三种丸剂分别系指符合 2020 年版《中国药典》四部丸剂通则规定，饮片细粉以水（或根据制法用黄酒、醋、稀药汁、糖液、含 5％以下炼蜜的水溶液等）为黏合剂制成的水丸；以炼蜜和水为黏合剂制成的水蜜丸；以炼蜜为黏合剂制成的蜜丸。

六味地黄丸收载于 2020 年版《中国药典》一部,具有滋阴补肾之功。适用于肾阴亏损,头晕耳鸣,腰膝酸软,骨蒸潮热,盗汗遗精,消渴等症。

六味地黄丸制法为:熟地黄 160g、酒萸肉 80g、牡丹皮 60g、山药 80g、茯苓 60g、泽泻 60g,六味饮片粉碎成细粉,过筛,混匀。用乙醇泛丸,干燥,制成水丸;或每 100g 粉末加炼蜜 35～50g 与适量的水,制丸,干燥,制成水蜜丸;或加炼蜜 80～110g 制成小蜜丸或大蜜丸。

六味地黄丸主要口服,水丸一次 5g,水蜜丸一次 6g,小蜜丸一次 9g,大蜜丸一次 1 丸,一日 2 次。大蜜丸每丸重 9g,水丸每袋装 5g。

任务要求依处方制备六味地黄丸小蜜丸。

【任务准备】

一、接收操作指令

六味地黄丸批生产指令见表 7-14。

表 7-14 六味地黄丸批生产指令

品名		六味地黄丸	规格	每丸重 2g
批号			理论投料量	1 瓶
采用的工艺规程名称		六味地黄丸(小蜜丸)工艺规程		
原辅料的批号和理论用量				
序号	物料名称		批号	理论用量/g
1	熟地黄			16
2	酒萸肉			8
3	牡丹皮			6
4	山药			8
5	茯苓			8
6	泽泻			6
7	蜂蜜			8～10
生产开始日期		年 月 日		
生产结束日期		年 月 日		
制表人		制表日期		年 月 日
审核人		审核日期		年 月 日

生产处方:

(1 瓶处方)

熟地黄　　16g

酒萸肉　　8g

牡丹皮　　6g

山药　　8g

茯苓　　8g

泽泻　　6g

蜂蜜　　　8～10g

二、查阅操作依据

为更好地完成本项任务，可查阅现行版《中国药典》等与本项任务密切相关的文件资料。

三、制定操作计划

根据本品种的制备要求制定操作工序如下：

饮片→称量→粉碎与过筛→总混 →制丸块→制丸条、分粒与搓圆→分剂量包装（内包装）

——→外包装蜂蜜→炼蜜———————

☐ D级净洁区

每个工序由准备工作、生产过程、清洁清场等几部分组成。在操作过程中填写中药丸剂制备操作记录（表 7-13）。

【任务实施】

操作工序一　称　　　量

一、准备工作

（一）生产人员

生产人员按照《D级洁净区生产人员进出标准规程》要求进入生产操作区。

（二）生产环境

参照"项目三　任务 3-1 操作工序一（二）生产环境"的要求执行。

（三）任务文件

1. 批生产指令单

2. 配料岗位标准操作规程

3. 台秤标准操作规程

4. 台秤清洁消毒标准操作规程

5. 配料岗位清场标准操作规程

6. 配料岗位生产前确认记录

7. 配料间配料生产记录及仪器使用记录

（四）生产用物料

本岗位所用物料为经质量检验部门检验合格的熟地黄、茱萸肉、牡丹皮、山药、茯苓、泽泻、蜂蜜。

本岗位所用物料应经物料净化后进入称量间。

一般情况下，工艺流程上的物料净化包括脱外包、传递和传输。

① 脱外包，包括采用吸尘器或清扫的方式清除物料外包装表面的尘粒，污染较大，故

脱外包操作间应设置在洁净室（区）外侧。在脱外包操作间与洁净室（区）之间应设置洁净传递窗（柜）或缓冲间，用于清洁后的原料、辅料、包装材料和其他物品的传递。洁净传递窗（柜）两边的传递门，应有联锁装置，防止被同时打开，密封性好并易于清洁。

② 洁净传递窗（柜）的尺寸和结构，应满足传递物品的大小和重量的需要。

③ 原、辅料进出 D 级洁净区，按《物料进出 D 级洁净区清洁消毒操作规程》要求操作。

（五）场地、设施设备

固体制剂车间应在配料间安装捕尘、吸尘等设施。配料设备（如电子秤等）的技术参数应经验证确认。配料间进风口应有适宜的过滤装置，出风口应有防止空气倒流的装置。

① 进入配料间，检查是否有"清场合格证"，还需检查是否在清洁有效期内，并请现场 QA 人员检查。

② 检查配料间中是否存有与本批次产品无关的遗留物品。

③ 对台秤等计量器具进行检查，注意是否具有"完好"的标识卡及"已清洁"标识。检查设备是否正常；若有一般故障可以自己排除，自己不能排除的则通知维修人员，设备检查正常后方可运行。要求计量器具完好，性能与称量要求相符，有检定合格证，并在检定有效期内。设备检查正常后进行下一步操作。

④ 检查配料间的进风口和回风口是否在更换有效期内。

⑤ 检查记录台是否清洁干净，是否留有上批次的生产记录表或与本批次生产无关的文件。

⑥ 检查配料间的温度、相对湿度、压差是否与生产要求相符，并记录洁净区温度、相对湿度和压差。

⑦ 查看并填写生产交接班记录。

⑧ 接收批生产指令单、生产记录、中间产品交接记录等文件，要仔细阅读批生产指令单，明确产品名称、规格、批号、批量、工艺要求等指令。

⑨ 复核所有物料是否正确，容器外标签是否清楚，内容与标签是否相符，核查重量、件数是否相符。

⑩ 检查所使用的周转容器及生产用具是否清洁，有无破损。

⑪ 检查吸尘系统是否清洁。

⑫ 上述各项达到要求后，由 QA 人员验证合格，取得清场合格证附于本批次生产记录内，将操作间的状态标识改为"生产运行"后，方可进行下一步生产操作。

二、生产过程

（一）生产操作

根据批生产指令单填写领料单，从备料间领取原料、辅料，并核对品名、批号、规格、数量、质量，无误后进行下一步的操作。

按批生产指令单、台秤标准操作规程进行称量配料，完成称量任务后，关停电子秤。

将所称量物料装入洁净的盛装容器中，转入下一操作工序，并按批生产记录管理制度及时填写相关生产记录。

将配料所剩的尾料收集，标明状态，交中间站，并填好生产记录。

若有异常情况，应及时报告技术人员，并协商解决措施。

（二）质量控制要点

① 物料标识：标明品名、批号、质量状况、包装规格等，标识格式要符合 GMP 要求；

② 性状：符合内控标准规定；

③ 检验合格报告单：有检验合格报告单；

④ 数量：核对准确。

三、清洁清场

① 将物料用干净的不锈钢桶盛放、密封，容器内外均附上状态标识，备用。

② 按 D 级洁净区的清洁消毒程序清理工作现场、工具、容器具、设备，并请 QA 人员检查，合格后发给"清场合格证"，将"清场合格证"挂贴于操作室门上，作为后续产品的开工凭证。

③ 及时填写批生产记录、设备运行记录、交接记录等，并复核，检查记录是否有漏记或错记现象；复核中间产品检验结果是否在规定范围内；检查记录中的各项是否有偏差发生。

④ 如果发生偏差则按《生产过程偏差处理规程》操作。

⑤ 关好水电开关及门，按进入程序的相反程序退出。

操作工序二　粉碎与过筛

一、准备工作

（一）生产人员

生产人员按照《D 级洁净区生产人员进出标准规程》要求进入生产操作区。

（二）生产环境

本工序生产环境的要求按 GMP 有关 D 级洁净区的规定执行，参照"项目三　任务 3-1 操作工序一（二）生产环境"的要求执行。

（三）任务文件

1. 批生产指令单

2. 粉碎岗位标准操作规程

3. 粉碎机标准操作规程

4. 粉碎机清洁消毒标准操作规程

5. 粉碎岗位清场标准操作规程

6. 粉碎岗位操作记录

（四）生产用物料

按批生产指令单所列的物料，从上一任务或中间站领取物料，领取过程按规定办理物料交接手续。

（五）场地、设施设备

中药材粉碎前水分一般应小于 5%，六味地黄丸所用药材经干燥达到要求后，再进行粉碎。干燥设备一般为项目二　任务 2-3 中厢式干燥器（图 2-14）。

具体的检查工序如下：

① 检查干燥间、设备、工具、容器具是否具有清场合格标识，核对其有效期，并请 QA 人员检查合格后，将清场合格证附于本批次生产记录中，进行下一步操作。

② 准备好使用的容器具、工具、岗位记录及足够数量的标签。

③ 检查热风循环干燥箱，确认其功能是否正常。

④ 检查操作间的进风口和回风口是否有异常。

⑤ 检查操作间的温度、相对湿度、压差是否符合要求，并记录在洁净区温度表、相对湿度表、压差记录表上。

⑥ 接收到批生产指令单、生产记录、中间产品交接单等文件要仔细阅读，根据生产指令填写领料单，称量领取需要粉碎的物料，摆放在设备旁，并核对待粉碎物料的品名、批号、规格、数量、质量，无误后进行下一步操作。

⑦ 复核所用物料是否正确，容器外标签是否清楚，内容与标签是否相符。复核重量、件数是否相符。

⑧ 按《厢式干燥器清洁消毒标准操作规程》对设备及所需容器、工具进行消毒。

⑨检查使用的周转容器及生产用具是否洁净，有无破损。

⑩ 上述各项达到要求后，由检查员或班长再检查一遍。检查合格后，在操作间的状态标识上注写"生产中"方可进行操作。

粉碎间应安装捕尘、吸尘等设施。粉碎间进风口应有适宜的过滤装置，出风口应有防止空气倒流的装置。粉碎设备为万能粉碎机，其工艺技术参数应经验证后确认。

万能粉碎机利用活动齿盘和固定齿盘间的高速相对运动，使被粉碎物经齿冲击、摩擦及物料彼此间冲击等综合作用得以粉碎。万能粉碎机结构简单、坚固、运转平稳、粉碎效果良好，被粉碎物可直接由主机磨腔中排出，粒度大小通过更换不同孔径的筛网获得，另外，该机为不锈钢制作，机壳内壁表面平滑，不容易出现积粉的现象。

具体的检查工序如下：

① 检查粉碎间、设备、工具、容器具是否具有清场合格标识，核对其有效期，并请 QA 人员检查合格后，将清场合格证附于本批次生产记录中，进行下一步操作。

② 检查粉碎设备是否具有"完好"的标识卡及"已清洁"标识。检查设备是否正常，确认正常后方可运行。

③ 检查设备的筛网目数是否符合工艺要求。

④ 对计量器具进行检查，要求计量器具完好，性能与称量要求相符，有检定合格证，并在检定有效期内。正常后进行下一步操作。

⑤ 检查操作间的进风口和回风口是否有异常。

⑥ 检查操作间的温度、相对湿度、压差是否符合要求，并记录在洁净区温度表、相对湿度表、压差记录表上。

⑦ 接收到批生产指令单、生产记录、中间产品交接单等文件要仔细阅读，根据生产指令填写领料单，向仓库领取需要粉碎的物料，摆放在设备旁，并核对待粉碎物料的品名、批号、规格、数量、质量，无误后进行下一步操作。

⑧ 复核所用物料是否正确，容器外标签是否清楚，内容与标签是否相符。复核重量、件数是否相符。

⑨ 按《粉碎机清洁消毒标准操作规程》对设备及所需容器、工具进行消毒。

⑩ 检查使用的周转容器及生产用具是否洁净，有无破损。

⑪ 上述各项达到要求后，由检查员或班长再检查一遍。检查合格后，在操作间的状态标识上注写"生产中"方可进行操作。

二、生产过程

（一）干燥操作

① 取下"已清洁"状态标识牌，换上"设备运行"状态标识牌。

② 将待干燥药材铺于洁净的托盘上，装入带轮架子推入干燥箱内，将干燥箱门关好。

③ 按照《厢式干燥器标准操作规程》启动厢式干燥器进行干燥。

④ 当温度升至设定温度时，开始计算干燥时间，干燥时间应根据不同药材、含水分多少而定。

⑤ 达到干燥时间后，停机，待冷却后，取出药材置洁净干燥容器内，称重，贴好标签，注明物料品名、规格、批号、数量、日期和操作者的姓名，转交中间站管理员，存放于物料存储间，填写"请验单"请验。

⑥ 将生产所剩的尾料收集，标明状态，交中间站，并填写好生产记录。

⑦ 有异常情况，应及时报告技术人员，并协助解决。

（二）粉碎操作

① 取下"已清洁"状态标识牌，换上"设备运行"状态标识牌。

② 在接料口绑扎好接料袋。

③ 按照《粉碎机标准操作规程》启动粉碎机进行粉碎。

④ 在粉碎机料斗内加入待粉碎物料，加入量不得超过容量的 2/3。

⑤ 粉碎过程中严格监控粉碎机电流，不得超过设备额定要求，粉碎机壳温度不得超过 60℃，如有超过现象应立即停机，待冷却后，重新启动粉碎机。

⑥ 完成粉碎任务后，按《粉碎机标准操作规程》关停粉碎机。

⑦ 打开接料口，将物料移至清洁的塑料袋内，再装入洁净的盛装容器内，并在容器内、外贴上标签，注明物料品名、规格、批号、数量、日期和操作者的姓名，转交中间站管理员，存放于物料存储间，填写"请验单"请验。

⑧ 将生产所剩的尾料收集，标明状态，交中间站，并填写好生产记录。

⑨ 有异常情况，应及时报告技术人员，并协助解决。

（三）质量监控要点

① 原、辅料的洁净程度：要求无杂质、无污点。

② 粉碎机粉碎的速度、所用筛网的大小：粉碎机粉碎的速度不能太快，物料加入料斗的量不要太多，以免造成粉碎机负荷太大，损坏机器。

③ 粉碎后产品的性状、细度：粉碎后的产品为均匀的粉末状固体，细度要求能全部通过五号筛，但混有能通过六号筛不超过 95％的粉末。

三、清洁清场

（一）物料、粉尘清洗

① 将已粉碎经检验合格放行的原料全部按规程交于下一工序。

② 将留在工序内的物料及不合格品写明品名、规格、重量、日期交 QA 人员处理。

③ 清理粉碎机、振荡筛粉尘。

④ 将粉碎机上可以拆分的零部件拆下，将粉粒除去。

⑤ 扫除场地上的一切污物、杂质，按规定处理。

（二）清洗、擦、抹

① 将从粉碎机、振荡筛中拆下的零部件用饮用水清洗，再用纯化水清洗并晾干。

② 设备内外都用饮用水洗净后再用纯化水冲洗并擦干。

③ 场内的日光灯、门、开关、通风口以及墙壁等按要求进行清洁。

④ 地面用洗涤剂清洗拖干，再用纯化水清洗拖干。

（三）检查要求

① 地面、门窗、通风口、开关、设备等应无积尘、污垢和水迹。

② 工具和容器清洗后无杂物并放于器具间存放。

③ 设备内外应无粒状、粉尘等痕迹的异物并安装到位。

④ 操作间内不应有与生产无关的物品。

⑤ 清洁所用的工具、专用拖把、洁净抹布、扫帚等用后按规定清洗，并放入洁净间。

⑥ 清场完毕，清场人应做好记录。

⑦ 组长检查复核后签名。

⑧ QA 质检员检查合格后发放清场合格证。

⑨ 及时填写批生产记录、设备运行记录、交接班记录等，并复核、检查记录是否有漏记或错记现象，复核中间产品检验结果是否在规定范围内；检查记录中各项是否有偏差发生，如果发生偏差则按《生产过程偏差处理规程》操作。

⑩ 关好水、电开关及门，按进入程序的相反程序退出。

操作工序三　总　　混

一、准备工作

（一）生产人员

生产人员按照《D 级洁净区生产人员进出标准规程》要求进入生产操作区。

（二）生产环境

本工序生产环境的要求按 GMP 有关 D 级洁净区的规定执行，参照"项目三　任务 3-1 操作工序一（二）生产环境"的要求执行。

（三）任务文件

1. 总混岗位标准操作规程

2. SYH-800 三维运动混合机标准操作工程

3. SYH-800 三维运动混合机清洁消毒操作规程

4. 总混岗位清场标准操作规程

5. 总混生产操作记录

（四）生产用物料

按批生产指令单中所列的物料，从粉碎与过筛工序或物料间领取物料备用。

（五）设施、设备

① 总混岗位应有防尘、补尘的设施。

② 总混设备应密闭性好、内壁光滑、易于清洗，并能适应批量生产的要求。

③ 对生产厂房、设备、容器具等按清洁规程清洁，其清洁效果应经验证确认。

④ 本工序所用混合设备为 SYH-800 三维运动混合机（图 7-2）。

⑤ 检查总混间、设备、工具、容器具是否具有清场合格标志，并核对其有效期，待 QA 人员检查合格后，将清场合格证附于本批生产记录内，进入下一步操作。

⑥ 根据混合要求选用适当的设备，并检查设备是否具有"完好"标志卡及"已清洁"标志。正常后方可运行。

⑦ 对计量器具进行检查，正常后进行下一步操作。

⑧ 根据生产指令核对所需混合药材的品名、批号、规格、数量、质量，无误后，进行下一步操作。

⑨ 按《SYH-800 三维运动混合机清洁、消毒标准操作规程》对设备及所需容器、工具进行下一步操作。

图 7-2　SYH-800 三维运动混合机

⑩ 挂本次运行状态标志，进入操作状态。

二、生产过程

（一）生产操作

① 将上一工序粉碎、过筛后的物料置于 SYH-800 三维运动混合机中，依据产品工艺规程按混合设备标准操作程序进行混合。

② 设置混合速度为每分钟转动摆动 11 次。

③ 混合时间为 15 分钟。

④ 将混合均匀的药粉放入洁净容器中，密封，标明品名、批号、剂型、数量、容器编号、操作人、日期等，放于物料贮存室。

⑤ 将混合的物料进行质量确认，看颜色是否均匀，有无团块、杂点等情况，无误后方可进行清场。

⑥ 将生产所剩尾料收集，标明状态，交中间站，并填写好记录。

⑦ 有异常情况，应及时报告技术人员，并协商解决。

（二）质量控制要点

① 混合速度：每分钟转动摆动 11 次。

② 混合物料的装量和混合时间：每次混合物料的体积要求为混合设备的 1/3～1/2，每次混合时间为 15 分钟。

③ 混合物的均匀度：混合后的物料色泽均匀，无团块、色斑等情况。

三、清洁清场

① 将混合桶置于出料装置下方，打开加料口。

② 用吸尘器将桶内壁表面的药粉吸净。

③ 用软管接自来水冲洗混合桶内壁和平盖、卡箍，边用水冲洗边用抹布擦洗，清洗至

肉眼观察无药物残留为止。

④ 用纯净水冲洗桶内壁、平盖和卡箍三遍，放净桶中水，盖上平盖，上紧卡箍（注意密封）。

⑤ 用蘸纯化水的湿抹布擦拭混合桶外壁及摇臂。注意摇臂关节、摇臂和混合桶连接处是清洁的重点，应彻底擦净。

⑥ 用纯化水冲洗一遍，干净抹布擦干；打开出料平盖，用干净抹布擦干内壁。

⑦ 擦净后自然干燥，必要时用纱布蘸75％酒精全面擦拭。

同品种不同规格或调换品种的清洗如下。

① 用抹布蘸清洁剂擦拭混合筒外壁、摇臂和机身，要特别注意摇臂连接部位、缝隙、密封圈等部位的清洗。

② 用水漂洗、冲洗清洁剂后，用纯化水漂洗三遍。用干净抹布擦干，必要时用纱布蘸75％酒精全面擦拭。

③ 打开平盖，用干净抹布擦拭内壁，用纱布蘸75％酒精擦拭一遍，自然干燥，备用。

④ 本工序所用的工具、专用拖把、洁净抹布、扫帚等用后按规定清洗，并放入洁净间。

⑤ 及时填写批生产记录、设备运行记录、交接班记录等。

⑥ 关好水、电开关及门，按进入程序的相反程序退出。

操作工序四 炼 蜜

一、准备工作

（一）生产人员

生产人员按照《D级洁净区生产人员进出标准规程》要求进入生产操作区。

（二）生产环境

参照"项目三 任务3-1 操作工序一（二）生产环境"的要求执行。

（三）任务文件

1. 炼蜜岗位标准操作规程
2. 炼蜜锅标准操作规程
3. 炼蜜锅清洁标准操作规程
4. 炼蜜岗位清场标准操作规程
5. 炼蜜生产前确认记录
6. 炼蜜生产记录
7. 炼蜜工序操作记录

（四）生产用物料

按批生产指令单所列的物料，从上一任务或物料间领取物料备用。

（五）场地、设施设备

① 炼蜜间应有防火、防爆的设施。

② 炼蜜设备应有好的密闭性，内壁光滑、混合均匀、易于清洗，并能适应批量生产的要求。炼蜜设备常用可倾斜式夹层锅（图7-3）或刮板式炼蜜罐（图7-4）。设备要有"合

格"标牌、"已清洁"标牌，并对设备状况进行检查，验证设备正常，方可使用。

③ 对生产厂房、设备、容器具等有相关清洁规程。

④ 炼蜜设备有相关清理、过滤配件。

⑤ 检查炼蜜间、设备、工具、容器具是否具有清场合格标志，并核对其有效期，待QA人员检查合格后，将清场合格证附于本批次生产记录内，进入下一步操作。

⑥ 根据炼蜜要求选用适当的设备，并检查设备是否具有"完好"标识卡及"已清洁"标识。一切检查正常后方可运行。

⑦ 对计量器具进行检查，正常后进行下一步操作。

⑧ 根据生产指令填写领料单，从备料称量间领取原、辅料，并核对品名、批号、规格、数量、质量无误后，进行下一步操作。

⑨ 按《炼蜜锅清洁操作规程》《消毒标准操作规程》对设备及所需容器、工具进行检查后，进入下一步操作。

⑩ 在场地、设施设备上挂好本次运行状态标识，进入操作状态。

图 7-3　可倾式夹层锅（炼蜜锅）

图 7-4　刮板式炼蜜罐（炼蜜锅）

二、生产过程

（一）生产操作

① 将待炼蜂蜜置于炼蜜设备中，依据产品工艺规程，按设备标准操作进行操作。

② 将炼好的蜂蜜置于洁净容器中，密封，标明品名、批号、剂型、数量、容器编号、操作人、日期等，放于物料贮存室。

③ 将完成炼制的蜂蜜进行质量确认，目测颜色为淡黄色、相对密度在 1.37 左右、水分含量在 14%～16%，无误后方可进行清场。

④ 将生产所剩的尾料收集起来，标明状态，交中间站保管，并填写好记录。

⑤ 如有异常情况发生，应及时报告技术人员，并协商解决。

（二）质量控制要点

① 炼蜜的装量和除杂操作：每次混合物料的体积要求为混合设备容积的 1/3，将蜂蜜放于锅中，加热煮沸，捞去浮沫，用三号或四号筛滤过，除去死蜂等杂质，再复入锅中继续加热炼制至规定程度。

② 炼蜜温度：116～118℃。

③ 炼蜜的程度：淡黄色均匀细气泡，相对密度 1.37 左右，手捻有黏性，两手指离开时，未出现长白丝。

三、清洁清场

① 按清场程序和设备清洁规程清理工作现场、工具、容器具和设备，并请 QA 人员检查，合格后签发"清场合格证"。

② 撤掉运行状态标识，挂出清场合格标识。

③ 暂停连续生产同一品种物料时要将设备清理干净，按清洁程序清理现场。

④ 及时填写批生产记录、设备运行记录、交接班记录等。

⑤ 关好水、电开关及门，按进入程序的相反程序退出。

知识链接1

炼　蜜

蜂蜜的炼制是指将蜂蜜加水稀释溶化，滤过，加热熬炼至一定程度的操作。炼蜜是为了除去杂质、降低水分含量、破坏酶类、杀死微生物、增强黏合力。常用夹层锅以蒸汽为热源进行炼制，既可以用常压炼制，也可以减压炼制。

一、炼制方法

蜂蜜根据炼制程度，分为嫩蜜、中蜜、老蜜三种规格。规格不同，黏性不同，以适应不同性质的药材细粉制丸。

（1）嫩蜜　将蜂蜜加热至 105～115℃，使含水量为 17%～20%，相对密度为 1.35 左右，色泽与生蜜相比无明显变化，稍有黏性。适合于含较多油脂、黏液质、胶质、糖、淀粉、动物组织等黏性较强的药材细粉制丸。

（2）中蜜　是将嫩蜜继续加热，温度达到 116～118℃，含水量为 14%～16%，相对密度为 1.37 左右，出现浅黄色有光泽的翻腾的均匀细气泡，用手捻有黏性，当两手指分开时无白丝出现。适于中等黏性的药材细粉制丸。

（3）老蜜　将中蜜继续加热，温度达到 119～122℃，含水量在 10% 以下，相对密度为 1.40 左右，出现红棕色的较大气泡，手捻之甚黏，当两手指分开出现长白丝，滴水成珠。适于黏性差的矿物质或纤维质药材细粉制丸。

二、炼蜜设备

常用的炼蜜设备为可倾式夹层锅（见图 7-3）。可倾式夹层锅可广泛用于制药、化工、食品、轻工等行业，用于液料的煎煮、浓缩。设备工作时，蒸气经减压进入夹层，夹层压力为常压，若压力高于常压则蒸气自动由安全阀排出，倒液时转动涡轮手轮，锅体会自动倾斜翻转倒出液料。

三、蜂蜜的选择

蜂蜜的选择按《中国药典》2020 年版规定，结合生产实践，药用蜂蜜应达到以下质量要求：①外观呈半透明，带光泽，浓稠，呈乳白色至淡黄色或橘黄色至黄褐色，久置或遇冷渐有白色颗粒状结晶析出；②25℃时相对密度在 1.349 以上；③本品含果糖和葡萄糖总量不少于 60%；④碘试液检查，应无淀粉、糊精；⑤酸度、5-羟甲基糠醛检查应符合要求；⑥有香气，味道甜而不酸、不涩，清洁而无杂质；⑦水分含量不得过 24.0%。

优质的蜂蜜可以使蜜丸柔软、光滑、滋润，且贮存期内不变质。特别要注意来源于曼陀罗花、雪上一枝蒿等有毒花的蜂蜜，其蜜汁色深，味苦麻而涩，有毒，不可药用。

操作工序五　制　丸　块

一、准备工作

（一）生产人员

生产人员参照"项目三　任务 3-1 操作工序一（一）操作人员"的有关要求进入生产操作区。

（二）生产环境

参照"项目三　任务 3-1 操作工序一（二）生产环境"的有关要求执行。

（三）任务文件

1. 制丸块岗位标准操作规程
2. 捏合机标准操作规程
3. 捏合机清洁、消毒操作规程
4. 制丸块岗位清场标准操作规程
5. 制丸块生产操作记录

（四）生产用物料

按生产指令要求，从总混工序和炼蜜工序或物料间领取物料备用。

（五）场地、设施设备

① 进入制丸块间，检查是否有"清场合格证"，并检查是否在清洁有效期内，是否有质检员或检查员的签名。

② 生产场地洁净，无与本批次生产无关的遗留物品。

③ 设备洁净完好，挂有"已清洁"标识（在清洁有效期内），用于制丸块的捏合机如图 7-5、图 7-6 所示。

④ 操作间的进风口与回风口正常。

⑤ 计量器具与称量范围相符，洁净完好，有检查合格证，并在使用有效期内。

⑥ 记录台，清洁干净，无上批次的生产记录表或与本批次无关的文件。

⑦ 检查操作间的温度、相对湿度、压差是否与生产要求相符，记录在洁净区温度表、相对湿度表、压差记录表上。

⑧ 接收到批生产指令单、生产记录、中间产品交接单等文件。

⑨ 复核所用物料正确，容器外标签清楚，内容与标签相符，重量、件数相符。

⑩ 使用的周转容器及生产用具洁净，无破损。

⑪ 上述各项达到要求后，由现场 QA 人员验证合格，将操作间的状态标识改为"生产运行"后方可进行生产操作。

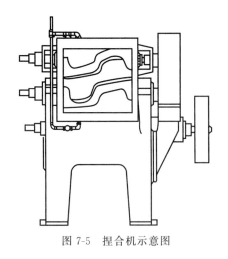

图 7-5　捏合机示意图

图 7-6　捏合机

二、生产过程

（一）生产操作

① 装机：开机前检查皮带张紧程度，紧固件是否松动，电路及电器设备是否安全。空载运行 20 分钟后，无异常，可试生产。

② 关闭电源，按比例加入物料。

③ 启动机器，反复揉捏，直至全部湿润、色泽一致，形成能从桨叶上和槽壁上剥落下来的丸块。

④ 随时注意设备运行情况，并填写设备运行记录。

⑤ 制好丸块后，操作员将合格丸块装入规定的洁净容器内，称取重量，认真填写"周转卡"，标明品名、批号、生产日期、操作人员姓名等，挂于物料容器上，将产品运往中间站，与中间站负责人进行复核交接，双方在物料进出站台账上签字。

⑥ 整个生产过程中及时认真填写批生产记录，并复核、检查记录是否有漏记或错记现象，复核中间产品检验结果是否在规定范围内，同时应根据不同情况选择标示"设备状态卡"。

（二）质量控制要点

① 全部湿润，内外色泽一致，成光滑不黏壁丸块。

② 水分：用快速水分测定仪进行测定，要求水分<15%。

三、清洁清场

① 按清场程序和设备清洁规程清理工作现场、工具、容器、设备，并请 QA 人员检查，合格后发给清场合格证。

② 撤掉运行状态标识，挂清场合格标识。

③ 暂停连续生产的同一品种要将设备清理干净。

④ 换品种或停产两天以上时，要按清洁程序清理现场。

⑤ 及时填写批生产记录、设备运行记录、交接班记录等。

⑥ 关好水、电开关及门，按进入程序的相反程序退出。

知识链接2

影响丸块质量的因素

丸块的软硬程度及黏度直接影响丸粒成型和在贮存中是否变形。优良的丸块应能随意塑形而不开裂，手搓捏而不粘手，不黏附器壁。影响丸块质量的因素有：

一、炼蜜的程度

应根据处方中药材的性质、粉末粗细、含水量高低、环境的温度及湿度、所需黏合剂的黏性强度来炼制蜂蜜。蜜过嫩则粉末黏合不好，丸粒搓不光滑；蜜过老则丸块发硬，难以搓丸。

二、和药蜜温

炼蜜应趁热加入药粉中，粉蜜容易混合均匀。若方中含有大量的叶、茎、全草或矿物性药材，粉末黏性很小，需用老蜜趁热加入；若方中有多量树脂类、胶类、糖及油脂类药味时，药粉黏性较强且遇热易熔化。加入热蜜后熔化使丸块黏软不易成型，待冷后又变硬，不利制丸，并且服用后丸粒不易溶散，则需用温蜜和药。蜜温以60～80℃为宜。方中含有冰片等芳香挥发性药物，也应用温蜜和药。

三、用蜜量

药粉与炼蜜的比例是影响丸块质量的重要因素，一般比例是1∶1～1∶1.5，但也有偏高或偏低的，主要取决于下列因素。①药粉的性质：黏性强的药粉用蜜量宜少；含纤维较多，黏性极差的药粉，用蜜量宜多。②季节：夏季用蜜量应少，冬季用蜜量宜多。③合药方法：手工合药用蜜量较多，机械合药用蜜量较少。

操作工序六　制丸条、分粒与搓圆

一、准备工作

（一）生产人员

生产人员参照"项目三　任务3-1操作工序一（一）操作人员"的有关要求进入生产操作区。

（二）生产环境

参照"项目三　任务3-1操作工序一（二）生产环境"的有关要求执行。

（三）任务文件

1. 制丸岗位标准操作规程
2. 全自动中药制丸机标准操作规程
3. 全自动中药制丸机清洁、消毒操作规程
4. 制丸岗位清场标准操作规程

5. 制丸生产操作记录

（四）生产用物料

操作工序五制得的丸块、乙醇或麻油与蜂蜡混合物等。

（五）场地、设施设备

① 进入制丸间，检查是否有"清场合格证"，并在清洁有效期内，有质检员或检查员的签名。

② 生产场地洁净，无与本批次生产无关的遗留物品。

③ 设备洁净完好，挂有"已清洁"标识（在清洁有效期内）。

④ 操作间的进风口与回风口在更换的有效期内。

⑤ 计量器具与称量范围相符，洁净完好，有检查合格证，并在使用有效期内。

⑥ 记录台清洁干净，无留有上批次的生产记录表或与本批次无关的文件。

⑦ 检查操作间的温度、相对湿度、压差是否与生产要求相符，并记录在洁净区温度、相对湿度、压差记录表上。

⑧ 接收到批生产指令单、生产记录、中间产品交接单等文件。

⑨ 复核所用物料正确，容器外标签清楚，内容与标签相符，复核重量、件数相符。

⑩ 检查使用的周转容器及生产用具是否洁净，有无破损。

⑪ 上述各项达到要求后，由现场 QA 人员验证合格，将操作间的状态标识改为"生产运行"后方可进行生产操作。

⑫ 可依生产需要选择三辊制丸机或全自动制丸机，如图 7-7～图 7-10 所示。

全自动中药制丸机为台式结构，体积小，重量轻，运行平稳。与药物接触部位及外观表面均采用不锈钢材料，工作面无死角，密封性好，拆卸、清洗方便。

全自动中药制丸机的工作原理系将混合或炼制好的药料送入料仓内，在螺旋推进器的挤压下，制出三根直径相同的药条，经过导轮、顺条器同步进入制丸刀轮中，经过快速切磋，制成大小均匀的药丸。

二、生产过程

（一）生产操作

① 检查整机部件是否完整，模具连接是否紧实，出条嘴是否正常，送料箱是否存有异物，电热插头是否接通。

② 检查配件、配料是否齐备。

③ 接通电源，打开总开关使整机处于供电状态，机器正常运行 5 分钟后停止。

④ 重新打开开关，打开乙醇润滑阀门使乙醇均匀落在切条片上，打开推料开关，添加混合的物料，调整推条速度和送条速度使其匹配，调整推条信号与轧辊开合凸轮匹配，调整乙醇量的大小，使其正常工作。

⑤ 运行中要均匀向料斗中加料，以保证出条匀速，以免影响出条速度，造成产量低。

⑥ 工作完成后关掉所有开关，断开电源、气源，断开电热插头。

⑦ 随时注意设备运行情况，并填写设备运行记录。

⑧ 制好的丸粒均匀摊放于容器内，容器内、外贴上标签，注明物料品名、规格、批号、数量、日期和操作者的姓名，放于晾丸间。如需与中间站负责人进行复核交接，双方在物料

进出站台账上签字。

⑨ 整个生产过程中及时认真填写批生产记录，并复核、检查记录是否有漏记或错记现象，复核中间产品检验结果是否在规定范围内，同时应根据不同情况选择标示"设备状态卡"。

（二）质量控制要点

① 每 15 分钟测一次丸重差异（≤±8％），并做好记录。

② 水分：用快速水分测定仪进行测定，要求水分＜15％。

③ 质检部门按企业质量规定完成检测，并开具检验报告单，方可进行下一道工序。

三、清洁清场

① 按清场程序和设备清洁规程清理工作现场、工具、容器、设备，并请 QA 人员检查，合格后发给清场合格证。（仪器清洁：①每批生产结束时，去除残留于机上的物料。②搅拌器、出条板、顺条器和模具拆下来用水清洗干净。③机器台面可用湿布擦拭干净。④用 75％乙醇擦拭设备与药物接触的各部位。⑤机器的传动部件要经常将油污擦净，以便清楚地观察运转情况。）

② 撤掉运行状态标识，挂清场合格标识。

③ 暂停连续生产的同一品种要将设备清理干净。

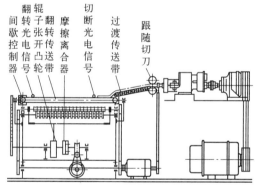

图 7-7　三辊制丸机意图

图 7-8　三辊制丸机

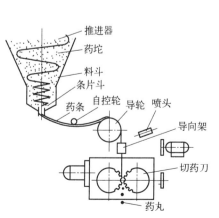

图 7-9　全自动制丸机意图

图 7-10　全自动制丸机

④ 换品种或停产两天以上时，要按清洁程序清理现场。

⑤ 及时填写批生产记录、设备运行记录、交接班记录等。

⑥ 关好水、电开关及门，按进入程序的相反程序退出。

⑦ 完成生产记录的填写，并复核，检查记录是否有漏记或错记现象，复核中间产品检查结果是否在规定范围内。检查记录中各项是否有偏差发生。如果发生偏差则按《生产过程偏差处理规程》操作。

知识链接3

塑制法制蜜丸常见问题与解决措施

一、表面粗糙

蜜丸表面粗糙主要原因有：①药粉过粗；②蜜量过少且混合不均匀；③润滑剂用量不足；④药料含纤维多；⑤矿物类或贝壳类药量过大等。解决措施：应用粉碎性能好的粉碎机，提高药材的粉碎度；加大用蜜量或用较老的炼蜜；制丸机传送带与切刀部位涂足润滑剂；将富含纤维类药材或矿物类药材提取浓缩成稠膏兑入炼蜜中等。

二、空心

蜜丸空心主要原因是丸块揉搓不够。在生产中应注意控制好和药及制丸操作；有时是药材油性过大，蜂蜜难以黏合所致，可用嫩蜜和药。

三、丸粒过硬

蜜丸在存放过程中变得坚硬。其原因有：①炼蜜过老；②和药蜜温过低；③用蜜量不足；④含胶类药材比例大，和药时蜜温过高使其烊化后又凝固；⑤蜂蜜质量差或不合格。可针对原因，采取控制好炼蜜程度或和药蜜温、调整用蜜量、使用合格蜂蜜等措施解决。

四、皱皮

蜜丸贮存一定时间后，在其表面呈现皱褶现象。主要原因有：①炼蜜较嫩，含水量过多，水分蒸发后导致蜜丸萎缩；②包装不严，蜜丸湿热季节吸湿而干燥季节失水；③润滑剂使用不当。可针对原因采取相应措施解决。

五、微生物限度超标

蜜丸微生物限度超标的主要原因有：①药材灭菌不彻底；②生产过程中卫生条件控制不严，辅料、制药设备、操作人员及车间环境再污染；③包材未消毒灭菌，或包装不严。可采取的防菌灭菌措施有：①在保证药材有效成分不被破坏前提下，对药材可以采取淋洗、流通蒸汽灭菌、高温迅速干燥等综合措施，亦可采用干热灭菌、热压灭菌法等。含热敏性成分的药材可采用乙醇喷洒灭菌或环氧乙烷灭菌；包材及成品可用环氧乙烷气体灭菌或辐射灭菌等。②按 GMP 要求，严格控制生产环境、人员、设备的卫生条件。③采用热蜜和药，缩短制丸操作时间，也可以有效降低微生物数量。

操作工序七　分剂量包装（内包装）

一、准备工作

（一）生产人员

生产人员参照"项目三　任务 3-1 操作工序一中的（一）操作人员"的有关要求进入生产操作区。

（二）生产环境

参照"项目三　任务 3-1 操作工序一中的（二）生产环境"的有关要求执行。

（三）任务文件

1. 内包装岗位标准操作规程
2. 全自动瓶装机标准操作规程
3. 全自动瓶装机清洁、消毒操作规程
4. 内包装岗位清场标准操作规程
5. 制丸生产操作记录

（四）生产用物料

蜜丸、塑料瓶（盖）、封口膜、标签等。

（五）场地、设施设备

① 内包装间有"清场合格证"，并在清洁有效期内，有质检员或检查员的签名。

② 生产场地洁净，没有与本批次生产无关的遗留物品。

③ 设备洁净完好，挂有"已清洁"标识（在清洁有效期内）。

④ 操作间的进风口与回风口在更换的有效期内。

⑤ 计量器具与称量范围相符，洁净完好，有检查合格证，并在使用有效期内。

⑥ 记录台清洁干净，无上批次的生产记录表或与本批次无关的文件。

⑦ 检查操作间的温度、相对湿度、压差是否与生产要求相符，并记录在洁净区温度、相对湿度、压差记录表上。

⑧ 接收到批生产指令单、生产记录、中间产品交接单等文件。

⑨ 复核所用物料正确，容器外标签清楚，内容与标签相符，复核重量、件数相符。

⑩ 检查使用的周转容器及生产用具是否洁净，有无破损。

⑪ 上述各项达到要求后，由现场 QA 人员验证合格，将操作间的状态标识改为"生产运行"后方可进行生产操作。

⑫ 用于蜜丸分剂量包装的全自动瓶装线如图 7-11 所示。

二、生产过程

（一）生产操作

① 检查瓶装生产线各部件电气控制柜的各个插头是否正确插好。

② 待机状态下空转 5 分钟，观察试运行情况。

③ 料斗中的料位应控制在料斗高度的 1/2～4/5 范围内。

④ 对预置瓶数进行设定，每隔 15 分钟抽检每 10 袋重量 1 次，随时监控每袋重量，避免超限。

⑤ 随时注意设备运行情况，并填写设备运行记录。

⑥ 物料经瓶装线包装后，操作员将合格药品装入规定的洁净容器内，称取重量，认真填写"周转卡"，标明品名、批号、生产日期、操作人员姓名等，挂于物料容器上，将产品运往中间站，与中间站负责人进行复核交接，双方在物料进出站台账上签字。

⑦ 整个生产过程中及时认真填写批生产记录，并复核、检查记录是否有漏记或错记现象，复核中间产品检验结果是否在规定范围内，同时应根据不同情况选择标示"设备状态卡"。

（二）质量控制要点

（1）外观　外包装表面完整光洁，色泽均匀，字迹清晰。

（2）装量差异　超过重量差异限度的不得多于两袋（瓶），并不得有一袋（瓶）超出限度一倍。

（3）检查法　取供试品 10 瓶，分别称定每瓶内容物的重量，求得每瓶装量与标示装量相比较，超出装量差异限度的不得多于两袋（瓶），并不得有 1 瓶超出限度 1 倍。

三、清洁清场

① 按清场程序和设备清洁规程清理工作现场、工具、容器、设备，并请 QA 人员检查，合格后发给清场合格证。

② 撤掉运行状态标识，挂清场合格标识。

③ 暂停连续生产的同一品种要将设备清理干净。

④ 换品种或停产两天以上时，要按清洁程序清理现场。

⑤ 及时填写批生产记录、设备运行记录、交接班记录等。

⑥ 关好水、电开关及门，按进入程序的相反程序退出。

图 7-11　全自动瓶装线图

操作工序八　外　包　装

一、准备工作

（一）生产人员

生产人员参照《一般生产区更衣标准的操作规程》要求进行更衣，进入外包装间。

（二）生产环境

参考"项目三 任务 3-1 操作工序五 分装（二）生产环境"项下有关要求。

（三）任务文件

1. 批包装指令单
2. 物料进出一般生产区洁净消毒规程
3. 外包装岗位标准操作规程
4. 打码机标准操作规程
5. 外包装生产记录
6. 外包装岗位清场标准操作规程
7. 外包装岗位清场检查记录

（四）生产用物料

包装材料、标签和说明书。

（五）场地、设施设备

参考"项目三 任务 3-1 操作工序五 分装（二）场地、设施设备"项下要求。

二、生产过程

（一）生产过程要点

按批生产指令单上的要求，以 1 瓶/盒、60 盒/箱进行外包装。每小盒中放一张说明书，每箱内放一张合格证。上一批次作业结余的零头可与下一批次进行拼包装，拼箱外箱上应标明拼箱批号及数量。每批次结余量和拼箱情况在批记录上显示，放入成品库待检入库。

（二）生产过程的质量控制

① 现场质量监控员抽取外包材样品，交质检部门按成品质量标准的有关规定进行检测。

② 入库现场质量监控员抽取样品，交质检部门按《中国药典》丸剂项下的有关规定进行全项检测，并开具成品检验报告单，合格后方可入库。

（三）质量控制要点

① 检查外包装盒的标签、说明书，要齐全、清楚。
② 检查外包装盒的批号及内装的袋数，要准确、一致。
③ 入库要附凭证，填写入库单及请验单，验收合格方可入库。

三、清洁清场

生产结束时，将本任务生产出的合格产品的箱数计数，挂上标签，送到指定位置存放。将生产记录按批生产记录管理制度填写完毕，并交予指定人员保管。按照《一般生产区洁净消毒规程》对本生产区域进行清场，并有清场记录。

【任务记录】

制备过程中按要求填写操作记录（表 7-15）。

表 7-15　丸剂批生产记录

品名	六味地黄丸(小蜜丸)		规格	60g/瓶		批号	
操作日期	年　月　日		房间编号		温度　　℃	相对湿度	%
操作步骤	操作要求		操作记录				操作时间

操作步骤	操作要求	操作记录	操作时间
1. 操作前检查	无与本批无关的指令及记录	□是　　□否	时　分～ 时　分
	环境符合要求	□是　　□否	
	计量器具仪表是否校验合格	□是　　□否	
	无与本批无关的物料	□是　　□否	
	检查药材名称、数量、卡物相符	□是　　□否	
	设备计量器具清洁完成	□是　　□否	
2. 配料	1. 按生产处方规定,称取各种物料,记录品名、用量。 2. 在称量过程中执行一人称量,一人复核制度。 3. 每瓶生产处方如下: 　熟地黄　16g　　酒萸肉　8g 　牡丹皮　6g　　山药　　8g 　茯苓　　8g　　泽泻　　6g 　蜂蜜　　8～10g	按生产处方规定,称(量)取各种物料,记录如下: 　熟地黄　　g　酒萸肉　　g 　牡丹皮　　g　山药　　　g 　茯苓　　　g　泽泻　　　g 　蜂蜜　　　g 注:每种物料均应填写具体的称量数量	时　分～ 时　分
3. 粉碎过筛	1. 按混合岗位操作 SOP 进行操作,将上个操作工序的物料进行混合。 2. 粉碎后产品的性状、细度,粉碎后的产品为均匀的粉末状固体,细度要求能全部通过五号筛,但混有能通过六号筛不超过95%的粉末。 3. 过筛后进行物料平衡计算,物料平衡限度控制为98%～100%,并填写操作记录	1. 混合机编号: 2. 物料平衡:	时　分～ 时　分
4. 炼蜜	1. 按处方要求:取 90g 蜂蜜(含水量10%～40%)。 2. 炼蜜温度:116～118℃。 3. 炼蜜的程度:淡黄色均匀细气泡,相对密度 1.37 左右,手捻有黏性,两手指离开时,未出现长白丝	1. 蜂蜜取样量: 2. 可倾式夹层锅编号: 3. 蜂蜜含水量: 4. 炼蜜含水量:	时　分～ 时　分
5. 制丸块	1. 按处方要求:取8～10g 蜂蜜,混合药粉52g,全部加入捏合机中,捏合机温度为50℃。 2. 全部湿润,内外色泽一致,成光滑不黏壁丸块	1. 蜂蜜取样量: 2. 混合药粉取样量: 3. 捏合机编号:	时　分～ 时　分
6. 制丸	1. 润滑剂(乙醇)浓度≥95%。 2. 将领入的软材陆续加入制丸机药槽内,设备操作执行《CDW-I 三轧辊蜜丸制丸机使用 SOP》,出条直径(3±0.1)mm。 3. 在温度 16～26℃,湿度 45%～65%进行晾丸	1. 制丸机编号: 2. 晾丸后总重: 3. 物料平衡计算 领取物料总重(A): 实收重量(B): 可回收利用物料(C): 不可用物料重量(D): $物粒平衡 = \dfrac{B+C+D}{A} \times 100\% =$ $收率 = \dfrac{B}{A} \times 100\% =$	时　分～ 时　分

操作步骤	操作要求	操作记录	操作时间
7. 清场	1. 生产结束后将物料、文件全部清理，并放置在指定位置。 2. 撤除本批生产状态标识。 3. 使用过的设备、容器及工具应清洁无异物并实行定置管理。 4. 设备内外尤其是接触药品的部位要清洁，做到无油污，无异物。 5. 地面、墙壁应清洁，门窗及附属设备无积灰，无异物	QA 检查确认： □合格 □不合格	时 分～ 时 分
备注			
操作人		复核人		QA	

【任务评价】

（一）职业素养与操作技能评价

六味地黄丸制备技能评价见表7-16。

表 7-16 六味地黄丸制备技能评价表

评价项目		评价细则	小组评价	教师评价
职业素养	职业规范（4分）	1. 规范穿戴工作衣帽(2分)		
		2. 无化妆及佩戴首饰(2分)		
	团队协作（4分）	1. 组员之间沟通顺畅(2分)		
		2. 相互配合默契(2分)		
	安全生产（2分）	生产过程中不存在影响安全的行为(2分)		
实训操作	配料（10分）	1. 选择正确的称量设备，并检查校准(4分)		
		2. 按操作规程正确操作设备(4分)		
		3. 操作结束将设备复位，并对设备进行常规维护保养(2分)		
	粉碎筛分（10分）	1. 对环境、设备检查到位(4分)		
		2. 按操作规程正确操作设备(4分)		
		3. 操作结束将设备复位，并对设备进行常规维护保养(2分)		
	炼蜜（10分）	1. 对环境、设备检查到位(4分)		
		2. 按操作规程正确操作设备(4分)		
		3. 操作结束将设备复位，并对设备进行常规维护保养(2分)		
	制丸块（10分）	1. 对环境、设备、包材检查到位(4分)		
		2. 按操作规程正确操作设备(4分)		
		3. 操作结束将设备复位，并对设备进行常规维护保养(2分)		
	制丸（10分）	1. 对环境、设备、包材检查到位(4分)		
		2. 按操作规程正确操作设备(4分)		
		3. 操作结束将设备复位，并对设备进行常规维护保养(2分)		

评价项目		评价细则	小组评价	教师评价
实训操作	产品质量（20分）	1. 外观均匀度、装量差异符合要求（8分）		
		2. 收率、物料平衡符合要求（12分）		
	清场（10分）	1. 能够选择适宜的方法对设备、工具、容器、环境等进行清洗和消毒（6分）		
		2. 清场结果符合要求（4分）		
实训记录	完整性（5分）	1. 完整记录操作参数（2分）		
		2. 完整记录操作过程（3分）		
	正确性（5分）	1. 记录数据准确无误，无错填现象（3分）		
		2. 无涂改，记录表整洁、清晰（2分）		

（二）知识评价

1. 单项选择题

（1）水丸的制备工艺流程是（　　　）。

A. 起模—成型—盖面—干燥—选丸—打光—质检—包装

B. 起模—成型—干燥—盖面—包衣—打光—质检—包装

C. 原料的准备—成型—干燥—选丸—盖面—打光—质检—包装

D. 起模—成型—盖面—选丸—包衣—打光—干燥—质检—包装

E. 原料的准备—起模—泛制成型—盖面—干燥—选丸—包衣—打光—质检—包装

（2）含挥发材料的水丸干燥温度一般为（　　　）。

A. 80～100℃　　　　　　　B. 60～80℃　　　　　　C. 60℃以下

D. 30℃以下　　　　　　　E. 105～115℃

（3）下述关于滴丸特点表述错误的选项是（　　　）。

A. 起效迅速，生物利用度高　B. 生产车间无粉尘

C. 能使液体药物固体化　　　D. 生产工序少，生产周期短

E. 载药量大

（4）含较多树脂、糖等黏性成分的药物粉末和药的蜜温宜为（　　　）。

A. 105～115℃　　　　　　B. 80～100℃　　　　　C. 60～80℃

D. 60℃以下　　　　　　　E. 30℃以下

（5）制备万氏牛黄清心丸时，每100克粉末应加炼蜜（　　　）。

A. 200g　　　　　　　　　B. 110g　　　　　　　　C. 140g

D. 50g　　　　　　　　　　E. 80g

（6）蜜丸的制备工艺流程为（　　　）。

A. 物料准备—制丸条—分粒及搓圆—整丸—质检—包装

B. 物料准备—制丸块—搓丸—干燥—整丸—质检—包装

C. 物料准备—制丸块—分粒—干燥—整丸—质检—包装

D. 物料准备—制丸块—制丸条—分粒及搓圆—干燥—整丸—质检—包装

E. 物料准备—制丸块—制丸条—分粒及搓圆—包装

（7）滴丸冷却剂具备的条件不包括（　　　）。

A. 不与主药发生作用　　　　B. 对人体无害、不影响疗效

C. 有适宜的黏度　　　　　　D. 脂溶性强

E. 有适宜的相对密度

（8）以下丸剂中发挥疗效最快的是（　　　）。

A. 蜡丸　　　　　　　　　B. 水丸　　　　　　　C. 滴丸

D. 糊丸　　　　　　　　　E. 蜜丸

（9）以下植物的蜂蜜不能药用的是（　　　）。

A. 油菜花　　　　　　　　B. 白荆条花　　　　　C. 雪上一枝蒿

D. 椴树花　　　　　　　　E. 紫云英

（10）蜜丸制备的关键工序是（　　　）。

A. 制丸块　　　　　　　　B. 制丸条　　　　　　C. 分粒

D. 搓圆　　　　　　　　　E. 选丸

2. 简答题

（1）蜂蜜根据炼制程度分为哪几种规格？特点如何？

（2）常见的药物衣有什么？

（3）丸剂有什么优缺点？

3. 案例分析题

某药厂生产操作员在制蜜丸时发现丸剂表面粗糙，试分析其产生的可能原因及解决方法。

项目八
药物制剂新技术

学习目标

通过药物制剂新技术的学习达到如下目标。

知识目标：

1. 掌握固体分散技术的概念和固体分散体常用载体的类型及其制法。

2. 掌握包合技术的概念、类型和常用载体。

3. 微囊的概念和特点及制备工艺。

技能目标：

1. 会使用熔融法或研磨法制备固体分散体。

2. 能列举并理解固体分散技术在药物释放上的意义。

3. 会用饱和溶液法制备 β-环糊精包合物。

4. 能用复凝聚法制备微囊。

5. 能正确选择适当的技术进行包合或包囊。

素质目标：

具备持续学习与创新能力，保持对药物制剂新剂型领域最新科研成果、技术进展及市场动态的敏锐洞察力，不断学习新知识、新技术，勇于创新。

项目说明

随着各项新技术的应用，包括各种新辅料、新材料的不断出现，药物制剂新技术也不断地涌现出来，使得药物制剂得到了飞速的发展，更好地解决了药物的有效利用问题及最大程度地减低了患者的用药痛苦。药品研究开发的品种越来越多，药物制剂的目标一是带给患者更好的用药体验，二是通过多种新型制剂技术提高药品的生物利用度。本项目主要介绍固体分散技术、包合技术、微型包囊技术。

一、固体分散技术

固体分散技术是将难溶性药物高度分散在另一种固体载体材料中，形成固体分散体的新技术。其特点是药物呈高度分散状态，可提高难溶药物的溶出速率和溶解度，以提高药物的吸收和生物利用度。

一般来说，药物的溶出速率随分散度的增加而提高，因此，以往多采用机械粉碎法、微粉化等技术，使药物微粒变小、比表面积增加，以加速其溶出。采用固体分散技术是获得高度分散药物的一种简单、方便和有效的途径，在固体分散体中，药物通常是以分子、胶粒、微晶或无定形等形态存在，呈高度分散状态，可大大改善药物的溶出和吸收，从而提高其生物利用度。若采用的载体材料为水溶性的，则可使难溶性药物具有高效、速效的作用，如灰黄霉素-琥珀酸低共熔物，其溶解速率较纯灰黄霉素提高 30 倍；吲哚美辛-PEG6000 固体分散体制成的口服制剂，剂量小于市售的普通片剂的一半，而药效却相同，同时药物的不良反应也显著降低。若采用的载体材料是难溶性或肠溶性的，则可使药物具有缓释或肠溶性的作用，如硝苯地平-邻苯二甲酸羟丙甲纤维素酯固体分散体缓释颗粒剂，提高了原药的生物利用度，同时具有缓释作用。

（一）固体分散体常用载体

固体分散体的溶出速率很大程度上取决于所用载体的特性。载体材料应具备下列条件：无毒、无致癌性、不与药物发生化学反应、不影响主药的化学稳定性、不影响药物的疗效和含量测定、能使药物达到最佳分散状态、价廉易得。

目前常用的载体材料可分为三类：水溶性、水不溶性和肠溶性。几种载体材料可联合应用，以达到要求的速释与缓释效果。

1. 水溶性载体材料

多为水溶性的高分子辅料、有机酸类和糖类等，采用水溶性载体制备的固体分散物，可提高药物润湿性，能有效提高药物溶解度，加快药物溶出速度。

（1）聚乙二醇（PEG）类　水溶性较好且能溶于多种极性和半极性有机溶剂。最常用的是 PEG4000 和 PEG6000，熔点较低（50～60℃），毒性小，化学性质稳定，能显著增加药物的溶出速率。药物为油类时，宜选用分子量更高的 PEG 作为载体，如 PEG12000、PEG20000 等。

（2）聚乙烯吡咯烷酮（PVP）类　能溶于水和多种有机溶剂，熔点较高。药物与 PVP 制成固体分散体时，由于氢键作用或络合作用而抑制药物晶核的形成及长大，但贮存过程中易吸潮而析出药物，导致固体分散体老化。PVP 常用的规格有 PVPk30（分子量约 50000）、PVP k15（分子量约 10000）、PVPk90（分子量约 360000）。

（3）泊洛沙姆（poloxamer）188　为乙烯氧化物和丙烯氧化物的嵌段聚合物，易溶于水，为一种表面活性剂。增加药物溶出的效果比 PEG 明显，是较好的速效固体分散体载体。

（4）有机酸类　呈酸性，易溶于水，不溶于有机溶剂，常用的有枸橼酸、琥珀酸、酒石酸、胆酸和去氧胆酸等，不适于作为对酸敏感的药物的载体。

（5）尿素　极易溶于水，稳定性好，具有利尿作用。主要用于利尿药或增加排尿量的难溶性药物的载体。

（6）糖类　常用的有右旋糖酐、半乳糖及蔗糖等，亦包括甘露醇、木糖醇和山梨醇等的糖醇类。特点是分子量小，溶解迅速。

2. 水不溶性载体材料

包括乙基纤维素、聚丙烯酸树脂和脂质类，主要用于延缓药物的释放速度。

（1）乙基纤维素（EC）　性质稳定，无毒，软化点为 152～162℃，溶于乙醇、苯、丙酮和四氯化碳等有机溶剂，广泛用于缓释固体分散体。

（2）含季铵基团的聚丙烯酸树脂（Eudragit） 包括 Eudragit E、Eudragit RL 和 Eudragit RS 等，此类聚丙烯酸树脂在胃液中溶胀，在肠液中不溶。

（3）脂质类 包括胆固醇、棕榈酸甘油酯、巴西棕榈蜡和蓖麻油蜡等。

3. 肠溶性载体材料

主要包括肠溶性纤维素类和丙烯酸树脂类等。

（1）肠溶性纤维素类 常用的包括羟丙基甲基纤维素邻苯二甲酸酯（HPMCP，有 HP-55 和 HP-50 两种型号）、邻苯二甲酸醋酸纤维素（CAP）类。

（2）丙烯酸树脂类 常用的有 Eudragit L 和 Eudragit S，前者相当于国内的Ⅱ号丙烯酸树脂，在 pH6 以上的介质中溶解；后者相当于国内的Ⅲ号丙烯酸树脂，在 pH7 以上的介质中溶解。

（二）固体分散体的制备方法

药物固体分散体的常用制备技术有多种。不同药物采用何种固体分散技术，主要取决于药物的性质和载体材料的结构、性质、熔点及溶解性能等。

1. 熔融法

熔融法是将药物与载体材料混匀，用水浴或油浴加热并不断搅拌至完全熔融，也可将载体材料熔融后，再加入药物溶液，然后将熔融物在剧烈搅拌下迅速冷却成固体，或将熔融物倾倒在不锈钢板上成膜，在板的另一面吹冷空气或用冰水，使骤冷成固体。为了防止某些药物立即析晶，宜迅速冷却固化，然后将产品置于干燥器中，室温干燥，经一到数日即可变脆而容易粉碎。放置的温度视不同品种而定。本法的关键是必须迅速冷却，以达到较高的过饱和状态，使多个胶态晶核迅速形成，而不至于形成粗晶。采用熔融技术制备固体分散体的制剂，最适合的剂型是直接制成滴丸，如复方丹参滴丸。

由于熔融法存在一定的局限性，溶剂法成为更为普遍的制备固体分散体的技术。近年来，熔融法得以改进，以热熔挤出技术（HME）重新兴起。将药物与载体材料置于双螺旋挤压机内，药物和载体的混合物同时熔融、混匀，然后挤出成型为片状、颗粒状、小丸、薄片或粉末。这些中间体可进一步加工成传统的片剂。该技术的优点是不需要有机溶剂，同时可用两种以上的载体材料，药物-载体混合物的受热时间仅约为 1 分钟，因此药物不易破坏，制得的固体分散体稳定。该技术特别适合于工业化生产。

2. 溶剂（蒸发)法

将药物与载体材料共同溶解于有机溶剂中，蒸去有机溶剂后使药物与载体材料同时析出，即可得到药物与载体材料混合而成的共沉淀物，经干燥即得。常用的有机溶剂有氯仿、无水乙醇、95％乙醇、丙酮等。本法适用于对热不稳定或挥发性药物。可选用能溶于水或多种有机溶剂、熔点高、对热不稳定的载体材料，如 PVP 类、半乳糖、甘露糖、胆酸类等。但此法使用有机溶剂的用量较大，成本高，且有时有机溶剂难以完全除尽。残留的有机溶剂除对人体有危害外，还易引起药物重结晶而降低药物的分散度。

3. 溶剂-熔融法

将药物先溶于适当溶剂中，将此溶液直接加入已熔融的载体材料中均匀混合后，按熔融法冷却处理。药物溶液在固体分散体中所占的量一般不超过 10％（质量分数），否则难以形成脆而易碎的固体。本法适用于液态药物，如鱼肝油、维生素 A、维生素 D、维生素 E 等，但只适用于剂量小于 50mg 的药物。凡适用于熔融法的载体材料均可采用此法。制备过程中一般不除去溶剂，受热时间短，产品稳定，质量好。但注意选用毒性小、易与载体材料混合的溶剂。将药物溶液与熔融载体材料混合时，必须搅拌均匀，以防止固相析出。

4. 溶剂-喷雾（冷冻）干燥法

将药物与载体材料共溶于溶剂中，然后喷雾或冷冻干燥，除尽溶剂即得。溶剂-喷雾干燥技术可连续生产，溶剂常用 $C_1 \sim C_2$ 的低级醇或其混合物。溶剂冷冻干燥技术适用于易分解或氧化、对热不稳定的药物，如酮洛芬、红霉素、双香豆素等。此法污染少，产品含水量可低于 0.5%。常用的载体材料为 PVP 类、PEG 类、β-环糊精、甘露醇、乳糖、水解明胶、纤维素类、聚丙烯酸树脂类等。如布洛芬或酮洛芬与 $50\% \sim 70\%$ PVP 的乙醇溶液通过溶剂-喷雾干燥法，可得稳定的无定形固体分散体。又如双氯芬酸钠、EC 与壳聚糖（质量比 10：2.5：0.02）通过喷雾干燥法制备固体分散体，药物可缓慢释放。

另外，喷雾干燥技术（或冷冻干燥技术）制备固体分散体，通常是将药物与载体材料共溶于溶剂中，然后喷雾（或冷冻）干燥除尽溶剂，即得到理想的固体分散体。冷冻干燥法适用于对热比较敏感的药物，分散度好。

（三）固体分散体的评定

固体分散体中药物分散状态到底如何，是关系到固体分散体制备成功与否的最重要的评定项目。药物可能以分子状态、无定形状态、亚稳定状态、胶体状态、微晶状态或微粉状态存在。目前只有粗略地鉴别这些状态的方法，如差示扫描量热法、X 射线粉末衍射法和红外光谱法等。这些方法都是通过对比药物在形成固体分散体前后谱图的变化来进行评定的，比如在差示扫描量热法中药物制成固体分散体后吸热峰可能消失，也可能变小或位移，比较简单的评定方法是溶出速率测定法。难溶性药物制成固体分散体后其溶出速率一般会增加，比如有人研究发现，双炔失碳酯（AD）-PVP 共沉淀物可提高 AD 的溶出速率，当 PVP 用量为 AD 的 8 倍时，溶出可提高近 40 倍。

（四）固体分散体在药物制剂中的应用

① 增加难溶性药物的溶解度和溶出速率，提高药物的生物利用度。通过选择适当的载体，应用固体分散技术将药物制成固体分散体，增大了药物的溶解度，从而提高此类药物的生物利用度。固体分散体能增加药物溶解速率主要是通过增加药物的分散度、形成高能态物质、载体抑制药物结晶生成和降低药物粒子的表面能作用来完成。

② 延缓或控制药物释放。以水不溶性聚合物、肠溶性材料和脂质材料为载体制备的固体分散体，可减慢药物释放速率，延长药物作用时间，达到缓释作用。其释药速率主要取决于载体材料的种类和用量，药物的溶解性能对制备缓释固体分散体无显著影响，即水溶性药物和难溶性药物均可制备缓释固体分散体。故通过选择适宜的载体、恰当的药物与载体的比例，即可获得理想释药速率的固体分散体。采用羟丙甲纤维素邻苯二甲酸酯（HPMCP）等肠溶性材料为载体，制备缓释固体分散体。这种固体分散体具有很好的生物利用度，而且药物释放时间延长。其缓释作用主要依赖给药后延缓吸收来实现，而延缓吸收取决于药物通过胃肠转运的时间，可减少胃排空因素的影响，提高缓释效果。

③ 利用载体的包蔽作用，可增加药物的稳定性、掩盖药物的不良气味和刺激性。

④ 液体药物固体化。

二、包合技术

分子包合技术是指一种分子被全部或部分包入另一种分子内，形成分子胶囊状的包合物的技术。具有包合作用的外层分子称为主分子，被包合到主分子空穴中的小分子称为客分子。主分子需具有一定的形状和大小的空洞、笼格或洞穴，以容纳客分子。常用的包合材料有环糊精、纤维素和蛋白质等，最常用的是环糊精及其衍生物。

（一）环糊精的结构与性质

环糊精系淀粉在酶的作用下形成的产物，由6～10个D-葡萄糖分子以1，4-糖苷键连接而成的环状低聚糖化合物，为水溶性、非还原性的白色结晶性粉末。常见的有 α、β、γ 三种，分别由6、7、8个葡萄糖分子构成，环糊精的立体结构为环状中空圆筒形，能与某些药物分子形成包合物。环糊精包嵌的物质的状态与环糊精的种类，以及被包嵌物质的分子大小、结构状态及基团性质等有关。最常用的是 β-环糊精（β-CD）（图 8-1），因为它在水中的溶解度最小，易从水中析出结晶，安全性高，较符合实际应用要求，故使用最广泛。

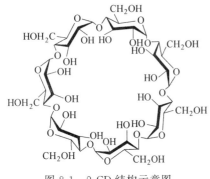

图 8-1　β-CD 结构示意图

由于普通的 β-环糊精溶解度较低，增溶能力有限，为改善其溶解度，人们对 β-环糊精进行了结构修饰，制成 β-环糊精衍生物，如将甲基、乙基、羟丙基、葡萄糖基等基团引入 β-CD 分子中（取代羟基上的 H）。引入这些基团，破坏了 β-CD 分子内的氢键，改变了其理化性质。目前，主要应用的 CD 衍生物分为亲水性、疏水性和离子型三类。离子型环糊精主要包括羧甲基-β-环糊精（CME-β-CD）、硫代-β-环糊精（S-β-CD）等，其溶解度随 pH 的变化而变化。疏水性衍生物主要包括二乙基-β-环糊精（DE-β-CD）、三乙基-β-环糊精（TE-β-CD）、烷基取代-β-环糊精（C_2～C_8-β-CD），它们一般为水不溶性，溶于有机溶剂，有表面张力。亲水性衍生物主要包括甲基-β-环糊精、羟乙基-β-环糊精等。它们在水中有较大的溶解度，除甲基取代环糊精有较大的表面张力外，其余种类生物相容性较佳。目前制药行业最为常用的是羟丙基-β-环糊精和磺丁基-β-环糊精，不但毒性小，而且在水中溶解度大。因为环糊精和受包合分子理论上可形成1：1的包合物，所以在水中溶解度越大的环糊精增溶能力越强。

（二）包合物在制剂中的应用

（1）增加药物的溶解度和溶出度如难溶性药物吲哚美辛、洋地黄毒苷和氯霉素等制成包合物之后，溶解度、溶出度和生物利用度均可显著增加。

（2）掩盖药物的不良臭味、降低刺激性　有的药物具有苦、涩味等不良臭味，甚至还具有较强的刺激性。药物包合后可掩盖不良臭味，降低刺激性。比如大蒜精油具有臭味，对胃肠道的刺激性也比较大，有研究者用环糊精将其制成包合物后显著降低了臭味和刺激性。

（3）提高药物的稳定性　环糊精可以包合许多容易氧化或光解的药物，提高药物的稳定性。如前列腺素 E_2 在40℃紫外光照射3小时其活性就降低一半，而包合物在相同条件下24小时其活性未见降低。当然，也有制成包合物稳定性降低的情况，比如阿司匹林制成包合物后反而更容易水解。

（4）液体药物粉末化　中药中的许多挥发油，如薄荷油、生姜挥发油和紫苏油等，容易挥发，一般也不溶于水。传统的做法是用吸收剂将挥发油吸收后再压片或装胶囊等，生产过程容易挥发损失。比如羌活油在制成感冒冲剂时，不易混匀，且制成颗粒剂后极易挥发影响疗效，制成包合物后羌活油由液态变为固态，容易混匀并降低挥发。

（三）环糊精包合物的制备方法

（1）饱和水溶液法（重结晶或共沉淀法）　将环糊精制成饱和水溶液，加入客分子药物（难溶性药物可先用适量有机溶剂溶解）搅拌混合 30 分钟以上，形成的包合物自水中析出。水中溶解度大的药物，其包合物不易析出，此时可加入有机溶剂使析出沉淀，将析出的包合物过滤、洗涤、干燥即得。

（2）研磨法　取环糊精加入 2～5 倍水，研匀，加入药物（难溶性药物可先用适量有机溶剂溶解）充分研磨成糊状，除去水分和其他溶剂，即得包合物。

（3）喷雾干燥法　如果所得包合物易溶于水，难以析出沉淀，可用喷雾干燥法制备包合物。如果包合物在加热干燥时容易分解、变色，可用冷冻干燥法干燥。

（4）超声波法　向环糊精饱和溶液中加入客分子药物，混合溶解后用超声波处理，析出的沉淀进行过滤、洗涤、干燥即得。

三、微型包囊技术

微型包囊技术是利用天然或合成的高分子材料（简称囊材）将固体或液体药物（简称囊心物）包裹制成微型胶囊的技术，简称微囊化。当药物被囊材包裹在囊膜内形成药库型微小球状囊体，称为微囊；当药物溶解或分散在高分子囊材中，形成骨架型微小球状实体，称为微球。通常微囊与微球的外观呈粒状或圆球形，一般直径为 $1～250\mu m$。用微囊制成的制剂则称为微囊化制剂。

（一）微型包囊技术的特点

药物制成微囊后具备了以下特点。

（1）掩盖药物的不良臭味　如大蒜素、鱼肝油、氯贝丁酯、生物碱类及磺胺类等药物制成微囊后，可有效掩盖药物的不良臭味，进而提高患者用药顺应性。

（2）增加药物的稳定性　一些不稳定的药物如易水解药物（如阿司匹林）、易氧化的药物（如维生素 C 和 β-胡萝卜素）等制成微囊后，能够在一定程度上避免 pH、光线、湿度和氧的影响，提高药物的化学稳定性。易挥发的挥发油类药物微囊化后能防止其挥发，提高药物的物理稳定性。

（3）阻止药物在胃内失活或降低对胃的刺激性　尿激酶、红霉素、胰岛素等药物易在胃内失活；氯化钾、吲哚美辛等对胃有刺激性，易引起胃溃疡，以邻苯二甲酸羟丙基甲基纤维素酯等肠溶材料制成微囊，可克服上述缺点。

（4）使液体药物固体化，便于制剂的生产、应用与贮存　脂溶性维生素、油类、香料等油状成分制成微囊后，可完全改变其外观形状，从油状变成粉末状，有利于制剂的工艺生产。

（5）可降低复方制剂中药物之间的配伍禁忌等问题　阿司匹林与氯苯那敏配伍后，易加速阿司匹林的水解；将二者分别制成微囊后，再制成复方制剂，可大大防止阿司匹林的水解。

（6）可延缓药物释放，降低毒副作用　应用成膜材料、可生物降解材料、亲水凝胶材料等作为微囊囊材，从而使药物具有控释或缓释性。已有的微囊制剂如吲哚美辛缓释微囊、左炔诺孕酮控释微囊及促肝细胞生长素速释微囊等。有人研制了硫酸庆大霉素可生物降解乳酸微囊，可产生长达 2～3 周的局部抗菌效果。

（二）囊心物与囊材

1. 囊心物

除主药外，也可包含附加剂，如稳定剂、稀释剂、控制释放速率的阻滞剂或促进剂，以及改善囊膜可塑性的增塑剂等。囊心物可以是固体，也可以是液体。通常将主药与附加剂混匀后再微囊化，也可先将主药单独微囊化，再加入附加剂。

2. 囊材

常用的囊材可分为下述三大类。

（1）天然高分子囊材　天然高分子材料是最常用的囊材，包括明胶、阿拉伯胶、海藻酸盐、蛋白类、壳聚糖和淀粉等，因其稳定、无毒、成膜性好而得到广泛应用。

① 明胶　明胶是氨基酸与肽交联形成的直链聚合物，其平均分子量为 15000～25000，因制备时水解方法的不同，明胶分酸法明胶（A 型）和碱法明胶（B 型）。A 型明胶的等电点为 7～9，B 型明胶的等电点为 4.7～5.0。两者的成囊性无明显差别，均可生物降解，几乎无抗原性。通常可根据药物对酸碱性的要求选用 A 型或 B 型。用作囊材的用量为 20～100g/L。

② 阿拉伯胶　一般常与明胶等量配合使用，用作囊材的用量为 20～100g/L，亦可与白蛋白配合作复合材料。

③ 海藻酸盐　海藻酸盐系多糖类化合物，常用稀碱从褐藻中提取而得。海藻酸钠可溶于不同温度的水中，不溶于有机溶剂，但海藻酸钙不溶于水，故海藻酸钠可用氯化钙固化成囊。

④ 壳聚糖　常用的是脱乙酰壳聚糖，为壳聚糖在碱性条件下脱乙酰化而得，可溶于酸或酸性水溶液，无毒、无抗原性，在体内能被溶菌酶等酶解，具有优良的生物降解性、低毒性和生物相容性。

（2）半合成高分子囊材　作囊材的半合成高分子材料多为纤维素衍生物，其特点是毒性小、黏度大、成盐后溶解度增大。由于其易于水解，不宜高温处理。

① 羧甲基纤维素盐　羧甲基纤维素盐属阴离子型的高分子电解质，如羧甲基纤维素钠（CMC-Na）常与明胶配合作复合囊材。CMC-Na 在酸性溶液中不溶，其水溶液不会发酵。

② 醋酸纤维素酞酸酯（CAP）　在强酸中不溶解，分子中的游离羧基多少决定其水溶液的 pH 及能溶解 CAP 的溶液最低 pH。用作囊材时可单独使用，也可与明胶配合使用。

③ 乙基纤维素　乙基纤维素（EC）化学稳定性高，适用于多种药物的微囊化，不溶于水、甘油和丙二醇，可溶于乙醇，遇强酸易水解，故对强酸性药物不适用。

④ 甲基纤维素　甲基纤维素（MC）用作微囊囊材，可与明胶、CMC-Na、聚维酮（PVP）等配合作复合囊材。

⑤ 羟丙甲纤维素　羟丙甲纤维素（HPMC）能溶于冷水成为黏性溶液，有一定的表面活性，不溶于热水，长期贮存稳定性较好。

（3）合成高分子囊材　作囊材用的合成高分子材料有生物可降解型和不可生物降解型两类。近年来可生物降解型材料受到普遍重视，如聚碳酯、聚氨基酸、聚乳酸（PLA）、聚乳酸-羟基乙酸共聚物（PLGA）、聚乳酸-聚乙二醇嵌段共聚物（PLA-PEG）等，其特点是无毒、成膜性好、化学稳定性高，可用于注射。其中以 PLA 和 PLGA 应用最为广泛，PLGA 为无毒的可生物降解的聚合物，由乳酸和羟基乙酸聚合而成。

（三）微型包囊的常用技术

目前微囊化方法可归纳为物理化学法、物理机械法和化学法三大类。

1. 物理化学法

成囊过程在液相中进行，通过改变条件使溶解的囊材的溶解度降低，从溶液中析出，产生一个新相（凝聚相）并将囊心物包裹形成微囊，故又称相分离法。相分离法微囊化步骤大体可分为囊心物的分散、囊材的加入、囊材的沉积和囊材的固化四步（图8-2）。

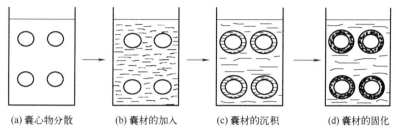

| (a) 囊心物分散 | (b) 囊材的加入 | (c) 囊材的沉积 | (d) 囊材的固化 |

图8-2 相分离法微囊化四步骤图示

相分离法分为单凝聚法、复凝聚法、溶剂-非溶剂法、改变温度法和液中干燥法。该法所用设备简单，高分子材料来源广泛，可将多种类别的药物微囊化，现已成为药物微囊化的主要工艺之一。

（1）单凝聚法 单凝聚法是相分离法中较常用的一种，制备微囊时是以一种高分子材料为囊材，将囊心物分散到囊材的水溶液中，然后加入凝聚剂（如乙醇、丙酮、无机盐等强亲水性物质）以降低高分子材料的溶解度而凝聚成囊。这种凝聚是可逆的，一旦解除促进凝聚的条件（如加水稀释），就可发生解凝聚，使微囊很快消失。在制备过程中可以反复利用这种可逆性，调节凝聚微囊形状。最后再采取适当的方法将囊膜交联固化，使之成为不粘连、不可逆的球形微囊。以明胶为囊材的单凝聚法工艺流程见图8-3。

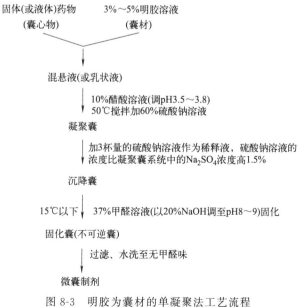

图8-3 明胶为囊材的单凝聚法工艺流程

（2）复凝聚法 复凝聚法是指利用两种聚合物在不同pH时，相反电荷的高分子材料互相吸引后，溶解度降低，从而产生了相分离的方法。该法是经典的微囊化方法，适用于难溶性药物的微囊化。

常在一起作复合囊材的带相反电荷的高分子材料组合有明胶-阿拉伯胶、海藻酸盐-聚赖氨酸、海藻酸盐-壳聚糖、海藻酸-白蛋白、白蛋白-阿拉伯胶等，其中明胶-阿拉伯胶组合最常用。

现以明胶与阿拉伯胶为例，说明复凝聚法的基本原理。明胶为两性蛋白质，当pH在等电点以上时明胶带负电荷，在等电点以下时带正电荷。阿拉伯胶在水溶液中带负电荷，明胶与阿拉伯胶溶液混合后，调pH4.0～4.5，带正电荷的明胶与带负电荷的阿拉伯胶互相吸引交联形成正、负离子的络合物，溶解度降低而凝聚成囊。复凝聚法的工艺流程见图8-4。

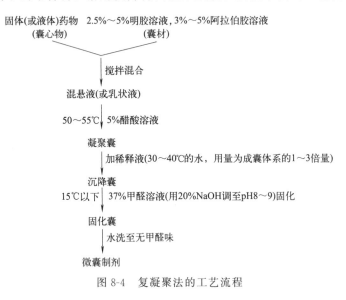

图 8-4 复凝聚法的工艺流程

2. 物理机械法

本法是将固态或液态药物在气相中进行微囊化，需要一定设备条件。常用的方法是喷雾干燥法和空气悬浮包衣法。随着近年来制药技术及设备不断发展，物理机械法制备微囊的应用越来越广。

（1）**喷雾干燥法**　是将囊心物分散在囊材的溶液中，再用喷雾法将此混合物喷入热气流中，溶剂迅速蒸发，囊膜凝固将药物包裹而成微囊的方法。

（2）**喷雾冻凝法**　又称为喷雾凝结法，是将囊心物分散于熔融的蜡质囊材中，然后将此混合物喷雾于冷气流中，囊材凝固而成微囊的方法。如蜡类、脂肪酸和脂肪醇等囊材均可采用此法。

（3）**空气悬浮法**　又称流化床包衣法，是使囊心物悬浮在包衣室中，囊材溶液通过喷嘴喷洒于囊心物表面而得到微囊的方法。

3. 化学法

化学法是利用在溶液中的单体或高分子通过聚合反应或缩合反应生成高分子囊膜，从而将囊心物包裹成微囊，主要分为界面缩聚法和辐射化学法两种。本法的特点是不加凝聚剂。

（四）微囊制剂的质量评价

药物微囊化以后，可根据临床需要制成散剂、胶囊剂、片剂及注射剂等剂型。由于微囊本身的质量可直接影响制剂的质量，因此微囊的质量评价不仅要求其相应制剂符合药典规定，还需要评价微囊本身的质量，包括囊形与大小、微囊中药物的含量、微囊中药物的释放度等。

（1）微囊的形状与大小　微囊的外形一般为圆球形或近圆球形，有时候也可以是不规则形，可采用光学显微镜、电子显微镜等观察形态，用自动粒度测定仪、库尔特计数仪测定粒径大小和粒度分布。

（2）微囊中药物的含量测定　微囊中药物进行含量测定时，应注意囊材对药物包封率的影响，如果囊膜破坏不完全，主药提取可能不完全，测得的药物含量就偏低。

（3）微囊中药物的释放度测定　根据微囊的特点与用途，可采用《中国药典》四部中释放度测定方法进行，也可将微囊置于半透膜透析管内，再进行测定。

项目评价

（一）单项选择题

1. 在固体分散技术中可用作肠溶性载体材料的是（　　）。

A. 糖类与醇类　　　　　　　　　　　B. 聚维酮

C. 聚丙烯酸树脂类　　　　　　　　　D. 表面活性剂类

2. 将大蒜素制成微囊是为了（　　）。

A. 提高药物的稳定性

B. 掩盖药物的不良臭味

C. 防止药物在胃内失活或减少对胃的刺激性

D. 控制药物释放速率

3. 关于复凝聚法制备微囊叙述错误的是（　　）。

A. 可选择明胶-阿拉伯胶为囊材

B. 适合于水溶性药物的微囊化

C. pH 和浓度均是成囊的主要因素

D. 如果囊材中有明胶，制备中加入甲醛为固化剂

4. 目前包合物常用的包合材料是（　　）。

A. 环糊精及其衍生物　　B. 胆固醇　　　　C. 纤维素类　　　　D. 聚维酮

5. 制备微囊时最常用的囊材是（　　）。

A. 半合成高分子囊材　　　　　　　　B. 合成高分子囊材

C. 天然高分子囊材　　　　　　　　　D. 聚酯类

6. 复凝聚法制备微囊时，常与阿拉伯胶等量配合使用的是（　　）。

A. 聚乙二醇　　　　　　B. 明胶　　　　　C. 大豆磷脂　　　　D. 胆固醇

7. 固体分散体载体材料分类中不包括（　　）。

A. 天然高分子材料　　B. 水溶性材料　　C. 难溶性材料　　D. 肠溶性材料

8. 在包合物中包合材料充当（　　）。

A. 客分子　　　　　　　B. 主分子　　　　C. 客分子和主分子　D. 小分子

9. 在包合材料中最常用的是（　　）。

A. α-CD　　　　　　　　B. β-CD　　　　　C. γ-CD　　　　　　D. δ-CD

10. 形成包合物的稳定性主要取决于主分子和客分子之间的（　　　）。

　　A. 结构状态　　　　　　B. 分子大小　　　C. 范德瓦耳斯力　　D. 极性大小

11. 大多数环糊精与药物可以达到摩尔比（　　）包合。

　　A. 1∶1　　　　　　　B. 1∶2　　　　　C. 1∶3　　　　　　D. 1∶4

12. 包合物能否形成主要取决于主-客分子的（　　　）。

　　A. 大小　　　　　　　B. 填充作用　　　C. 空间结构　　　　D. 范德瓦耳斯力

（二）多项选择题

1. 固体分散体中，增加药物溶解速率主要是通过（　　）。

　　A. 增加药物的分散度　　　　　　　　　B. 降低药物与溶出介质的接触机会

　　C. 提高药物的润湿性　　　　　　　　　D. 载体抑制药物结晶生成

　　E. 保证药物的高度分散性

2. 制备聚乙二醇固体分散体时，常用的是（　　）。

　　A. PEG400　　　　　　　B. PEG600　　　　C. PEG2000

　　D. PEG4000　　　　　　E. PEG6000

3. 固体分散体的类型有（　　）。

　　A. 低共熔混合物　　　　B. 固态溶液　　　C. 共沉淀物

　　D. 玻璃溶液和玻璃混悬液　　E. 乳剂

4. 药物微囊化的目的是（　　）。

　　A. 增加药物的溶解度　　　　　　　　　B. 提高药物的稳定性

　　C. 液态药物的固态化　　　　　　　　　D. 遮盖药物的不良臭味及口味

　　E. 减少复方制剂中的配伍禁忌

（三）简答题

1. 固体分散体技术有哪几种？各自的优缺点是什么？

2. 简述包合物又称为分子胶囊的理由。

3. 目前微型包囊技术可归纳为哪三大类？请简述相分离凝聚法的原理。

（四）实例分析

1. 分析下列液状石蜡微囊处方中各成分的作用，并简述其制备过程。

[处方]

液状石蜡　2g（　　　　　）

明胶　2g（　　　　　）

10％醋酸溶液　适量（　　　　　）

60％硫酸钠溶液　适量（　　　　　）

37％甲醛溶液　3ml（　　　　　）

纯化水　适量（　　　　　）

制备过程：

2. 制备出的液状石蜡微囊黏结成团，试分析引起的原因，并采取相应的措施。

项目九
药物制剂新剂型

学习目标

通过药物新剂型的学习达到如下目标。

知识目标：

1. 了解药物新剂型的发展历史、分类、现状和发展趋势。

2. 掌握缓释、控释制剂的常用辅料及作用；经皮给药制剂的基本结构、类型及常用的处方材料。

3. 掌握靶向制剂的分类及常用载体。

技能目标：

1. 掌握药物新剂型的应用特点。

2. 能够对常见的药物新剂型进行鉴定和质量判断。

3. 掌握缓释与控释制剂、经皮给药制剂、靶向制剂等药物新剂型常见品种的制备方法。

4. 了解口服缓释、控释制剂的临床应用与注意事项。

素质目标：

1. 具备持续学习与创新能力，善于学习未来医疗需求和行业发展趋势，不断探索新型制剂技术。

2. 具备风险管理的意识和能力，能够学习识别、评估并应对研发过程中可能出现的各种风险。

项目说明

随着社会的发展和科学技术的不断进步，药物新剂型的应用越来越普遍。相比于传统剂型，药物新剂型可实现定时、定位、定速释放药物，具有使用方便、疗效好、毒副作用小等诸多优势。

剂型是活性药物进入机体前的最终存在形式，其发展大致分为四个阶段：第一代为普通制剂，如丸剂、片剂、胶囊剂和注射剂等；第二代为缓释制剂、肠溶制剂，如缓释骨架片、植入长效制剂等；第三代为控释制剂，以及利用药物载体制备的靶向制剂，如渗透泵制剂、膜控释制剂、脂质体制剂等；第四代为基于体内反馈情报靶向于细胞水平的给药系统。随着人们对疾病的认识不断深入，以及新材料、新工艺技术的发展，近几十年药物剂型迎来了飞速发展，药物新剂型正向"精确给药到定向定位给药、按需给药"的方向发展。

本项目主要介绍缓释与控释制剂、经皮给药制剂、靶向制剂这三种药物新剂型的概念、特点、类型及制备工艺等。

一、缓释与控释制剂

（一）缓释制剂

缓释制剂系在规定的释放介质中，按要求缓慢地非恒速释放药物的制剂。与普通制剂相比，其给药频率减少一次或有所减少，且能显著增加患者依从性，治疗作用持久、毒副作用低。缓释制剂每24h的用药次数可减少至1~2次以下。近年来，缓释制剂在抗心律失常药、镇痛药、抗生素和降压药等方面均有应用。

1. 缓释制剂的特点和组成

一般制剂必须一日几次给药，而且每次给药后，血药浓度都会出现峰谷现象，如图9-1所示。

血药浓度高时（峰值），还可能产生中毒。缓释与控释制剂可以克服此种峰谷现象，能使血药浓度维持在比较平稳而持久的有效范围内，同时也提高了药物使用的安全性，图9-2为常规制剂、缓释制剂与控释制剂产生的血药浓度比较示意图。

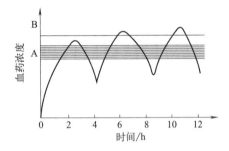

图 9-1　每 4 小时服药血药浓度示意图

A—最适宜的治疗浓度区域；B—可能发生中毒区域

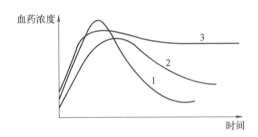

图 9-2　三类制剂血药浓度比较

1—常规制剂；2—缓释制剂；3—控释制剂

缓释制剂与控释制剂的主要区别在于后者的释药速率为零级或接近于零级速率，也即恒速或接近恒速释药，且不受体内环境的 pH 值、酶、离子强度及胃肠蠕动等因素的影响。

缓释制剂一般由缓释、速释两部分药物组成，缓释部分能在体内长时间释药，维持有效的血药浓度。速释部分在体内能很快地释放、吸收，迅速达到有效血药浓度。

下列药物不适于制成缓释制剂：①生物半衰期很短（$t_{1/2}$ 小于 1h）时，需要很大剂量才能制成一个缓释制剂，不论口服或注射都不方便；②$t_{1/2}$ 太长，如超过 12h 的药物，一般无必要制成缓释制剂；③一次剂量很大的药物（大于 1g），因为在缓释制剂中所含的药物往往超过一次剂量，对那些药效剧烈的药物，如制剂设计不周密、工艺不良或释药太快，就可能会使患者中毒；④溶解度小、吸收无规则、吸收差或吸收易受影响的药物；⑤在肠中具有"特定部位"吸收的药物，如维生素 B_2 有效吸收部位在小肠上段，在结肠仅 9%。

2. 缓释制剂的类型

缓释制剂按给药途径可分为：①不经胃肠道给药的缓释制剂，如注射剂、膜剂、栓剂和植入剂等；②经胃肠道给药的缓释制剂，如丸剂、胶囊剂（肠溶胶囊、涂膜胶囊）和片剂（骨架片、包衣片、多层片）等。

按照制备工艺，可分为薄膜包衣缓释制剂、缓释乳剂、骨架缓释制剂、注射用缓释制剂、缓释膜剂、缓释微囊剂等。

3. 缓释制剂的设计原理

药物在体内的运转、变化过程如下：

药物在体内的有效作用时间的长短，主要由 $K_1 \sim K_6$ 这 6 个过程的速率常数来决定。因此，缓释制剂设计的目的就是使 K 值减小，如减小 K_1、K_2，就可延缓药物的释放与吸收。

制备较理想的缓释制剂，首剂量必须含有速释部分与缓释部分两部分的药量。速释部分药量能迅速在体内建立起治疗所需要的最佳血药水平；缓释部分药量是指释放较慢的恒速释药量，能在体内较长时间维持最佳血药水平。有的缓释制剂中的速释部分与缓释部分间隔释药，还有一些缓释制剂的速释部分和缓释部分同时释药。

4. 缓释制剂的制备工艺

缓释制剂可按化学方法制备或按药剂方法制备。

（1）按化学方法制备　系用化学方法将药物进行化学结构改变，制成不同的盐类、酯类和酰胺类等，使药物成为不易水解的衍生物，达到改变吸收性能而延长疗效的目的。如青霉素制成溶解度较小的青霉素普鲁卡因盐，作用时间可由原来的 5h 延长至 24～48h；生物碱类药物与鞣酸形成难溶性的丙咪嗪鞣酸、N-甲基阿托品鞣酸盐；醇型激素睾丸素，经酯化制成睾丸素丙酸酯、睾丸素环戊丙酸酯、庚酸酯等；又如核黄素月桂酸酯，用药后在体内的有效浓度能保持 60～90d。此外，制成酰胺类药物比酯类药物稳定，有效时间延长。

（2）按药剂方法制备　药剂方法工艺原理主要基于使药物溶出速率减少和扩散速率减慢。现介绍如下。

① 减少溶出速率　因为药物的溶出速率与药物的粒径和表面积、药物的溶解度有关，可通过增大药物粒径、减小药物溶解度等方法使药效延长。常用方法有以下几种。

将药物包藏于溶蚀性或亲水性的骨架中，药物分散于脂肪类、蜡类等基质中，由消化道消化液慢慢溶蚀而释放，脂肪、蜡类等物质在此也称阻滞剂或溶蚀性骨架。此外，尚有蜂蜡、硬脂酸、氢化植物油、硬脂酸丁酯、蔗糖单（二）硬脂酸酯、单硬脂酸甘油酯、巴西棕榈蜡等，都是疏水性或在水中极难溶的脂类基质，将药物溶于或混悬于这些热熔的基质中，冷却后粉碎成粉末或小粒，装于胶囊中或制成片剂；或将一部分药物制成上述颗粒，另一部分药物制成普通颗粒，以一定比例混合均匀制成胶囊剂或片剂，速释部分显效较快，缓释部分在胃肠道被消化液溶蚀而缓慢释放吸收。其释放速率与溶蚀速率有关。如将土霉素用硬脂酸作骨架制成片剂，临床使用时每 12h 服 1 片即可。

也可用亲水性高分子物质作骨架材料，加入适宜的稀释剂与药物混匀制成片剂，当接触体液后可吸水膨胀，或遇水变成高分子溶液或胶体溶液，黏度较大，使药物扩散运动减慢而延长药物的释放过程。常用的亲水高分子物质有甲基纤维素（MC）、羧甲基纤维素（CMC）、羟丙基纤维素（HPC）、羟丙基甲基纤维素（HPMC）、羟丙基淀粉（HPS）、聚乙烯吡咯烷酮（PVP）、羟乙烯聚合体等。如硫酸奎尼丁与羟丙基甲基纤维素制成片剂。

盐类药物制成油液型注射剂。把难溶性盐类药物混悬于植物油中制成油注射液，药物经注射后先由油相分配至水相（体液）而起缓释作用，药物的疗效延长2～3倍。如普鲁卡因青霉素混悬于植物油中制成注射液，在体内作用时间可维持24h。

控制药物粒子大小，如超慢性胰岛素含胰岛素锌晶粒较大（大于$10\mu m$），作用可长达30余小时，而含晶粒较小（小于$2\mu m$）的半慢性胰岛素锌，作用时间为12～14h。

② 减小扩散速率　减小制剂中药物向体液的扩散速率就可以延长药物的吸收时间，常用下列工艺方法。

可采用薄膜包衣方法，将药物小丸或片剂用合成的高分子材料包衣。如以小丸形式包衣较为合理，可分出一部分小丸不包衣，其他小丸分成2～3组，包厚度不等的衣层，取各组小丸一定比例混合装入胶囊。口服后释药情况如图9-3所示。

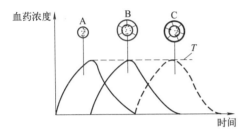

图9-3　混有不同程度包衣小丸延长作用图
A—不包衣小丸；B—包较薄衣层的小丸；C—包较厚衣层的小丸；T—ABC相加的血药浓度-时间曲线

包衣材料有肠溶材料如邻苯二甲酸醋酸纤维素（CAP）、甲基丙烯酸树脂、聚乙烯甲醚/马来酸酐半酯等；阻滞剂为疏水性高分子物质，如石蜡、高级脂肪酸、单或双硬脂酸甘油酯等，可阻滞水溶性药物的溶解-释放。

还可制成骨架片，如以不溶性的无毒塑料，如聚氯乙烯、聚乙烯、聚乙烯乙酸酯、聚甲基丙烯酸酯、硅橡胶等为骨架，与药物按一定比例制成缓释骨架片。这类片剂的制备方法，可将药物与塑料直接混合压片；或将药物粉碎与塑料制粒，压片；或将药物与塑料溶于有机溶剂中，蒸发后形成固体溶液或药物微粒外层包附塑料层，再制成颗粒，压片。

这种骨架片服用后，消化液先使表面药物溶解、释放（速释部分），后对骨架平片进行渗透，进入，使药物溶解释放（缓释部分）。药物释放完后，骨架可随粪便排出体外。

制成缓释微囊，制备的微囊膜为半渗透膜，在胃肠中水分可渗入囊内，将药物溶解后再扩散到囊外而被机体吸收。囊膜的厚度、孔径、微孔弯曲度等决定药物的释放速率。

制成药树脂，是指将离子型药物与离子交换树脂复合制成缓释制剂。如阳离子交换树脂与有机胺类药物的盐交换；阴离子交换树脂与有机羧酸盐或磺酸盐交换而成为药树脂。制成胶囊剂或片剂等，口服后在胃肠液中，药物再被交换而缓慢释出。目前已有维生素B_1、维生素B_2、维生素B_6、维生素B_{12}、维生素C、烟酸、叶酸、阿托品等制成的药树脂制剂。

可将水不溶性药物（如激素）熔融后倒入模型中或重压法制成植入剂，经手术埋藏于皮下，药效可长达数月甚至2年。睾丸素、乙酸去氧皮质甾酮等均已制成植入剂。

水溶性药物可以精制羊毛醇和植物油为油相制成乳剂，临用时加入水性溶剂猛力振摇，即成W/O乳剂型注射剂。肌注后水相中的药物向油相扩散，再由油相分配到体液，因而有缓释作用。另外，一些药物的混悬液也有延缓释放的功能。

（二）控释制剂

控释制剂系指在规定的释放介质中，按要求缓慢地恒速释放药物，使血药浓度长时间维持在有效浓度范围的一类制剂。

优良的控释制剂，应按药物的消除速率定时定量地释放药物，克服普通制剂多次给药后所表现的血药浓度呈峰谷现象，比一般缓释制剂释药更理想，可提高药物的安全性、有效性和适应性。控释制剂近年来发展很快，其中发展最快的是口服控释制剂，工艺技术从简单的肠溶核心型，发展到开孔膜控型。近几年来，研制开发了一些非常长效的小剂量恒释精密给药系统，如含有雌激素与孕激素的宫内给药器可恒速释药 3 周。

1. 控释制剂的特点

与普通制剂比较，控释制剂释药速率平稳，接近零级速率过程，可使释药时间延长，一般可恒速释药 8～10h，减少了服药次数；可克服普通制剂多剂量给药后所产生的峰谷现象。如图 9-4（图中 DI 为控释制剂的稳态浓度差）。对某些治疗指数小，消除半衰期短的药物，制成控释制剂可避免频繁用药而引起中毒；对胃肠刺激性大的药物，制成控释制剂就可减少副作用，如阿司匹林等。

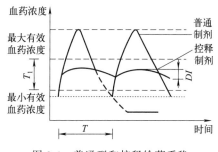

图 9-4　普通型和控释给药系稳态血药浓度示意图

2. 控释制剂的类型

按剂型分类，可分为控释片剂、胶囊剂、微丸、液体制剂、栓剂、膜剂、透皮贴剂、微囊、微球以及控释植入剂等。

按给药途径分类，可分为口服控释制剂、透皮控释制剂、直肠控释制剂、眼内控释制剂、子宫内和皮下植入控释制剂等。

3. 控释制剂的组成

控释制剂通常要求能按零级或接近零级速率释药，在具体设计时应对各种影响因素做全面考虑。通常控释制剂组成包括药物贮库、控释部分、能源部分、传递孔道四个部分。

药物贮库是贮存药物的部位，药物溶解或分散于其中。药物贮存量应足以符合治疗的需求，一般是大于设计的释药总量，利用过量的药物作为恒速释药的驱动力。

控释部分的作用是建立并维持设计要求的恒速释药速率。如包衣控释片上的微孔膜。

能源部分供给药物分子从贮库恒速释出的能量。如渗透泵片，在体液中吸水膨胀后产生高于体液的渗透压，使药物分子释出。

传递孔道兼有控释作用。如骨架片的网状结构。有的传递孔道可利用激光打孔形成。

药物在控释制剂内的存在形式对释放速率的影响较大。主要存在形式有：①贮库式，即药物全部被高分子聚合物膜包围；②整体式，即药物融入或混合在聚合物内；③分散式，即在整体式外面再包以聚合物膜，成为包膜整体式制剂。如图 9-5 所示。

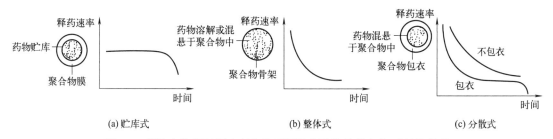

(a) 贮库式　　　　　(b) 整体式　　　　　(c) 分散式

图 9-5　药物在控释制剂中存在的不同形式及其释药速率-时间的关系

4. 渗透泵式控释制剂

渗透泵式控释制剂系利用渗透压原理制成的控释制剂。现以片剂为例阐明其原理和构造，片芯以水溶性药物与水溶性聚合物或其他辅料制成，外面用水不溶性材料如醋酸纤维

素、乙基醋酸纤维素或乙烯-醋酸乙烯共聚物等包衣，呈半透膜壳，壳顶一端用适当方法

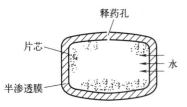

图 9-6　渗透泵型片剂剖面图

（如激光）打一小孔，如图 9-6。当与消化液接触后，水分可通过半透膜进入片芯，使药物溶解成为饱和溶液，借内外渗透压差，产生泵的作用，使药物由小孔中定量恒速渗出，其量与渗透入片内的水量相等，释药速度按恒速进行，当片芯中药物逐渐低于饱和溶液，释药速度以抛物线逐渐降低到零为止。

　　口服双室渗透泵片，与上述不同点是药物装于一室，另一室为产生渗透压的物质，口服后水分通过半透膜渗入膜内，可将产生渗透压的物质溶解而产生巨大的渗透压，而把另一室中的药物压出，达到控速释药的目的。如图 9-7。

　　另外还有一种双药库渗透泵片，是由半渗透膜将渗透泵隔离成两室，各装一种药物而形成双药库，每室都有一个释药小孔。如图 9-8 所示。如复方片剂制成两边开孔的两室渗透泵片，两种药不必混合，分别同时由两个孔缓缓释放，适合于制备有配伍禁忌药物的渗透片。

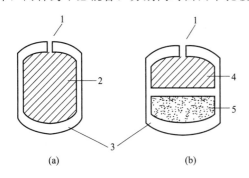

图 9-7　单室（a）与两室（b）渗透泵式控释片剖面图
1—释放药物小孔；2—片芯；3—半透膜；
4—药物库；5—渗透压活性物质库

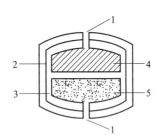

图 9-8　双药库渗透泵型控释片剖面图
1—释药小孔；2—半透膜薄膜衣；3—隔离膜；
4—第一药库；5—第二药库

5. 膜控释型制剂

　　控释膜制剂是指水溶性药物及辅料包封于具有透性的、生物惰性的高分子聚合物膜中而制成的给药系统。药物通过透性膜能在较长时间恒定均匀地向外扩散释放。这类制剂已用于口服给药、透皮给药、眼内给药、宫内给药等。

　　（1）口服膜控释制剂

　　① 封闭性透性膜包衣　是将药物和辅料制成药芯后再包封透性膜衣制得。如硫酸锂控释片，用醋酸纤维素丙酮溶液包衣，该药安全范围窄，在体内消除快，制成控释膜片后体内有效血药浓度维持时间可延长一倍，还可减少消化道反应的发生率。

　　控释膜制剂多用于包衣法制备。选择适合的聚合物，包衣膜应紧密且具有通透性。

　　还可先将药物制成药树脂片剂，用水渗透性聚合物（如乙基纤维素）包衣即可。

　　② 多层膜控释片　将药物分散于水溶性羧基纤维素中，夹于两层交联羧甲基纤维素中，压成多层片，再用适宜的聚合物包衣。在胃肠道中可控制药物从含药羧甲基纤维素中以零级速率释放。

　　③ 微孔膜包衣片　是将片芯用掺有致孔剂的透性膜材包衣而制成。即用胃肠道中不溶解的乙基纤维素、醋酸纤维素、乙烯-醋酸乙烯共聚物等作为衣膜材料加入少量的水溶性物

质如聚乙二醇类、聚乙烯醇、聚乙烯吡咯烷酮等作为致孔剂，亦可加入滑石粉、二氧化硅等，甚至可将药物加在包衣膜内既作致孔剂又作速释部分，用此包衣液包在片剂即成微孔膜包衣片。当与胃肠液接触时，膜上存在的致孔剂遇水而部分溶解或脱落，在包衣膜上形成无数微孔或弯曲小孔，使衣膜具有通透性。胃肠道中的液体通过微孔渗入膜内，溶解药物产生一定的渗透压，药物分子便通过这些微孔向膜外扩散释放。扩散的结果使水分又得以进入膜内溶解药物，如此反复，使药物以零级或接近零级速率释放。

如以醋酸纤维素为包衣材料，聚乙二醇 1500 为致孔剂制备的异烟肼控释片，在体外可按零级速率持续释药 8h 以上，健康人服用，体内有效血药浓度可持续约 24h。

（2）皮肤用控释制剂　皮下治疗系统（简称 TTS）是将药物制成贴膏形式贴敷于皮肤上，药物可透过皮肤屏障持续、恒速释出并吸收的一种剂型。例如，东莨菪碱 1.5mg，贴于耳后，在 72h 内恒速释药 0.5mg，控释膜为微孔聚丙烯薄膜，此膜下面为粘贴层，用以黏附在皮肤上。粘贴层中亦含有东莨菪碱 0.2mg，作为负荷剂量，以加速达到稳态血药浓度。

（3）眼用控释制剂　例如，治疗青光眼的毛果芸香碱控释眼膜制剂，见图 9-9，适用于眼结膜上或下陷凹处，规格有每小时恒速释药 20μg 和 40μg 两种，均可维持药效一周。本品中心为毛果芸香碱和海藻酸钠的混合物，成一薄片。上下两层为控速膜材料乙烯-醋酸乙烯共聚物（EVA）薄膜。增塑剂用邻苯二甲酸二（2-乙基）己酯，毛果芸香碱的释放速度随增塑剂用量的增加而增大。使用该系统，一次给药可维持一周的降低眼内压疗效。而且没有滴眼剂那样会因药物剂量过多而引起瞳孔缩小、近视等副作用。

（4）子宫用控释制剂　如黄体酮宫内给药器，见图 9-10，一次给药后，每天释药 65μg，可持续一年，一般由乙烯-醋酸乙烯共聚物（EVA）作为控释层骨架材料制成，形状为 T 形，其垂直空心管（EVA 控速层）作为药物贮库，内装黄体酮（微晶 38mg），均匀混悬于硅油中（硅油 60mg，硫酸钡 10mg），灌入空心管内密封，用环氧乙烷灭菌备用。

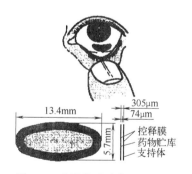

图 9-9　毛果芸香碱控释眼膜图

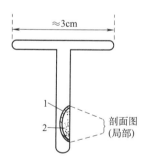

图 9-10　子宫内装置示意图
1—控释层骨架材料；2—黄体酮

6. 胃内滞留型控释制剂

胃内滞留控释制剂是指将药物与亲水胶体及其他辅料混合，利用黏度和浮力滞留于胃液中，增加胃内吸收的缓释片或胶囊等制剂。如图 9-11 所示。

（1）胃内漂浮片　胃内漂浮片又称胃内滞留片，是由药物和亲水胶体及其他辅料混合制成。服用后亲水胶体吸水膨胀，使密度减小且具有较高黏稠度，有利于制剂漂浮和滞留。常用的亲水胶体有 HPMC、HPC、MC、EC、CMC-Na 等。片剂遇胃液时形成胶体屏障膜并

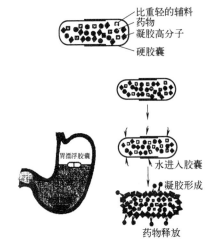

图 9-11 胃内滞留胶囊

长时间滞留于胃内，以能控制片内药物的溶解、扩散的速率。为了提高漂浮能力，还可加入适量密度较低的脂肪类物质，如硬脂醇、硬脂酸、单硬脂酸甘油酯、蜂蜡等。

（2）胃内漂浮片的类型　胃内漂浮片有单层片和双层片两种。如图 9-12、图 9-13 所示。

普通单层胃内漂浮片，与胃液接触时表面形成凝胶屏障，并浮于胃液面上缓慢释药。胃内漂浮双层片，由速释层和缓释层组成。当速释层药物释放完后，缓释层吸收胃液，表面形成一层非渗透性凝胶屏障，并浮于胃液面上，直至将药物全部释出。

（3）胃内漂浮-控释组合给药系统　胃内漂浮-控释组合给药系统（如图 9-14 所示），是由贮库装以漂浮室而成，漂浮室内为真空或充气（空气或无害气体）。药物贮库被顶部和底壁上有微孔而周围完全密封的控释膜所包裹。

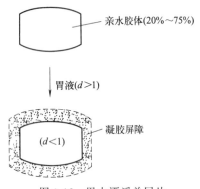

图 9-12 胃内漂浮单层片

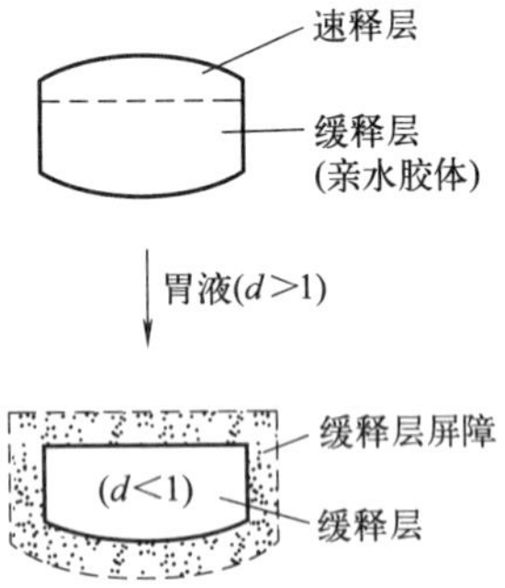

图 9-13 胃内漂浮双层片

二、经皮给药制剂

经皮给药制剂（经皮吸收制剂）又称透皮给药系统（简称 TDDS，TTS），是药物经皮肤吸收进入全身血液循环，进行疾病预防或治疗的一类制剂。此类制剂多为贴片或贴剂等。根据经皮给

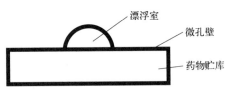

图 9-14　胃内漂浮-控释组合给药系统

药制剂的定义，它不包括同样经皮肤给药而仅在皮肤或皮下局部组织发挥作用的外用制剂，如软膏剂、凝胶剂、硬膏剂及喷雾剂等。同时，经皮给药制剂在处方设计、生产工艺和质量控制等方面和常见皮肤外用制剂均有明显差别，因此本任务中除特别说明外，经皮给药制剂均为发挥全身作用的制剂。

（一）经皮给药制剂的特点

与常用普通剂型如口服片、胶囊或注射剂等比较，经皮给药制剂避免了口服给药可能发生的肝脏首过效应及肠胃灭活，提高了治疗效果；能维持恒定的血药浓率或药理效应，用药期间吸收速率和吸收量不会出现明显变化，血药浓度波动小，由此产生的不良反应得以避

免；能延长作用时间，减少用药次数，给药方式方便；患者可以按医嘱自主用药，增强用药的顺应性；个体差异相对减小。此外，也可消除药物的胃肠反应。

例如硝酸甘油，口服给药有90%的药物被肝脏所破坏；虽然舌下给药起效快，但维持时间短，不能用于心绞痛的预防。硝酸甘油TDDS则可稳定释药24h以上，只需1d给药1次，有的用药1次可发挥有效作用3～7d，能预防心绞痛的发作。

经皮给药制剂的局限性使大多数药物透过皮肤屏障的速度很小，到达大循环的药物量往往达不到有效浓度，只有少数药物能达到使用目的，扩大给药面积来提高透过量又增加了发生皮肤刺激性的可能性，对于患者来说也不容易接受。

（二）经皮给药系统的类型

经皮给药系统大致可分为两大类，即骨架型与储库型。骨架型经皮给药系统是药物溶解或均匀分散在聚合物骨架中，由骨架的组成成分控制药物的释放。储库型经皮给药系统是药物被控释膜或其他控释材料包裹成储库，由控释膜或控释材料控制释放速率。

1. 复合模型经皮给药系统

该类系统的基本构造主要由背衬膜、药库层、控释膜层、胶黏层和防粘层五部分组成，如图9-15。药物储库是将药物分散在聚异丁烯压敏胶或聚合物膜中，加入液体石蜡作增黏剂。控释膜是由聚丙烯加工而成的微孔膜或无孔膜。胶黏层可用聚异丁烯压敏胶，加入药物作为负荷剂量，使药物能较快达到治疗的血药浓度。属于这类经皮给药系统的有可乐定经皮给药系统和东莨菪碱经皮给药系统等。

2. 胶黏层限速型经皮给药系统

该系统的构造，如图9-16所示。是将药物分散（溶解或热熔）在胶黏剂中均匀铺于背衬膜上成为药物储库，将不含药物具有限速作用的胶黏层再铺在药物储库上，加保护膜即可。硝酸甘油经皮给药系统属此种类型。

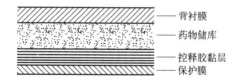

图9-15　复合模型经皮给药系统示意图

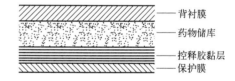

图9-16　胶黏层限速型经皮给药系统示意图

3. 胶黏剂骨架型经皮给药系统

该系统结构见图9-17，是将药物分散在胶黏剂中，铺于背衬膜上，加保护膜而成。常用的胶黏剂有聚硅氧烷类、聚丙烯酸酯类和聚异丁烯类压敏胶等。

如果在系统只有一层胶黏剂骨架，药物的释放速度往往随时间而减慢。为了克服这种缺点，可以采用成分不同的多层胶黏剂膜，与皮肤接触的最外层含药量低，内层含药量高，使药物释放速率近似于恒定，如图9-18。

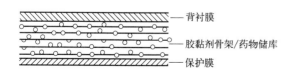

图9-17　胶黏剂骨架型经皮给药系统示意图

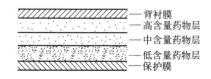

图9-18　多层胶黏剂经皮给药系统示意图

4. 微孔骨架型经皮给药系统

该系统是由背衬膜、含药微孔骨架、胶黏层和保护膜四部分组成，如图 9-19。微孔骨架材料有聚砜、聚氯乙烯、聚氨酯、聚碳酸酯、纤维素酯类等，药物均匀分散在微孔结构中，微孔骨架浸渍在含有药物的扩散介质内，如水、低级醇类、酯类、聚乙二醇等，扩散介质能溶解药物，亦可调节药物的释放速度。

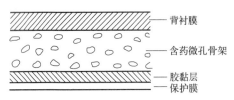

图 9-19　微孔骨架型经皮给药系统示意图

5. 聚合物骨架经皮给药系统

此系统常用亲水性聚合物材料，如聚乙烯吡咯烷酮、聚乙烯醇、聚丙烯酰胺和聚丙烯酸酯等作骨架，在骨架中加入一些湿润剂如水、丙二醇和聚乙二醇等，含药的骨架粘贴在背衬材料上，在骨架周围涂上压敏胶，加保护膜即成，如图 9-20。亲水性聚合物骨架能与皮肤紧密贴合，通过湿润皮肤促进药物吸收。

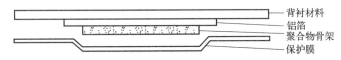

图 9-20　聚合物骨架经皮给药系统示意图

6. 微储库型经皮给药系统（微封闭型经皮给药系统）

如图 9-21。在此种给药系统中药物分散在水溶性聚合物中，将这种混悬液分散在通过交联而成的聚硅氧烷骨架中，骨架中有无数小球状储库。将含有微储库的骨架黏膜贴在背衬材料上，外周涂上压敏胶、加保护膜即成。药物的释放是先溶解在水溶性聚合物中，继而向骨架分配，扩散通过骨架达到皮肤表面。

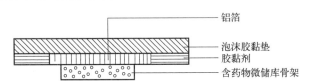

图 9-21　微储库型经皮给药系统示意图

7. 包囊多储库型经皮给药系统

是将药物先制成微囊后再分散在胶黏剂中，涂布在背衬膜上，加保护膜即成，如图 9-22。微囊膜的性质能控制药物的释放，其释放速度随囊膜的厚度、孔率及膜材料的性质不同而异，包囊材料可选亲水性或疏水性聚合物，如交联聚氧乙烯、甲基丙烯酸酯或聚乙烯醇等。

图 9-22　包囊多储库型经皮给药系统示意图　　　图 9-23　使用者活化经皮给药系统示意图

8. 多储库型经皮给药系统

是由经皮吸收促进剂和药物两个储库组成，二者之间用控释膜隔开，控释膜可控制经皮吸收促进剂的释放速度进而控制药物的经皮吸收速度。此种系统适用于药物与促进剂长期接触会产生相互作用或促进剂需控制释放的情况。

某些药物制成经皮给药系统在存放过程中不稳定，药物分布到系统的各个部分及包装材料中，使药物的释放速度发生改变或造成药物的损失。为了解决这个问题，有人设计了使用者活化经皮给药系统（UATS），如图 9-23。

9. 充填封闭型经皮给药系统

如图 9-24。是由背衬膜、药物储库、控释膜、胶黏层及保护膜组成，控释膜是乙烯-醋酸乙烯共聚物（EVA）膜等均质膜。药物储库是液体或软膏和凝胶等半固体充填封闭于背衬膜与控释膜之间。这种系统中药物从储库中分配进入控释膜，改变膜的组分可控制系统的药物释放速度。这种系统所用的压敏胶是聚丙烯酸酯压敏胶和聚硅氧烷压敏胶。

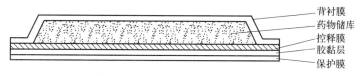

图 9-24　充填封闭型经皮给药系统

（三）药物经皮吸收的机理

皮肤是人体的最外层组织，是机体的天然屏障。皮肤一般显酸性，pH 值为 5～6，不同年龄的人皮肤的渗透性具有很大的差别。

药物经皮吸收进入人体循环的两个途径，如图 9-25，一是表皮途径，即药物透过角质层和表皮进入真皮，这是药物经皮吸收的主要途径。另一途径是通过皮肤附属器途径吸收，即通过毛囊、皮脂腺和汗腺。对于较难通过富含类脂的角质层的离子型及水溶性大分子类药物，附属器途径起到重要作用，在离子导入过程中，皮肤附属器是离子型药物通过皮肤的主要通道。

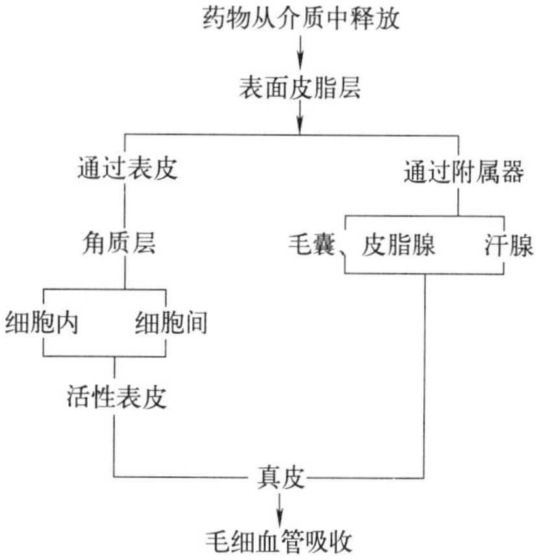

图 9-25　药物通过皮肤的途径

（四）药物经皮给药系统的材料

药物经皮给药系统的材料按其作用不同有下列几种类型。

1. 经皮吸收促进剂

经皮吸收促进剂是指能够渗透进入皮肤降低药物通过皮肤阻力的材料。目前，常用的经皮吸收促进剂主要有：①角质保湿与软化剂，如尿素、水杨酸、吡咯酮类；②有机溶剂类，如乙醇、丙二醇、醋酸乙酯、二甲基亚砜等；③有机酸、脂肪醇类，如油酸、亚油酸、月桂醇等；④表面活性剂，如吐温、聚氧乙烯烷基酚、十二烷基磺酸钠等；⑤月桂氮䓬酮（氮酮）及其同系物，如 1-十二烷基-氮杂䓬-2-酮；⑥香精油和萜烯类，如薄荷醇、樟脑、柠檬烯、桉树脑等；⑦聚合物类，如聚乙二醇和聚二甲基硅氧烷的嵌段共聚物。

2. 经皮给药系统的高分子材料

经皮给药系统中除了主药、经皮吸收促进剂外，还需有控制药物释放速率的高分子材料控释膜或骨架材料及将给药系统固定在皮肤上的压敏胶，此外还有背衬材料与保护膜。

（1）骨架材料　骨架型给药系统都是用高分子材料作骨架来负载药物。目前所用的骨架材料都是聚合物，如聚乙烯醇、聚硅氧烷、聚氯乙烯、聚氨酯、聚碳酸酯、聚乙烯吡咯烷酮、聚丙烯酰胺、三醋酸纤维素等。

（2）控释膜材料　经皮给药系统的控释膜分微孔膜与均质膜。微孔膜常用聚丙烯拉伸微孔膜；用作均质膜的高分子材料有乙烯-醋酸乙烯共聚物和聚硅氧烷等；另外还有聚氯乙烯、硅橡胶都可用作控释膜材料。在聚合物中加入微粉硅胶等填充剂（20％～30％）可提高释药速度，机械强度也有所提高。

3. 压敏胶

压敏胶是指那些在轻微压力下即可实现粘贴，同时又容易剥离的一类胶黏材料。压敏胶的作用是使给药系统与皮肤紧密结合，有时还是药库控释材料，可调节药物释放速率。

目前常用的压敏胶有聚异丁烯类、聚丙烯酸酯类和聚硅氧烷类三类。

4. 背衬材料与保护膜

背衬材料是用于支持药库或压敏胶的薄膜，有聚乙烯、聚氧乙烯、铝箔、聚丙烯和聚酯等，常用的复合膜，厚 $20\sim50\mu m$。背衬膜最好能透气，有时在背衬膜上打微孔。

保护膜可用聚乙烯、聚丙烯、聚苯乙烯薄膜，一般先用有机硅或甲基硅油处理。

（五）经皮给药系统的制备

经皮给药系统根据其类型与组成不同而有不同的制备方法，主要可分三种工艺。

（1）骨架黏合工艺是在骨架材料溶液中加入药物，浇铸冷却成型，切割成小圆片，粘贴于背衬膜上，加盖保护膜而成。

（2）充填热合工艺是在定型机械中，于背衬膜与控释膜之间定量充填药物储存材料，热合封闭，覆盖上涂有胶黏层的保护膜而成。

（3）涂膜复合工艺是将药物分散于高分子材料如压敏胶溶液中，涂布于背衬膜上，加热烘干，可进行第二层或多层膜的涂布，最后覆盖上保护膜。

聚合物骨架经皮给药系统的制备工艺流程如图 9-26 所示。胶黏骨架型经皮给药系统的制备工艺流程如图 9-27 所示。充填封闭型经皮给药系统的制备工艺流程如图 9-28 所示。复合膜型经皮给药系统的制备工艺流程如图 9-29 所示。

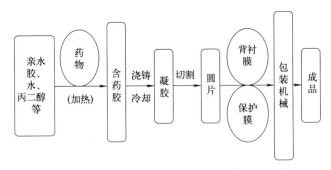

图 9-26　聚合物骨架经皮给药系统的制备工艺流程

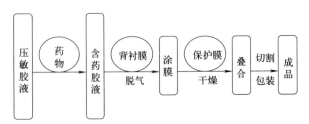

图 9-27　胶黏骨架型经皮给药系统的制备工艺流程

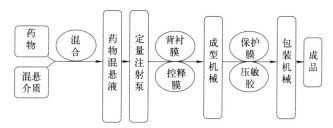

图 9-28 充填封闭型经皮给药系统的制备工艺流程

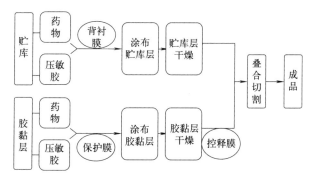

图 9-29 复合膜型经皮给药系统的制备工艺流程

（六）经皮给药制剂的质量控制

经皮给药制剂质量的体外评价包括含量均匀度检查、含量测定、体外释放度检查、经皮透过性测定、黏着性能的检查等，可以参照《中国药典》的有关规定和方法进行。《中国药典》中规定有重量差异、面积差异、含量均匀度和释放度的检查项目，应依法测定并符合规定。

三、靶向制剂

（一）含义与分类

靶向制剂亦称为靶向给药系统，系指借载体将治疗药物通过局部给药或全身血液循环，选择性地浓集定位于身体所需发挥作用的部位（靶区）的制剂。

在肿瘤等疑难疾病的治疗上，原有剂型的不足之处是对肿瘤细胞与正常细胞的杀伤力均很大，因而在化疗过程中使患者体质急剧下降，往往坚持不了几个疗程，就被迫停药。为提高药物的靶向性，可设法在药物结构中引入导向性基因如采用载体系统，提高药物的靶向性并已取得明显效果。另一种方法系将单克隆抗体连接于含药载体（如脂质体或毫微粒）的表面，提高药物的主动靶向性。当今研究最为活跃的就是受体型与免疫型靶向制剂。

靶向制剂按作用方式可分为主动靶向制剂、被动靶向制剂和物理化学靶向制剂；按药物作用水平可分为一级靶向制剂（将药物输送至特定器官的靶向制剂）、二级靶向制剂（将药物输送至特定细胞的靶向制剂）和三级靶向制剂（将药物输送至特定细胞内特定部位的靶向制剂）；按物理形态可分为水溶性与水不溶性两类。

（二）靶向给药制剂的特点

靶向制剂能选择性将药物分布于靶区，提高药物在靶部位的治疗浓度；药物能以预期的速率控释，而达到有效剂量；药物能进入靶部位微小毛细血管中并分布均匀；药物容纳量高，并且释放后不影响其药物作用；药物受到保护，并在通往靶的过程中渗漏极少；靶向制剂易于制备且具有生物相容性的表面性质，不易产生过敏性，载体可生物降解而不引起病理变化。

在靶向制剂的应用中，药物载体（即将药物导向特定部位的生物惰性载体）扮演着不可替代的重要角色。常用的药物载体有脂质体、微球、纳米粒、乳剂等以及经过修饰的这些药物载体。

（三）脂质体

脂质体是一种类似生物膜双分子层封闭结构的微小泡囊。是一种常用的药物载体，属于靶向给药系统的一种新剂型。脂质体主要由磷脂及一些附加剂（胆固醇、十八胺、磷脂酸等）构成。磷脂是脂质体的骨架膜材，它为两性物质，具有亲水和亲油基团。部分天然磷脂结构如图 9-30 所示。

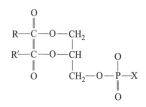

图 9-30 部分天然磷脂结构

其中 R 和 R' 为碳氢链疏水亲脂基团；X 为亲水极性基团，由磷酸和一个极性基团结合而成，如当磷酸与胆碱酯化，就构成磷脂酰胆碱。改变 R 及 R 基团，可得到一些合成的磷脂。如二硬脂酰磷脂酰胆碱等。

胆固醇也属于两亲物质，其结构上亦具有亲水基团和亲油基团。但其亲油性强于亲水性。在由磷脂与胆固醇结合而成的混合分子中，磷脂分子的极性端（亲水基团）呈弯曲的弧形，形似手杖，与胆固醇分子的极性基团结合；在此结构中的两个亲油基团，一个是磷脂分子中的烃基侧链，另一个即胆固醇结构中的亲油基部分，如图 9-31 所示。载药脂质体的构造是封闭式的多层双分子层的球状结构，在各层之间有水相，水溶性药物可被包裹在水相中，而脂溶性药物可包裹在双分子层中。

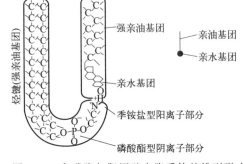

图 9-31 卵磷脂与胆固醇在脂质体的排列形式

1. 脂质体的类型与结构

脂质体根据其结构可分为三类。

（1）单室脂质体 药物的溶液只被一层类脂双分子层所包封。如图 9-32。

（2）多室脂质体 又称多层脂质体，是药物溶液被几层类脂质双分子层所隔开形成不均匀的聚集体。如图 9-33，球径等于或小于 $5\mu m$。

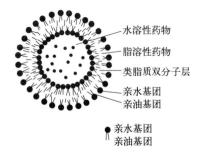

图 9-32 单室脂质体结构示意图

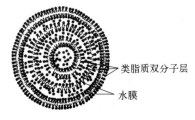

图 9-33 多室脂质体结构示意图

（3）多相脂质体　是以含单室或者多室脂质体为主及含少量的 O/W 或 W/O/W 型乳剂，再混悬在水相的多相分散系。这种脂质体处方中含有表面活性剂，故又称为含有表面活性剂的脂质体。用这种多相脂质体作为载体，静脉滴注时更容易在淋巴、肝、肺、脾等网状内皮系统中聚集，抵达靶部位后释放药物发挥疗效。

2. 脂质体的作用特点

脂质体具有类细胞结构，进入体内主要被网状内皮系统吞噬而激活机体的自身免疫功能，并改变被包封药物的体内分布，使药物主要在肝、脾、肺和骨髓等组织器官中蓄积，而提高药物的治疗指数。并有如下作用特点。

① 分布部位的定向性　脂质体中的药物进入体内可在指定部位完全释放出来，提高药物的治疗浓度。尤其对抗癌药物，能提高疗效、减少剂量和降低毒性。

② 可改变药物动力学性质和组织分布　药物包封于脂质体内，在人体组织中能降低扩散，使药物缓慢地释放出来，从而可延长药物作用。

③ 脂质体的表面性质可改变　对脂质体表面性质进行改变，如表面电荷、粒径大小、连接不同配体等，可提高药物对靶区的选择性。

④ 毒性低　脂质体是由磷脂等组成，磷脂本身就是人体组织的主要成分，可生物降解，所以它的毒性低，对人体无毒害。

⑤ 与细胞膜的亲和性强　脂质体与细胞膜结构类似，与细胞膜有较强的亲和性和融合作用，可增加被包封药物透过细胞膜的能力，起到增强疗效的作用。

⑥ 能保护被包封的药物　可提高一些易氧化、不稳定药物的体内外稳定性，降低药物的消除速率，延长药物作用时间。

3. 脂质体的制备及举例

目前制备脂质体的方法颇多，现将常用的方法分述如下。

① 薄膜分散法　薄膜分散法又称干膜分散法。系将磷脂与胆固醇等膜材及脂溶性药物溶于氯仿或其他有机溶剂中，然后将溶液于玻瓶中旋转蒸发，使其在玻璃的内壁上形成薄膜；将含水溶性药物的磷酸盐缓冲液加入玻瓶后不断振摇，则可形成多层脂质体，其粒径范围为 $1\sim5\mu m$，再经超声处理，根据超声的时间长短可获得 $0.25\sim1\mu m$ 的小单层脂质体，将其通过葡聚糖凝胶（SephadexG-50 或 G-100 等）柱层析（过滤），分离除去未包入的药物即可得到脂质体混悬液。

例：制备放线菌素 D 脂质体

取卵磷脂、磷脂酰丝氨酸、胆固醇（摩尔比 9∶1∶10）溶于氯仿，将该氯仿液于玻瓶中减压蒸发溶剂，使在玻瓶的内壁上形成膜，将含有放射菌素 D 的磷酸盐缓冲液加入上述容器内，在振荡器上混合均匀，在 37℃并通过 N_2 下进行 10min，然后在相同条件下浴式超声波器内超声 1h。可得到 $0.3\sim1\mu m$ 大小的单层脂质体，放置 30min 后，将此混悬液通过 SephadexG-50 层析柱，收集脂质体部分，即得放线菌素 D 脂质体。

② 注入法　按所用的溶剂不同可分为乙醇注入法和乙醚注入法。

乙醇注入法系将磷脂与胆固醇等膜材及脂溶性药物溶解至乙醇中，该溶液用微量注射器或微量输液器以适当的速度注入加热至 50℃（并用磁力搅拌）的磷酸盐缓冲液（或含水溶性药物）中，制备过程通 N2，控制最终溶液含醇量约 8%，用超滤器浓缩，再以透析法除去未包药物及残余乙醇。本法所制得的脂质体直径约 $0.25\mu m$。制法简单，脂质体的粒径大小及形状的重现性好，缺点是脂质体包封率不高。

乙醚注入法系将磷脂与胆固醇等类脂质及脂溶性药物溶于乙醚中。然后将药液经注射器缓缓注入 $50\sim60℃$（并用磁力搅拌）含有水溶性药物的磷酸盐缓冲液中，不断搅拌至乙醚除尽为止。与乙醇注入法相比，该法制备的脂质体粒径较大，不宜静脉注射。将其混悬液通过高压乳匀机两次，所得的成品大多为单室脂质体，少数为多室脂质体，粒径绝大多数可在 $2\mu m$ 以下。

③ 表面活性剂处理法　本法是将脂质与胆酸盐、脱氧胆酸、脱氧胆酸钠等表面活性剂在水溶液中搅拌混合，通过超速离心法或透析法或凝胶过滤法从混合微粒中除去表面活性剂，就可获得中等大小的单层脂质体。本法适用于各种类脂的混合物和包封酶及其他生物高分子，但不适用于由单一的酸性磷脂所组成的脂质体。

④ 超声波分散法　将药物溶于水或磷酸盐缓冲液中；将磷脂、胆固醇与脂溶性药物共溶于有机溶剂中，将此溶液加于上述水溶液中，搅拌，蒸发除去有机溶剂，残液经超声波处理，然后分离出脂质体，再混悬于磷酸盐缓冲液中，制成脂质体的混悬型注射剂。

⑤ 冷冻干燥法　将磷脂分散于缓冲溶液中，经超声波处理与冷冻干燥后，再将干燥物分散到药物的水性介质中，形成脂质体。

⑥ 复乳法　通常采用两级乳化法。首先将少量水相与较多的磷脂油相进行第一次乳化，形成 W/O 的反相胶团，减压除去部分溶剂，然后加较大量的水相进行第二次乳化，形成 W/O/W 型复乳，减压蒸发除去有机溶剂，即得脂质体。该法包封率为 $20\%\sim80\%$。

⑦ 逆相蒸发法　将磷脂等膜材溶于有机溶剂，加入待包封的药物水溶液进行短时超声，直至形成稳定的 W/O 型乳剂，减压蒸发除去有机溶剂，达到胶态后滴加缓冲液，旋转使器壁上的凝胶脱落，减压下继续蒸发，制得水性混悬液。经凝胶层析或超速离心除去未包入药物，即得到单层脂质体。

⑧ 载体沉积法制备前体脂质体　前体脂质体为干燥、流动性能良好的粒状产品，加水水合后即可分散或溶解成多层脂质体的混悬液。该法是将载体材料（如山梨醇、甘露醇、果糖、葡萄糖、乳糖等）置于旋转蒸发仪烧瓶中，在水浴加热、减压条件下，加入由磷脂、胆固醇、药物等组成的脂质液，使其完全沉积在载体材料上，过筛，于干燥器中干燥，充氮，低温保存。

（四）微球

微球系指药物溶解或分散在高分子骨架材料中形成的基质骨架型微小球状实体。常见的微球粒径多为 $1\sim250\mu m$。微球作为靶向给药的载体已日益受到重视，尤其是抗癌药物制成微球制剂后能改善在体内的吸收和分布，特别对淋巴系统具有较好的靶向性。此外，含有微球还可使肿瘤部位血管闭锁，切断对肿瘤细胞的营养供应，还具有延缓释药、延长疗效、增加药物稳定性、对药物的适应性比脂质体宽、制备工艺或材料选择简便等特点。

微球的靶向性与其粒径大小、给药途径及粒子的附属物等有关。① $0.1\sim0.2\mu m$ 的微球在静、动脉或腹腔注射后，迅速被网状内皮系统的巨噬细胞从血流中清除，最终到达肝脏库普弗细胞的溶酶体中；小于 $50\mu m$ 的粒子能穿过肝脏内皮，或通过淋巴转运至脾和骨髓，也可能到达肿瘤组织；② $7\sim12\mu m$ 的微球，静注后被肺机械地滤取；而 $2\sim12\mu m$ 的微球不仅在肺部，而且在肝和脾中被毛细血管床摄取；③ 人体毛细血管直径为 $7\sim9\mu m$，最大 $12\mu m$，毛细血管前终端微动脉的直径小于 $50\mu m$，因而用作动脉栓塞的明胶微球选用 $40\sim104\mu m$ 者为宜。

1. 微球的分类与常用材料

微球材料分为可生物降解与不可生物降解两类，除动脉栓塞等特殊要求外，通常大多使用生物降解微球。

可生物降解微球主要包括：①蛋白质类，如白蛋白、明胶、血纤维蛋白原、低密度脂蛋白等；②多糖类，如淀粉、琼脂糖、右旋糖酐、糊精、麦芽糖糊精、葡聚糖等；③聚乳酸类，如聚乳糖，聚羟基丁酯和聚羟基戊酸共聚物，聚丙交酯与聚乙交酯/丙交酯共聚物；④脂质类；⑤其他，如聚氰基丙烯酸丁酯微球，聚碳酸酯微球等。不可生物降解的微球包括聚酰胺、乙基纤维素、聚苯乙烯微球等。材料的性能与微球大小、包裹率及释药速率、材料的毒性、表面性质及抗原性密切相关。

2. 微球的制备及举例

微球的制备方法常因所用载体材料、添加剂、药物等性质不同而异。常用的方法如下。

（1）乳化加热固化法　将药物与规定浓度的白蛋白水溶液混合，加到含适量乳化剂的棉籽油中，制成 W/O 型初乳。另取适量油加热至 $100\sim180℃$，搅拌下将上述初乳加入高温乳中，继续搅拌，使白蛋白乳滴受热固化成球，洗除附着的油，干燥后得微球。

例：5-氟尿嘧啶白蛋白微球的制备

取牛血清白蛋白溶于 5-氟尿嘧啶溶液中，加入 10％司盘 85 的注射用棉籽油混合搅拌（2500r/min，10min），经超声波发生器乳化。另取注射用棉籽油，在 2500r/min 搅拌下加热至 180℃，并逐步加入上述白蛋白药物的油溶液，维持 180℃，10min，冷却至室温，加入乙醚中脱脂，并经离心分离，所得微球依次用乙醚、乙醇洗涤除油后，再用含 $0\sim2％$吐温 80 的生理盐水分散，并经超声波处理即得。

（2）凝聚法　在明胶水溶液中加入适量表面活性剂（如吐温）以助分散，然后加入脱水剂（如 95％乙醇或 Na_2SO_4），使明胶分子脱水凝聚成微球，再加入交联剂（甲醇或戊二醛）使微球固化，加适量偏亚硫酸钠除去过量醛以终止固化反应。制备含药微球时，可将药物溶于或混悬于明胶水溶液中，再按上述步骤制备。

（3）乳化剂-溶剂扩散法　将布洛芬和丙烯酸聚合物溶于一定量乙醇中，在一定温度下将上述乙醇液倒入含有蔗糖脂肪酸酯为乳化剂的水中，搅拌使乙醇液呈微滴样凝聚物分散在水相中，将系统搅拌一定时间，即得一定大小的微球。

（4）常温分散法　热敏性药物可在室温条件下制备微球。将适量分散剂溶于有机溶剂，另将白蛋白与药物溶于水，逐滴加至上述有机溶剂中，边滴边搅再加戊二醛饱和的甲苯液，离心弃去上清液，加 2％甘氨酸水液，搅匀，离心弃去上清液，用有机溶剂洗涤，40℃干燥即得。链霉素遇热不稳定，可用本法制备微球。

（5）液中干燥法　将聚乳酸溶于二氯甲烷中，加入药物制成油相，在一定搅速下加至含明胶的水相中形成 O/W 乳，继续搅拌待二氯甲烷完全挥发除去，过滤收集得微球，用蒸馏水洗去明胶，室温下真空干燥即得。

（6）乳化交联法　含药的高分子材料（如白蛋白、明胶、壳聚糖等）的水溶液与含有乳化剂的油相（如蓖麻油、橄榄油、液状石蜡等）混合搅拌进行乳化，形成稳定的乳状液，再加入合适的化学交联剂（如甲醛、戊二醛等）发生胺醛缩合或醇醛缩合反应，即得粉末状微球，其粒径多在 $1\sim100\mu m$ 范围内。油相不同，交联剂不同，对微球的粒径与性状均有影响。

3. 磁性微球

磁性微球属于物理化学靶向制剂，系含有磁性物质的含药微球制剂，给药后，可在体外相应部位施加磁场进行引导定位，可使含药微球主要浓集特定靶区。

含药磁性微球可用一步法或两步法制备。一步法是在成球前加入磁性物质，再用乳化交联等方法制备微球，药物也可在成球前加入或成球后吸附进入；两步法是先制备微球，再将微球磁化处理。

（五）纳米粒

纳米粒系指以高分子材料为载体，将药物溶解、包埋或包裹在聚合物中形成的微型药物载体。纳米粒按构造可分为骨架实体型的纳米球和膜壳药库型的纳米囊，其粒径多在 1～1000nm，具有特殊的医疗价值。

纳米粒作为目前药物研究和开发的热点，将成为新一代药物载体，其特性在于：①易于实现靶向给药，依赖载体自身的理化特性把药物送到特定的病变组织、细胞内进行释放，进而实现主动靶向，达到更好的治疗效果；②纳米粒对肝、脾、骨髓等部位具有特殊的靶向性，体积小能够直接通过毛细血管壁，对肿瘤组织有生物黏附性；③纳米粒可以注射给药，加快药物在体内的分布，也可以制成口服制剂，能防止蛋白质多肽类药物在消化道的失活；④纳米粒作为黏膜给药的载体，可以用于眼结膜、角膜、鼻黏膜及透皮制剂中，均可延长和提高疗效。

纳米粒的组成主要有主药、载体材料和附加剂，如稀释剂、稳定剂及控释药速率的促进剂或阻滞剂等。根据不同的制备方法，药物可被溶解、分散、捕捉、包裹或吸附于高分子材料中，形成药物的纳米球或纳米囊。

1. 用于制备纳米粒的高分子材料

目前，用于制备纳米粒的材料包括天然的、半合成的和合成的高分子材料。近年来，由可生物降解材料制成的纳米粒被认为是很有潜力的药物传递体系，因为他们性能多样，适应性广，并且具有良好的药物控制性质、达到靶部位的能力，以及经口服给药方式能够传递蛋白质、多肽类药物等性能。

（1）天然高分子材料　天然高分子材料是常用的载体材料，其稳定、无毒、安全、成膜性或成球性较好。

① 明胶可生物降解，几乎无抗原性。可根据药物性质选用 A 型或 B 型明胶。

② 淀粉及其衍生物如羟乙基淀粉、羧甲基淀粉及马来酸酯化淀粉等。

③ 阿拉伯胶常与明胶配合使用，亦可与白蛋白配合作复合材料。

④ 海藻酸盐海藻酸钠可溶于水，而海藻酸钙不溶于水，因此，海藻酸钠可用 $CaCl_2$ 固化成囊。利用这一性质，海藻酸盐可以用作药物缓释制剂的骨架、包埋剂及微囊材料。

⑤ 蛋白类常用的有血清白蛋白、玉米蛋白、鸡蛋白、小牛酪蛋白等，可生物降解，无明显抗原性。常采用加热固化法或交联剂（如甲醇、戊二醛等）固化法制备微球。

（2）半合成高分子材料　主要是纤维衍生物，如羧甲基纤维素、甲基纤维素、乙基纤维素、羟丙甲纤维素、邻苯二甲酸乙酸纤维素、丁酸醋酸纤维素等。其特点是毒性小、黏度大、需临用时现配。

（3）合成高分子材料　包括可生物降解和不能生物降解的高分子。常用的有聚乳酸（PLA）、聚碳酯、聚氨基酸、聚丙烯酸树脂、聚甲基丙烯酸甲酯、聚甲基丙烯酸羟乙酯、聚氰基丙烯酸烷酯、乙交酯-丙交酯共聚物等。特点是成膜性及成球性好，化学稳定性高。

2. 纳米粒子的制备方法

选用制备方法时主要取决于载体材料、药物和附加剂的性质和制备的工艺条件。

（1）相分离法　包括单凝聚法、复凝聚法、溶剂-非溶剂法等。基本原理同微囊。

（2）液中干燥法　即从分散相中除去挥发性溶剂来制备载药纳米粒的方法。该方法可用于多种类型的疏水性、亲水性药物的纳米粒的制备。

先将聚合物溶解于有机溶剂中形成聚合物的溶液，然后将药物分散或溶解到聚合物溶液中，再在高速均化或超声场等分散条件下，把形成的溶液或混合物加入含有乳化剂的水相（如明胶溶液）中，形成 O/W 型乳液，液滴内部是含有聚合物和药物的油相。形成稳定的微乳后，采用升温的方法或减压、连续搅拌等方法蒸出有机溶剂。随着溶剂的不断蒸发，乳滴内形成聚合物与药物的固体相，即得到含药物的聚合物纳米粒子，再进行分离、洗涤、干燥。

（3）自动乳化法　本法是采用水溶性溶剂与水不溶性溶剂的混合溶剂作为油相分散到水相中形成乳状液，因内相水溶性溶剂的自由扩散，使两相界面张力降低，界面产生骚动，使内相液滴减小，而逐渐形成纳米尺寸的乳滴并沉淀出来，经固化、分离，即得纳米球。

（4）乳化聚合法　聚 α-氰基丙烯酸烷基酯（PACA）是一种在体内能够很快降解的聚合物，制备纳米粒一般是把 α-氰基丙烯酸烷基酯单体加入强力搅拌下的含有乳化剂和一定引发剂如 OH^- 的水介质中，α-氰基丙烯酸烷基酯扩散到乳化剂形成的胶束中发生聚合，药物可以和单体同时加入，随着聚合的进行，药物逐渐被包裹在聚合物形成的粒子中，聚合完成后，将形成的聚 α-氰基丙烯酸烷基酯纳米微球的悬浮体系，过滤、洗去乳化剂和游离的药物，即得到载药的 PACA 纳米微球。它的工艺过程如图 9-34 所示。

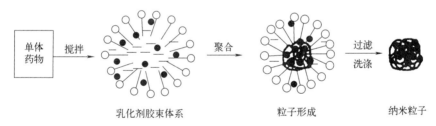

图 9-34　乳化聚合法制备聚 α-氰基丙烯酸烷基酯的载药纳米微球的工艺示意图

为了制备较高分子量的稳定的纳米微球，需使聚合体系呈酸性（pH 值 1.0～3.5），同时延长聚合反应的时间（3～6h），即可制得目的产品。

（5）高分子材料凝聚法　即将含药的天然高分子材料的溶液，与油相在搅拌或超声下乳化形成 W/O 型乳状液，再根据高分子材料的特性，经加热变性或化学交联、盐析脱水等使之凝聚形成纳米粒。

如白蛋白纳米球制备时，将白蛋白与药物形成乳液内相后，将乳液快速滴加到 100～180℃ 热油中，并保持 10min，使白蛋白变性形成含药纳米球；明胶纳米球系将内相含明胶的乳状液在冰浴中冷却使明胶乳滴胶凝，再用甲醛的丙酮溶液进行化学交联，可制得粒径接近的纳米球。

（六）主动靶向制剂和被动靶向制剂

主动靶向制剂是指配有经修饰的，能主动识别靶组织或靶细胞的载体的靶向制剂。被修饰的药物载体可以是脂质体、微球、纳米球、微乳等，此外还包括靶向前体药物等。主动识别靶组织或靶细胞的原理是把具有对病灶器官、组织或细胞具有专一识别功能的分子或基因（识别因子）与药物或药物载体相结合，药物或载体到达靶向部位后，识别因子与靶部位结合，使药物浓集于此发挥药效，因为在许多情况下，病灶组织具有（或人为造成）不同于正常组织或细胞的 pH 值、温度、特殊孔隙、场效应等情况。

靶向识别使用最直接的方法就是药物与专一识别因子相连接，具有这种专一识别功能的靶向因子有抗原抗体、单糖或多糖、外源凝集素、蛋白质、激素、多肽、带电荷分子、低分子配体等。其中最常用的是抗原抗体。靶向识别因子可以通过化合键、氢键、离子键与药物载体结合，而在纳米粒子表面导入靶向识别因子，实现靶向给药是最有发展前景的。

脂质体的主动靶向性是在脂质体上连接识别分子，即所谓的配体。这些不同类型的配体有糖、植物凝血素、肽类激素、半抗原、抗体和其他蛋白质。如连接单克隆抗体的脂质体，由单克隆抗体给脂质体导向，可使脂质体只与这种癌细胞产生特异性结合，可获得远比同剂量的药物单独应用时更好的抗癌效果，达到靶向给药的目的。

被动靶向制剂与主动靶向制剂不同，系利用未作修饰的脂质体、微球、纳米球、乳剂或复乳等亚微粒载体携带药物，其对靶细胞并无专属性的识别能力，但可经血液循环到达毛细血管并在该部位被机械地截留而释药。如脂质体静脉给药，即属被动靶向：进入体内后即被巨噬细胞作为外界异物吞噬，进而产生被动靶向释药的体内分布特征。一般的脂质体主要被肝和脾中网状内皮细胞吞噬，是治疗肝寄生虫病等网状内皮系统疾病理想的药物载体。利用脂质体包封药物治疗这些疾病可显著地提高药物的治疗指数，降低毒性，提高疗效。脂质体的这种天然靶向性也被广泛用于肿瘤的治疗和防止肿瘤的扩散和转移等方面。

项目评价

一、单项选择题

1. 最适于制备缓控释制剂的药物半衰期为（　　）。

A. ≤1 小时　　　　B. 2～8 小时　　　　C. 24～32 小时　　　　D. 32～48 小时

2. 下列不适合做成缓控释制剂的药物是（　　）。

A. 抗生素　　　　B. 抗心律失常药　　　　C. 降压药　　　　D. 抗心绞痛药

3. 若药物主要在胃和小肠吸收，口服给药的缓控释制剂宜设计为（　　）。

A. 每 6 小时给药一次　　　　　　　　B. 每 12 小时给药一次

C. 每 18 小时给药一次　　　　　　　　D. 每 24 小时给药一次

4. 透皮吸收制剂中加氮酮的目的是（　　）。

A. 产生微孔　　　　　　　　　　　　B. 调节 pH

C. 作渗透促进剂促进主药吸收　　　　　D. 作抗氧剂增加主药的稳定性

5. 不具有靶向性的制剂是（　　）。

A. 静脉乳剂　　　　B. 纳米粒注射液　　　　C. 混悬型注射液　　　　D. 脂质体注射液

6. 属于被动靶向制剂的是（　　）。

A. 磁性靶向制剂　　　　B. 栓塞靶向制剂　　　　C. 脂质体靶向制剂　　　　D. 抗癌药前体药物

7. 属于物理化学靶向制剂的是（　　）。

A. 热敏靶向制剂　　　　B. 肺靶向前体药物　　　　C. 肾靶向前体药物　　　　D. 抗癌药前体药物

8. 胃内滞留片属于（　　　）。

A. 控释制剂　　　　B. 靶向制剂　　　　C. 缓释制剂　　　　D. 经皮给药制剂

9. 属于控释制剂的是（　　　）。

A. 微孔膜包衣片　　B. 不溶性骨架片　　C. 生物黏附片　　　D. 亲水凝胶骨架片

10. 以下不是常用的经皮吸收促进剂的是（　　　）。

A. 氮酮类化合物　　B. 尿素　　　　　　C. 二甲基亚砜　　　D. 甲醛

二、简答题

1. 缓释和控释制剂中的渗透泵片为何能恒速释放药物？

2. 简述经皮给药制剂的制备工艺。

3. 简述靶向制剂的基本概念及研究进展。

三、案例分析

某患者服用了医生开的某缓释片后，发现大便中有"完整药片"，他以为是药片未崩解，无法吸收，于是他下一次服药时就将药片研碎、嚼烂后吞服，结果出现了中毒现象，试分析原因。

参 考 文 献

［1］ 国家药典委员会. 中华人民共和国药典（2020 年版）［M］. 北京：中国医药科技出版社，2020.

［2］ 李远文. 固体制剂工艺［M］. 北京：机械工业出版社，2012.

［3］ 李远文. 半固体及其他制剂工艺［M］. 北京：机械工业出版社，2013.

［4］ 丁立，王峰，廖锦红. 药物制剂技术［M］. 北京：中国医药科技出版社，2021.

［5］ 胡英，夏晓静. 药物制剂综合实训教程［M］. 北京：化学工业出版社，2013.

［6］ 张健泓. 药物制剂技术［M］. 3 版. 北京：人民卫生出版社，2018.

［7］ 方亮. 药剂学［M］. 8 版. 北京：人民卫生出版社，2016.

［8］ 胡英，张炳胜. 药物制剂技术［M］. 4 版. 北京：中国医药科技出版社，2021.

［9］ 郝晶晶. 半固体与液体制剂综合教程［M］. 北京：中国医药科技出版社，2020.